U0376798

政治、技术与环境：
清代黄河水患治理策略研究
（1644—1855）

曹志敏　著

人民出版社

责任编辑：邵永忠

封面设计：胡欣欣

图书在版编目（CIP）数据

政治、技术与环境：清代黄河水患治理策略研究：1644—1855/曹志敏 著. —
　北京：人民出版社，2024.9
ISBN 978-7-01-026607-7

Ⅰ.①政…　Ⅱ.①曹…　Ⅲ.①黄河-河道整治-水利史-研究-1644—1855
　Ⅳ.①TV882.1

中国国家版本馆 CIP 数据核字（2024）第 108095 号

政治、技术与环境：清代黄河水患治理策略研究（1644—1855）
ZHENGZHI JISHU YU HUANJING：QINGDAI HUANGHE SHUIHUAN ZHILI CELÜE YANJIU
（1644—1855）

曹志敏　著

人民出版社 出版发行
（100706　北京市东城区隆福寺街 99 号）

北京中科印刷有限公司印刷　新华书店经销

2024 年 9 月第 1 版　2024 年 9 月北京第 1 次印刷
开本：710 毫米×1000 毫米 1/16　印张：22.5　字数：400 千字

ISBN 978-7-01-026607-7　定价：98.00 元

邮购地址 100706　北京市东城区隆福寺街 99 号
人民东方图书销售中心　电话（010）65250042　65289539

国家社科基金后期资助项目
出版说明

后期资助项目是国家社科基金设立的一类重要项目，旨在鼓励广大社科研究者潜心治学，支持基础研究多出优秀成果。它是经过严格评审，从接近完成的科研成果中遴选立项的。为扩大后期资助项目的影响，更好地推动学术发展，促进成果转化，全国哲学社会科学工作办公室按照"统一设计、统一标识、统一版式、形成系列"的总体要求，组织出版国家社科基金后期资助项目成果。

全国哲学社会科学工作办公室

序

　　曹志敏老师师出名门,先后师从北京师范大学龚书铎先生攻读博士学位,首都师范大学魏光奇教授做博士后研究(曹老师亦为魏先生的硕士研究生)。十多年前在合肥参加淮河史方面的一次研讨会,受我的学生影响,到南京大学做访问学者一年,我们得以经常讨论学术问题。曹老师本人涉猎广博,厚积薄发,在古典诗词、清代思想史、水利史等领域皆有建树。本人受益匪浅。

　　曹老师《政治、技术与环境:清代黄河水患治理策略研究(1644—1855)》近四十万言,详细梳理清代治黄大政的得失。

　　在中国历史上,黄河之患历代有之,但从未像明清时那么频繁。清代黄河大约平均6.5个月溃决一次。每次溃决均会造成惊人的人道灾难,并成为经济、生态之厄。

　　曹老师是研究魏源的名家。魏源本人非常关注治黄问题,可谓晚清的治黄专家,曹老师继承了魏源经世致用的学术理念。本书认为,清代积累了治理黄河水患非常成熟的经验,并留下诸多教训,对我国建立应对自然灾害、社会危机的机制仍有诸多借鉴意义。目前治黄依旧关系到国计民生,但不再局限于消除水患,而是坚持生态优先与绿色发展理念,着力加强生态保护治理,保障黄河长治久安,促进全流域高质量发展,大力传承弘扬黄河文化以增强民族自信。

　　清代的治黄思路大多沿袭明代,近代的治黄之术又大量继承了清代。本书认为,研究清人的治黄行为及其对治水科学规律的认识,评析清代黄河水患治理策略的得失,对我国目前的水利工程建设与环境保护具有重要的现实价值。虽然随着科学技术的进步与水利思想的飞跃,当今治黄策略与清人有着截然不同的理念与技术水平,但黄河地势、地貌特点以及治水原理却古今无二,清人黄河水患治理策略是留给后世的宝贵遗产,值得后世反思与发扬。

　　明清两代,黄河成灾的根源不在黄河本身,而在运河。东移的运河及其相关维护手段,最能体现明清皇权的政治思维。元代最早实施运河东移,但难以克服的工程困难以及巨额的经济成本,使元廷极为明智地弃河运行海运,不但避免了天文数字的财政浪费,而且使黄淮地区生态环境免于毁灭。可惜的是,明代非常不智地弃海运,重开东移的运道。东移的运河由于居于极易溃决的黄河下游,经常被冲坍,特别是山东至苏北段非常脆弱。它无法与天然河流相比,自然冲刷而成的河流皆为鬼斧神工,无论是其走向,还是所经行的地形、地势,都是最为科学、合理的选择,能最大程度地承受各种洪水的考验,而人工开凿的运河,许多河段逆地理之性,悖水流之道,逞人力之强,滥无用之工,由此造成的环境破坏、生态衰变、民夫负累、国帑靡费、民命损失都是极其惊人的。

为了维持东移的运河,减少黄河的影响,明代弘治年间,刘大夏举办了黄河南移工程,在黄河北侧大筑太行堤,黄河被人为地移入淮河河道,全部黄河水流被逼入河道相对窄小的淮河。为了冲刷黄河下游泥沙,并向淮安段运河供水,明臣截断淮河下游河道,在平原地带修建巨型水库洪泽湖。为了向运河最高处济宁段供水,又在鲁南山地丘陵高地蓄成山东诸湖,并大加扩增。可以说,明清河臣在治黄方面的措施存在诸多严重问题。

本书强调,为了减少河患与通运保漕,清廷大规模治黄治淮,疏通运河,有清一代工程之多、靡帑之巨、影响之深,远非一般小型水利工程可比。黄灾是清代社会的突出问题,河南、江苏、安徽、山东地区则成为河患最为严重、河政最为集中的地区。对明清黄河水患问题,史籍、档册记载甚明,基本可归于人祸。然而,近年来,不少学者罔顾常识,大肆"创新",把灾因归咎于小冰期、厄尔尼诺等,让无辜的老天爷来"背锅"。事实上,黄河水灾问题既是"天灾",也是"人祸"。

本书认为,治黄从来都不仅仅是一项技术问题,也不单单考虑去水之患、用水之利,它更是一个牵一发而动全身的复杂多变的政治社会问题。嘉道时期,黄河水患加剧与吏治腐败之间有密切关系,河患对清代政治、社会生活造成严重的冲击。面对河患频仍,嘉庆帝一味迁就姑息,消极应对河患危机;道光帝即位后,对河工积弊大力整饬,但河政腐败已无力回天。此外,嘉道时期已经形成一个以侵贪河费为目的的庞大既得利益集团,除了河臣侵冒与虚靡河费之外,河工物料商贩、以工代赈下的夫役灾民,还有文人墨客、生监、幕友与游客对河费的垂涎,使"黄河决口,黄金万两"成为清代治黄的莫大讽刺。

清代黄河水患治理的低效与无效,与治河策略的僵化密切相关。河漕捆绑成为一个死结,使作为水运变通方式的海运行之维艰,黄、淮、运的治理思路无法进行根本性调整,而这一切皆源于维持运河畅通的政治需要。事实上,当时海运条件已经成熟,放弃漕运、专心治黄已成为可能。从环境角度而言,黄淮运减水闸坝的常年泄洪,使苏北地区成为名副其实的"洪水走廊",造成了该区域整个社会的疲敝。山东则存在河泉济运与农田灌溉对水源进行争夺的矛盾,对沿岸区域的农业生产产生极大的消极影响。

本书认为,历代王朝为了治黄而投入大量的人力、物力、财力,但黄河仍然决溢漫口不断,漂没田园庐舍无数。明清两代五百余年,为了通运转漕与京师物资供应,中央王朝投入治黄的力度更是空前加大,其次就是治理与漕运畅通相关的运河、淮河以及沂水、汶水、泗水诸河,再次是保障京师安全的直隶诸河,但历代治黄效果最差,仅仅去黄河河患而不能,更不要说兴水利,无论是黄河通航、灌溉还是水力利用,有清一代皆绝无仅有。

综读本书,作者竭力阐述一部客观的清代治黄史,以供后人参酌。应该说,这是一部极为客观理性的学术著作,对理解黄河灾患极具参考价值。

马俊亚

2024 年 2 月 3 日

目　　录

绪　　论

一、选题的理论价值与现实意义

黄河哺育了中华文明,被誉为中华民族的母亲河,在中国历史发展当中扮演极其重要的角色,搞好黄河流域的高质量开发,具有重要的战略意义,但黄河多沙,以善淤、善决、善徙著称,可谓"浊河决千里,一淤辄寻尺。屈指三千年,几决几淤积"。① 黄河一旦决溢泛滥,沿岸区域田园庐舍漂没一空,受灾范围颇广,灾民动辄数十万甚至上百万,对当地生产生活造成严重破坏,历代王朝为了治黄付出沉重的代价,因此"黄河宁,天下安"。另外,清廷定都北京,财赋仰仗东南各省。这样,贯穿南北交通的大运河就成为清朝的经济生命线,保持运河畅通使作为"天庾正供"的南方八省漕粮源源不断流向中央,就成为动关国计的大事。清代治黄面临着消除水患保障民生和确保运河畅通的双重任务,因此黄河治理难度颇大,清廷采取一系列措施治理黄河水患,并常年投入大量人力、物力、财力,以确保黄河安澜与运河畅通。

此外,清代是中国历史上灾荒最频最烈的时期。"明清宇宙期"(1500—1700)和"清末宇宙期"(19 世纪中叶以后)两个重大灾害群发期都发生在清代,② 是中国人口膨胀、环境恶化、黄河水灾多发的时期,竺可桢称之为中国环境史上的"小冰河期"。水灾在清代自然灾害中最为严重,黄河、永定河、长江、淮河、海河和珠江等多次发生决溢,对沿岸区域的社会生产生活造成严重破坏,其中漫溢决口次数最多、危害最大的当数黄河。道光三年(1823)癸未大水造成持续近三十年的"道光萧条",使中国经济严重衰退。囿于自然环境、技术条件与人口问题的制约,当时中国经济已达到发展的可能性极限,此一情形在江南地区尤为显著。为了消除黄河水患,清代积累了颇为成熟的治理策略。本研究的学术价值在于丰富清代治黄史与河政制度史的研究成果,推进清代河患危机与政府治理策略研究的深化。

---

① (清)魏源:《古微堂诗集》卷一《北上杂诗七首·同邓湘皋孝廉其二》,载《魏源全集》第 12 册,岳麓书社 2004 年版,第 494 页。

② 郝平主编:《中国灾害志·断代卷·清代卷》,中国社会出版社 2021 年版,第 3 页。

目前,黄河流域在我国经济社会发展和生态安全方面具有重要地位,黄河流经 9 个省区,全长 5464 千米,是中国仅次于长江的第二大河。2018 年底,黄河流域省份总人口 4.2 亿,占全国 30.3%;地区生产总值 23.9 万亿元,占全国 26.5%。① 习近平总书记一直关心黄河流域的生态保护和高质量发展,认为保护黄河是事关中华民族伟大复兴的千秋大计,"从某种意义上讲,中华民族治理黄河的历史也是一部治国史。自古以来,从大禹治水到潘季驯'束水攻沙',从汉武帝'瓠子堵口'到康熙帝把'河务、漕运'刻在宫廷的柱子上,中华民族始终在同黄河水旱灾害作斗争。但是,长期以来,受生产力水平和社会制度的制约,再加上人为破坏,黄河屡治屡决的局面始终没有根本改观,黄河沿岸人民的美好愿望一直难以实现。"② 目前,洪水风险依然威胁流域安全,水沙调控体系的整体合力无法充分发挥,下游防洪压力依旧突出,黄河下游"地上悬河"长达 800 千米,一些河段的游荡性河势未能完全控制,危及黄河大堤安全。下游滩区的防洪运用与经济发展的矛盾长期存在,河南、山东居民在迁建规划实施之后,仍有近百万人的生产生活面临洪水威胁。

　　20 世纪 90 年代之后,环境史研究在中国悄然兴起,体现了人类对自身生存环境的终极关怀。环境史关注人类社会与自然环境相互作用的历史;作为一种方法,它从生态角度理解人类历史,更强调人类与自然的和谐共处而非控制与征服。治理黄河、疏通运河是中华民族兴水利、除水害的重要活动,为了减少河患与通运保漕,清廷大规模治黄治淮,疏通运河,有清一代工程之多、耗资之巨、影响之深,远非一般小型水利工程可比。研究清人的治黄行为及其对治水科学规律的认识,评析清代黄河水患治理策略的得失,对我国目前的水利工程建设,实施黄河流域生态环境保护和高质量发展的战略规划,具有重要的现实借鉴意义。目前治黄不再局限于消除水患,而是坚持生态优先与绿色发展理念,保障黄河长治久安,促进全流域高质量发展,加上科学技术的进步与水利思想的飞跃,使当今治黄与清人有着截然不同的理念,但黄河地势、地貌特点以及治水原理却古今无二,清代黄河水患治理策略是留给后世的宝贵遗产,值得反思与发扬。

　　在此指出,清代在咸丰五年(1855)黄河铜瓦厢改道之前,为了确保京

---

①　习近平:《在黄河流域生态保护和高质量发展座谈会上的讲话》(2019 年 9 月 18 日),《十九大以来重要文献选编》(中),中央文献出版社 2021 年版,第 194—195 页。

②　习近平:《在黄河流域生态保护和高质量发展座谈会上的讲话》(2019 年 9 月 18 日),《十九大以来重要文献选编》(中),第 196 页。

师的物资供应,将作为"天庾正供"的漕粮顺利运达北京,运河就必须年年畅通,而威胁运河安全的黄河必须年年修治,因此清廷形成制度化的黄河水患治理策略与机制,但黄河铜瓦厢改道之后,山东运河被冲毁并逐渐废弃,引发了晚清黄河河政管理体制的巨大变革,清廷应对水患的策略亦相应发生变化,因此本课题研究始于顺治元年(1644)朝廷设置总河,止于咸丰五年(1855)铜瓦厢改道。

二、国内外学术史梳理及研究动态①

清人关于黄河水患与治河方略有诸多探讨,留下卷帙浩繁的水利文献,为后世研究清代黄河水患治理策略留下了极为丰富的史料,而真正对黄河水利的学术研究则始于民国时期。当时随着近代西方水利科技的引入,治水手段出现了划时代的进步,但黄河河患依然严峻,曾任导淮顾问的德国水利学家方修斯指出:"凡不善利用天然之国常为天然所摧毁,中国尚未能逃于此例。故水灾之频且剧常危害国家及人民,数千年来不可胜举",20 世纪的欧美各国,已不再"流溺莫拯",而中国大江大河"每次泛灾,民命随之洪流者辄百万计,世界震惊"。② 黄河更是被称为"中国之忧患",李仪祉、张含英、郑肇经等水利专家探讨黄河、淮河的治理问题,普遍认为清代治河技术达到了较高水平,但治黄方略遵循明代潘季驯遗教,未有突破。李仪祉所著《水功学》影响极大,当时各大学水利专业教学必不可少。③ 张含英民国时期所著《水力学》《治河论丛》《黄河水患之控制》等书,对明清黄河水患与治河方略等问题进行研究,但未与当时政治社会生活、典章制度相结合,对清代黄河水患治理策略并未进行深入系统探讨,只是对清朝中后期的河政腐败多有批评。郑肇经的治黄思想和方策,贯穿于《河工学》《中国水利史》《水文学》等著作中。林修竹所撰《历代治黄史》于 1926 年由河务税局出版。

民国时期,一些欧美水利学家亦参与中国治黄事业,对治黄导淮问题进行学术研究。美国工程师费礼门受北洋政府聘请,来华从事运河改善工程。1922 年,费氏发表《中国洪水问题》,提出整治、缩窄下游河道的治黄方略;所著《治淮计划书》陆续发表于 1923 年《水利杂志》与 1925 年《河务季

---

① 在此指出,国内外学术史梳理所涉及的文献、著述、论文在参考文献中全部列出,因此注释省略。

② [德]方修斯著:《黄河及其治导》,李仪祉译,载李赋主编《李仪祉全集》下,西北大学出版社 2022 年版,第 1419—1420 页。

③ 李仪祉:《水功学》,和记印书馆 1938 年版,载李赋主编《李仪祉全集》中,第 865—1241 页。

报》。德国水利专家恩格司于 20 世纪 20 年代来到中国实地考察黄河，反对费礼门的治河主张，著有《制驭黄河论》①讨论治黄问题，认为黄河问题在于主溜摆动不拘，缺乏固定的中水河床。恩格司首创河工模型试验，为近代河工界权威，培养出郑肇经、沈怡、谭葆泰等中国水利专家。德国水利学家方修斯曾任导淮委员会顾问工程师，在起草"导淮计划"之余研究黄河，发表《中国水利前途之事业》《治河通论》②等文，并于 1931 年在德国汉诺佛水工试验所进行导治黄河模型试验。欧美水利学家参与治黄事业，使中国水利事业逐渐与国际水平接轨。

　　中华人民共和国成立后，诸多水利学家参与黄河治理与建设事业，并从水利工程技术的角度研究治黄问题。水利学家张含英长期担任治黄工程的领导职务，并从事治理黄河的科学研究工作，曾任水利部副部长，主持和参与诸多水利工程规划和施工，著有《我国水利科学的成就》《中国古代水利事业的成就》《明清治河概论》《历代治河方略探讨》等书，为明清治黄问题的深入研究做出重要贡献。姚汉源、周魁一、谭徐明等人从治河研究裨益当代水利开发的视角，组织撰写《中国水利史稿》，对清代黄河水患、治水技术进步等问题有专章研究，但并未系统梳理清代黄河水患治理的各种策略。中国水利史研究的开拓者姚汉源所著《中国水利史纲要》《京杭运河史》《黄河水利史研究》等书，对中国水利、京杭运河以及黄河下游变迁与治理、黄河水运史、黄河农田水利、泥沙利用问题进行深入研究；徐福龄曾任《黄河志》总编辑室主任，著有《黄河埽工与堵口》《河防笔记》《续河防笔谈》，探讨了诸多黄河治理问题。周魁一著有《水利的历史阅读》，撰写《中国科学技术史·水利卷》《二十五史河渠志注释》，并与赵春明共同主编《中国治水方略的回顾与前瞻》，与谭徐明合撰《中华文化通志·水利与交通志》等著作，对治黄研究多有深入探讨。

　　目前，水利学界有关治黄研究的著作不断涌现，王英华《洪泽湖—清口水利枢纽的形成与演变——兼论明清时期以淮安清口为中心的黄淮运治理》一书，对明清时期洪泽湖、清口一带的水利枢纽多有研究，并对治河活动背后的复杂政治背景予以关注。王泾渭《历览长河——黄河治理及其方略演变》对历代重大河事、治理方略、当代治河成就以及黄河下游治理反思

①　[德]恩格司撰：《制驭黄河论》，郑肇经译述，《工程：中国工程学会会刊》1929 年第 4 卷第 4 期。
②　[德]方修斯撰：《中国水利前途之事业》，李仪祉译，《华北水利月刊》1931 年第 4 卷第 12 期；[德]方修斯撰：《治河通论》，汪胡桢译，《水利》1937 年第 13 卷第 1 期。

等问题进行系统研究。饶明奇《清代黄河流域水利法制研究》对清代黄河水利法制,如水情、水官、黄淮运河工质量管理和责任追究制、河工经费管理、防洪法、农田水利法制和渠堰管理的立法成就进行系统研究。

历史地理学界则注重黄河、治黄所造成的河湖地貌变迁、环境变化等维度,谭其骧、史念海、岑仲勉、邹逸麟、葛剑雄、辛德勇、胡阿祥等学者对历代治黄问题较为关注:《谭其骧全集》中有诸多研究黄河治理的经典之作,其中《西汉以前的黄河下游河道》《何以黄河在东汉以后会出现一个长期安流的局面——从历史上论证黄河中游的土地合理利用是消弭下游水害的决定性因素》等文,从历史地理学的角度,探讨黄河下游河道变迁问题及其成因与影响。史念海所著《中国的运河》一书最早系统研究中国历代运河的开凿、沿革与变迁,对治黄问题多有涉及。岑仲勉《黄河变迁史》一书对黄河源流、故道及历代治河史进行了研究,对明清治河的弊端多有揭露。邹逸麟《千古黄河》、辛德勇《黄河史话》等书对黄河河道变迁、历代河患、治河方略以及水利灌溉等问题进行探讨。葛剑雄、左鹏所著《河流文明丛书·黄河》,胡阿祥、张文华所著《河流文明丛书·淮河》等书,从自然与人文互动的视角,阐述黄河、淮河流域的自然地理与文明特色。钮仲勋《黄河变迁与水利开发》一书,研究黄河变迁与黄运关系、地区开发、水利开发等问题。李德楠《明清黄运地区的河工建设与生态环境变迁研究》一书,通过分析明清黄运地区河道开挖、堤防修筑、闸坝创建、物料采办等河工活动,揭示其对区域内河流、湖泊、土壤、植被、河口、海岸等的环境影响。吴朋飞《黄河变迁与开封城市兴衰关系研究》一书,从环境地理学、历史地理学角度追踪开封城市演化轨迹,揭示黄河泛滥与开封城市兴衰的关系。潘威、庄宏忠《清代黄河"志桩"水位记录与数据应用研究》一书利用清代档案记录、日记、古旧地图和地方志材料,系统研究黄土高原地区气候、水文变化过程。潘威等著《清代黄河河工银制度史研究》一书从河工财务制度的运作方式入手,重新探讨清代河患的形成过程及其原因。

史学界研究治黄史,则侧重阐发人的治水活动及其对人类社会生活的影响。马俊亚《被牺牲的局部:淮北社会生态变迁研究(1680—1949)》一书,着重考察淮北地区人类活动对淮北社会生态变迁的影响,分析政府治水、漕运和盐务政策对淮北地理河道、经济结构与社会结构的塑造与影响,探讨治黄通运与淮北社会变迁的关系,是一部颇有学术价值的力作。程有为主编《黄河中下游地区水利史》对明清时期黄河治理方略及治河技术进步进行探讨。金诗灿《清代河官与河政研究》探讨清代河官制度的沿革,解读清代河政的变化过程。贾国静《水之政治:清代黄河治理的制度史考察》

《黄河铜瓦厢决口改道与晚清政局》等著作，对清代黄河管理制度、黄河铜瓦厢改道与晚清政局之间的关系做了系统探讨。

史学界还发表了诸多学术论文探讨相关治黄与河工问题：郑师渠《论道光朝河政》，王振忠《河政与清代社会》，陈桦《清代的河工与财政》，夏明方《铜瓦厢改道后清政府对黄河的治理》，潘威、李瑞琦《清代嘉道时期河工捐纳及其影响》，王剑、殷继龙《从取印到报捐：清代乾嘉时期的河工投效》，潘威《河务初创：清顺治时期黄河"岁修"的建立与执行》，江晓成《清前期河道总督的权力及其演变》《清前期河工体制变革考》等诸多论文，对道光河政问题、河工对清代社会与财政的影响、黄河治理、河官捐纳问题、岁修制度、河督权力演变、河工体制各方面的问题进行深入研究。贾国静博士后报告《清代河政体制研究》及其发表的一系列论文，对黄河铜瓦厢决口后清廷的应对策略、清代河政体系演变等问题进行研究。张健等《清代嘉道时期（1796—1850年）黄河下游决溢时空格局与河工治理响应》一文，认为黄河下游决溢与河工治理的时空响应存在明显"错位"现象，即决溢重心向"东河"推移，而河工治理重心则向"南河"扩展。曹志敏发表《清代黄河河患加剧与通运转漕之关系探析》《从漕运的社会职能看道光朝漕粮海运的行之维艰》《试论清代"束水攻沙、蓄清敌黄"的治河方略及其影响》《清代黄淮运减水闸坝的建立及其对苏北地区的消极影响》《〈清史列传〉与〈清史稿〉所记"礼坝要工参劾案"考异》《嘉道时期黄河河患频仍的人为因素探析》《试论道光帝对河工积弊的实力整顿》《嘉道年间河费使用问题探析》《清代山东运河补给及其对农业生态的影响》《1841年开封黄河水患背景下的社会镜像——以〈汴梁水灾纪略〉为中心》等一系列论文，对通运转漕与河患关系、漕粮海运问题、治河方略、减水闸坝对苏北消极影响、礼坝要工参劾案、嘉道河患人为因素、道光帝整饬河工、河费使用、山东运河补给问题，以及道光开封黄河水灾社会镜像等一系列问题进行研究，具有一定学术价值，值得学界关注。曹金娜《清代漕运水手群体初探》《清代河道总督建置考》《清道光二十一年河南祥符黄河决口堵筑工程述略》等文对漕运水手、河督建制、道光汴梁黄河堵口工程进行了学术研究。

此外，史学界一些从事环境史研究的学者，着重采用生态史学的视角研究治黄治淮相关问题。在环境史理论探讨方面，梅雪芹《新概念、新历史、新世界——环境史构建的新历史知识体系概论》《在中国近代史研究中增添环境史范式》，王利华《关于中国近代环境史研究的若干思考》《中国生态史学的思想框架和研究理路》《生态环境史的学术界域与学科定位》，滕海键《环境史：历史研究的生态取向》等论文，将"人类生态系统"视为环境史学的核心概念,将环境与社会视为相互依存的动态整体,以此反观清代黄河水患治理策略,具有方法论与研究视角的启发意义。耿金《中国水利史研究路径选择与景观视角》一文,认为当前水利史成果根据研究视角的不同,可分为以水利工程为核心的水利技术史,以"人的活动"为中心的水利社会史、水利政治史以及以"环境"为核心的生态水利史,指出当前水利史研究需要更多呈现水利背后复杂的人与自然关系,对于学界进一步深化黄河水利史研究具有启发意义。

在治黄与环境变迁研究的学术实践方面,高元杰的硕士论文《明清山东运河区域水环境变迁及其对农业影响研究》基于生态环境史学视野,考察山东运河导致的区域水环境变迁及其对农业社会的种种影响;高元杰《环境史视野下清代河工用秸影响研究》一文,探讨了清代黄河河工物料征派对区域生态环境和民众生产生活的深远影响,认为河工物料问题积渐所至,最终导致河工地区生态和社会皆走向衰败境地;高元杰《清代运河水柜微山湖水位控制与管理运作——基于湖口闸志桩收水尺寸数据的分析》一文,认为微山湖形成和演化深受黄运二河影响,它在明末清初地位急速提升,是"避黄行运"政策下运道继替的结果。李小庆的博士论文《环境、国策与民生:明清下河区域经济变迁研究》认为明中叶以来,由于下河州县成为黄淮运泄洪区,导致水环境恶化,灾害频发,使得作为下河主导产业的农业根基被彻底动摇,探讨了明清治黄活动对下河区域环境变迁、经济凋敝的消极影响。

在国外,早在1957年,德国学者魏特夫出版《东方专制主义》一书,将中国社会称为"治水社会",阐述治水工程对东方专制主义国家权力产生及其强化的作用,在西方学术界引起轰动,但遭到中国学术界的强烈批判。日本成立了中国水利史研究会,比较注重中国水利问题与社会经济关系的研究。森田明《清代水利与区域社会》从治水组织角度探讨治水活动与国家权力及社会的关系;吉冈义信《宋代黄河河工史研究》一书对宋代黄河水则、埽工创建、水情鉴别、堤防修筑、堵口工程、民夫调用制度、引黄放淤、治黄机构、治黄方策进行详细论述,对欧阳修治黄列有专章。星斌夫《明代漕运研究》《大运河——中国漕运》对明代漕运、大运河社会经济史进行了系统研究。在美国,学者彭慕兰《腹地的构建》一书涉及了运河废弃对民国时期黄运区域经济的影响;戴维·艾伦·佩兹《工程国家:民国时期(1927—1937)的淮河治理及国家建设》一书考察淮河治理的历史变迁,论述清亡后民国政府接管淮河水利并治理的情形;戴维·艾伦·佩兹另一专著《黄河之水:蜿蜒中的现代中国》考察黄河古今变迁及其对整个中国生态环境的影响,乃至其对于国际社会的意义,剖析黄河流经之地华北平原水治理及其对中国政治经济稳定的重大作用。穆盛博《洪水与饥荒》按时间线索讲述花园口决堤的前因后果,以及此一事件中环境、军事和普通民众之间的关系,论述抗战时期国民党军队对黄河战略性改道及其对环境的影响。

在此指出,黄河水患治理是学界关注已久的老问题,研究成果堪称汗牛充栋,研究平台与起点极高,就水利史研究历程而言,已走过从水利工程技术到水利社会,再到水利与景观、水利与环境、水利与区域社会变迁三个时代。治黄史研究如何超越已有成果、找到学术创新点,并非易事。但清代黄河水患治理策略的研究,属于水利学与历史学的交叉学科,涉及清代漕运制度、河工制度、财政制度以及清朝典章制度的诸多方面。目前清代治黄策略研究的主要成果是水利学家与历史地理学家所取得,史学界对此一问题关注不够,远远不足以揭示黄河水患治理策略与政治社会生活之间的复杂关系,亦未深入探讨治黄策略、水利技术与环境变迁之间的复杂关系。在黄河铜瓦厢改道前,清廷为了通运保漕,对黄河进行长期不间断的大规模治理,建立相当完备的河患治理机制,既有河政制度的完善、河工经费的投入、河工立法的制订,亦有治河技术的保障、积累丰富的黄河水患应对策略,值得从政治考量、水利技术与环境效应的多维互动中深入考察此一问题。此外,清代关于治黄活动、河政制度的文献包括《行水金鉴》《治河奏疏》《大清会典》《清实录》《十朝圣训》《漕运全书》《河工则例》《皇朝经世文编》和地方志、河渠志、灾害志、水利志、运河志以及清人文集笔记等,为学界探讨此一问题提供了数量浩繁、类型多样的史料。

三、研究方法与创新之处

清代黄河水患严重,朝廷治理河患的策略既有法律制度层面的规范,又涉及水利技术的维度,大规模的治河活动与水利工程对自然环境的影响较为复杂,远非某个单一领域的研究结论所能解释,这就需要宏阔的多学科研究视野。台湾学者刘翠溶强调,环境史研究必须采取跨领域的研究途径,"为了解人类与自然环境之间的互动,历史学者必须尝试学习自然科学并掌握超出传统历史训练的相关知识。历史学者需要有系统地结合社会科学与自然科学以便致力于研究环境史"。① 清代黄河水患治理策略研究即跨越自然科学与社会科学两大领域,涉及历史学、水利学与环境史等多学科的理论方法。

---

① 刘翠溶:《什么是环境史》,生活·读书·新知三联书店2021年版,第7页。

目前,水利学在治黄研究上取得诸多成就,为我们深入探索黄河水患问题提供了科学依据,同时环境史研究方兴未艾,其研究思想、研究方法已渗入黄河水利史研究,所有这些对本课题都具有借鉴作用。与此同时,清代治黄资料系统而丰富,充分体现了清廷与河臣在治河活动中的主体地位与主导作用,但由于学科领域、研究视角的限制,不同学科的学者依旧自说自话,没有实现真正的跨学科研究。本书立足于历史学、文献学,综合运用多学科的研究方法,充分借鉴水利学研究成果,采用环境史的研究视角,在探讨清代黄河水患治理策略时,分析这些活动对周边环境的深刻影响与互动关系,真正做到多学科的融会贯通。

对于环境史范式,梅雪芹指出,环境史学者"以生态学为基本理论,以生态分析为基本方法,以'历史上的人与自然'为核心和主线,从多方面、多角度研究人与自然之关系的生成和变迁以及人与自然共同作用下的历史运动。环境史学者已然贡献了新的历史知识体系,塑造了新的历史观念,从而突破了人类中心的世界观和历史观,凸显了自然在历史中的地位和作用,重塑了人与自然同在的错综复杂的历史生态世界"①。环境史研究人类社会与自然环境关系的发展变化,其以生态学理念与话语体系来诠释人类治黄活动,采用生态思维和生态史观的理念去评判人类改造自然的行为,以生命关怀、生态文明为终极目标,具有强烈的现实意义。

在清代,治黄活动属于清廷及其河臣主导下的国家官修水利活动,与民埝民堤有着极大的区别。治黄工程与朝廷意旨、国家体制之间有着密不可分的关系,国家这一"大共同体"与地方社会这种"小共同体"之间真正呈现出一个上下博弈、多元互动的治水共同体的面貌。② 因此,本书着重探讨清廷在治黄过程中的政治考量,即治黄服务于通运转漕,将四百万石漕粮每年源源不断转输京师,是压倒一切的"国之大计",并成为清廷治理黄河水患的行动指南,为此建立系统而严密的河政制度与河工立法,治水技术亦因迫切的现实需要而极大提高。目前学术界对黄河水患治理策略的探讨,基本上从水利技术、历史地理视角着眼,未能从国家角色的视野凸显清廷与河臣在治黄活动中的主导作用。有鉴于此,本课题首先关注治黄的行政力量,即朝廷与河臣的治黄理念与治水行为以及为此而建立的河政制度与水利立法,并以环境史的生态水利理念评判其治水活动,真正体现治黄

---

① 梅雪芹:《在中国近代史研究中增添环境史范式》,《近代史研究》2022 年第 2 期。
② 夏明方:《从"自然之河"走向"政治之河"》,载《文明的"双相":灾害与历史的缠绕》,广西师范大学出版社 2020 年版,第 224 页。

活动中人类活动与生态环境之间的互动，改变那种将水利工程技术与人类治水活动的政治导向分为两橛的研究弊病。

本书的创新之处，主要体现在研究思路与研究方法上，清代黄河河患与朝廷的治理策略，不仅仅是水利技术问题，更是一个政治社会问题，与当时政治、经济、技术、气候与环境等因素紧密相关，是一个庞大、复杂而多变的系统。但目前学术界的研究成果，还远远不足以揭示清代黄河水患治理策略当中政治、技术与环境三者之间的复杂关系，这是本课题需要突破的地方。清廷及其河臣是治黄活动的决策者，其治水思想、治河方略、决策能力与领导水平决定着治河活动的成败与朝廷人力物力投入的效能，同时清代形成浩如烟海的治黄文献，朝廷重臣、河督河臣、经世学者从不同视角介入治黄问题的大讨论，治黄思想与河防措施纷繁复杂，后世评判莫衷一是，亟须加强此一方面的学术研究。本书侧重从政治法律制度层面阐释清代黄河水患治理策略，深入分析治河策略对河患控制的效能以及生态环境影响。

此外，黄河水患治理是一个贯通古今、关系国计民生的大问题，亦是至今未能完全解决的国家治理要务。本书探讨清代黄河水患治理策略，本着司马迁"究天人之际，通古今之变"的著史理念，不仅上溯历代治黄思想，而且下及僵化策略的后世环境恶果，不仅联通古今而且观照现实，将治黄策略置于自然与人的关系中进行整体思考。本书还以现代生态水利科学视野审视清代治河方略，或以当今黄河流域开发理念来对照反思。清代黄河水患治理策略的沿袭性颇强，多是对明代治黄经验的总结，而当代治黄措施亦是对清代治黄策略的改进。清人治黄既有朴素科学理性的光芒，又有劳民伤财、策略僵化的沉痛教训，本书遵循古为今用、经世致用的原则，将治黄当中政治、技术与环境互动的研究视角贯穿始终。

第一章　先秦至元明黄河水患治理思想

黄河流域是中华文明的发源地之一,正是千百万年来黄河的冲刷淤积,为中华民族带来了广袤肥沃的黄河中下游平原,但黄河为华夏文明提供生息繁衍空间的同时,也带来巨大的水患与深重的灾难。黄河含沙量之大,世界其他任何大河罕有其比,而且自古已然,因此河患之重亦为世界其他大河所罕有。对于历史上的黄河水患问题,习近平总书记指出,长期以来黄河水害严重,给沿岸百姓带来深重灾难,"历史上,黄河三年两决口、百年一改道。据统计,从先秦到解放前的2500多年间,黄河下游共决溢1500多次,改道26次,北达天津,南抵江淮。1855年,黄河在兰考县东坝头附近决口,夺大清河入渤海,形成了现行河道。封建社会战争和军阀混战时期,更是人为导致黄河决口12次。1938年6月,国民党军队难以抵抗日军机械化部队西进,蒋介石下令扒决郑州北侧花园口大堤,导致44个县市受淹,受灾人口1250万,5400平方千米黄泛区饥荒连年,当时灾区的悲惨状况可以用'百里不见炊烟起,唯有黄沙扑空城'来形容"。① 治理黄河水患成为历代王朝的头等大事。

黄河奔腾万里而来,犹如一条咆哮的泥龙,在中国大地上一泻千里,治理难度之大可以想象。就地形地势而言,黄河在河南孟津以上,"束于群山中,无冲决之虞",而一出龙门,至荥阳县境以东,则"出险入平,汗漫善决,全藉堤防捍卫"②,黄河在中游携带大量泥沙奔腾咆哮而下,一进入下游平原地区,由于水流减缓,大量泥沙淤积河床而使黄河迅速成为"地上河",随着河床逐渐淤积,黄河泛滥横决甚至是改道在所难免。此外,明清以后,黄河下游地区实行全面堤防化,河水被束缚于一条固定的河道之内,这就大大加剧了河床泥沙的淤积速度,黄河迅速抬升为"悬河",因此治黄的根本问题是治沙。

自先秦至宋代,黄河治理的目标主要是消除水患,防止河决漂没田园

---

① 习近平:《在黄河流域生态保护和高质量发展座谈会上的讲话》(2019年9月18日),《十九大以来重要文献选编》(中),第196页。

② (清)黎世序等修纂:《续行水金鉴》卷首《黄河图说一》,《万有文库》本,商务印书馆1936年版,第3页。

庐舍。元、明、清三代定都北京,远离南方财赋中心,沟通南北经济的大运河就成为帝国经济生命线,因此治黄与治淮、通运绑在一起,加大了黄河治理的难度。明朝还要加上保护皇帝凤阳祖陵不被淹没的重任,使治黄形势更为错综复杂。关于历代治河策略的演变,水利学家张含英总结说:"历代治河之策略,恒因河道之情形,与夫政治之状况而异。虽言治河者无虑千百,然简要言之,两汉以贾让三策为中心,宋代以南北分流为争点,明代则趋于分黄导淮之辩议;近世则欲以水力之原理,科学之方法,作治本治标之探讨。"①事实亦是如此。千年以来,贾让治河三策影响颇为深远,明代分黄导淮之争的结果,是潘季驯"束水攻沙、蓄清敌黄"占据了统治地位,直接影响清代治河策略的走向。

第一节　宋以前治黄思想、元修运河与黄河治理

春秋战国至北宋末年,黄河由渤海湾入海,战国中期之前,黄河由多股河道分流入海,基本上处于漫流状态,各族群以主动迁徙来避开水患;战国后期黄河下游河道大量修筑堤防,河道基本稳定下来,但大堤距河床很远,河道具有游荡性。南宋以后黄河夺淮从江苏入海,金元至明中期,黄河分成数股汇淮入海,而明嘉靖后期至清咸丰五年(1855)铜瓦厢改道前,黄河下游实行了全面堤防化,黄河单股汇入淮河入海。铜瓦厢改道后,黄河由山东利津入海。黄河一线入海,河道长期被固定下来,日久造成大量泥沙堆积,河床淤高颇为迅速,洪水极易在薄弱处溃堤。如再遇到政治腐败,河政废弛,黄河水患更为严重。

元代定都北京后,为了保障京师的粮食与物资供应,修建了会通河与通惠河,从杭州经山东到达通州的大运河全线贯通,奠定了明清两代漕运的基础。此外,元朝还尝试进行海运,实现河海联运,河陆联运。元代黄河水患严重,至正十一年(1351),朝廷任命贾鲁治河,贾鲁采取"疏、浚、塞"三者并举的措施,治河取得了巨大成功,但不久农民起义烽火遍地,元廷再无暇顾及河道养护,河患再起。

一、宋代以前黄河水患治理思想

黄河是中华文化的象征,班固《汉书·沟洫志》将黄河尊为百川之首,

---

① 张含英:《治河论丛》,国立编译馆1936年版,第1页。

"中国川源以百数,莫著于四渎,而河为宗"。① 但黄河又是洪水灾害最为剧烈的河流,古老的中华文明史以大禹治水为开端。据《孟子》记载,尧统治时期,"洪水横流,泛滥于天下。草木畅茂,禽兽繁殖,五谷不登,禽兽逼人,兽蹄鸟迹之道交于中国"②。因此舜即位后,令大禹治水。《禹贡》记载,大禹治河,"导河积石,至于龙门;南至于华阴;东至于厎柱;又东至于孟津;东过洛汭,至于大伾;北过降水,至于大陆;又北,播为九河,同为逆河,入于海"③。大禹治水成功后,被舜选为继承人。千年以来,治河专家无不把大禹奉为"神明",把大禹导黄河入海的河道称为"禹河""禹迹",而且试图找"禹河"故道以避免洪水泛滥。

黄河决口改道的地点绝大多数在下游,河道摆动范围遍及整个黄淮平原,甚至波及淮河南岸的苏北地区,宋人张元干"九地黄流乱注"的诗句正是此一情景的真实写照。从新石器时代至商周春秋时期,面对黄河频繁泛滥与改道的现实,人们以不断迁徙来"避洪水而居"。战国中期,在黄河河道两岸开始出现绵亘数百里的长堤,来约束和固定黄河河道,第一次改变了黄河原始的自然漫流状态,是黄河河道变迁史上的重大事件。黄河河道经过堤防固定后,泥沙迅速淤积,至西汉前期,黄河开始出现频繁的决溢。

西汉元光三年(前132年),黄河在河南濮阳西南瓠子决口,"河决于瓠子,东南注钜野,通于淮、泗"④。黄河洪水在豫东一带11个郡泛滥达23年之久,灾区范围达方圆一两千里。元封二年(前109年),汉武帝征发数万人填堵决口,并亲自到河上督工,终于堵合黄河决口,汉武帝命人由瓠子开二渠,引黄河水分流。

西汉末年,黄河河患不断。哀帝初年,贾让提出"治河三策",根据黄河河床已高于堤外民屋屋顶、成为悬河的现实,而河南黎阳一带两岸堤距仅有数百步,且河道"百余里之间,河再西三东",对于黄河安澜顺轨极其不利,因此贾让提出治河的上、中、下三策。上策是迁民避水,黄河改道北流,"徙冀州之民当水冲者,决黎阳遮害亭,放河使北入海。河西薄大山,东薄金堤,势不能远泛滥,期月自定",即采取措施人工改道。黄河出孟津由山区骤入平原,水势的湍急处于失控状态,而黎阳一带堤防狭窄多弯,洪水壅塞不畅,因此造成决堤之患。为了减少河患,改造黎阳卡口河段的形势至

---

① (汉)班固:《汉书·沟洫志》,中华书局1962年版,第1698页。
② 杨伯峻、杨逢彬导读译注:《孟子·滕文公章句上》,岳麓书社2021年版,第80页。
③ 周秉钧注译:《尚书·禹贡》,岳麓书社2001年版,第44页。
④ (汉)司马迁:《史记·河渠书》,中华书局1972年版,第1409页。

关重要,贾让主张决开黎阳大堤,让黄河沿北部低地入海。但人工改道并非漫无限制,任洪水横流把冀州全部淹掉,而只是将"当水冲"的居民迁徙,当时河北平原东部人口稀少,迁民具有一定可行性。"西薄大山"是西到黎阳以西善化山一带的高地,所谓"东薄金堤"即东到故河西堤,北以漳河为界。改河后,新河道由漳水北入渤海,扩大排洪能力。这样,"河定民安,千载无患",故谓之上策。

中策是"多穿漕渠于冀州地,使民得以溉田,分杀水怒"。在上策无法实施的情况下,贾让兼顾灌溉、放淤、分洪、漕运等水利,采取各种措施分水。黎阳遮害亭一带河岸土质坚实,抗冲力强,故从淇口以东石堤上多开水门,以便开渠引水,这样可以分减黄河干流水量,降低防洪压力。因此,"为东方一堤,北行三百余里,入漳水中,其西因山足高地,诸渠皆往往股引取之",即在水门以东,向东北修一道至漳河的长堤,并在堤上开水门,分股引水灌田淤地,"旱则开东方下水门溉冀州,水则开西方高水门分河流",这样,既可保障河水安全下泄,又可放淤改造盐碱洼地,而灌溉余水和洪后退水还可通过漳河回归河道。沿河大堤之外多为盐碱地,利用水门开渠引水淤灌,使盐卤之地变为肥田,增加农业产量。此外,渠道可以通航,"转漕舟船之便"。这样富国安民,除害兴利,因而谓之中策。

下策是在黎阳一带"缮完故堤,增卑倍薄",也就是维持现有河道河堤,每年耗费大量人力、财力对原有河堤进行加高培厚,增强抵御洪水的能力,但这样违反自然规律,势将"劳费无已,数逢其害",因此为"下策"。① 贾让的"治河三策"对后世产生深远的影响,河臣讨论治河策略,基本上没有超出贾让的治河策略。直到今天,黄河修堤仍坚持宽河行洪的规律,河南境内的黄河两岸堤距少则 10 千米,多则 20 千米,而贾让治河思想中的分洪、放淤、灌田、航运等建议,早已成为现实。

王莽当政的建国三年(11),黄河在魏郡元城以上决口,为了避免元城祖坟被淹,王莽对决口置之不理,听任洪水泛流。直到近六十年后,东汉永平十二年(69),朝廷才发动数十万人,由王景统领,对黄河下游河道进行治理,使黄河经过浚县、滑县、平原、商河等地,最后由千乘(今山东利津)汇入渤海。《后汉书》称述王景"底绩远图,复禹弘业,圣迹滂流,至于海表"②。当时孟津以下,黄河南岸有绵长的邙山、广武山、敖山作为天然屏障,邙山前有广阔滩地可以筑堤修渠。王景对黄河河道的规划,顺应了数十年黄河

---

① (汉)班固:《汉书·沟洫志》,第 1694—1696 页。
② (南朝宋)范晔:《后汉书》卷三《章帝纪三》,中华书局 1965 年版,第 154 页。

冲刷而成的河道趋势,通过疏浚淤塞、裁弯取直、修筑河堤等方式,形成了自荥阳至千乘海口的千余里黄河新河道,并在一些险要河段设置减水口门,汛期洪水由口门泄出,即可以避免溃堤,而经过泥沙淤积后的清水再通过口门归漕,起到减水、滞洪、放淤的作用,减缓了河床淤积的速度,从而保障黄河堤防的安全。史载,经过王景治河,黄河千年无河患。对此,魏源称赞说:"王景治河,塞汴归济,筑堤修渠,自荥阳至千乘海口千余里,行之千年。历魏、晋、南北朝,迄唐、五代,犹无河患,是禹后一大治。"①

王景河道史称东汉河道,历经魏晋南北朝及唐宋时期,直到北庆历八年(1048),黄河在濮阳商胡北徙,总计行河九百七十余年。魏晋南北朝时期,黄河水患记载无多,所谓"河之利害,不可得闻"。王景河道长期相对安流未有变化,于是出现"长期安流论""千年无患论",此中缘由千百年来争论不休。传统观点认为,这是王景治水"十里立一水门"的功效。明人徐有贞、清人魏源、刘鹗、近人李仪祉,英人李约瑟等人持此观点,尤以魏源《筹河篇》、李仪祉《后汉王景理水之探讨》为代表。有一点确定无疑,即汉末至隋唐时期黄河相对安流。

应该指出的是,黄河南岸的邙山、广武山皆为土山,山脚经过黄河长期掏挖冲刷而相继崩塌,失去了控制黄河河道的作用,结果黄河河道不断南移。黄河夺淮入海之后,邙山进一步崩塌。至元代至正十六年(1356),唐宋时期的河阴县官署民居已居于黄河中流,广武山山崖大片崩塌,已经失去了对黄河的控制,黄河摆动到西南极限,最后夺颍河入海。但至今黄河在京广铁路桥以西的邙山,在河道整治过程中仍有控制河势的作用。

此外,王景治河后"八百年无河患"并不完全符合史实,只是黄河八百年没有大的改道而已,主要原因是东汉河道的流路距渤海最近,比降陡峭,流势非常顺畅。此外,黄河两岸湖泊众多,可以容蓄调节洪水。著名学者谭其骧认为,东汉以后黄河中游地区退耕还牧,水土流失相对减少亦为原因之一。② 其实西汉时期,黄河已是"河水重浊,号为一石水六斗泥",说明西汉时黄河泥沙已颇为严重,魏晋南北朝时期,黄河中游地区退耕还牧,对大面积水土流失减少、降低黄河泥沙含量,应该起了一定的作用。姚汉源通过北魏郦道元《水经注》所载黄河情形,认为魏晋南北朝时期黄河具有三个显著特征:"一是黄河下游分支多;二是下游直接间接通连的湖沼多,有

---

① (清)魏源:《筹河篇中》,载《魏源全集》第12册,第349页。

② 谭其骧:《何以黄河在东汉以后会出现一个长期安流的局面——从历史上论证黄河中游的土地合理利用是消弭下游水害的决定性因素》,《学术月刊》1962年第2期。

些很大的如巨野泽；三是下游尚存的故道多，有的水大时能过水。"①当时战乱频仍，人口大量减少，以致黄河两岸地广人稀，黄河堤防长期失修残缺，起不到防洪作用。而秋夏霖潦黄河水发，即流入支流、故道或湖泽之中，成为一种自然半自然状态的洪水泛滥状态，史书记载则多是某些地区大水成灾。谭其骧认为黄河中游退耕还牧减少水土流失，造成河患减少，是有道理的。

至唐代，战争不断，多次以水代兵，唐朝后期藩镇割据，社会动荡不安，黄河水患不断。唐代平均 13 年发生一次河患，而晚唐、五代几乎每三年一次河患。北宋时期，黄河决溢之患更加频繁，主要是在澶州、滑州一带。庆历八年（1048），黄河在商胡决口北流，终于导致一次大的改道。此次改道后，黄河河道自南乐以北，经过山东馆陶、枣强，东至乾宁军（今河北青县）合御河（今卫河）入海，宋人称为"北流"。有时又在大名以东，经魏州、恩州、德州、博州，合笃马河入海，宋人称为"东流"。北流与东流交替使用，基本上北入渤海，直至北宋灭亡。北宋时期的治河思想，主要是"以河御敌"，阻挡辽国进攻，而不是因势利导，兴利除害。

南宋建炎二年冬（1128），金兵南下，宋朝东京留守杜充以水代兵，在河南滑县李固渡决开黄河，阻挡金兵南下。结果导致黄河又一次大改道，黄河形势亦为之一变。从此之后直到清咸丰五年（1855），在铜瓦厢改道前的700 年中，黄河基本未入河北平原，而是南徙合泗入淮。黄河南流经过豫、鲁之间，至今山东巨野、嘉祥一带注泗入淮，形成黄河长期夺淮入海的局面，这是黄河史上第四次重大改道。

黄河改道之后，河道迁徙极为频繁，出现前所未有的动荡局面。就自然原因而言，黄河在豫东北与鲁西南之间的平地上漫流，河床宽浅，河水不易约束，河堤多为砂土筑成，容易溃决。政治方面，宋金对峙战乱频繁，南宋与金朝皆无暇治河，而且宋金以黄河为界，金人自然愿意黄河不断南侵以扩充版图。金人利用黄河南行，以宋为壑，数十年来，黄河"或决或塞，迁徙无定"，因此这一时期，黄河下游出现多股分流、主河道摆动不定的混乱局面。战乱时期河患频仍，有的是自然溃堤，也有不少是人为决河。金章宗明昌五年（1194），黄河在河南阳武决口，大溜奔流封丘，经过长垣、曹县以南，商丘、砀山以北，至徐州冲入泗水，从淮阴注入淮河，从此黄河主流全部南移入淮，开始了长期夺淮入海的局面，直至咸丰五年（1855）铜瓦厢改道为止。在金元战争中，无论是金人还是蒙古人，皆曾"以水代兵"，掘开黄

① 姚汉源：《黄河水利史研究》，黄河水利出版社 2003 年版，第 45 页。

河大堤以淹对方,造成黄河下游严重的水患。

二、元朝修建京杭大运河与陆海联运

元代初步修建京杭大运河,成为黄河治理发生根本变革的时期。元朝定都北京,此时中国经济中心的南移已彻底完成,东南地区成为元朝财政收入的主要来源,沟通南方经济中心与北方政治中心成为朝廷的头等大事。充分利用江南、华北各水系,解决南方财赋运输问题至关重要。为此,元朝开凿了济州河、胶莱河、会通河、通惠河,使全长一千七百余千米的京杭大运河全线贯通,但漕运始终未能畅通,因此元朝实行内河水陆联运、河海联运等方式。

元代开始修建的京杭大运河为明清运河贯通南北奠定了基础。元世祖统治时期,运河并未全线畅通,漕运还需要借助陆运。漕船自江南运河过长江,从瓜洲古渡进入江北的扬州运河,沿扬州运河进入淮北,再由黄河逆流开封以北的中滦,然后陆运至淇门,从淇门进入卫河,水运至通州,再由通州运至大都。由于水陆接运要经过多次装卸,劳费巨大而效率低下,"中滦一处漕运,尽力一年可运三十万石",根本无法满足京师对粮食、物资的需要。

元朝还试行海运。至元十九年(1282),元朝从海道将南方粮食运至直沽(今天津),再经河道转运大都,经过数年试运,粮食运输逐步以海运为主,内河漕运退居次要地位。为了保证运输安全,缩短航运时间,元代海运初期傍海岸航行,航路曲折,往往遇沙搁浅,航期长达两月。后改自刘家港至崇明三沙,然后东行入黑水洋,至山东成山再向西北航行,进入直沽,顺风十日即可抵达。海运漕粮一般春、夏航行两次。航行中,在航途上树立航标,确立港口导航制,对水文和气象进行预测预报,为后世继续开发东部海域航运创造了条件。元代海运漕粮初时每年百余万石,后增至三百多万石,最高一年达三百五十多万石。由于海运路线前所未有,需要不断探索航线,而且蒙古人不习风涛,漂没粮食、士兵无数。随着元代政治衰落和农民起义爆发,海运亦日益衰落。

由于陆运的种种局限与海运的风险重重,元朝从至元二十年(1283)尝试海运以及河海联运,先后开凿了胶莱运河与济州河,即漕粮海运到胶州,从胶县陈村河口,经过三百余里的胶莱运河到达海仓口,再海运到直沽,这就避免了绕过山东半岛的海上风险,减少了海上行程。另外一条路线,从淮河入新开的济州河,转运到大清河,从利津海运。河海联运效果亦不佳,主要是通航条件太差,如水源短缺,泥沙淤塞,滩礁阻碍等。

　　由于内河航运的可靠性大，因此元朝不惜耗费大量人力物力，对京杭大运河进行治理与扩建。从至元二十六年到三十年（1289—1293），开凿了会通河与通惠河，京杭大运河终于全线贯通。漕粮可以由江南直接运到大都。大运河各河段有三种不同情况：一是元代新开运道，即任城（今济宁）至安山的济州河、安山到临清的会通河、通州到大都的通惠河。这些地方地形复杂，河水补给困难，为了解决这些问题，运用了闸坝系统、闸工建筑和控水技术等工程技术手段。会通河是京杭大运河全线地势最高的河段，没有大的江河作为补给水源，只能靠周边泉水补给，由于水量有限，需在沿线大量建闸，分段启闭，递相灌输，以利通航，因此被称为"闸河"。闸河是在运河水面高下不平衡的地方建闸储水，保证在海拔不同的河段闸与闸之间能提供船只通过所需要的河水深度和宽度。闸河是元代运河的一大特色，在整个运河系统皆采用系统性的闸坝来调节运河水量，反映了中国人在运河开凿与治理方面的丰富经验。二是天然水道，如淮安到徐州的黄河水道、徐州到任城的泗水水道、直沽到通州的潞水水道。三是宋以前原有运河，包括从临清到直沽的御河、扬州到淮安的淮扬运河、杭州到镇江的江南运河，这些河段元朝进行了疏浚清淤，堵塞决口与修治河堤。

　　京杭运河在元代事属初创，航运当中存在各种问题，因此未能充分发挥作用，但奠定了京杭运河的基础。对此，美国学者佩兹指出："为了抵御北方游牧民族和半游牧民族对帝国的入侵，元朝将都城设在位于帝国版图北部的北京。正是元朝对当时已有的运河，包括从长江流域到淮河流域，以及从淮河流域到黄河流域的运河，进行了扩建，才形成了大运河。通过长江流域的物资供应，大运河为都城和北方的军事要塞提供了保障。"①明清时期，大运河不断得以修治完善，对于促进各地经济文化交流起着非常重要的作用。

　　此外，元代开凿会通河与通惠河之后，京杭大运河的贯通使黄运关系发生了根本改变：一是"借黄行运"，即利用徐州南至清口（今淮阴西）一段黄河作为运道，使漕运常受黄河决溢泛滥的干扰；二是济州河与会通河经由黄河冲积扇前缘与鲁中山地西侧山前坡地之间，黄河一旦北决，运道易受侵淤之患。元代后期，黄河决溢给运河带来很大影响。

---

　　① ［美］戴维·艾伦·佩兹著：《黄河之水：蜿蜒中的现代中国》，姜智芹译，中国政法大学出版社 2017 年版，第 39 页。

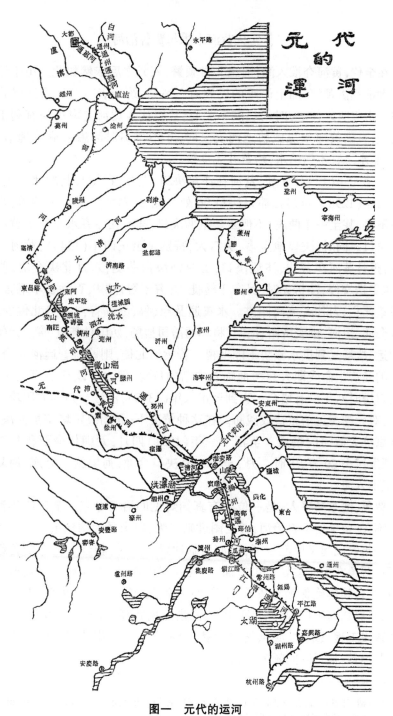

图一　元代的运河

资料来源：朱偰：《中国运河史料选辑·附录》，中华书局1962年版。

三、元代黄河水患与贾鲁治河

在金代,黄河夺淮入海,河患非常频繁,入元之后依然如此。由于元朝首都大都远离黄河,加上严重的民族对立情绪,统治者对黄河沿岸汉族民众遭受水灾听之任之,对河患漠不关心,甚至认为黄河向南决溢有利于运河安全,直到黄河水患威胁运河安全时,才不得不对河患采取治理措施。此外,监水之官不懂治水,治黄并无良策。

大德元年(1297)五月,黄河在汴梁决口;七月,在杞县北的浦口决堤。大德二年(1298),黄河在浦口决口96处。此后,黄河决溢更为频繁,几乎无岁不决,甚至一年两决,不但夏秋汛期决口,甚至在冬春水小季节黄河也发生决口。同时,决口地点多,决口大,特别是至正四年(1344),黄河三次决口,正月黄河在曹州、汴梁决口,五月河决白茅堤,六月北决金堤,所谓"涨水更迭交侵,荡析无时,民穷于转徙,官穷于智计"①,百姓苦不堪言,老弱昏垫死亡,力壮者流离四方。水灾遍及豫、鲁、苏等省,"水势北侵安山,沿入会通、运河,延袤济南、河间,将坏两漕司盐场,妨国计甚重"②。元朝对于漕运、盐场受到洪水威胁不能坐视。若黄河北徙,则威胁着运河安全,使元朝的经济生命线即大运河面临着中断的危险,但由于缺乏治河人才,黄河决口历时八年没有堵合。直到至正八年(1348),浙江台州人方国珍聚众海上,对元朝海运漕粮造成威胁。在这种情况下,元朝决定堵塞黄河决口,确保京杭大运河的畅通。至正十一年(1351)四月,元朝任命贾鲁负责治黄,征发民夫20万,历时7月,至十一月决口合龙,河堤施工完成,河复故道,汇淮入海。

贾鲁,河东高平人,是一位具有真知灼见的治河专家。至正四年河决白茅不久,贾鲁便奏言治河,并绘图进献二策,但未受到朝廷重视。直到至正十一年农民起义风起云涌,运河面临冲毁危险时,朝廷才任命贾鲁组织治河。贾鲁在治河主导思想方面,一是挽河南流,以避开河患对会通河的威胁,符合朝廷确保漕运安全的需要;二是疏、浚、塞三者并举,先疏浚河道,再修堤堵塞决口,避免旋塞旋决;三是先疏后塞,河决后泥沙壅塞河道,因此疏浚工程量最大,必须先难后易;四是必须一举成功,集20万之众进行艰苦治黄,拖延时间颇为不利。

---

① (清)康基田:《河渠纪闻》卷七,载王云、李泉主编《中国大运河历史文献集成》第20册,国家图书馆出版社2014年版,第191页。
② (明)宋濂等:《元史》卷六六《河渠志三·黄河》,中华书局1976年版,第1645页。

贾鲁受命治河后,循行河道,往复数千里考察地形,备得治河要害:"为图上进二策:其一,议修筑北堤,以制横溃,则用工省;其一,议疏塞并举,挽河东行,使复故道,其功数倍。"①贾鲁治河之所以成功,一个重要因素是先进治水技术的巧妙运用,其中石船障水法是贾鲁在堵口技术上的重大创造。因为决口深广,河水刷岸北行,回旋湍急,难以下埽,而新浚故河只占二分水量,主流直冲河口,因此需要障水堤挡住决口处的来水,迫使主流回归正河。为此,贾鲁采取石船障水法,将27条大船组成三道船堤,每堤9只船,长27步,用铁锚固定船身,把3条船连成一体装石下沉,船堤后再加草埽3道。船堤障水减轻了回旋激流对决口的威胁。

同时,贾鲁采取疏浚上游、裁弯取直等多种方法来调动主溜,组织十余万人扎埽、运埽、下埽,所用大埽高达两丈,长达十丈,"以草数千束,多至万余"集束而成,以丁夫数千人推卷压实,下埽时则用大铁锚下沉,并在埽前打木桩固定。贾鲁动用军民人夫20万,疏浚河道280余里,堵塞决口107处,修堤从曹县至徐州共770里,工程量相当浩大,为治河史所罕见,最终治河成功,河归故道。朝廷特命翰林学士承旨欧阳玄制《河平碑》文,以旌表贾鲁的劳绩,称赞贾鲁治河"能竭其心思智计之巧,乘其精神胆气之壮,不惜劬瘁,不畏讥评,以报君相知人之明"。②

明代治河专家潘季驯充分肯定贾鲁治河的贡献,他说:"鲁之治河,亦是修复故道,黄河自此不复北徙,盖天假此人,为我国家开创运道,完固凤泗祖陵风气,岂偶然哉?"③的确,贾鲁治河后,黄河仍旧南行,为明清运河体系的建立奠定了基础。贾鲁治河所形成的河道,被称为"贾鲁故道",清人冯祚泰说:"元明以来,治河者皆不出鲁之区域,其治河以济运之法,不出鲁之设施。"④由此可见,贾鲁治河的影响颇为深远,但贾鲁治河亦存在一些弊病,清代治河专家靳辅认为,贾鲁治河有"三忌":

　　　鲁自受命以及回朝仅逾半载,昏晓百刻,役夫分番,无少间断,不恤民力一也。筑堤塞决正值伏秋,用功于河流暴涨之候,不审天时二

---

① （明）宋濂等:《元史》卷一八七《贾鲁传》,第4291页。
② （元）欧阳玄:《防河记·事功》,《学海类编》本,第11页。
③ （明）潘季驯:《河防一览》卷六《贾鲁河记》,《四库全书》第576册,上海古籍出版社2003年版,第224页。
④ （清）冯祚泰:《治河后策》卷下《贾鲁治绩考》,《四库全书存目丛书》史部第225册,齐鲁书社1996年版,第444页。

也。废农冒暑，聚十数万军民于一路，不念国家隐忧三也。①

　　确实，治河征发十数万人，属于大工大役，而且正值汛期河水暴涨之时，不到半年即治河成功，河归故道，给人民造成沉重的负担，但亦属无奈之举。后世评价贾鲁治河说："贾鲁修黄河，恩深怨亦多。万年千载后，恩在怨消磨。"②

　　贾鲁治河后不久，农民起义的烽火遍地，元廷无暇顾及河道养护，使黄河在豫东和鲁西南地区不断南北摆动，决口不断。至元二十三年（1363），黄河在15个州县均有决溢；至元二十五年（1365），黄河在汴梁阳武决口22处。河患使百姓流离失所，苦不堪言，他们忍无可忍，纷纷揭竿而起，各地叛乱严重威胁着元朝的统治，不久元朝灭亡。

第二节　明朝黄河治理与通运转漕

　　明洪武、建文时期，定都金陵（今南京）。永乐年间，明成祖朱棣将首都由南京迁到北京，于是京师的物资供应问题提上议事日程。明朝与元不同的是，终元之世，海运占有重要地位，而明朝则以漕运为主。维护漕运事关朝廷安危，因此保运与治黄的关系更为紧密化与复杂化。为了加强京师与江南经济发达地区的联系，将南方财赋源源不断输送到京师，明廷极力恢复元代开辟的京杭大运河。经过全力经营后，漕运事业趋于繁荣，明廷每年从江南向北京运漕粮400万石，最高达580万石，京杭大运河成为明王朝的经济大动脉。美籍华人学者黄仁宇指出，大运河对明朝发挥着经济命脉的作用，而且"明朝宫廷对它的依赖程度是前所未有的，远远超过了以前的历代王朝。元朝时期的运河不过是海运的辅助性交通，无关紧要。而在明代，大运河是京城和江南之间唯一的交通运输线，所有供应都要经过它。在供应名单中，除了谷物占据首要地位外，其他物品包括新鲜蔬菜和水果、家禽、纺织品、木料、文具、瓷器、漆——几乎所有中国所产的各种物品都通过大运河进行输送。诸如箭杆和制服之类的军需品，笤帚和竹耙之类的家用器具，也经过运河运送到北京去。整个明代，这种依赖性一直存在，从未

---

① （清）贺长龄、（清）魏源辑：《皇朝经世文编》卷九六《工政二·河防一·（清）靳辅〈论贾鲁治河〉》，载《魏源全集》第18册，第212页。

② （清）龙汝霖纂辑：《（同治）高平县志》卷五《艺文志·（明）郭定〈重修长平驿记〉》，山西人民出版社2010年版，第258页。

中断。"①朝廷对大运河的依赖决定了明朝对黄运修治的高度重视。

明代经过二百余年的治河实践，涌现出一批杰出的治河专家，对黄河特点和水文规律认识更为深刻，提出了多种治河方略，在治河理论方面亦取得新的突破。程有为主编《黄河中下游地区水利史》总结说："明代前期有以徐有贞、刘大夏为代表的'北堵南分，分流杀势'的分流论，明代后期又有以潘季驯为代表的'筑堤束水，以水攻沙'的合流论，还有主张实施人工改道的改道论。明代人对黄河的水沙特性和规律已有较深入的认识，明确提出了'以河治河''以水攻沙'的主张。周用提出的'沟洫治河说'和徐贞明提出的'治水先治源说'，改变了以前治河只注重下游的传统观念，初步提出了在中上游进行水土保持的主张。"②明人治黄在通运保漕、保护祖陵与消除水患三大原则指导思想下进行，前期治黄采取"分水杀势"的分流策略，结果导致黄河多股漫流，下游地区一片糜烂，漕运面临中断的威胁。明后期潘季驯治河，采取"束水攻沙"的合流策略，并采用"蓄清敌黄"策略，即借助淮河清水冲刷黄河泥沙，从此淮河水潴留高堰③，变成一条没有下游的被"腰斩"的河流，而黄河下游全面实现堤防化，由单股水道入海，由于淤积加快而抬升为"地上河"。

一、明前期完善运河体系与黄河治理

元代开凿的会通河，河窄水浅，重船难以通过，为了提高运河的航运能力，必须重新开凿会通河。洪武二十四年（1391），黄河在河南原武黑阳山决口，漫过安山湖，向东淤塞会通河。永乐九年（1411），明成祖朱棣命工部尚书宋礼主持重开会通河。汶上老人白英向宋礼建议说："南旺地耸，盍分水于南旺，导汶趋之，毋令南注洸，北倾坎。其南九十里使流于天井，其北百八十里使流于张秋，楼船可济也。"④宋礼采纳汶上老人白英建议，"筑堨城及戴村坝，横亘五里，遏汶流，使无南入洸而北归海。汇诸泉之水，尽出汶上，至南旺，中分之为二道，南流接徐、沛者十之四，北流达临清者十之六。"⑤宋礼在堨城、戴村筑坝，遏汶水使之西流，尽出于南旺。南旺在泗水、卫水之间地势最高，号称水脊。整个汶水向西南流到汶上南旺，通过上、下两闸控制使水南北分流，最终三七分水，"三分往南，接济徐、吕；七分往北，

---

① ［美］黄仁宇著：《明代的漕运》，张皓、张升译，九州出版社 2016 年版，第 14 页。

② 程有为主编：《黄河中下游地区水利史》，河南人民出版社 2007 年版，第 232—233 页。

③ 在此指出，高家堰即高堰，古文献记载不一，本书行文一律称为"高堰"，引文保持古籍原貌。

④ （明）何乔远：《名山藏》卷四九《河漕记》，明崇祯刻本，第 19 页。

⑤ （清）张廷玉等：《明史》卷一五三《宋礼传》，中华书局 2000 年版，第 2795 页。

以达临清"。① 会通河通过一系列水利工程来拦蓄汶河河水,补给运河水源,被称为闸河。明代会通河在南旺分水,北至临清 300 里,地降 90 尺,建 21 闸;南旺至镇口 390 里,地降 116 尺,建 27 闸。此外,又有积水、进水、减水、平水闸 54 个,调蓄运河之水以满足航运需要,又筑坝 21 座以防运河之泄;后开泇河 260 里,建 11 闸,筑坝 4 座。② 此项工程于永乐十三年(1415)竣工,新开凿的会通河深一丈三尺,底宽三丈二尺,装载八百斛的粮船顺流直下。首创于元代的京杭大运河,至宋礼重新开凿后才真正实现全线通航。

对于海运,宋礼认为不仅风险大,而且效率不高:"海运经历险阻,每岁船辄损败,有漂没者。有司修补,迫于期限,多科敛为民病,而船亦不坚。计海船一艘,用百人而运千石,其费可办河船容二百石者二十,船用十人,可运四千石,以此而论,利病较然。"③宋礼请求拨镇江、凤阳、淮安、扬州及兖州百万石漕粮,从河运转输北京,而海运则三年两运。

此后,平江伯陈瑄总理漕运事务,建造浅水粮船两千艘,组织人力漕运粮食数百万石至北京。在兴修运河方面,永乐十三年,陈瑄兴修清江浦,解决了漕船淮安盘坝及山阳湾逆行难题;因徐州附近百步洪、吕梁洪之险,就在其西挖渠蓄水通漕;因高邮湖风涛甚大,就在湖滨筑堤,堤下凿渠,使运河与湖水分开;在泰州开凿白塔河,上通邵伯,下接大江;在淮安东北开凿北新河,南通长江,北入高邮。从此漕运畅通,每年北运漕粮近四百万石。明朝因此罢海运,专门从事漕运。

明代初期,黄河经今河南郑州、开封、兰考,山东曹县、单县,进入江苏砀山、徐州、淮安,至云梯关汇入黄海。京杭运河出山东境内(即会通河),由黄河北岸茶城汇入黄河,经徐州至淮安清口,转入苏北运河,从扬州境内进入长江。清口即为黄、运两河的交汇之处,因此徐州至清口约六百里的黄河河段,成为大运河的主要组成部分,称为"河漕"。黄河决溢迁徙频繁,多股分流的时间较长,因此河漕控制成为京杭运河全线通航的关键。

此时黄河夺淮入海,没有专一的固定河槽,河道走泗水故道,水量丰枯不定,所以这段"河漕"的航运条件难以保证,是运河航道中一个突出问题。同时,黄河在上游常决口北流,冲毁会通河,而且洪水过后,泥沙淤积运河

① (清)张曜、(清)杨士骧修,(清)孙葆田等纂:《山东通志》卷一二六《河防志第九·运河考》,齐鲁书社 2014 年版,第 3458 页。

② (清)张廷玉等:《明史》卷八五《河渠志三·运河上》,第 1386 页。

③ (清)张廷玉等:《明史》卷一五三《宋礼传》,第 2796 页。

河道,成为运河全线通航的又一大问题。明朝治理黄河时,一是引黄济运,运河水量不足,经常陷入浅涩干涸境地,因此需要引黄河之水增补运河水量。问题是黄河泥沙含量大,往往会使运河河底淤高。二是"遏黄保运",即固守黄河不能北决的原则,防止会通河被冲毁。由于黄河洪水时期水势凶猛,易于冲毁运道,需要遏制黄河北决。三是"借黄行运",明代运河必须借助黄河河道才能保证运道不至中断,为此河臣修建诸多堤防工程,但河漕水量变化大,水流缓急与水位深浅变化不定,而且徐州、吕梁二洪的险滩激流为必经之途,航行条件颇为恶劣,经常造成翻船,漂没漕粮。后开凿泇河,运道从夏镇直达直口,避开了徐州、吕梁一带的险道。

时人王轼归纳运河与黄河的关系说:"圣朝建都于西北,而转漕于东南。运道自南而达北,黄河自西而趋东。非假河之支流,则运道浅涩而难行。但冲决过甚,则运道反被淤塞。利运道者莫大于黄河,害运道者亦莫大于黄河。"①在明代,黄河与运道的关系更为密切,治黄与治运捆绑在一起。弘治六年(1493),刘大夏奉命治河,明孝宗下诏说:

> 古人治河只是除民之害,今日治河乃是恐妨运道,致误国计,其所关系盖非细故。……今年运船往来,有无阻滞,多方设法,必使粮运通行,不至过期,以失岁额,粮运既通,方可溯流寻源,按视地势,商度工用,以施疏塞之方,以为经久之计。必须役不再兴,河流循轨,国计不亏,斯尔之能,此系国家大事。②

明孝宗指出,保证漕运顺畅是治河的首要任务,是关系"国计"的大事。隆庆元年(1567)督理河漕的工部尚书朱衡有着更为具体的归纳:"古之治河惟欲避害,而今之治河又欲资其利。故河流出境山以北则闸河淤,出徐州以南则二洪涸。惟出自境山至徐州小浮桥四十余里间,乃两利而无害。"③朱氏表达了明代运河避黄河之害、用黄河之利的双重愿望。

明朝治黄的目的,潘季驯说得非常清楚:"祖陵当护,运道可虞,淮民百

---

① (明)陈子龙辑:《明经世文编》卷一八四《(明)王轼〈王司马奏疏·处河患恤民穷以裨治道疏〉》,中华书局1962年版,第1874页。

② 《明孝宗实录》卷七二"弘治六年二月"条,(台北)"中央研究院"历史语言研究所1962年版,第1356—1357页。

③ 《明穆宗实录》卷三"隆庆元年正月"条,(台北)"中央研究院"历史语言研究所1962年版,第93页。

万危在旦夕。"①治黄首要是保运，防止黄河北决，以免影响漕运畅通。其次是护陵，明中叶后黄河北流基本断绝，南岸分流则危及凤阳、泗州祖陵，治河又增添保证泗州、凤阳祖陵不遭水患的任务。最后是民生，保障淮扬百万民众的田园庐舍不被淹浸。对此谢肇淛说："至于今日，则上护陵寝，恐其满则溢；中护运道，恐其泄而淤；下护城郭人民，恐其湮汩而生谤怨。水本东而抑使南，水本南而强使北。"这大大加剧了治黄问题的复杂性，"今之治水者，既惧伤田庐又恐坏城郭，既恐妨运道又恐惊陵寝，既恐延日月又欲省金钱，甚至异地之官竞护其界，异职之使各争其利，议论无画一之条，利病无审酌之见。"②对于运道、祖陵、民生在治河当中的地位升降，陈业新撰文指出，明廷治水第一要务是保障运河通畅，因此治黄阻止大河北决，以免山东会通河遭受破坏；又抑黄河南行，借道汴泗故道以河济运。护陵是黄淮治理第二目的，万历年间因潘季驯治河专注保漕而贻患祖陵。至于民生，朝廷虽偶有关注，但在转漕与祖陵面前，难免成为"弃子"，因此明人有朝廷治水"惟知急漕而不暇急民"的感慨。③

二、治黄策略演变：从分水杀势到束水攻沙

明初，黄河游荡多变，轮番从泗水、颍水、汴水、涡河入淮，此淤彼通，漕运受到严重影响。为了保住运道，明代治河往往人为赶河，使黄河南行，以避免冲毁运河，特别是永乐年间迁都北京之后，明朝"仰给于会通者重，始畏河之北，北即塞之。弘治中，两决金龙口，直冲张秋，议者为漕计，遂筑断黄陵冈支渠，而北流于是永绝。始以清口一线，受万里长河之水，阳武以下，河之所经，缮完故堤，增卑倍薄，但期不害于漕"④。这使明代治河严重违背水性就下的自然规律，大大降低了治河的科学性，而且效果不彰。

明朝初年，黄河以南流为主，但北流未断。河道颇为不稳，支流南北分岔较多，常常彼竭此盈，而北流水盛威胁运道。明朝前中期河臣治黄，多采取"分水杀势"的治河策略，属于分流派。他们的基本观点是黄河在汛期洪峰过高，下游河道无法承受而泛滥成灾，唯有分流才能杀去水势，消弭河患，因而主张黄河"分流"，分水杀势，分黄济运。明代徐有贞、白昂、刘大夏、刘天和皆属分流派。

---

① （明）潘季驯：《河防一览》卷一一《停寝訾家营疏》，《四库全书》第576册，第355页。
② （明）谢肇淛：《五杂组》卷三《地部一》，上海书店出版社2001年版，第45页。
③ 陈业新、李东辉：《国计、家业、民生：明代黄淮治理的艰难抉择》，《学术界》2021年第10期。
④ （清）贺长龄、（清）魏源辑：《皇朝经世文编》卷九六《工政二·河防一·（清）胡渭〈禹贡锥指论河〉》，载《魏源全集》第18册，第228页。

景泰四年(1453),徐有贞主持治黄。在指导思想上,徐有贞开河分水,分杀黄河水势,"凡水势大者宜分,小者宜合。分以去其害,合以取其利。今黄河之势大,故恒冲决;运河之势小,故恒干浅,必分黄河水,合运河则可去其害而取其利"。① 徐有贞勘测沙湾黄河河道的地形水势,提出"置水门""开支河""浚运河"三策并举的治河方略。所谓置水门,即仿照东汉王景之法,在黄河上设立水门(水闸)以调节水量。水门下面平时堵死,上面高出水面五尺,运河水小可从水门引水补足,水大可利用水门疏导洪水入海。充分发挥水门的作用,就可以做到"有通流之利,无湮塞之失"。所谓开支河,就是考虑到黄河水大、运河水小的现实,在具备分水条件的地方开支河,使"黄河水大不至泛滥为害,小亦不至干浅,以阻漕运"②。总体原则上尽量与天然湖塘特别是梁山泊相连,以便调蓄水量,此外充分利用旧河道,以减少工程量。经过徐有贞的治理,黄河在山东的河患一度平息。所谓浚运河,就是对运河的河床进行疏浚,加深运河河道,增加运河蓄水能力,保证漕运的正常进行。

徐有贞在实际勘察的基础上,组织人力实施规划,首先开凿泄水的渠道广济渠,又在渠上设立闸门以调节水量,闸名通源闸。这条渠道从张秋开始,经过濮阳、博陵、寿张、沙河、影塘等地,经过澶渊与沁河相接,黄河之水通过广济渠北流补充漕河之水。同时山东东阿之西、鄄城之东、曹州之南、郓城之北一百余万顷被淹土地涸出得以耕种,可谓"浚漕渠,由沙湾而北至于临清,凡二百四十里;南至于济宁,凡二百一十里。复作放水之闸于东昌之龙湾魏湾凡八,为水之度,其盈过丈,则放而泄之,皆通古河以入于海"③。徐有贞此次治河成绩巨大。

弘治二年(1489)五月,黄河在开封、封丘荆隆口决堤,有人主张迁开封以避水患。九月,朝廷命白昂治河。白昂治河依旧是南疏北堵,重点确保张秋运河安全,防止黄河北流冲毁运河的治黄策略。他建议对南流河道进行疏浚,使之深通畅流;北流的则加固堤防,以保护运道。白昂组织民夫25万,"筑阳武长堤,以防张秋。引中牟决河出荥泽阳桥以达淮,浚宿州古汴河以入泗,又浚睢河自归德饮马池,经符离桥至宿迁以会漕河,上筑长堤下

① (明)陈子龙辑:《明经世文编》卷三七《(明)徐有贞〈徐武功集·言河湾治河三策疏〉》,第284页。
② (明)陈子龙辑:《明经世文编》卷三七《(明)徐有贞〈徐武功集·言河湾治河三策疏〉》,第284页。
③ (明)陈子龙辑:《明经世文编》卷三七《(明)徐有贞〈徐武功集·敕修河道工完碑略〉》,第287页。

修减水闸"。白昂还疏通十余条月河以泄水,并堵塞决口36处,使黄河"流入汴,汴入睢,睢入泗,泗入淮,以达海。水患稍宁。"①白昂又认为黄河向南入淮并非正道,恐怕不能容纳,复于鱼台、德州、吴桥修筑古长堤;又自东平北至兴济开凿12道小河,汇入大清河及古黄河入海。河口各建石堰,按时启闭。白昂治河后两年,黄河再次在金龙口溃决,运道中断。

　　前代黄河溃决,往往受害的是滨河郡县,而明代情形则大不相同,"黄河为患,南决病河南,北决病山东。……汉都关中,宋都大梁,河决为患,不过濒河数郡而已。今京师专藉会通河岁漕粟数百万石,河决而北,则大为漕忧"②。明代借助运河转输漕粮,黄河北决则运道有中断之忧。此时河南、山东、南直隶(今江苏)的黄河河道,总体趋势是西南高、东北低,因此黄河主流日益向东北流,使运道面临严重威胁。弘治六年(1493),朝廷命刘大夏治河,刘大夏依旧采取固守北堤、分水南下入淮的策略,在黄河北堤之外,加修从胙城历经滑县、长垣、东明、曹县而抵虞城的第二道防线,即长达三百六十里的"太行堤",构成阻挡黄河北流的双重屏障,治黄形成"北堤南分"的局面,即"北岸筑堤,南岸分流",从而"遏黄保运",保障黄河不致冲毁运道。刘大夏治河取得了阶段性成果,在一定程度上保障了运道安全,但始终没有解除黄河对运道的威胁。

　　正德、嘉靖年间,黄河决口不断。嘉靖十三年(1534),朝廷派刘天和主持治水,他认为:"黄河之当防者惟北岸为重,当择其去河远者大堤中堤各一道,修补完筑,使北岸七八百里间联属高厚"③,以此防止黄河北决,威胁运河。从总体策略上而言,基本上没有超出分流与保漕的原则,即黄河北岸筑堤堵塞决口以确保运道,南岸疏浚支河以宣泄洪水。刘天和总结治河经验,著有《问水集》一书,在具体治水技术上取得了较大改进。他主张筑缕水堤以防冲决,设顺水坝以防漫流,浚月河以备霖潦,建减水闸以备蓄泄,同时创造"水平法"施工技术,科学进行施工测量等,对治河有一定建树,特别是"治河六柳法",对巩固河堤、提供埽工主料起了积极作用。刘天和对黄河"善淤、善决、善徙"的特点作了深刻阐述:

　　　　天下之水,凡禹所治,率有定趋,惟河独否。盖尝周询广视,历考前闻而始得之。其原有六焉:河水至浊,下流束隘停阻则淤,中道水散

①　(清)张廷玉等:《明史》卷八三《河渠志一·黄河上》,第1349页。
②　(清)张廷玉等:《明史》卷八三《河渠志一·黄河上》,第1349页。
③　(清)张廷玉等:《明史》卷八三《河渠志一·黄河上》,第1357—1358页。

流缓则淤,河流委曲则淤,伏秋暴涨骤退则淤,一也。从西北极高之地,建瓴而下,流极湍悍,堤防不能御,二也。易淤故河底常高,今于开封境测其中流,冬春深仅丈余,夏秋亦不过二丈余。水行地上,无长江之渊深,三也。滨河郡邑护城堤外之地,渐淤高平,自堤下视城中,如井然,傍无湖陂之停潴,四也。孟津而下,地极平衍,无群山之束隘,五也。中州南北悉河故道,土杂泥沙,善崩易决,六也。是以西北每有异常之水,河必骤盈,盈则决。每决必弥漫横流,久之深者成渠,以渐成河,浅者淤垫,以渐成岸。即幸河道通直,下流无阻,延数十年,否则数年之后,河底两岸悉以渐而高,或遇骤涨,虽河亦自不容于不徙矣。此则黄河善决迁徙不常之情状也。故神禹不能虑其后。自汉而下,毕智殚力以从事,卒莫有效者,势不能也。①

刘天和详细分析了黄河下游为患的原因,分析泥沙的运行规律,但他找不到解决黄河泥沙问题的答案,从而认为黄河不可治。刘氏所言,反映了黄河难治的特性,以及明代治河效果不佳的现实。

前述治河名臣,基本上可以说,只治水,不治沙;只分流,不合流;只保漕,不治河。因此治河效果颇为有限,造成黄河多支乱流、南北游荡、变动不居的混乱局面。在与黄河洪水斗争中,治河专家不断探索,积累经验。嘉靖末年,治河思想发生重大变化,以潘季驯为代表的治河专家,主张"束水攻沙、蓄清敌黄"的合流思想应运而生。

关于入海河道多道分流入海,与黄河形成鲜明对比的是珠江。珠江流域每平方千米径流量为黄河的 8.42 倍,珠江虽有洪水灾害,但危害程度远不如黄河,其中一个非常重要的原因,就是珠江是典型的三角洲河流,具有多河道入海的特点。其中东江过了东莞市以后,即分叉为至少 8 条以上的水道,北江与西江在三水附近汇合后,即分为两支:东支向番禺方向分为多支入海,西支经鹤山于斗门、珠海、中山之北分多支入海。整个珠江,大的河道有十余条,再大的流量、再高的洪峰经过多次分流,亦大为减弱,甚至微不足道。② 河流具有自动调节的功能,以便与环境协调发展,在平原地区河流下切能力弱,易于形成多股河道并流入海的情形,这是提高河流行洪能力、提高河流容量而避免洪水成灾的有效办法。珠江水系多股水道并

---

① （明)刘天和:《问水集》卷一《统论黄河迁徙不常之由》,《四库全书存目丛书》史部第 221 册,齐鲁书社 1996 年版,第 250 页。

② 胡安国、胡嵩:《中国生态环境问题的探讨》,地质出版社 2011 年版,第 125 页。

流入海被称为河流的树状结构,是容量最大、成熟度最高,亦是最稳定的河流结构,利用河道树状结构解决河流的洪灾,比修建水库和建筑堤防更为有效。

不过黄河最大的问题是泥沙含量过高,多支分流导致水势变缓,减弱了水流的挟沙能力,泥沙迅速淤积阻塞了河道。分流派只看到黄河为害的表象,而不深究水患的根源,因此难以奏效。至嘉靖后期,黄河在山东曹县、江苏徐州、沛县之间屡决,洪水横流,使沛县以北的运河屡被冲毁,以致漕河淤塞,严重影响漕运的畅通。黄河忽东忽西,人们根本无法控制,甚至形成支河13道之多,漕运与民生皆无保证。黄河多支分流,使黄河下游地区一片糜烂,漕运屡屡告急。嘉靖、万历年间,潘季驯曾四次出任总理河道大臣,在长达27年的时间里主持治黄,在明代治黄史上创下主持治黄时间最长的历史纪录。潘季驯彻底改变治河理论,将"束水攻沙"理论进行全面阐释,并付诸治河实践。

嘉靖四十四年(1565),黄河在沛县飞云桥、庞家屯决口,运河大堤被冲毁。十一月,潘季驯被任命为总理河道大臣,协助工部尚书朱衡一同治河。朱衡主张在运河东岸另开一条新河,以保证运道安全,而潘季驯主张恢复黄河故道,二人治河策略发生冲突。最后达成妥协,在昭阳湖西岸南阳至留城开挖140余里新河,留城以南至境山疏浚旧运河53里,使漕运一度畅通。一年后,潘季驯因为协助朱衡治河有功,受到朝廷嘉奖,此时潘母去世,潘季驯丁忧去职。在治河实践中,潘氏认识到,必须黄、运一体统筹兼顾,不能只治运保漕而弃治黄于不顾,必须将治河与保漕密切结合起来,认为保漕必先治河,而且治黄是本,治运是标,唯有如此,才能收长久之效。

隆庆三年(1569)七月,黄河在江苏沛县决口,又遇淮北水系泛滥冲毁运河,漕运受到严重威胁。翌年八月,朝廷第二次任命潘季驯总理河道。九月,黄河在睢宁古邳镇决口,造成黄河段的"河漕"淤塞一百八十余里,千艘粮船被阻。隆庆五年(1571)六月,潘季驯堵塞睢宁决口,挑挖运道80里,培修加固两岸堤防,千艘粮船得以复航。后因运船进入新溜多所漂没,隆庆六年(1572)潘季驯被劾罢官,朝廷任命万恭为总理河道大臣。万恭认识到解决黄河泥沙问题的重要性,并首次提出"束水攻沙"的治河方略,以解决黄河多沙为害的问题,并付诸治河实践。

万恭出任河臣后,当时虞城生员向万恭建议说:"以人治河,不若以河治河也。夫河性急,借其性而役其力,则可浅可深,治在吾掌耳。"办法就是"如欲深北,则南其堤,而北自深;如欲深南,则北其堤,而南自深;如欲深中,则南北堤两束之,冲中间焉,而中自深。此借其性而役其力也,功当万之于人。"①这就是利用水沙内在运行规律来治理河道的深河之法,即"束水攻沙"理论的雏形。万恭采纳了此一建议,作为治黄的基本方针,并进一步阐述说:

> 夫水专则急,分则缓;河急则通,缓则淤。……今治河者,第幸其合,势急如奔马,吾从而顺其势——堤防之,约束之,范我驰驱,以入于海。淤安可得停?淤不得停则河深,河深则永不溢,亦不舍其下而趋其高,河乃不决。②

实现"束水攻沙"的基本措施就是修堤缩窄河面,加大河水流速,这样堤防被赋予新的意义,不仅为防洪手段,且为治河工具。治河期间,万恭着重修筑徐州至宿迁小河口370里的堤防,并修缮丰、沛境内的太行堤,加强管理和防护,使"正河安流,运道大通"。

三、潘季驯"束水攻沙,蓄清刷黄"的主要内容

万历六年(1578),黄河决崔镇,洪泽湖的高堰大堤多被冲决,淮扬、高邮、宝应皆为巨浸,淮河入黄的清口被淤塞,漕运严重受阻。执掌朝政的大学士张居正举荐潘季驯治河,提督军务,这是他第三次治河。经过两次治河的实践,同时吸取万恭的治河经验,潘季驯进一步认识到黄河"水少沙多"的特点,在治理上强调河道宜合不宜分,提出"以堤束水,以水攻沙"的理论来指导治河。把治理黄、淮、运三河的关系作为一盘棋统筹规划,治河总体思想是"通漕于河,则治河即以治漕;合河于淮,则治淮即以治河;合河淮而同入于海,则治河淮即以治海"③。这样,黄河、淮河与运河的治理就绑定在一起,形成错综复杂的局面。正如潘氏所说,"夫治河之策,莫难于我朝,而亦莫善于我朝","以治河之工,而收漕运之利",可谓"一举两得"。④

在两年多的时间里,潘季驯堵塞崔镇等决口130处,筑遥堤以防溃决,筑缕堤以束其流,大筑高堰,束水入清口,并借淮水之清刷黄水之浊,使黄、淮二水并力刷沙入海,以上工程于万历七年(1579)竣工,共用银56万两,

---

① (明)万恭原著,朱更翎整编:《治水筌蹄》,水利电力出版社1985年版,第50页。

② (明)万恭原著,朱更翎整编:《治水筌蹄》,第37页。

③ (清)顾祖禹:《读史方舆纪要》卷一二九《川渎六·漕河海道》,团结出版社2022年版,第5010页。

④ (明)潘季驯:《河防一览》卷二《河议辩惑》,《四库全书》第576册,第181页。

他在《河工告成疏》中说："一岁之间两河归正，沙刷水深，海口大辟，田庐尽复，流移归业，禾黍颇登，国计无阻而民生亦有赖矣。"[1]说明潘季驯在此一任内，治河效果颇为显著。

　　万历八年(1580)至十六年(1588)，黄河连年决口为患。万历十六年，朝廷起用68岁的潘季驯第四次出任总理河道大臣。到任以后，潘季驯对黄、淮、运进行全面调查研究，提出整治豫鲁苏三省河堤的防洪计划。为保证大堤质量，提出"四防二守"的防汛规章制度，并进行堵口和多次抢险大工。由于体衰多病，万历二十年(1592)正月，潘季驯被解除总理河道职务，三年后因病逝世，终年75岁。潘氏将丰富的治河经验编成《河防一览》一书，对后世治河影响深远。潘季驯根据黄河多沙的特点，以治沙为中心，治漕与治河并重，主要治河思想有以下几个方面：

　　(一)　束水攻沙

　　水性就下，因势利导才符合治水的自然规律。潘季驯认为"治河者，必先求河水自然之性，而后可施其疏筑之功"。黄河多沙，上中游每年向下游输送大量泥沙，黄河挟沙而行，水与沙互相制约，治黄要知黄河水性，更要知其沙性，既要治水，又要治沙。潘季驯认识到这一点，把治沙列入治河的重要议题。他反对"分水杀势"的做法，认为分流确实能杀水势，但只能行于清水河，不能行于黄河。因为"黄流最浊，以斗计之，沙居其六，若至伏秋，则水居其二矣。以二升之水，载八升之沙，非极汛溜，必致停滞。若水分则势缓，势缓则沙停，沙停则河塞。河不两行，自古记之，支河一开，正河必夺"[2]。如果黄河分流则水势减小，泥沙随之淤积河道，久而久之河床垫高，发生改道溃决，而去除泥沙只能靠加大水流速度，以水携沙。

　　潘季驯改变过去分流治黄的观点，形成"束水攻沙"的治理策略，具体办法是两岸坚筑堤防，固定河道，集中水流增强河势，加大流水挟沙能力，输沙入海。明代黄河下游河道上宽下窄，根据这一特点，遵照贾让"不与水争地"的主旨，修筑遥堤往往距离河槽10至20里，以遥堤防御洪水。如果汛期洪水到来，往往漫溢河滩，拍岸盈堤，坚守两岸遥堤不决口，使大河走中泓，则必能直刷河底。洪水期间，黄河约有80%的洪水流量集中于主槽，冲刷力极强，可以达到长距离的输沙效果，约束洪水归槽，冲沙入海，这就消除了分流时期黄河河道游荡不定的局面。应该指出的是，目前黄河下游

---

　　① (明)潘季驯著，付庆芳点校：《潘季驯集·河工告成疏》，浙江古籍出版社2018年版，第327页。

　　② (明)潘季驯：《河防一览》卷二《河亦辨惑》，《四库全书》第576册，第170页。

两岸防洪大堤长达1400千米,经过培修加固、险工石化、淤背固堤等办法,大大加强了防洪能力。1958年花园口发生22300立方米每秒的大洪水,这次洪水主槽的冲刷量,相当于主槽淤积量的四年之和,①从而说明潘季驯束水攻沙理论具有相当的真知灼见。

对于潘季驯的"束水攻沙"与"贾让三策"的所谓"冲突",清代著名治河专家包世臣评判说:"贾让遂倡徙民以纵河之说。黄流浊而善淤,激之则驶而刷河底,宽之则缓而淤河身。让欲弃冀州以潴河,下潴则上溃,患必他及,所论至疏谬。然唐宋诸儒皆是让言,至贾鲁始仿张戎刮空之意,立塞、疏、浚三法。历百数十年而有潘季驯。"②包世臣直言贾让"徙民纵河"之说是"疏谬",原因就在于河宽水缓会导致泥沙淤塞河床,导致下壅上溃,河患无穷,但是千年以来唐宋诸儒不懂治河原理,错误地肯定贾让之说,结果谬种流传。直到贾鲁治河效仿汉代张戎黄河"行疾刮空"的思想,采取"塞、疏、浚"三法,数百年之后才有潘季驯"束水攻沙"理论的诞生。

黄河泥沙含量大,因此河槽堆积速度颇快,而河槽两岸滩地宽广,泥沙淤积导致河槽萎缩,形成与滩面相平的局面,对此潘季驯说:"大河之败,不败于溃决之日,而败于槽平无溜之时。"槽平时若遇洪水,则溜势多变,大河往往旁挺横溢,即有决口之患。治河之法,全在束水归槽,就是要固定中水河槽,因此潘季驯在遥堤之外,河槽两岸附近修筑缕堤,在遥堤与缕堤之间修筑格堤。河槽淤积水位高时,洪水漫溢缕堤而遇格堤则止,这样可以淤滩,固定河槽,发挥刷深河槽的效果。现在专家治黄,在控导河势、固定中水河槽方面,已取得很大成效,与潘季驯治河"全在束水归槽"的设想一致。对于潘氏"缕堤遥堤"的设计,包世臣大加赞扬:

　　潘氏之治河也,宽之而不至于缓,激之而不至于怒。河槽以百丈为率,霜后则滩高于水面五尺。河槽两面各距百五十丈为缕堤,厚五丈,高五尺,缕堤之外,相距三百丈为遥堤,厚十丈,高一丈,两遥堤相距千丈。附遥堤栽高柳五行,附高柳栽低柳十行。遥堤南北共长三千里,中间择地置滚水坝若干座,坝脊高七尺而不封土。汛至,水平滩面,盛涨通缕堤,又涨则溢而及遥堤,平、滚水坝,涨一寸辄溢出一寸。漫滩水不当溜,率浑浆而不浊,漫过缕堤以及遥堤,滩宽足以容纳;有

①　徐福龄:《续河防笔谈》,黄河水利出版社2003年版,第9—10页。
②　(清)包世臣:《郭君传》,载刘平、郑大华主编《中国近代思想家文库·包世臣卷》,中国人民大学出版社2013年版,第106页。

缕堤限之，水停而弱；又以柳行杀风力，滚水坝听其渐溢，出坝之水，平铺而不掣溜。是故其时小汛至则水不出槽；大汛始至逼缕堤，大至乃逼遥堤，盛涨乃过滚水坝。比其过坝也，势已涨极而就消，初消则坝挂口，继消则缕堤露顶，大消则滩唇出水矣。故其缕堤之所御者，百五十丈漫滩之水；遥堤之所御者，三百丈漫滩之水。非如后人以一线柴土之堤，与万里河源斗强弱也。是潘氏两堤一坝，实变通神禹"载高地"、"疏九河"之至意，而合于时势，足为后世法守。故潘氏司河十七年，而遥、缕两堤未尝有分寸加高。今之汰黄堤，仍潘氏之旧址。是故神禹以后，善河事者，未有能及潘氏者也。①

对于潘氏缕堤遥堤以及平水坝滚水坝、高柳低柳的设计与功用，包氏的论述最为全面系统，对于束水的原则，要掌握"宽之而不至于缓，激之而不至于怒"的原则，才能解决攻沙与溃堤之间的矛盾，而且缕堤、遥堤之间的距离、高宽厚的丈尺、平水坝与滚水坝的设置、高柳与低柳的栽种，皆要遵守科学原则，才能抵御水源万里、奔腾咆哮的黄河。明清以至于近现代的黄河洪汛的防御，基本上遵守了潘季驯治黄的原则与措施，有清一代更是如此。包世臣将潘季驯尊崇为大禹之后最杰出的治河专家，颇为符合史实。

当代水利学家张含英指出："如果只有堤防而无其他措施，又不严事修守，决口仍所难免。至于堤线、堤距、堤身的设计不当，也将成为决口的原因。不能单纯地认为'筑堤'则万事大吉。必须采取全面规划，综合治理，妥善安排。对于工程则应加强管理，严立修守制度，贯彻执行。"②事实上，明代水利工程的技术水平有限，加上科学技术落后与吏治腐败，虽然朝廷花费大量金钱修筑河堤，但黄河千里大堤从未固若金汤，而是决溢泛滥不断，使"束水攻沙"的治河方略常常受到人们的怀疑。

总体而言，潘季驯将黄河中下游全面堤防化的影响颇为深远，不仅有清一代延续筑堤束水的策略，民国以至于当代治黄，莫不如此。李仪祉赞美说："潘氏之治堤，不但以之防洪，兼以之束水刷沙，是深明乎治导原理者也。固高堰以遏淮，借清敌黄，通淮南诸闸以泻涨，疏清口以划一入海之道，治河之术，潘氏得其要领。"潘季驯修筑黄河大堤，设计严密周到，为近

---

① （清）包世臣：《郭君传》，载刘平、郑大华主编《中国近代思想家文库·包世臣卷》，第106页。
② 张含英：《明清治河概论》，水利电力出版社1986年版，第60页。

代治黄专家所采纳,"盖自王景以后,贾鲁虽智术胜人,而遭逢乱世,未能扩展,乃至潘氏,而再收治河之功者也。"①在历代治黄专家中,潘季驯占有一席之地。

(二) 借清刷黄

黄河自宋代南泛之后,淮河在淮安清口以下为黄河所夺,洪泽湖承受全淮之水,汇于黄河,而在清口以上湖水又分流出运口,补给苏北运河以通漕运,即"七分入黄,三分入运"。这样,黄河、淮河、运河、洪泽湖四者交织在一起,清口则成为治黄通运的焦点。永乐年间,陈瑄在洪泽湖东岸大筑高堰,主要是防止淮河东侵,保障苏北淮扬一带的安全。万历六年(1578),黄、淮决口,高堰溃决,黄河蹑于淮河之后,侵入苏北运河,清口淤垫,漕运梗阻。身为总河的潘季驯分析黄、淮、运与洪泽湖的形势,制定"借水攻沙,以水治水"的河工方略。于是堵塞淮河决口,坚筑高堰大堤六十余里,同时在堰上修筑两座减水坝,将洪泽湖作为水库,储蓄全淮之水,并抬高湖水水位,借助淮河清水,冲刷黄河之浊。结果黄、淮二水合流,并力刷沙入海,达到"借清刷黄"的目的。

当遇到淮河洪水高涨时,俟机从减水坝分洪泄水,以确保高堰大堤的安全。同时湖水由清口进入黄河,可以减轻湖水对泗州祖陵的威胁。潘季驯这一措施既可"以清刷黄",又使漕运通畅,祖陵无淹浸之患,可谓一举三得。此外,减水坝的修筑不限于高堰。黄河下游河道上宽下窄,各段排洪能力不同,若洪水超过河段的排洪能力,即有决口之虞。潘季驯在河道较窄、易于漫溢之处,修筑减水坝,防止黄河水异常盛涨,其选定土性坚实的古城镇崔镇、桃源之陵城、清平之安娘城地段,各修一道减水坝。坝顶低于堤顶二三尺,坝宽三十余丈,砌石修护防水冲汕,"万一水与堤平,任其从坝滚出,则归槽者常盈,无淤塞之患,出槽者得泄,而无他溃之虞,全河不分,而堤自固矣"②。减水坝是为了防止特大洪水而采用的牺牲局部、保全大局、减少损失的防洪措施,对后世影响颇大。有清一代,在黄、淮、运各河堤上修筑了大量减水坝,以防河水盛涨,起到了良好效果,但减水坝泄洪亦造成严重的人为水灾,大有以邻为壑之嫌。对此,顾炎武谴责说:"国事以民为本,今所治在运河,是不免以中原、徐、淮之地为壑,而诸臣之有事于漕运者,一堤之外皆邻国矣。……今即使运道通利,而徐、淮万姓之垫溺,中州

---

① 李仪祉:《黄河之根本治法商榷》,载李赋主编《李仪祉全集》上,西北大学出版社 2022 年版,第 482 页。
② (明)潘季驯:《河防一览》卷七《两河经略疏》,《四库全书》第 576 册,第 254 页。

千里之污莱,将听之耶?"①可悲的是,清人靳辅继承了潘季驯减水坝的做法,使苏北成为"洪水走廊"。

李仪祉引用清人嵇曾筠之论,认为潘季驯束水攻沙与减水坝设置是一对矛盾体:"治河之要,深其槽以遂其性而已。治河之方,相势设坝以作溜势而已。"潘季驯束水攻沙,希望通过加大流速提高流水挟沙能力,将泥沙冲刷入海,达到以水治水的目的,而黄河"槽平无溜"则会溃决四出。潘季驯所创滚坝随着河底淤垫日渐卑矮,其上不能不封土。遇到紧急情形则去土减水,减水既多,则黄河水仍旧歧出,不能刷去前淤,"淤日高则河日仰,溜日缓,故近日墨守潘氏之法,仅足以言防,稍弛,则防之而不能矣。"因此要保障治河效果,"必导溜而激之,激溜在设坝,是之谓以坝治溜,以溜治槽。"此论深悉潘氏治河之缺失,且黄河挟沙之盛、淤垫之速,"绝非浚渫所可及,惟以溜攻沙为最良之法。作溜之法,惟有筑坝。"②由此可见,减坝泄洪不仅淹没周围农田,而且减弱了"筑堤束水"的功效。

事实上,"借清刷黄"的效果颇为有限。淮阴作为黄河、淮河和大运河交汇地区,泥沙淤积不可避免,泥沙逐渐堆积在黄、淮的公用河床,导致淮河不能继续从原有河道入海,而向淮阴西面低洼地区积存汇聚,并在那里形成一个巨大贮留池,形成后来面积庞大的洪泽湖。泥沙还导致了其他问题,即暴雨时黄河水会倒灌进入洪泽湖,淹没大量农田和洪泽湖西的明祖陵。在黄水倒灌期间,黄河带来的泥沙堆积抬高洪泽湖湖床,最终使淮水既不能排入洪泽湖,也不能进入原有河道。除了淮河排水通道的关键问题,淮阴附近大运河河道的泥沙越积越多,抬高了大运河河床,经常导致漕粮运输的阻断。

(三) 不弃故道与导河浚海

潘季驯在治河中,坚持不弃故道。万历六年(1578),高堰、崔镇决口尚未堵合,运道受阻,当时有人主张勿塞决口,别开支河分水入海,即放弃故道,寻觅新道,而潘季驯四次主持治河,一直主张维持故道,批判欧阳修"黄河已弃之故道,自古难复"的论调,指出"徐邳之间屡塞屡通,如以为故道不可复,则徐邳久为陆矣"。潘氏驳斥当时弃故道而凿新河的主张为历史证明是有道理的。明代以来至清代,不断有人提出弃故觅新、人工改道的设想,都被证明是错误的。明万历年间总河杨一魁、清康熙年间董安国皆曾

---

① (清)顾炎武著,黄坤等校:《天下郡国利病书》(三),上海古籍出版社 2012 年,第 1596 页。
② 李仪祉:《黄河之根本治法商榷》,载李赋主编《李仪祉全集》上,第 484 页。

尝试开挖新河,结果不久即淤塞,黄河仍归故道。

黄河屡决,有人认为病在海口淤塞,应以浚海为上策,多次要求开海口。潘季驯亲往海口实地查勘,发现云梯关以下海口深通,黄河入海顺畅,再者以人力疏浚海口,工程艰巨,而且根本无从着手。潘季驯指出,"海无可浚之理,惟当导河以归之海,则以水治水,即浚海之策也",认为只有导河归海,黄河以一线入海,必能将海口冲刷深通。因此只能治河而无法浚海,"今日浚海之急务,必须塞决以导河,尤当固堤以杜决"。只要黄河堤防坚固,河不旁决,"尽令淮黄全河之力,涓滴悉趋于海,则力强且专,下流之积沙自去"。这样,就可以使"上流之淤垫自通,海不浚而辟,河不挑而深矣"。潘氏"固堤即所以导河,导河即所以浚海"①的治河思想具有很强的科学性。潘季驯治河,两岸堤防只修筑到云梯关四套,四套以下至河口附近已无堤防,主要利用水流的冲刷力,调整自身比降,使黄河奔流入海。清代黄河决溢频繁,开海口之议时常泛起,但朝廷与河臣从未付诸实施。当代人民治黄亦是如此。

对于明代治河的变迁,李仪祉进行了精辟总结:"明洪武初引河至曹州,东至鱼台入泗以通运,是时北流仍未断也。明都北迁后,视运尤重,而严制河之北徙。弘治中筑断黄陵冈支渠,而北流永绝。黄淮既合,则治河之功,惟以培堤堰闸是务,其功大收于潘公季驯。"②黄河在明初北流尚未断绝,自从弘治年间在黄陵冈修筑太行堤,黄河北流从此断绝,黄河完全夺淮入海。为了通运保漕,潘季驯筑堤束水,借清敌黄,而且其策略借助大一统王朝的强大行政力量,得以贯彻执行。

潘季驯的治河策略为清人靳辅所继承,影响颇为深远,成为清代治河不二法门,有清一代基本上未能超出潘氏"遗教",不外乎"束水攻沙、蓄清敌黄"一语,而且贯彻更为彻底,策略更为严密划一。这使黄河下游河道由多股分流变为单股入海,完全改变了下游水系地貌。两三千年来,黄河在下游冲积平原上漫、溢、决、徙所塑造的地貌水系,因潘季驯治河而大变。潘季驯高筑堤防,不许黄河分流存在,而此一治河策略为清代所延续,黄河分流彻底断绝,而颍水、涡河、睢水长期被黄河泥沙淤灌,河道浅狭无法通航。邹逸麟指出,就黄河本身而言,"由原来呈扇形分布的多股分流型河道,演变为单股高亢于地面的悬河,成为南北的分水岭。就这些分流而言,原先与黄河相接源远流长,水量丰沛,既起着分泄黄河洪水、泥沙的作用,

---

① (明)潘季驯:《河防一览》卷七《两河经略疏》,《四库全书》第576册,第247—248页。
② 李仪祉:《黄河之根本治法商榷》,载李赋主编《李仪祉全集》上,第482页。

又是中原地区的水运航道,以后因黄河的变迁,有的被淤浅为平陆,有的上游淤断,河身短浅,以地面沥水为源,河身浅涩,不能通航。原先那种水系密布,相互沟通,流量丰足,舟楫往来的景观,在平原上完全消失了。"①这些水系环境的变迁是潘季驯当年治河始料未及的。

此外,潘季驯治黄,只局限于黄河下游,无法将黄河全河进行统筹规划,束水攻沙也不能防止黄河河床的淤垫,黄河屡决仍是不争的事实。借清刷黄也只能在淮河先盛涨时才能得以实施,如果黄河先盛涨则会导致黄河倒灌清口,使清口淤垫失去刷沙能力。此外洪泽湖水越蓄越多,高堰大堤越修越高,成为一个面积巨大的悬湖,威胁着里下河一带的安全,人为造成诸多水灾。

对于此中利害,清人胡渭说:"万一清口不利,海口愈塞,加之以淫潦,而河、淮上流,一时并决,挟阜陵、洪泽诸湖,冲荡高堰,人力仓卒不能支,势必决入山、盐、高、宝诸湖。而淮南海口沙壅,更甚于曩时,怒不得泄,则又必夺邗沟之路,直趋瓜洲,南注于江,至通州入海。四渎并为一渎,拂天地之经,奸南北之纪,可不惧欤?"②胡渭认为,如果清口泄水不畅,海口淤塞,黄河、淮河上游同时涨水,则必然导致高堰溃决,甚至南趋瓜洲,汇入长江入海,那样的结局更为可怕。胡渭的担心并非杞人忧天。

从解决黄河泥沙淤垫角度而言,潘氏治黄策略的效果亦颇为有限,这与黄河难于治理的实际状况有关。黄河水患在于泥沙,"淤"与"决"几不可分,因"善淤"故而"善决"。治理河患除了需要控制洪水之外,还必须管制泥沙,否则控制洪水的堤防工程会逐渐失效。洪水时期,黄河携大量泥沙,"河水溢出正槽,漫流于两堤间之河滩,因水流速率减缓,泥沙乃逐渐淤淀,淤淀渐多,河床日高,容量渐小,年复一年,迄无停息,历时既久,遂演成地上河道之形势。苟欲保持容量不变,使能长久容泄同量水流,势必随时加培两岸堤身。惟是堤身加高,河仰随之,河益仰,堤愈高,堤愈高,河益仰,于是遂有所谓'黄河水行天上'之说。偶遇溃决则建瓴而下,一去不返,势使然也,无足怪焉。"③潘季驯以堤防固定黄河河道,依靠淮河清水很难刷深河槽,随着淤垫加剧而形成"地上河",黄河溃堤漫溢势所难免。

战国时期黄河已有"浊河"之称,西汉人曾说:"河水重浊,号为一石水

---

① 邹逸麟:《千古黄河》,上海远东出版社2012年版,第133页。

② (清)贺长龄、(清)魏源辑:《皇朝经世文编》卷九六《工政二·河防一·(清)胡渭〈禹贡锥指论河〉》,载《魏源全集》第18册,第227页。

③ 张含英:《黄河沙量质疑》,载《张含英治河论著拾遗》,黄河水利出版社2012年版,第16页。

而六斗泥。"①唐宋以后,黄河中游黄土高原因战乱植被破坏严重,水土流失加剧,河水含沙量与日俱增。清代治河专家陈潢指出,黄河"平时之水,沙居其六,一入伏秋,沙居其八",②黄河含沙量之大可以想见,但事实上,直到清末,亦未有科学观测、计算黄河河水含沙量的方法,只有含沙量高的模糊概念,对于确切数据则无从知晓。对于黄河河身淤积,亦只知颇为迅速严重,而对于河身抬高的确切数据与形成冲积平原的自然规律,亦无精确研究。对于束水攻沙的具体效果,当时并没有水流速度与泥沙冲击之间关系的具体资料,因此潘氏所论,定性多而定量少,流于主观空洞。由于诸多因素的影响,"束水攻沙"的治河效果并不显著,既没有改变河身日益淤高的现实,也没有消除黄河频繁的水患。

1980 年,著名学者邹逸麟撰文说,据近年秦厂站实测资料,黄河"每年输送到下游的泥沙有 16 亿吨,其中大约有 12 亿吨输送入海,4 亿吨沉积在河床上,日积月累,使河床抬高成为'悬河',今天黄河下游河床一般高出地面 3 米—5 米,最高处竟达 10 米,成为海河与淮河水系的分水岭。"③20 世纪 80 年代黄河的情形与清代相比,虽然会有一定出入,但无本质区别。邹先生提供的数据,让我们精确了解到黄河泥沙含量与淤积河床问题的严重性。这样一条含沙量巨大、桀骜不驯的黄河,在农耕技术时代想要消除水患,可谓难上加难。何况潘季驯治黄还要保漕,再加上明朝吏治腐败,则河患更是不可救药。

明代治河除了分流派与合流派之外,还有黄绾主张的人工改河。光禄少卿黄绾认为,黄河两岸的地势西南高,东北低,水性趋下,因此黄河溃决多在东北。嘉靖六年(1527)黄绾提出改河论:"必于兖、冀之间,寻自然两高中低之形,即中条、北条交合之处,于此浚导使返北流,至直沽入海,而水由地中行。如此治河,则可永免河下诸路生民垫没之患。"④但人为改河因风险大而难以实行。

嘉靖年间,总理河道周用认识到,治理黄河仅局限于下游不能根本解决问题,必须从中上游着手,治河应由过去侧重下游工程转向全流域水土保持,由偏重堤防御洪转向滞洪减洪,由单纯治水转向兴利除害,即把雨潦

---

① (汉)班固:《汉书·沟洫志》,第 1697 页。

② (清)贺长龄、(清)魏源辑:《皇朝经世文编》卷九八《工政四·河防三·(清)张霭生〈河防述言〉》,载《魏源全集》第 18 册,第 297 页。

③ 邹逸麟:《黄河下游河道变迁及其影响概述》,载《椿庐史地论稿》,天津古籍出版社 2005 年版,第 1 页。

④ (明)陈子龙辑:《明经世文编》卷一五六《(明)黄绾〈论治河理漕疏〉》,第 1566—1567 页。

积于沟洫中灌溉,变水害为水利,此为正本清源的治河之策。嘉靖二十二年(1543),周用首次提出沟洫治河说:"治河垦田,事实相因,水不治则田不可治;田治则水当益治,事相表里。若欲为之,莫如古人所谓沟洫者尔。"周用提出具体解决办法:"天下有沟洫,天下皆容水之地,黄河何所不容。天下皆修沟洫,天下皆治水之人,黄河何所不治。水无不治,则荒田何所不垦。"①周用沟洫治河说得到徐贞明、徐光启的赞同。

徐贞明《西北水利议》主张先在黄河上游支流开渠引灌,支流流微易于控制,又能灌溉农田,以消除河患,"疏为沟洫,引纳支流,使霖潦不致泛滥于诸川,则并河居民得水利成田,而河流渐杀,河患可弥矣。"②徐光启《漕河议》则认为,除了修筑四通八达的沟洫外,还应多修筑陂塘以蓄水。黄绾、周用、徐贞明、徐光启的治河思想,把治水与治田、防洪与灌溉、发展生产与防治水害联系起来,把水土保持与治理黄河联系起来,拓宽了世人的治河思路,启发后世治河须从黄河流域整体进行规划,丰富了黄河水患的治理理论。

明末河政废弛,河道败坏,朝廷无力对河道进行大规模修防,连岁修常例亦难照常进行。这必然导致河患频繁,民不聊生。清初河臣朱之锡曾对此进行揭露说:"前明经营遗迹数十年来,废弛已甚,如太行遥堤政,宋任伯雨所谓宽立堤防,约拦水势者,治河要策无以出此,而竟以工巨帑绌议寝。至于运河自通惠至董口,清口至江共计二千余里,防淤防浅,旧时规制仅存十五。"③由此可知,明末黄河河患频仍,运河无法通行,并非全是潘季驯治河方略的局限所致,而是明朝吏治腐败、河工废弛的结果。

---

① (明)陈子龙辑:《明经世文编》卷一四六《(明)周用〈理河事宜疏〉》,第1458—1459页。
② (明)徐光启著,陈焕良、罗文华校注:《农政全书》卷一二《(明)徐贞明〈西北水利议〉》,岳麓书社2002年版,第180页。
③ (清)朱之锡:《河防疏略》卷三《两河利害甚巨疏》,《四库全书存目丛书》史部第69册,齐鲁书社1996年版,第369页。

第二章　清顺康朝治河活动与
河工方略的形成

有清一代的治河活动,基本上遵循明代治河专家潘季驯的河工方略,正如现代著名史家岑仲勉所说:"有清一代皆遵潘季驯遗教,靳辅奉之尤谨。及其后也,虽渐觉仅有堤防不足以治河,但无敢疑意者,即减坝分道之法,亦未能实行,不得已而专趋防险之一途,故河防之名辞,尤盛于清朝也。"①潘季驯生活于明朝晚期,其治河思想因政局动荡而并未得以贯彻执行。清朝建立之后,历代河臣治河以遵循潘季驯"借水攻沙,以水治水"为主流,注重筑堤束水,在黄、淮、运汇合之处的清口实行"蓄清刷黄",这些理论的局限性亦随之暴露。靳辅之后,河督在治河方略上并无多大革新与创建,只是在治河技术方面加以改进,或对局部问题进行小修小补,因此清代前期治河活动的论述,截至靳辅大修黄河为止。

康熙年间靳辅治河,奠定了有清一代黄、淮、运形势的基本格局与管理体系,在治河方略方面亦为后世树立了典范。清代治黄与元、明相同,首先要贯彻"治黄保漕"的主导思想,即必须保障运河畅通而不被黄河冲毁,此外必须保障运河水源充足而不致浅涸梗阻,这就导致清代治黄活动常常违背自然规律,造成诸多人为的水灾。清廷服务于通运转漕、治运先行的治河方略,使河督治黄一直强迫黄河南行,致使黄河在江苏入海河道的高程远远高于山东入海河道,从而引发以人力进行黄河改道的纷争。在治河方略上,靳辅继承明代潘季驯"束水攻沙、蓄清敌黄"的治河方略,在黄河下游修筑千里大堤,固定黄河河道,实行以水治沙,通过缩窄河床断面加大水流速度,携带黄河泥沙入海,即"束水攻沙"。黄、淮、运交汇于清口,为了解决黄河泥沙淤塞问题而将淮水潴留于洪泽湖,实行"蓄清敌黄""以清刷黄"的战略。由于黄河本身难以治理,加上技术方面的局限,因此这些治河方略无法根本解决黄河水患问题,清代黄河依旧决溢频仍,给当时的社会造成了严重的灾难与困扰。

---

① 岑仲勉:《黄河变迁史》,人民出版社1957年版,第554页。

第一节　顺治朝治河活动与河工制度的初建

明清之际战乱频繁,统治阶级无暇顾及黄河治理,结果河道失修,水患愈演愈烈,防守黄河的河官夫役大多逃窜,黄河无人防守,形成几乎年年决口的局面,河水或冲溃河堤,漂没田园庐舍,或侵淤运道,阻塞漕运。清朝入关之初即高度重视治黄与疏通运河,汉军旗人杨方兴成为清代第一任总河,他与继任总河朱之锡坚持治黄保漕的思想,逐步稳住黄河局势,运河亦渐次疏通,初步奠定了清朝河工制度的基础。

一、清代首任总河杨方兴的治河活动

顺治元年(1644)七月,清廷任命内秘书院学士汉军镶黄旗人杨方兴为第一任总河。九月,杨方兴上疏称,河道上各色人等往来不绝,人心叵测,实为可虞,而"宿迁左连清桃,右连徐邳,地居要冲,宜设道员驻劄,以备非常,更设重兵,以旧总兵官统之,庶要地得人,众心安辑,而一统指日可俟。"①在战争环境下,加强黄河河道的保护颇为重要,摄政王多尔衮以兵部启心郎赵福星为宿迁兵备道。

杨方兴上任时,整个国家还处于战争环境,而明末河务败坏已极,河患连年持续不断,清廷的河政尚属草创,这对杨氏而言无疑是一个巨大的挑战。当时的黄河状况,正如杨方兴所言:

> 黄河为害,自古有之。去岁遭逆闯蹂躏之余,官窜夫逃,无人防守,伏秋水汛,自黄河北岸小宋、曹家口等处,尽皆冲决,济宁以南,庐舍田禾大半漂没。若不乘此水势稍涸,鸠工急筑,恐秋水一涨,势必大溃。不惟物力倍费,且恐河北一带,尽为泽国矣。②

当时山东地区社会秩序混乱,农民军余部与各地反清势力仍在活动,"山东满家洞界连四县,穴有千余,周回二三百里。自明季荒乱频仍,穷民走险,聚众其内,分布四面,各数十里"。③ 为了维护统治秩序,亟须治理黄河,以保护运道民生,安定地方秩序。杨方兴接到任命后急赴山东,正式开

---

① 《清世祖实录》卷八"顺治元年九月"条,中华书局1985年版,第85页。
② 《清世祖实录》卷一四"顺治二年二月"条,第128页。
③ 《清世祖实录》卷一七"顺治二年六月"条,第153页。

启治河生涯,清朝治黄历史亦从此开始。杨氏"既之任,置战马,设烽堠,遣将剿平满家洞贼巢,斩贼首王家乐、赵应元等"。① 顺治元年八月,带兵攻陷济宁,清剿农民军残部,九月带兵驻扎济宁,并与济宁道朱国柱谋取江南,修复漕运通道,为此"十里一台,三十里一城",加强防汛,保护运河畅通。对于清廷而言,此时亦无力进行大规模的治河工程,杨方兴多是哪里河患成灾,就在哪里治河补救,此外就是想方设法修复漕运通道,使朝廷能够把江南财赋运到京师。

杨方兴在就任河督前,毫无治河经验可言,而遵循前人经验成为唯一选择。在治黄保漕未发生改变的根本前提下,杨氏因地制宜,逐步稳住黄河局势,运河亦渐次疏通,治河取得很大成就。顺治二年(1645)七月,黄河在河南考城流通集决口,运河受黄河水倒灌淤塞,下流徐、邳、淮、扬等处亦被冲决。为了加强治河工作的领导,杨方兴上疏推荐大梁道李蕴芳为睢陈道,章于天为兖西道,密云道方大猷为管河道,此为总河之下设置河道的开始。四年(1647),流通集决口即将合龙之际,黄河在汶上县决入独山湖,杨方兴请求修筑通济闸上下堤岸和淮安东北苏淤、马罗诸堤以及江都、高邮诸石坝。不久,流通集决口合龙。在河官任用方面,杨氏认为河员必须就近升转才能谙熟河务,清廷采纳其建议。秋七月,杨方兴请求朝廷在临河州县复设墩堡、铺夫、快壮,以护漕运。七年八月,黄河在封丘荆隆及祥符朱源寨决口,黄河水全注北岸,张秋以下河堤尽溃,漕运受阻,杨氏在河堤搭建茅庐指示河工,盛暑隆冬皆寝食其中,竣工后得到朝廷奖励。

顺治九年(1652),黄河在河南封丘大王庙决堤,冲毁县城,黄河水由长垣直趋东昌,安平堤被冲毁,随后邳州、祥符朱源寨河决,杨方兴征发数万民夫治河,河堤旋筑旋决。对于如何治河,朝廷上下议论纷纭,给事中许作梅、御史杨世学、陈棐奏请朝廷查勘九河故道,导黄河北流入海,这些官员的建议,应是受明朝前期"分流派"的影响,亦有迷信禹河故道的因素。事实上,所谓大禹治水,播为九河,带有某种神话色彩,早已无法考证。此外,元、明两代皆利用黄河之水,沟通京杭运河,借以转输南方漕粮,清代亦是如此。身为总河的杨方兴当然坚决反对分流,其言:

> 宋以前治河,但令赴海有路,可南亦可北。元、明迄我清,东南漕运,自清口迄董家口二百余里,藉河为转输,河可南必不可北。若欲寻

---

① (清)李桓:《国朝耆献类征初编》卷一四九《杨方兴》,明文书局1985年影印版,第291—292页。

禹旧迹,导河北行,无论漕运不通,恐决出之水东西奔荡,不可收拾。势须别筑数千里长堤,较之增卑培薄,难易显然。且河挟沙以行,束之为一,则水急沙流;播之为九,则水缓沙壅。数年后河仍他徙,何以济运?①

杨方兴之论,除了考虑运道借助黄河外,亦是明代河臣潘季驯"束水攻沙"治河方略的遗绪,黄河下游河道若播之为九,必然造成水缓沙停,无法携沙入海,黄河水难免东西奔荡,不可收拾。因此朝廷采纳了杨氏的建议,对其进行嘉奖。此后,清廷历代河督治河,皆遵循"束水攻沙",在黄河下游修筑千里堤防的基本策略下进行。封丘大王庙的黄河决口,直到顺治十三年(1656)才堵塞成功,耗银 80 万两。

在治河方略上,杨方兴基本遵循潘季驯的治河方略。明清时期,清口因处黄、淮、运交汇之地,为京杭运河南下北上的咽喉,由于黄河多沙,经常淤塞清口及里运河,及时挑挖疏浚才能保证漕运畅通,当时有"清口通则全运河通,全运河通则国运无虞"之说。杨方兴亦颇为重视清口的治理,顺治九年(1652),其上疏云:

清口为淮黄交汇之处,伏秋淮弱黄强,黄遂内灌,前人置闸筑坝,原以防浊沙淤淀之患,自闸禁废弛,岁需挑浚,为费不赀。今请于清江、通济二闸适中处,寻福兴闸旧址,先行修复,启一闭二,以时蓄泄,岁可省无限挑浚之费。②

翌年,清廷制定定期挑浚河道的制度,以避免泥沙淤塞运道,规定"运河每年小浚,三年大浚为例",而"南旺、临清岁一小浚,间岁一大浚",开启了定期在清口以及南旺、临清一带清除泥沙,深通河道的规制。元明以来形成的黄、淮、运交汇于清口的总体格局,在清代得以延续与完善。

此外,清初黄河失修,淮河决溢,加上水旱灾害,淮扬地区百姓生活非常困苦。顺治年间严允肇作《哀淮人》诗反映此一情形:"驱车适海岱,日暮行人愁。饿夫相枕藉,老弱罗道周。挥涕前致辞,淮楚是吾州。渠穿广陵道,水纳黄河流。舳舻来吴会,东北通咽喉。一朝河岸决,漫衍东南陬。百

① 赵尔巽等:《清史稿》卷二七九《杨方兴传》,中华书局 1998 年版,第 10110 页。
② 《清世祖实录》卷七〇"顺治九年十一月"条,第 553 页。

万为鱼鳖,何论田与畴。窜身来此方,苟活同蜉蝣。此方又荒旱,赤地谁锄耰。"①诗歌难免有夸张想象之处,但诗中所述黄河水灾造成百姓流离失所,是不争的社会现实,杨方兴治河对百姓恢复生产生活颇为重要。

自顺治元年(1644)至十四年(1657),杨方兴任总河近14年,为清代任职时间最长的河督。作为河督,只有勤于河务、精细果敢、廉洁奉公,才能治河有所成效,"独治河之事,非淡泊无以耐风雨之劳,非精细无以察防护之理,非慈断兼行无以尽群夫之力,非勇往直前无以应仓猝之机"。②杨方兴堪称后世河督楷模,其治河可谓殚精竭虑,颇有成效,而且为官清廉,致仕回京师,居所仅能遮蔽风雨,四壁萧然,平时只能布衣蔬食,是难能可贵的清廉能干的河督。

杨氏在治水实践中因地制宜,采取不同方案解决治河中的各种问题,曾经堵塞多处黄河决口,在河南、江南地区修筑堤坝,疏通运道,保证了漕运畅通,"疏筑如法,漕运无误,所有兴工缓急,役夫多寡,并经请旨施行,未敢稍有迟缓及擅加科派事。"③事实亦是如此。对其治河功绩,乾嘉时期的河督康基田著《河渠纪闻》云:"杨司保治河一十三年,河不改治,人无异行。受任于还居初集之时,漕舻北上,防御皆有方略。十里一台,三十里一城,联络汛守,安集流亡,粮运得以通达。有事庐居堤上,冲寒□暑,为国宣力,可为后法矣。"④杨方兴在任期间,由于治河措施得力,不仅漕运得以畅通,而且初步建立了河工人事管理制度,成为后世河督的楷模。

与此同时,杨方兴治黄堵塞决口,亦给沿岸百姓带来沉重的劳役负担。顺治十年(1653),学者谈迁北游京师,路过宿迁、清江浦、淮安等地,当时总河杨方兴正在修筑河堤,谈氏曾亲眼目睹夫役劳作之苦:"我舟昨岁胶于宿迁,总督河道兵部尚书兼左副都御史广宁杨方兴,以宋口、徐州北河决,溃及诸县,役数万人治之。十一月,自清江浦南至淮安杨家庙,解冻趋役,寅作酉息。稍不力,岸兵即矢贯其耳,簿尉等被棰扶杖而立。……河工邮使,徭役络绎,迫则流亡,不顾庐墓,故土旷而人僬。"⑤谈迁目睹杨方兴征发数万人进行治河活动,夫役的劳作颇为辛苦,而且动辄受到惩罚。

①　(清)张应昌编:《清诗铎》卷一六《赈饥平粜·(清)严允肇〈哀淮人〉》,中华书局1960年版,第535页。
②　(清)傅泽洪辑录:《行水金鉴》卷四六,商务印书馆1937年版,第634页。
③　吴忠匡校订:《满汉名臣传》卷八《杨方兴传》,黑龙江人民出版社1991年版,第217页。
④　(清)康基田:《河渠纪闻》卷一三,载王云、李泉主编《中国大运河历史文献集成》第20册,第34页。
⑤　(清)谈迁:《北游录·纪程》,中华书局1960年版,第22页。

二、朱之锡治河与河工制度的初创

顺治十四年(1657),杨方兴因年老乞休,顺治帝提拔朱之锡以兵部尚书衔任河道总督,驻济宁。朱之锡,字孟九,浙江义乌人,顺治三年(1646)进士,改庶吉士,授翰林院编修,十一年(1654)擢弘文院侍读学士,迁吏部侍郎。其被提拔为河督,则出于皇帝的特殊信任。顺治帝对于河工颇为重视,认为河督"总理河务,事关重大,必得其人,方能胜任",在其看来,作为吏部右侍郎的朱之锡"气度端醇,才品勤敏",①最为适合河督一职。向来朝廷选拔节钺重臣,皆由廷推,而朱之锡则出自皇帝特简,实属异数,这也是朱氏上任后治河夙兴夜寐的原因所在。

顺治十五年(1658)十月,黄河在山阳柴沟决口,建义、马逻诸堤一并漫溢,朱氏驰赴清江浦,修筑河堤,堵塞决口。宿迁董家口为泥沙淤积,朱氏在原有旧渠以东开挖河渠四百丈,以疏通运道。翌年正月,朱之锡条奏河政十事,包括议增河南夫役,均派淮工夫役,查议通惠河工,特议建设柳园,严剔河工弊端,厘核旷尽银两,宜重河工职守,申明河官专责,申明激劝大典,酌议拨补夫食。朱氏奏言:

> 河南岁修夫役,近屡经奏减,宜存旧额。明制,淮工兼用民修,宜复旧例。扬属运道与高、宝诸湖相通,淮属运道为黄、淮交会,旧有各堤闸,宜择要修葺。应用柳料,宜令濒河州县预为筹备。奸豪包占夫役,卖富佥贫,工需各物,私弊百出,宜责司、道、府、厅查报,徇隐者以溺职论。额设水夫,阴雨不赴工,所扣工食,谓之旷尽,宜令管河厅道严核。河员升调降用,宜令候代始行离任。河员有专责,不宜别有差委。岁终察核举劾,并宜复旧例。②

十六年春季,朱之锡驻守山阳,豁除苏嘴五大险工积弊,恢复太行老堤民修之制,调动沿岸百姓各保田园庐舍。十七年(1660),淮、扬、徐三府发生自然灾害,朱氏捐金赈灾。顺治十八年(1661)冬,清口至高邮三百里运道淤成平陆,朱氏集民夫挑浚疏通,请求朝廷分给食米,因此工程虽然浩繁而民不怨愤。康熙元年(1662),黄河在河南原武、祥符、兰阳境内决口,曹县河堤漫溢,又在石香炉村决口。朱氏传檄济宁道方兆及董理曹县工役,

---

① 《清世祖实录》卷一一〇"顺治十四年六月"条,第866页。
② 赵尔巽等:《清史稿》卷二七九《朱之锡传》,第10111—10112页。

而自己赶赴河南督工,堵塞西阎寨、单家寨、时利驿、蔡家楼、策家寨等决口。由于筹划人夫物料得当,五月即堵塞决口。其他险工如王家道口、孝成集、槐疙疸、黄练集皆得有效治理。

八月,吏部议定,停差北河、中河、南河、南旺、夏镇、通惠诸分司,各分司事务归并地方官管理。朱之锡反对这种做法,认为河官职重事繁,"河势变幻,工料纷繁,天时不齐,非水则旱,或绸缪几先,或补葺事后,或张皇于风雨仓遽之际,或调剂于左右方圆之间"。① 黄河、运河多故,决口漫溢时有发生,无论是堤防修筑还是河道疏浚,人夫工料纷繁,必须要有得力官员管理,才能保障黄河安澜与运河畅通。况且各河管辖范围极广:北河辖三千余里,其间三十余闸;中河辖黄、运两河,董口尤为运道咽喉,黄、运交接之处黄河浊水易为倒灌;南河所辖在淮、黄、江、湖之间,相距甚远;南旺补给泉源有三百余处;夏镇地属两省,需要凿石通漕,节宣闸座,经营不易;通惠河浮沙易浅,堵塞决口之事岁岁有之。只有事权统一,专人专任管理,才能收到指臂之效,若将事务划归府县杂佐人员管理,则职微权轻容易造成掣肘,因此朱氏奏请各分司仍循旧制,得到朝廷准许。

黄河水患频发,唯有兢兢业业、恪尽职守,才能保障黄河及运河的安全。除此之外,黄河治理难度相当巨大,对此,朱之锡有着清醒的认识,他说:

> 黄河建瓴万里趣中州,土疏水悍,自荥泽迄山阳境,南北两岸垂四千里,伏秋骤涨,颍洞排突,其破重障如穿缟葭,而北岸犹为运道要害,苟蚁穴不戒,即决曹单东注,势且夺河,清桃宿四百余里,漕且中断。……其役夫费帑不可亿计。②

事实亦是如此,黄河在豫、鲁、苏大地上奔腾咆哮,南北两岸大堤四千余里,汛期稍有不慎,即会造成溃堤,甚至运河中断,因此对堤防严加防守,颇为重要。朱之锡对于河堤修守事宜精心规划,未雨绸缪,以图经久无弊,就河政当中夫役、工程、钱粮等弊病上疏朝廷,大规模进行兴革损益,剔除其中的弊端,多为朝廷采纳。在河工制度建设方面,朱之锡颇有建树,其多次上疏朝廷,对黄河岁修夫役、料物筹措、修守制度、河员职责以及运河管

① 赵尔巽等:《清史稿》卷二七九《朱之锡传》,第10112页。
② (清)朱之锡:《河防疏略》卷首《(清)李之芳〈梅麓朱公墓志铭〉》,《四库全书存目丛书》史部第69册,第365页。

理等问题，提出各项改进措施并付诸实施，对整治黄河、运河产生了深远的影响。

朱氏主管治河极为辛劳，为了修筑堤防与疏浚河渠，常年南北驰驱，北往临清，南至邳、宿一带，巡视督导河工事宜，酷暑不张伞盖，寒冬不穿皮袍，或宿于野庙，或在田野坐待天明。此外，朱氏体恤民工夫役，荒年则以工代赈，虽工程浩繁而民不劳困。其操守廉洁，严禁部属贪污，节省国帑全部上交国库。在朱氏殚精竭虑的治理下，黄河、运河"首尾十年无大工巨役，数省之民获免昏垫"，顺治一朝全国处于百废待兴的形势之下，河漕能安澜顺轨，确实堪称奇迹。

朱之锡治河十载，风雨中南北驰驱，以致积劳成疾，由于河事孔亟，不敢向朝廷请假告休。康熙五年（1666）二月，朱之锡病卒于任上，年仅44岁，未有子嗣。上任之初河库储银十余万两，朱氏频年撙节河费，去世时库储46万余两，应得羡余5万两，全部解交国库，卒后家无余财，故里只有三间祖传的泥墙平房。其廉洁公忠，后世河督之中并不多见。朱氏讣讯传来，"一时中外僚友无不嗟悼，两河之民皆悲号陨涕，其济州士庶巷哭不已，则又匍匐聚哭于堂，如是者累月，盛德感人，咸以为近代希有。"①黄、运沿岸徐、兖、淮、扬之间的百姓歌颂朱之锡的惠政，相传其死后化为河神。正是由于朱之锡在治河过程中体现的敬业精神、求实精神以及民本思想，才有了他在中国古代水利史上的重要地位。

朱之锡著有《河防疏略》二十卷，辑录任职期间黄运两河奏疏百余件，反映其治理黄运的全部情况。对于顺治年间杨方兴、朱之锡的治河活动，著名学者孟森给予充分肯定：

　　河患恒在大乱之后，兵事正殷，无能顾及此事也。清兴，治河有名者，世祖时即用杨方兴、朱之锡二人，先后为总河。……其为治河名臣者，第一系廉洁，第二即勤恳。廉洁则所费国帑，悉数到工；勤恳则视工事为身事，可以弭河患者无不留心，除力所不及外，不至以玩忽肇祸。有此二者，其收效恒在徒讲科学者之上，盖虽精科学，仍当以廉洁勤恳为运用科学之根本也。方兴、之锡皆足以当之。②

① （清）朱之锡：《河防疏略》卷首《（清）李之芳〈梅麓朱公墓志铭〉》，《四库全书存目丛书》史部第69册，第364页。
② 孟森：《清史讲义》，岳麓书社2010年版，第152页。

经过杨方兴、朱之锡二十余年尽职尽责的治河,清初河患有了很大缓解,治河活动取得一定成效,治河策略亦对后世产生了深远的影响。

第二节　康熙朝靳辅的治河思想与河工方略

康熙初年,黄河、运河、淮河弊坏已极,"时值河患方棘,洪流逆溢,高堰横溃,合淮水而东注,故道反湮"①。此一情形严重威胁着沿岸地区居民的生命财产安全,农业收成化为乌有。朝廷从江南征收的400万石漕粮,由京杭运河运往京师,亦时常受阻。此外,黄河河患往往淹没数十个州县,不但朝廷正赋无着,还要发国帑赈济灾民,严重影响了正常的统治秩序,因此治河提上议事日程。康熙十六年(1677)三月,朝廷拨发帑金300万,任命靳辅为河道总督,全面负责治理黄河、淮河与运河。

康熙帝一生重视治河。在其看来,三藩问题与河工、漕运是朝廷的三件大事,直接关系国计民生:"朕听政以来,以三藩及河务、漕运为三大事,夙夜廑念,曾书而悬之宫中柱上,至今尚存。倘河务不得其人,一时漕运有误,关系非轻。"②康熙帝对河工事务高度重视,其言:"惟河工关系运道民生,朕数十年来夙夜萦怀,留心研究,故河道情形,熟悉已久。"③事实亦是如此,康熙巡视河工时,曾与诸河臣讨论治河的各项具体措施,详细而深邃,因此其言"留心研究"河务并非空言。

靳辅(1633—1692),字紫垣,汉军镶黄旗人,祖籍辽阳,康熙一朝长期担任河道总督,在幕友陈潢协助下,主持治黄治运13年之久,他借鉴明代河臣潘季驯"筑堤束水、借水攻沙"的治河方略,并加以创造性发展,开创了治黄、导淮、通运的治河模式:"(靳)辅疏言河水挟沙而行,易于壅淤,惟赖清水助刷,始能无滞,当审其全局,彻首尾而合治之,不可漫为施工,堵使东筑西决,终归无益。"④在治河技术上,靳辅亦有超越前人的创举,影响了康熙朝以后历朝的治河方略,成为有清一代著名的河臣。后世治黄通运,基本是在靳辅创造的河漕体系上进行细节上的修补与技术上的改进,没有更多的突破。

---

① (清)永瑢等:《四库全书总目提要·史部·诏令奏议类·〈靳文襄公奏疏〉八卷》,载王云五主编《万有文库》第一集,商务印书馆1923年版,第39页。

② 《清圣祖实录》卷一五四"康熙三十一年春正月"条,中华书局1985年版,第701页。

③ 《清圣祖实录》卷一九一"康熙三十七年十一月"条,第1025页。

④ (清)永瑢等:《四库全书总目提要·史部·诏令奏议类·〈靳文襄公奏疏〉八卷》,载王云五主编《万有文库》第一集,第39页。

康熙十六年(1677)三月,靳辅莅任之初,对黄、淮、运的实际情形进行深入广泛的考察,前后长达两月之久,"遍历河干,广谘博询,求贤才之硕,昼访谙练之老成,毋论绅士、兵民以及工匠夫役人等,凡有一言可取,一事可行者,臣莫不虚心采择,以期得当"。① 在充分研究黄、淮、运实际情形以及前代治河利弊得失之后,靳辅形成了一系列颇为成熟的治河思想,在继承明代潘季驯"束水攻沙、蓄清敌黄"理论的基础上,对黄、淮、运的治理形成了全面而成熟的统筹规划方案。此外,靳辅与其幕友、治河专家陈潢对于治河问题进行了深入的探讨,而且在靳辅任河道总督期间,陈潢一直随同赞襄谋划,因此靳辅治河思想深受陈潢的影响。关于靳辅的治河思想与治河策略,主要有以下几个方面:

一、反对贾让"不与水争地"与"迁民避水"说

贾让"治河三策"是西汉末年以来最具影响力的治河策略,诸多治河专家将其奉为河工"圭臬",但靳辅指出,贾让治河三策虽然影响深远,但对于地狭人稠、生齿日繁的清代并不适应,"夫让之三策,已垂之千七百年,无有非之者。明邱濬至称之为古今治河无出此策,今臣独创论而辟之,世必竞起而驳臣之谬,且嗤臣之妄者。第治河,大事也。深恐后世之耳食者,不察其失,而前人以误后人,后之人又复以之误后之人,故不得不悉举而指摘之。"②治河策略必须随着时代变化而进行相应的调整,靳辅之所以对贾让"迁民避水"说进行驳斥,就是因为担心贾让之说贻误世人。

人们一直颇为推崇贾让"不与水争地"与"迁民避水"的治河思想,但清代地狭人稠,耕地颇为有限,就连黄河大堤内的两岸滩涂都有人居住耕种,即使皇帝下诏三令五申让百姓搬到河堤之外,他们都置若罔闻,"迁民避水"其实就是一句空话,甚至是不太可能的事情。正如靳辅所说:

> 考西汉冀州部所统甚广,又河自龙门底柱,东北入海,若卫辉、大名、彰德一带,何处非当水冲者? 约计其民,当不下数千万户。盖闻治河以安民,未闻徙民以避河也。即欲徙民,吾不知让将徙此数千百万之民于何地也! 且河流不常,倏东倏西,倏南倏北,使河东北入冀,吾

---

① (清)靳辅:《靳文襄奏疏》卷一《河道敝坏已极疏》,《四库全书》第430册,上海古籍出版社2003年版,第453—454页。

② (清)贺长龄、(清)魏源辑:《皇朝经世文编》卷九六《工政二·河防一·(清)靳辅〈论贾让治河奏〉》,载《魏源全集》第18册,第211页。

徙冀州之民以避之；倘河更东而冲兖，南而徐而豫，吾亦将尽徙兖之民、徐豫之民而避之乎？使河患果必不可治，当水冲之民，孰肯知陷溺而不避？亦必将不待命而自徙，又何待让之策之也哉？故曰让之策可言而不可行者也。①

事实上，迁民避水只适用于地旷人稀的上古时代，比如夏朝与商朝早期，皆采取迁徙以避河患的方式，降低洪水对于人类的损害。当时华夏大地上到处是草木丛生、无人居住的旷土，迁民避水亦有颇为宽松的自然条件，但到了清代，四海无闲田，黄河流域到处是人满为患、田庐阡陌相望的村落与通都大邑，迁民避水成了一句空话，而且黄河善淤善徙，所谓"当水冲者"亦难以确定。

无论古代还是当今，黄河河堤皆要距离河身十余里或二十余里，以便宽堤行洪，尽量不与水争地。但古今社会变迁颇大，清代黄河下游地区地狭人稠，自开封、归德，至于徐州、邳县皆为通都大邑，人烟阜盛，迁民避水难以实现。因此靳辅说：

> 今平心而论之，若所云疆里土田，必遗川泽之分，使秋水得有所休息，左右游波，宽裕而不迫，诚万世之至言，无古今之分，南北之异者也。其他所言，则宜于古者未必宜于今，宜于北者未必宜于南，何也？前世土满而人稀，民易徙；后世当水冲者，往往通都大邑，其可徙乎？②

靳辅之所以批评贾让的"迁民避水"说，是因为明代前期治河的分流派思想还是颇有影响的，晚明治水专家潘季驯"束水攻沙"的治河方略仍然被一些人所批评，而靳辅继承了潘季驯"束水攻沙、蓄清敌黄"的合流派方略，并在潘氏设计的河漕体系基础上加以改进，其对贾让治河策的批评，其实就是为自己所创设的黄淮运河漕体系张目，而潘氏的"筑堤束水"，在贾让

---

① （清）贺长龄、（清）魏源辑：《皇朝经世文编》卷九六《工政二·河防一·（清）靳辅〈论贾让治河奏〉》，载《魏源全集》第 18 册，第 210 页。

② （清）靳辅：《治河奏续书》卷四《贾让三策论》，《四库全书》第 79 册，上海古籍出版社 2003 年版，第 741 页。在此说明，《皇朝经世文编》将《贾让三策论》的篇名变为《贾让治河论》，与《贾让治河论二》一道将两文作者归于夏骃，理由是"此二篇亦见《靳文襄治河书》，但彼尚有第三篇耳。然其第三篇，乃力驳贾让之谬，与此二篇平心之论正相反。窃疑惟第三篇出文襄之手，及后见徵君此文而并刻之，未审其说之不尽符也。故仍各还本人以存其真。"《皇朝经世文编》之说不足为证。

"治河三策"中是效果最差劲的"下策",每当黄河决口时,就有朝臣以贾让治河三策批评"筑堤束水"的无效与无用。事实上,有清一代,对付黄河河患,除了筑堤束水之外,亦别无良策。对此,靳辅说:

> 至若堤防者,治河之要务。自西汉以迄元明,治河之臣未有不用堤防而能导河使行者。近代潘季驯最称治河能臣,而其终身所守,惟是"筑堤以束水,束水以刷沙"二语耳。而今之空谈局外者,辄曰此贾让所谓下策也。夫使让诚以筑堤为下策,则前不当云据坚地作石堤矣;使让诚以筑堤为下策,则必用疏用浚,又不当云为渠并穿地也,但为东方一堤,北行三百余里入漳水矣。详让所言,则其筑堤以束水之旨,实与季驯同也。堤防之言,乃大概之言,施之得其当,则为束水以导河;施之失其当,则为壅水以遏河。①

在靳辅看来,称"筑堤以束水"为下策者,属于"空谈局外者"。事实上,贾让治河亦"据坚地作石堤","为渠穿地,但为东方一堤",主旨与潘季驯"筑堤束水"相同,堤防运用得当,亦能达到束水导河的目的。直到科技发达的当代,黄河河患预防的主要策略仍是筑堤束水,除此别无良策。潘季驯、靳辅"筑堤束水"的治河方略,值得肯定。

在清代,无论是黄河河患的治理思想、目标与方式,与前代相比皆发生了重大变化,一个突出问题就是人口日藩导致人地关系紧张,在治黄问题上即是人与水争地。对此,康熙年间曾任山东济宁道的张伯行说:

> 古人之治河也,治其泛滥横溢足为民害者,引之于沮洳洼下之处,徐徐焉趋入于海,而治河之事已毕。盖其世闲旷之地甚多,委而弃之不与水争,故得其疏浚之功,绝无所顾惜,而水亦顺其性以往,无奔腾冲决之患。今也不然,梁、豫、青、兖、淮、徐之境,郡县村落星罗棋布,生齿日繁,桑麻遍野,凡昔人所弃以与水者,尽为沃壤,民所必争,水既无容蓄,而又为转漕必由之要路,不得已而大为之堤防,跬步之间迂回屈曲,使俯就吾之约束,幸而数千里间,不至有尺寸之渗漏矣。又恐其不足以转漕而济运,是必民不病水,水为漕用,而后可以言治。②

---

① (清)靳辅:《治河奏绩书》卷四《贾让治河论二》,《四库全书》第79册,第743页。
② (清)张伯行:《居济一得》卷首《原序》,《四库全书》第579册,上海古籍出版社2003年版,第486页。

康熙年间,已有百姓在黄河大堤以内居住耕种,至乾隆初年,这一问题更为严重,江南地区的黄河、运河河堤之内,向来有民人盖房居住,为了避免影响河道顺轨畅流,经过河臣筹商,下令拆毁迁移,以防影响堤工,但考虑到小民安土重迁,一律铲除房屋勒令搬迁,一时难以安置,影响社会稳定,因此只下令拆除险要工所的房屋,其余的仍旧存留,以示朝廷体恤贫民生计,而且各堤民房、耕地皆无额征租税。"惟高邮、宝应、江都、甘泉、山阳五州县,每年有应征租税三百八十余两,其间拖欠不完,往往有之。若留此输公之项,虽为数无几,而追呼不免,恐有胥吏藉端苛索之弊,著将此项租银,永行停止。并将累年拖欠,悉予豁除,惟是堤工乃河渠之保障,理宜加意慎重,以固河防。"①高邮、宝应、江都、甘泉、山阳五州县黄运滩地的额征租税,朝廷下令豁除,以往的拖欠也一概豁除;当时已成房屋而无碍堤工的,可以免除迁移,但将来不许增盖,如有违禁增盖房屋的,即驱逐治罪,并将徇纵容隐的官弁分别议处。

生齿日繁、地狭人稠的社会现实,使朝廷关于黄运滩地不许盖屋的禁令成为虚文。乾隆四十六年(1781),皇帝再次谕令堤内居民搬出堤外:"河滩地亩,居民开垦日久,必致填塞河身,于河道甚有关系。……因特降谕旨……若占居堤内,于水道有碍,即行明切晓谕,俾陆续迁徙。……因思滩地居民,垦地结庐,已非一日……若其目前无事,不免安土重迁,且河堤以外,均属民田,亦无隙地可以迁徙。所有旧居堤内滩地,无碍河身者,民人已经筑室垦种,仍加恩准其各守旧业,毋庸押令移居。"②不要说迁民避水,即使黄河大堤之内亦有居民在其中垦种、造屋,乾隆帝明知堤内居民垦种会填塞河身,影响河道畅通,但谕令堤内居民搬到堤外已不太现实,因为堤外皆为民田而没有空地令其居住、耕作,因此只得折中处理,假如民人筑室垦种"无碍河身",可以让他们"各守旧业"。由此可见,在清代"迁民避水"根本无法实现。靳辅所论亦是一种颇为现实的选择。

黄河大堤之内的居民,往往私筑民埝截水灌溉,影响河水畅流,无论清代还是民国皆是如此。李仪祉曾经指出:"沿河奸民但知与水争地,民埝重重以护其私产,耕种收获,丰于他地而不纳粮赋,或年年报灾,及洪水降临,险象迫至,亦唯区区一部分利益是保,而置大局于不顾。地方官吏,对于民

---

① (清)昆冈:《(光绪朝)钦定大清会典事例》卷九一九《工部·河工·禁令二》,《续修四库全书》第 811 册,上海古籍出版社 1995 年版,第 147 页。

② (清)昆冈:《(光绪朝)钦定大清会典事例》卷九一九《工部·河工·禁令二》,《续修四库全书》第 811 册,第 149—150 页。

捻平时既纵其增筑,一旦祸至,亦唯知其地方人民是障,似竟忘决口后下游关系数十郡县之巨。"①民埝严重影响行洪,成为黄河决口的隐患,但坚持地方保护主义的官僚对此却视而不见。

直到当今社会,在河南、山东黄河大堤内依然住满居民,"下游滩区既是黄河滞洪沉沙的场所,也是一百九十万群众赖以生存的家园,防洪运用和经济发展矛盾长期存在。河南、山东居民迁建规划实施后,仍有近百万人生活在洪水威胁中。"②黄河下游滩区宽达一二十公里,土地肥沃,距离灌溉水源近,在没有洪水暴发时属于农业耕作的优质区,因此至今仍有大量居民生活其中,行洪需求与经济发展的矛盾至今依然存在。

不仅黄河下游如此,长江至清代水灾不断,亦与人满为患、过度开垦而导致水土流失有关,对此魏源指出:

> 今则承平二百载,土满人满,湖北、湖南、江南各省,沿江沿汉沿湖,向日受水之地,无不筑圩捍水,成阡陌治庐舍其中,于是平地无遗利;且湖广无业之民,多迁黔、粤、川、陕交界,刀耕火种,虽蚕丛峻岭,老林邃谷,无土不垦,无门不辟,于是山地无遗利。平地无遗利,则不受水,水必与人争地,而向日受水之区,十去五六矣;山无余利,则凡箐谷之中,浮沙壅泥,败叶陈根,历年雍积者,至是皆铲掘疏浮,随大雨倾泻而下,由山入溪,由溪达汉达江,由江、汉达湖,水去沙不去,遂为洲渚。洲渚日高,湖底日浅,近水居民,又从而圩之田之,而向日受水之区,十去其七八矣。江、汉上游,旧有九穴、十三口,为泄水之地,今则南岸九穴淤,而自江至澧数百里,公安、石首、华容诸县,尽占为湖田;北岸十三口淤而夏首不复受江;监利、沔阳县亦长堤亘七百余里,尽占为圩田。江、汉下游,则自黄梅、广济,下至望江、太湖诸县,向为寻阳九派者,今亦长堤亘数百里,而泽国尽化桑麻。下游之湖面江面日狭一日,而上游之沙涨日甚一日,夏涨安得不怒?堤垸安得不破?田亩安得不灾?③

清代中叶以后,生齿日藩,地狭人稠,东南地区大量移民进入黔、粤、

---

① 李仪祉:《纵论河患》,《时事新报》(上海)1935年9月5日,第1张第3版。
② 习近平:《在黄河流域生态保护和高质量发展座谈会上的讲话》(2019年9月18日),《十九大以来重要文献选编》中,第198页。
③ (清)魏源:《湖广水利论》,载《魏源全集》第12册,第365页。

川、陕地带,以前的深山老林无不开垦为田,造成水土流失日益严重,汉江、长江河底日淤而形成洲渚,而近水百姓乘机围湖造田,导致河湖蓄洪能力大为降低,长江水患不断。中国历代有河患无江患,因为"江之流澄于河,所经过两岸,其狭处则有山以夹之,其宽处则有湖以潴之,宜乎千年永无溃决"。但清中叶长江"告灾不辍,大湖南北,漂田舍、浸城市,请赈缓征无虚岁,几与河防同患",就是过度垦殖导致水土流失、淤塞长江水道所致,"秦、蜀老林棚民垦山,泥沙随雨尽下,故汉之石水斗泥,几同浊河,则承平生齿日倍,亦不能禁上游之不垦也。故今治江、汉者,则专从事于堤防,且岁咎于堤防之不固"。① 由此可见,魏源已朦胧意识到保持生态平衡、防止水土流失的重要性。

在中国南方,城镇都邑在大河流域大多逼水而建,给河流治理造成诸多障碍。对此,民国水利学家李仪祉曾说:"常见吾国南方都邑,大抵逼水而处,岸旁无余地,大抵趋于交通之便;然稍有涨漫,便遭泛滥,是岂水逼人哉?实人自投水耳。更有妄筑圩堤,侵踞湖荡,使水无游移之地,此贾让所谓与水争咫尺之地者。"②本来人类择地而居,通都大邑的建筑更应随高而处,以避免河流泛滥淹没城市,但明清时期黄河下游流经经济发达、人烟繁盛的河南、江苏、山东等地,沿岸地区地无闲田,人口密集,都邑相望,黄河一有泛滥,则漂没田园庐舍无数,因此存在着严重的人水争地问题,私筑圩堤与侵据湖荡的现象普遍存在,严重影响了黄河治理。因此,靳辅治河反对贾让"不与水争地"与"迁民避水"之说,是颇为现实的选择。

二、坚持"筑堤束水,以水攻沙"的治河策略

黄河河患频仍的根源在于含沙量高,治河首先要治沙,但治沙难以用人工挑挖的方法加以解决,最好的策略就是"以水攻沙"。对于水沙运行规律,靳辅说:"黄河之水,从来裹沙而行,水合则流急而沙随水去,水分则流缓而水漫沙停。沙随水去则河身日深,而百川皆有所归;沙停水漫则河底日高,而旁溢无所底止。故黄河之沙全赖各处清水并力助刷,始能奔趋归海而无滞也。"③黄河水的挟沙能力与河水流速成正比,只有筑堤束水,让黄河水奔趋入海,才能刷深河床。而清人认为单靠黄河本身难以办到,就要依靠淮河清水并力刷沙,才能解决黄河的泥沙淤积问题。

---

① （清）魏源:《湖北堤防议》,载《魏源全集》第12册,第368页。
② 李仪祉:《黄河之根本治法商榷》,载李启主编《李仪祉全集》上,第483页。
③ （清）靳辅:《靳文襄奏疏》卷一《河道弊坏已极疏》,《四库全书》第430册,第454页。

靳辅并没有停留在理论层面,而是有着颇为切实有效的实施方案。最为重要的是,要贯彻"束水攻沙"的治河方略,必须要有全局眼光,而不能仅局限于与运道息息相关的"清口",靳辅曾说:

> 大抵治河之道,必当审其全局,将河道、运道为一体,彻首尾而合治之,而后可无弊也。盖运道之梗阻,率由于河道之变迁;而河道之变迁,总缘向来之议治河者,多尽力于漕艘经行之地,若于其他决口,则以为无关运道而缓视之。殊不知黄河之治否,攸系数省之安危,即或无关运道,亦断无听其冲决而不为修治之理。矧决口既多,则水势分而河流缓,流缓则沙停,沙停则底垫,以致河道日坏,而运道因之日梗,是以原委相关之处,断不容于歧视也。①

靳辅认为,治河不能局限于与运道相关的清口,必须要有全局意识,因为黄河溃决关系数省百姓生命财产的安危,不能漠视。靳辅之所以主张治河要有全局意识,更为深层的原因就是决口多会造成流缓沙停,河底淤垫,最终使黄、淮、运一体弊坏不堪,漕粮转输亦日益梗阻。靳辅进一步批评说:"今若不察全局之情形事势,而因循故事,漫为施工,则堵东必西决,堵南必北决,徒费时日,徒糜钱粮,而终归无益。岂惟无益? 将河患日深而莫可救药矣。"②的确,若河臣只岌岌于运河畅通,而缺乏黄淮运治理的一体观念,将会造成"堵东必西决,堵南必北决"的局面,不但虚靡国帑,且使河患日深而不可救药。

为了达到筑堤束水的目的,清人设计的堤防名目繁多,靳辅幕僚、精于治河的陈潢曾说:"其去河颇远,筑之以备大涨者,曰遥堤;逼河之游以束河流者,曰缕堤;地当顶冲,虑缕堤有失,而复作一堤于内以防未然者,曰夹堤;夹堤有不能绵亘,规而附于缕堤之内,形若月之半者,曰月堤;若夹堤与缕堤相比而长,恐缕堤被冲,则流遂长驱于两堤之间而不可遏,又筑一小堤横阻于中者,曰格堤,又曰横堤。"③由此可见,遥堤以备河水盛涨漫溢,缕堤束水攻沙,夹堤位于地当顶冲的缕堤之内,防患于未然,月堤亦在缕堤之内,形似半月而绵亘,夹堤与缕堤之内复筑格堤,防止漫溢扩大,各种河堤

---

① (清)靳辅:《靳文襄奏疏》卷一《河道弊坏已极疏》,《四库全书》第 430 册,第 454 页。

② (清)靳辅:《靳文襄奏疏》卷一《河道弊坏已极疏》,《四库全书》第 430 册,第 454 页。

③ (清)贺长龄、(清)魏源辑:《皇朝经世文编》卷九八《工政四·河防三·(清)张霭生〈河防述言〉》,载《魏源全集》第 18 册,第 300 页。

的功用还是颇为清晰的。

在各种河堤同时并用方面，靳辅之见与陈潢颇为一致，靳辅认为堤防"莫妙于筑缕堤以束水，而以遥堤并加筑格堤用防冲决，使守堤人等尽力防护，缕堤设或大水异涨，即有浸冲，亦至遥堤格堤而止，自不至于夺河成缺，该守堤人等，随即星将缕堤仍旧筑起，而为工亦易。……若徒加帮遥堤，则既不能束水，而又无重门之障，良非至稳之著，妙莫于亦于近河去处，加筑缕堤，并量筑格堤，以为外藩，其残缺遥堤亦一体加帮高厚，方称至全也"①。黄河易淤易决，只有设置重门保障，才能防止决口漫溢。特别是遥堤之内必须设置缕堤，既可以束水攻沙，又可以在遥堤溃决之前加以修复，这样工程量较小，既可以节省河费，黄河又不致决口漂没田园庐舍。因此靳辅主张在加高加厚遥堤的同时，在切近河身的地方修筑缕堤，适量修筑格堤，才是治河的万全之策。

对于束水攻沙的治河方略，李仪祉大为赞赏，指出"以堤束水，其意甚善。盖必有束水之能，而后有治导之效。若但以防泛滥，则宽缩无律，沙之停积失当，必致河道荒废也"②，但水利学家张含英认为，从明清的实际情况看，双重堤防并不能增加安全。这里有技术的原因，也有社会的原因。缕堤一溃，遥堤亦常随之而决，其中缘由如下：

缕遥之间不经常走水，地势较滩唇为低，缕堤溃水猛冲而下每难抵御。其次，由于遥堤不常临水，獾洞、蚁穴等隐患较多，遇水即易出险。由于遥堤不常临水，埽工难施，坝亦常稀，防御力弱。再则，洪水来临之时，人多争守缕堤这个第一道防线，而疏于遥堤。以此之故，第一防线失守，第二道防线亦多随之而溃。此外，当时缕堤过窄，束水太急，亦不适宜。明清主张修缕堤者，又可能以防止河道淤垫乏术，便强调缕堤的攻沙作用，实际上缕堤负担不了这个任务。或由于照顾临河一带的局部利益，借攻沙之名，行与水争地之实。……如果说，双重堤多了一层保障。但如设计不当，管理不善，修守不力，盲目地信任"重门御寇"，必不能起到应有的作用。③

---

① （清）靳辅：《靳文襄奏疏》卷二《敬陈经理河工第一疏》，《四库全书》第430册，第482—483页。

② 李仪祉：《黄河之根本治法商榷》，载李赋主编《李仪祉全集》上，第484页。

③ 张含英：《明清治河概论》，水利电力出版社1986年版，第81—82页。

事实上，黄河修防的各种措施，表面上看周密详细，但效果不佳，遥堤、缕堤即是一例。此外，筑堤束水是人力难以操控的，而且受到地形地貌、村落分布的影响，李仪祉指出："以堤束水治河理论一部分是对的，就是我们对于堤这样东西难保操纵自如。并且筑堤的时候，不能完全按照治河目的规定的堤线。有许多事实，如筑堤的基址，可用与否，村舍城郭的避免等等，是不能不顾虑而使堤线绕越的。"①

黄河堤防，自荥泽以至云梯关海口，两岸河堤3200里，无处不当严密防守，但不同地段溃决，其危害差异颇大。因为地势南亢北下的缘故，黄河决堤以北岸决口威胁最大。开封黄河南岸，从汴河以达淮河，至于徐州、邳州而下，地皆山陵，近有灵芝湖、孟山湖、洪泽湖，水无去路，决堤后必复其故，又与运道无关，因此危害较小。同是北岸，不同地段决口的危害亦不相同，宿迁、桃源、清河北岸一有溃决，则运道首先受阻；自海沭以南、马陵迤左周围千里，一旦河决则渺然巨浸。开封北岸一有溃决，则延津、长垣、东明、曹州各邑漂没，近则黄水注入张秋，由盐河入海，远则直趋东昌、德州而直赴渤海，济宁上下的运道尽行冲毁，而且开封境内地皆浮沙，一经溃决，河水风驰电掣，瞬息数百丈河堤冲毁，堵口工程巨大而下埽更难，历代河患此地占十之八九。对此，靳辅了然于胸，指出决堤之害"北岸为大，而北岸之害莫大于开封及宿、桃、清一带，而曹、单次之，徐、邳又次之。若安东以下，非所忧也。"②这样，黄河河堤防御的重点即突出出来。

河堤由土筑成，风剥雨蚀，水汕浪刷，则会造成河堤残损卑矮，如果发现堤身高厚不足，就需要年年加高培厚。因为黄河决堤的后果不堪设想，靳辅说："今使堤岸不固，溃决一生，则千里滔天，室庐为鱼鳖之居，膏腴皆荇藻之产。"③河道所设营兵仅巡查堤防，以及从事运料、下桩、卷埽、栽柳等工作，岁修加筑河堤则难以做到，因为黄河河堤过长。黄河、运河两岸自砀山以下，以及归仁堤、高堰至海口一带，缕、遥、月、格等堤总计45万余丈，而河兵仅有7200名，平均每名营兵岁修66丈有余，按照土方计算每丈须土2方多，每年挑土145方之多。在常例工作之外，营兵每年挑筑河堤如此之多，根本无法办到，因此靳辅主张允许每名营兵招募帮丁四人，其子弟家属亦可。每丁给以堤内空地，令其耕种自食，而责其岁修河堤，帮丁与河兵表

---

①　李仪祉：《黄河治本的探讨(附图表)》，《黄河水利月刊》1934年第1卷第7期，第13页。

②　(清)贺长龄、(清)魏源辑：《皇朝经世文编》卷九八《工政四·河防三·(清)靳辅〈治河余论·黄淮全势〉》，载《魏源全集》第18册，第330页。

③　(清)靳辅：《治河奏绩书》卷四《帮丁二难》，《四库全书》第579册，第734页。

里为用,共同维护河堤岁修。对于设置帮丁的益处,靳辅认为有八个方面:

> 堤工高厚,永无溃决,其利一;授田力役,贫民有归,其利二;堤近民居,风雨可守,其利三;群众乐业,兵无逃窜,其利四;猝有河患,不烦召募,其利五;庐室相照,寇盗无警,其利六;深耕易耨,狐兔绝踪,其利七;刈获所余,薪秸充盈,其利八也。①

关于帮丁耕地的来源,则是堵塞筑决口之后黄河两岸涸出的滩地,黄河两岸河堤有两千数百里之遥,由于黄河决溢,若非一望汪洋,即或沮洳苇莽之地。黄河、运河复归故道,淤滩尽出,无论是置之不问,或听民私种,或计亩起科,皆非善策。若增设帮丁28800名,每丁授45亩,则应授予滩岸之田4300余顷。这些帮丁每岁加高加厚河堤,则黄河、运河可保永无意外之虞。靳辅关于增设帮丁的想法,对于维护河堤确实大有神益,但最终亦未能实现。雍正八年(1730),黄河、运河两岸始设守堤堡夫,二里一堡,每堡设堡夫两名,住堤巡守,远近互为声援。

自从明末潘季驯以"束水攻沙"的策略治河,清代靳辅继承了这一思想,并得到清朝皇帝的高度认可。乾隆二十一年(1756),乾隆帝下江南巡视河工,圣驾谒阙里释奠,路过禹津马颊河,曾经作诗赞美"束水攻沙"治河策略,"明之治河方,利合不利分。合则携沙行,分则其沙屯。沙行流乃安,沙屯泛溢频。其言如诚当,智乃过禹神。九河非分流,何以免涨沦。而今岂非合,徒见淤河身。我来过大陆,马颊与禹津。今古势既异,空叹其迹存。更张岂易言,而况见未真。利不十不变,莫如流俗循。"②在此,乾隆帝高度赞美"束水攻沙"的治河策略,对其治河效果颇为肯定,对于《尚书·禹贡》所载大禹治水"播为九河",乾隆帝明确表示古今异势,"束水攻沙"的策略智慧超过三代圣王"神禹",皇帝亲自出马赞美"束水攻沙",河臣自然不会再有异议。事实上,不仅有清一代如此,即使民国时期以至于当今治理黄河,也基本上沿袭"束水攻沙"的治河方略。

泥沙问题是治黄的核心问题,靳辅的方案就是"筑堤束水""以水攻沙",至于泥沙的来源,靳辅并无深刻的认识与论述,更没有统筹全局的治沙规划。作为靳辅幕僚的陈潢,对于西北土性松浮有一定认识,"惟河源为

① (清)靳辅:《治河奏绩书》卷四《岁修永计》,《四库全书》第579册,第733页。
② (清)王道亨、(清)张庆源修纂:《乾隆德州志》卷首《清高宗弘历〈御制恭纪·禹津马颊河〉》,《中国地方志集成》本,第22页。

独远,源远则流长,流长则入河之水遂多。入河之水既多,则其势安得不汹涌而湍急? 况西北土性松浮,湍急之水,即随波而行,于是河水遂黄也。"①陈潢认识到黄河泥沙含量大与西北土性松浮、易于流失有关,但并未讨论水土流失与植被破坏之间的关系,更不可能产生保护森林植被以减少水土流失的思想。

明清时期,讨论植被覆盖与河流泥沙含量关系的官僚士大夫并不多见。即使能论及于此,亦未有解决植被破坏的治理方案,但仍有部分杰出之士意识到植被破坏与水土流失的关系,如嘉道年间的经世派思想家魏源曾论农田垦殖、植被破坏与长江水患之间的关系,同治年间拔贡胡发琅亦意识到植被破坏与黄河多沙之间的关系:

> 古河之不浊者,井田而外,草木繁植,根株纠结,与地相抱固。阡陌开,而地不必井者亦被稷锄,又其后乃登山临水营畚锸无少闲。材木之需,樵苏之采,不待禹之刊益之烈。而弥望濯濯,土失其蔽,雨至而随之去矣,惟山尤甚。西北土疏多山,今日而求河不浊,虽造化无能为力。而其禁之不能,易之不可者,生齿之日蕃,求食需用之无所不至。虽如此而日有不给,盖时则为之矣,虽谓之人为河患,未为过也。②

清代生齿日繁,谋食困难,西北地区大量荒地、山林被垦殖为农田,造成了严重的水土流失,因此黄河之水益加浑浊,人为破坏植被成为黄河河患频发的重要因素,此论有见地,但清代治黄一直局限于下游,对于中上游的水土流失,从未采取任何措施。

清代河督治沙着眼于下游,缺乏上、中、下游全面综合治理的眼光,可谓治标不治本,"大要皆主张高修堤堰,堵塞决口。高修堤堰,防其泛滥;若有溃决,则尽力堵塞。这样的成规,两千多年来,迭相宗法,先后延续,以迄于今。"③其实早在乾隆年间,御史胡定即认识到解决黄河泥沙问题的关键在于治理中游泥沙流失,提出通过打淤地坝保持水土的方案,以达到"汰沙澄源"的目的,可谓抓住治黄根本,辛德勇称其为"全河派"。④ 乾隆八年

---

① （清）贺长龄、（清）魏源辑:《皇朝经世文编》卷九八《工政四·河防三·（清）张霭生〈河防述言·源流第五〉》,载《魏源全集》第18册,第297页。
② （清）盛康辑:《皇朝经世文续编》卷一〇五《工政二·河防一·（清）胡发琅〈治河论上〉》,载沈云龙主编《近代中国史料丛刊》第84辑,（台北）文海出版社1972年版,第4951页。
③ 史念海:《黄土高原历史地理研究·前言》,黄河水利出版社2001年版,第9页。
④ 辛德勇:《黄河史话》,社会科学文献出版社2011年版,第148页。

（1743），陕西道监察御史胡定上奏《河防事宜条奏》，称："黄河之沙，多出之三门以上，及山西中条山一带破涧中，请令地方官于涧口筑坝堰，水发，沙滞涧中，渐为平壤，可种秋麦。"①乾隆帝命河督白钟山讨论此一提议，结果白钟山以"古未有行之者"予以否定。胡定主张在中游黄土丘陵、沟壑区的沟涧口打坝拦泥，淤地种麦，以减少黄河下游的泥沙淤积，既可治沙又有利于农业生产，可谓一举两得。但由于时代条件限制，并未引起乾隆帝与河督的应有注意，未能产生实际效果。事实上，早在明隆庆、万历年间，山西、陕西一些县的民众就通过打坝淤地而获得高产，直到今天，修筑淤地坝减少泥沙流失，仍是黄河中游水土保持的最基本手段之一。

对于黄河泥沙问题的根本解决方法，李仪祉认为，一是断绝泥沙来源，二是代谋出路。而断绝泥沙来源，应在黄河沿岸积极造林，广蓄水以灌溉；开沟引水，使风不能起沙，使沿河变为可耕之地，所栽之树易于成活。对于已入河床的泥沙，应将尾闾河口广为浚治，使水畅流入海，沙无所积，河患可减。总之，"治河之要，在上中游，应速广开渠道，以分水量，藉资灌溉，并应广为造林，以遏沙患，在下游应认真堤防导；在尾闾应修挖河口，使水畅流入海，不致在中下游沉淀为害，分工合作，兼顾并施，治河前途，利赖实多。"②

三、改运口，开挖中运河，黄运体系进一步分离

对于黄运关系，钮仲勋指出："金元以前，黄河与运河虽也曾发生交汇与联通，黄河的决溢也给运河带来一定的影响，但总的来说关系是比较单纯的。金代黄河南徙，元代修京杭大运河，黄运交汇，其关系开始趋向复杂，并产生矛盾。明代，为解决这些矛盾，曾有过引黄济运、遏黄保运、避黄保运等举措，通过实践，以避黄保运较有成效。清代除沿袭避黄保运的举措外，还曾在局部地区施行过借黄济运，但效果不佳。"③在清代，治黄、通运、导淮的形势更为复杂，难度更大。对此清人叶方恒曾说："自至元二十六年，开会通河以通运道，而河遂与运相终始矣。盖至元以前，河自为河，治之犹易。至元以后，河即兼运，治河必先保运，故治之较难。"④有清一代，

---

① （清）黎世序等修纂：《续行水金鉴》卷一一，《万有文库》本，第 255 页。
② 李仪祉：《治黄意见》，《陕西水利月刊》1934 年第 2 卷第 3 期，第 3 页。
③ 钮仲勋：《黄河与运河关系的历史研究》，载《黄河变迁与水利开发》，中国水利水电出版社 2009 年版，第 42 页。
④ （清）贺长龄、（清）魏源辑：《皇朝经世文编》卷九六《工政二·河防一·（清）叶方恒〈全河备考〉》，载《魏源全集》第 18 册，第 202 页。

治理黄河、运河的一个重要原则，就是尽量将黄河、运河分开，避免黄河决口冲毁运河。由于黄河河道迁徙无常，决口泛滥史不绝书，而每次决溢必然冲毁、淤垫运河，因此治漕必先治黄。

黄河在徐州北约四十里的茶城夺泗南流后，历经邳县、宿迁、桃源至清河的 540 里河道，是京杭运河的一部分，百川莫险于黄河。黄河的航运条件向来颇为恶劣，翻船遇险时常发生，但元明以来，沟通南北的大运河的通航一直部分依赖于黄河河道，被称为"河漕"。黄河决口泛滥严重影响漕运的安全，运道如何避开黄河五百里风涛之险，就成了一个颇为重要的问题。嘉靖初年，胡世宁、盛应期皆试图开浚新河，避开谷亭一带黄河对运道的淤垫，但皆功败垂成，获罪而去。40 年后，在山东昭阳湖东岸朱衡主持开凿新运河，自山东济宁，南至微山县夏镇以南长 140 里，最终取得成功。

留城至镇口的运河逼近黄河，一经雨潦即冲坏运堤，以致隆庆、万历年间运河年年梗阻，因此开泇河提上议事日程。开泇河可以避开镇口之淤，还有就是避开徐州、吕梁二洪的航行风险。隆庆初翁大立倡议开泇河，万历初傅希挚亦因此上疏，但皆以费繁而止。万历二十年（1592）舒应龙开韩庄支渠，二十六年（1598）刘东星接续韩庄开渠工程，三十一年（1603）河臣李化龙继续挑渠、修坝、浚浅、设闸，泇河运道始获成功。有明一代治河最大的功绩，就是开凿自夏镇到直河口之间的泇河，长 260 里，从而运道避开了暗礁丛生的徐州洪、吕梁洪黄河三百里之险，至康熙年间，泇河仍可使用。胡世宁、盛应期、朱衡、翁大立、傅希挚、舒应龙、刘东星、李化龙等明代治河先贤，"彼六七公者，殚智尽力，任劳任怨，竭蹷于数十年中者，无非为避黄计也。"①他们治理黄、运的一个总体原则，就是让运河尽量远离黄河。

靳辅治河进一步将运河与黄河分离。清初，运河仍有 200 里的运道依赖黄河河道，靳辅的方略就是运道彻底摆脱对黄河河道的依赖，同时解决好黄、淮、运交汇的清口问题，解决黄河淤垫倒灌运河、淮河问题。泇河与黄河交汇的直河口常被泥沙淤积，因此百余年之间运口不断南移改口，骆马湖口、陈沟口先后淤废。清初由董口通航，顺治十五年（1658）董口淤废，于是漕船取道骆马湖，在汪洋湖面上向西北航行 40 里，开始进入沟河，再行进二十余里至窑湾口而与泇河相接。

骆马湖水面辽阔，但湖水颇浅，每当重运漕船进入其中，就要役使数万兵夫，在湖中浚深渠道，浮送漕船北上，但浚挖之渠不久则没于风浪之中。

---

①　（清）陆耀：《山东运河备览》卷一，《故宫珍本丛刊》第 234 册，海南出版社 2001 年版，第 169 页。

结果骆马湖年年浚挖运河航道,宿迁百姓苦不堪言。特别是冬春时骆马湖处于枯水季节,湖浅之处难以行船,成为卡住漕运咽喉的一大障碍。康熙十九年(1680),靳辅开皂河40里,以原来直河口与董口之间的皂河为出口以通黄河,由皂河口向北开河至窑湾以接泇河,新开皂河两岸筑堤,以防止骆马湖水与西面坡水对运道的干扰。

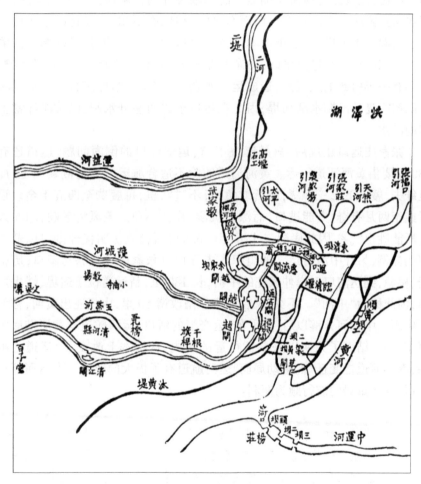

图二　运河图(里河)

资料来源:(清)黎世序:《续行水金鉴》卷首,《万有文库》本,第50页。

考虑到皂河下口直接黄河,遇有伏秋黄河水暴涨,就会出现黄水倒灌,因此靳辅沿皂河向东开支河三千丈,自皂河历经龙冈岔路口,直达张家庄出口。这样就使泇河水至张家庄汇入黄河,运口就永无淤塞之虑。靳辅选择这条路线,经过了详细勘察与论证:"皂河迤东二十余里张家庄,其地形卑于皂河口者二尺余,而黄河上下水势,大抵每里高低一寸,自皂河至张家庄二十余里,黄水更低二尺余,内外水面,高低相准。"①由此可见,当时河臣对河流比降与水流流势等问题皆有一定认识。

以前皂河出口为丁字形,黄河水自西而东,皂河水自北而南,两溜相抵而不相比,但黄强清弱易于倒灌。而靳辅设计的张家庄出口为人字形,黄河水与张家庄之皂河水皆自西而东,两溜相比而不相抵,况且以皂河地高之水流淌二十余里,下注于地卑之黄河出口,水流之迅速足以抵御黄河倒灌。张家庄运口为皂河尾闾,向东与骆马湖相通,若不堵闭,则皂河水、湖水必有一半由此汇入黄河,造成运河水弱,春初重运漕船难行。若加以堵闭则担心夏秋汛期水涨伤堤,因此在运口东建两座分水闸,以减泄异常上涨的洪水。

张家庄运口建成后,只是解决了黄、运交汇口的倒灌问题,运道还有180里要借黄河河道行运。黄河河道凶险不适合航运,"重运溯黄而上,雇觅纤夫,艘不下二三十辈,蚁行蚊负,日不过数里,每艘费至四五十金。迟者或至两月有奇,方能进口,而漂失沉溺,往往不免。盖风涛激驶,固非人力所能胜也"。② 因此康熙二十五年(1686),靳辅效仿明代开泇河以避黄河的先例,另开中河行运。他组织人夫开挖自张家庄经过骆马湖口,历宿迁、桃源,到达清口对岸仲家庄的中河,长180里,新运道位于遥堤、缕堤之内,因此称为"中河"。不久,又在泗阳以南改凿60里,由杨庄出黄河,称为新中河。中运河开辟以后,除了黄、运交汇的清口,运河航道与黄河彻底脱离了关系,结束了元明以来借黄行运的历史,从根本上改变了"运道之阻塞,率由河道之变迁"的被动局面,运河航道有了极大的改善。中运河开通之后,漕运重船的航行颇为便利:

> 连年重运,一出清口,即截黄而北,由仲家庄闸进中河,以入皂河,风涛无阻,纤泄有路,又避黄河之险二百里。抵通之期较历年先一月不止。回空船只,亦无守冻之忧。在国家岁免漂失漕米之患,在各运大则无沉溺之危,小则省雇夫之费。③

---

① (清)靳辅:《治河奏绩书》卷四《皂河》,《四库全书》第579册,第728页。
② (清)靳辅:《治河奏绩书》卷四《中河》,《四库全书》第579册,第724页。
③ (清)靳辅:《治河奏绩书》卷四《中河》,《四库全书》第579册,第724—725页。

此后,南来漕船一出清口,穿黄行船不过数里,便进入中运河北上,极大地避免了黄河险溜对于运河的危害。至康熙二十七年(1688),运道借助黄河水道仅有七里。春秋时期吴国开邗沟,隋朝开御河,历经唐、宋、元、明各代开运河,无不仰借黄河为运道,既想去其害,又欲收其利,因此治河无良策,至靳辅开中运河才彻底解决了黄河倒灌与风涛之险的问题。

由于与黄河交汇的运口在运河航运方面颇为重要,因此靳辅建议国帑充裕时将遥堤加高修厚,在中河之北挑挖重河一道,以挑河之土筑成重堤。在西宁、锡成两桥之间建闸一座,以分泄山东异涨洪水,又可以灌溉宿迁、桃源、清河等七州县的田亩。即使黄、淮并涨,亦可分泄洪水进入中河,出平旺归海。漕船自清口进入仲家庄闸,多为逆流行西,因此靳辅建议在清河以东陶家庄再建一闸,重运漕船则由陶家庄进入,回空漕船则由仲家庄而出,这样北上与南归皆为顺流,尤为万全之策。靳辅对于黄淮运交汇口的设计,可谓周全、严密。

四、坚持"蓄清敌黄"的治河方略

与黄河、运河交汇的还有淮河,淮阴以下的黄河河道即是夺淮河下游的水道,淮阴的清口本为泗水注淮之口,现为黄淮交汇之口,亦即洪泽湖出口。关于洪泽湖的形势,清人郭起元说得最为清晰:

> 洪泽湖,汉为富陵,隋为洪泽渠,宋为陈公塘。自元以来,淮流胥汇于是,并阜陵、泥墩、万家诸湖而为一,统名曰洪泽湖。盖当黄运之冲而承全淮之委者也。淮合诸水,汇潴于湖,出清口以会黄。清口迤上为运口,湖又分流入运河以通漕。向东三分济运,七分御黄。而黄河挟万里奔腾之势,其力足以遏淮。淮水少弱,浊流即内灌入运。必淮常处其有余,而后畅出清口,御黄有力,斯无倒灌之虞。故病淮并以病运者莫如黄,而御黄即以利运者莫如淮。治黄运者尤以治淮为先也。①

黄河经常从清口倒灌洪泽湖,使清口、运口、洪泽湖日益淤垫,不仅危害淮河,而且使运河难以得到淮河清水的补给而日益浅涸。按照当时河督的设计,洪泽湖的湖水三分出运口以补给苏北运河,七分出清口汇入黄河,

---

① (清)郭起元:《介石堂水鉴》卷二《洪泽湖论》,《四库全书存目丛书》史部第225册,齐鲁书社1996年版,第492页。

以借清刷黄，御黄倒灌。洪泽湖要补给运河，冲刷黄河泥沙，只有蓄到相当的高程才能达此目的，而增加洪泽湖的蓄水量，就必须加固高堰东堤，防止高堰决口，但黄河多沙，淤高清口、运口与洪泽湖在所难免，不但补给运河与蓄清敌黄更为困难，而且必然导致洪泽湖面积不断扩大，淮河灾害日益加重。在治黄保漕的国家大计面前，河臣必须保证高堰安全，避免冲毁苏北运河，以达到"蓄清刷黄"的战略目标，因此有清一代，清口与高堰的治理就成为治河的中心任务。

在治河方略上，靳辅颇为高明之处，即是治河的全局战略观念，而非像某些目光短浅的河督那样，只炎炎于高堰与清口，但靳辅对清口与高堰同样高度重视，以保障漕运的畅通。高堰为全淮保障，是实现"蓄清敌黄"的战略保障。高堰为汉末广陵太守陈登始建，明初平江伯陈瑄大修高堰，明末潘季驯为了实现"蓄清敌黄"战略，截断淮水去路，大筑高堰，将淮水全部潴留洪泽湖，一部分济运，一部分敌黄。

事实上，以黄河泥沙含量之大，"蓄清敌黄"难以做到，或者说只可实现数十年，之后就难以做到。无论是潘季驯、靳辅皆迷信以自然界天然水力冲刷黄河泥沙，却不重视以人力疏浚，对此学者岑仲勉说："清人大半醉心于季驯的理论，完全依赖自然势力，以为蓄清即可刷黄，不从疏浚方面着眼。那晓得清弱黄强，靳辅成绩只可维持一个短短时期，经过数十年后，河底淤垫日高，超过清口之上，黄河那能不倒灌？……简单地说，河身的淤垫系与时间为正比例，河流即使通畅，淤垫仍然不免，人工疏浚实是旧日的补救良法。"①

高堰对于清代河工的重要性，主要表现在三个层面：一是淮河发源自桐柏山，至泗水、盱眙境内长达800里，自清口至海滨200余里，淮河上下1100余里，全靠高堰作为堤防，而高堰是否坚固，直接关系下河高邮、宝应七州县的安危。二是高堰不固，则淮水东注，黄河紧随淮河之后，必然导致清口淤垫，这样淮河无法助黄刷沙，海口必然淤垫，"蓄清敌黄"归于失败。三是黄河上决则下淤，而下淤则必然上决，若高堰溃决，则清口淤垫，黄河在桃源、宿迁、徐州、邳州、单县、曹县、开封等处必然决口，黄水奔腾四溢，山东诸山泉亦阻塞不畅，势必泛溢，结果必然导致黄淮运整个体系的崩溃，运道与民生不可复问。

对于高堰的重要性，靳辅说："高堰一堤，全淮系之，全黄亦系之，非特淮、扬二郡与运口之害已也。此两河南北之大势也。"事实亦是如此。面对

① 岑仲勉：《黄河变迁史》，第570页。

这一局势,靳辅的策略是"北固开封之障,增卑培薄;中慎宿、桃、清之守,帮筑中河两岸之堤;南谨高堰之守,岁填坦坡以保之。"①即加固开封一带黄河大堤;加强桃源、宿迁、清河一带的黄河堤防,以及中河两岸河堤;另外,以每年填坦坡保护高堰。河堤长年累月被河水汕刷掏挖,易于变得残损卑矮,若波浪变得平缓和顺,对堤岸的冲击则会大为减小,河堤自然持久坚固。水性激之则怒,顺之则平,要想河堤长久保持完好,必须设法减小波浪的冲击力量,最好的办法就是修筑坦坡。靳辅曾记述某处河堤加筑坦坡之后的秋季情形:

> 是年秋,黄水大涨,奇风猛浪,倍异寻常。而汹涌之势,一遇坦而其怒自平,惟有随波上下而无所逞其冲突,始知坦坡之力反有倍蓰于石工者。故障淮以会黄者,功在堤;而保堤以障淮者,功在坦坡也。②

修筑坦坡之法就是河堤每高一尺,填坦坡八尺,若堤高一丈即填坦坡八丈,以填出水面为准,务必迤斜以逐渐增高。坦坡年深月久亦会被风涛汕刷,每年督促河兵岁夫逐年加固坦坡,立为定制,务使坦坡所增之数,足以抵消风浪所耗之数。久而久之坦坡离堤百丈之内,必定渐垫而高,因而植柳或芦葭草之类,等待其根株交结,茂盛蔓延,即使狂风动地,雪浪排空,河水亦不能越过百余丈的茂林深草,冲溃河堤。

明代河臣潘季驯非常注重高堰的安全,曾大修高堰工程,但高堰以南周桥一带,潘季驯并未筑堤,考虑到淮水盛涨之时,借以宣泄。靳辅则大修高堰,堵塞决口的同时,将周桥至翟坝30里原来没有修筑石堤之处,一律接建石堤,但是为了宣泄异常盛涨的洪水,靳辅仍旧留下六处修建减水坝,一到汛期大雨连旬,洪水高涨,为了保障高堰安全而启坝泄洪。这样的体系设计,天旱不至于阻运,洪涝不至于运堤溃决,可谓"宣泄有度",但周围百姓的庐舍田园,则要承受减水坝所带来的意外灾害,而且是一种常态化的水灾。对此,马俊亚指出,高堰的修筑暂时解决了黄河淤垫问题,"却在基本上没有什么落差、地势极为平坦、极不适合修建水库的淮河中游造就了一个庞大的人工湖泊洪泽湖,把堰西数千平方公里的乡村镇市变为鱼鳖乐园,并在堰东地区的上空悬了一把每年必定下落的利剑,实为淮北生态衰变史上的分水岭。在以后的近三百年里,一代又一代的河臣们不断

---

① （清）靳辅:《治河奏绩书》卷四《黄淮全势》,《四库全书》第579册,第713页。
② （清）靳辅:《治河奏绩书》卷四《高堰》,《四库全书》第579册,第722页。

地加筑高堰,不断地扩大两淮地区的灾源。"①人为水患成为淮北衰落的根源。

不但高堰建立减水坝,事实上,黄河、洪泽湖、运河的重要河段,都建有减水坝,以保障河堤、湖堤、运堤的安全。黄河南岸砀山毛城铺,徐州王家山、十八里屯,睢宁峰山、龙虎山等处,共建减水坝九座。靳辅之所以建毛城铺减水坝,与徐州附近的黄河河势有着密切关系,正如学者岑仲勉所言:"黄河自荥泽以下,宽十余里至二三十里不等。下达徐州,两岸群山夹峙,'其至宽者莫能过百丈',下口猝被紧缩,则来水难以掣消。既过徐、睢,则又恐怒马脱羁,奔腾激荡,一遇伏秋大涨,徐州上下均极易出险,止靠守堤,并不是稳健的方法,换句话说,减水就是靳辅当年抵抗溃决的最后一件法宝。"②康熙三十三年(1694),康熙帝询问当年反对靳辅建减水坝最为激烈的于成龙,减水坝是否可以堵塞,此时身为河督的于成龙则认为,减水坝"实不可塞"。减水坝是应对黄河洪水暴涨最无可奈何的武器。

在黄河北岸,靳辅在铜山的西石林、黄村二口各建一减水坝,减水入微山湖;大谷山、苏家山各建一减水闸坝,减水由荆山河入运河;又在骆马湖尾建六个减水坝桥,称为六塘,减湖、黄之水入石项湖。这些减水坝大多凭借山根冈址而凿为天然闸,既可以减杀黄河水势,又可使所过之水各随地势,沉淀泥沙后由睢溪口、灵芝湖、孟山湖进入洪泽湖而助淮水之势。若淮涨黄消,则淮水足以敌黄,减水闸坝无须过水,周围地区亦无淹浸之苦;若淮消黄涨,则九座减水闸坝所过之水,分流并至洪泽湖,达到借黄助淮以御黄的目的;倘若黄、淮并涨,则有中河以泄黄水,有周桥六坝以泄淮水,不至于造成溃决之患。事实上,靳辅对于黄、淮、运体系的设计,可谓极为细密周全,煞费苦心。

自潘季驯创立、完善"束水攻沙、蓄清敌黄"的治河方略以来,屡屡被人诟病非议,主要有两点,一是黄河决溢依旧频繁,并未减少;二是减水闸坝造成诸多水患。黄河需要淮河清水助力刷沙,而要保障淮水刷黄,就要高筑高堰,增加洪泽湖蓄水量,提高其水位。假如不设减水闸坝,一旦黄、淮决溢,不但漂没沿岸的田园庐舍,冲毁运河,而且使淮河失去并力刷沙的功效,导致黄河河身日渐淤高,海口高仰,使整个黄、淮、运体系陷于瘫痪。对此靳辅曾说:

---

① 马俊亚:《被牺牲的"局部":淮北社会生态变迁研究(1680—1949)》,四川人民出版社2023年版,第194页。
② 岑仲勉:《黄河变迁史》,第611页。

　　康熙六七年间,各处水大,黄、淮并涨,黄涨而王家营、邢家口、二铺口等处冲溃矣,淮涨而古沟、翟家坝等处冲溃矣。王家营、二铺口、邢家口等处冲溃之后,黄河之水由决口四漫者多,而由云梯关外入海者少。古沟、翟家坝等处冲溃之后,淮河之水由高宝诸湖直射运河,冲决清水潭,下淹高、江等七州县之田者多,而赴清口会黄入海者少。河、淮两水俱从他处分泄,不复并力刷沙,以致流缓沙停,海口积垫,日渐淤高。从此由远至近,由外至内,河沙无日不停,河底无日不垫,海口淤而云梯关亦淤,云梯关淤而清江浦、清口并淤矣。①

　　减水闸坝的建立虽有淹浸周边地区的消极后果,但事实上,若黄河、淮河屡决,造成的水患后果将更为严重,受灾面积更为广大,而且黄河河床愈淤愈高,甚至海口亦随之淤垫,黄河水无去路,更是一发不可收拾,沿岸居民遭受水灾更为惨重,而且整个黄、淮、运体系将陷入混乱。

　　对于闸坝涵洞的建立,无论是朝廷官员还是周边百姓,屡有烦言,责其漂没百姓的田园庐舍,事实上,闸坝涵洞的建立亦符合科学原则,靳辅说:“今于黄河两岸,及运河上下高堰一带,凡遇河道险隘,及水势激荡之处,相度地形,建置闸坝涵洞共若干座。……务令随地分泄,上既有以杀之于未溢之先,下复有以消之于将溢之际,故自建闸坝以来,各堤得以保固而无冲决也。”这些闸坝涵洞皆设在河道险峻、有冲决危险的地方,并非漫无原则,假如没有闸坝涵洞的设置,黄、运冲决后造成的水患更不堪设想。对于世人的责备,靳辅申辩说:

　　夫闸坝高卑,各有规画,原以泄异涨,非所以泄平槽之水。且以堤御河,以闸坝保堤,诚使河不他溃,则河底日深;河底日深,则河水亦日低,行且置闸坝于不用矣。即黄河土松而水悍,不无损伤修葺之费,然较之堤工涨溃,普面漫溢,败坏城郭,漂荡室庐,溺人民而淹田亩,塞决挑淤,经年累月,为费不赀,其利害之大小何如乎? 不惟是也,耕种之区,资减水而得灌溉,洼下之地,借减黄而得以淤高,久之而碗瘠沮洳,且悉变而为沃壤,一事而数利兴。故既有堤堰,必不可无闸坝涵

----

① （清）靳辅:《靳文襄奏疏》卷一《河道敝坏已极疏》,《四库全书》第430册,第454—455页。

洞也。①

在河流安澜顺轨之时,河底越刷越深,减水闸坝就不会过水,不会淹浸百姓。遇有黄、淮盛涨,河堤溃决造成的水灾危害更大,而且堵塞决口的费用更多,因此利害相权,闸坝涵洞的设置确实必要。此外,减水对于农田亦有诸多好处,比如灌溉、淤洼、肥田,并非尽为危害。但清中期后洪泽湖不断淤高,减水闸坝常年启放,给下河州县带来严重水患,使下河地区成为名副其实的"洪水走廊",直到咸丰五年(1855)黄河在铜瓦厢改道为止。

包世臣曾经提出下河改造方案,就是在下河地区建立规模庞大的消水沟洫,将减水疏消入海。开挖沟洫的费用大致为16万两,而涸出膏腴良田五万余顷,足以抵消开沟洫之费。包世臣说：

> 计荡内圩出田亩,以方百里计之,可得腴田五万余顷。现在水租,每顷自五钱至一两不等,若圩成熟田按铺大粮每顷当收银二两,米五斗,是借款兴工,不过升科一二年、便可归款,不必再议摊征。两年之后所收银漕,便成盈余。而民间每年可增收米麦千余万石,则下河变瘠为腴,而清江、淮安粮价平减。利既归民,民间日附益之。即遇大水放坝,无虞涝没。司河者亦可以随时节宣,而无所瞻顾,一举而众善备,无有逾于此者矣！②

在包氏看来,修建下河排水沟洫,先由官府垫付,涸出膏腴肥田之后按亩出租,升科两年之后即可归款,因此不需要采取让百姓摊征的方式。而粮食产量增加后,清江、淮安的粮价自然平减,即使遇有减水坝泄洪亦不会危害百姓。朝廷亦曾挑河,每次皆费银二三十万两,但只注意上河,从未议及下河,未能将减水真正疏消入海,下河州县的洪灾并未得以解决。

对于靳辅开毛城铺、十八里屯、峰山天然各闸,周桥的天然三坝及下河三河六堤的做法,身为靳辅幕僚的治黄专家陈潢不以为然。靳辅担心淮河水涨,而议凿祥符五瑞坝,减淮水入黄,对此陈潢说："大司马此时减淮,不及百年,人且以此闸减黄矣。黄淮两渎并攻高堰,淮扬不为鱼乎?"③但靳辅

---

① (清)贺长龄、(清)魏源辑：《皇朝经世文编》卷九八《工政四·河防三·(清)靳辅〈治河余论·闸坝涵洞〉》,载《魏源全集》第18册,第339—340页。

② (清)包世臣：《下河水利说》,载刘平、郑大华主编《中国近代思想家文库·包世臣卷》,第99页。

③ (清)包世臣：《郭君传》,载刘平、郑大华主编《中国近代思想家文库·包世臣卷》,第106页。

并未采纳陈潢的建议,仍然在周桥设减水坝。

五、反对以人力开挖海口,主张导河以浚海

早在顺治年间,官至济宁河道的叶方恒著《全河备考》,对潘季驯筑堤导河归海之说大为赞誉:"季驯则谓海口潮汐往来,随浚随淤,惟导河以归之海,则导河即以浚海。而导河未易以人力,惟慎固堤防,使无旁决,水入地益深,则治防即以导河也。若令河决上流,固宜用疏。今下流之决,但欲其疾赴海而害祛,岂必疏哉?于是筑堤堰自徐抵淮六百余里,南北两堤,淮水毕趋清口,会大河入海,二口不浚得通。"①叶方恒接受潘季驯的治河思想,认为黄河决口多在下游,最好的办法就是在徐州至云梯关的黄河两岸修筑大堤,使黄河水不致旁决,这样可以刷深河床,令河水疾趋汇海,海口也可以冲刷深通,即所谓"导河即以浚海"。明清以来诸多朝野人士认为海口高仰导致黄河屡决,因此主张开挖海口,而潘季驯认为海口难以人力开挖,唯有束水攻沙,导河归海,以黄河疾趋入海的巨大冲力,使海口冲刷深通,才能达到"浚海"的目的。

靳辅继承了潘氏"导河以浚海"的思想,为此修筑黄河大堤,不仅要在黄河下游的两岸修筑,还要注意云梯关以外的黄河两岸亦应筑堤。由于泥沙淤积,黄河河口不断向海中推进,至康熙年间,云梯关至入海口尚有百里之遥,除了近海 20 里潮汐涨落无常,难以施工之外,其余 80 里河身与关内无异,亦应修筑河堤加以束水归海,对此靳辅说:

> 若不量挑浚以导之,量筑堤以束之,则黄淮合流出关之际,河身既窄而浅,两旁又坚而厚,大水骤至,不能承受归槽,势必四处漫溢,虽关外漫溢,与运道民生无涉,然一经漫溢,则正河之流必缓,流缓则沙必停,沙停则底必垫,关外之底既垫,关内之底必淤,不过数年,当复见今日之患矣。臣闻治水者,必始自下流治起,下流疏通,则上流自不饱涨。②

靳辅主张在云梯关之外修筑河堤,以达到束水攻沙、导河浚海的目的。由于黄河水含沙量巨大,在清代海岸线推移的速度颇快。关于海口的

---

① (清)贺长龄、(清)魏源辑:《皇朝经世文编》卷九六《工政二·河防一·(清)叶方恒〈全河备考〉》,载《魏源全集》第 18 册,第 207 页。
② (清)靳辅:《靳文襄奏疏》卷一《总理河工第一疏》,《四库全书》第 430 册,第 458 页。

淤垫,嘉道时期的范玉琨曾说:"黄河自金明昌五年,夺准入海,历今六百余年。从前入海处所,虽无准确地名,尚未闻有云梯关也。靳文襄公治河时,始有关内关外之说。彼时关外尚弃而不守。……始堤而筑之,亦止至十套而止。其海滩名目,亦止有薛套十套而已。自靳文襄公至此时,仅一百四十余年,十套以下有俞家滩、倪家滩、沈家滩、叶家社、孟家社直至龙王庙丝网滨望海墩,计程二百余里。"①可见,河口淤垫的速度颇快,一百四十余年推进了二百余里。随着海口的不断推移,两岸大堤应不断向前修筑,以达到"束水攻沙"的目的,不然距离入海口百余里的黄河两岸并无河堤,将导致水流散漫,水缓沙停。靳辅之后的河督,对于治海口的意见并不相同,有的认为黄河决口是由于海口有"拦门铁板沙",因此要改新的入海口,解决溃决问题。事实上,靳辅在海口接筑长堤的策略,更为可行。

靳辅治河,创造了清代黄、淮、运治理的整体思路与基本模式,后来的河督在靳辅的基础上,进一步加以完善与改进,正如嘉庆年间名臣百龄所言:

> 南河机宜,自靳文襄之后,继以张文端,措置之方,虽不外蓄清敌黄、束水攻沙二语,而术精意美,于中秘妙,实有不可思议者。嗣起诸贤,如齐苏勒、白钟山,谨守其成规;于襄勤、稽文敏,善宗其遗意。故百数十年来,安澜顺轨,底绩平成。然考之成业,此数公者,虽皆一时英杰,而就就业业,不敢轻议更张,非其才之不能创制新奇,实以后人所虑,前人早已虑之,善作者尤贵善守也。②

在百龄看来,康雍乾年间河督靳辅开启黄、淮、运治理模式,张鹏翮继之于后,策略不外乎"蓄清敌黄、束水攻沙"二语,之后河督齐苏勒、白钟山谨守成规,于成龙、稽曾筠善于运用,结果百余年来,黄、淮、运安澜顺轨,实为奇迹。而且这些治水专家也预料到后世的各种问题,因此不敢轻易更张,制度贵在创造,亦贵在善守。靳辅治河,不但创造性继承潘季驯"蓄清敌黄、束水攻沙"的治河方略,而且奠定了清代河政的人事管理制度、岁修抢修制度、河工立法以及物料夫役制度的基础,从而影响了清代河政制度

---

① 中国水利水电科学研究院水利史研究室编:《再续行水金鉴·黄河卷》,湖北人民出版社2004年版,第3020—3021页。

② (清)贺长龄、(清)魏源辑:《皇朝经世文编》卷九九《工政五·河防四·(清)百龄〈论河工与诸大臣书〉》,载《魏源全集》第18册,第368页。

的方方面面,直到咸丰五年(1855)铜瓦厢改道、黄淮运体系崩溃、河政制度逐渐瓦解为止。

第三节 治黄保漕的主导思想与黄河人为改道之争

清代黄河水患加剧的人为因素,吏治清明与否只是因素之一。本节以清廷服务于通运转漕的治黄主导思想为考察基点,分析造成清代黄河水患加剧人为因素的另一方面。首先,"治黄保漕"的主导思想使清代治黄局限于与漕运息息相关的下游区域,从而缺乏全流域综合治理的治黄理念,造成治黄活动中"头痛医头,脚痛医脚"的狭隘眼光。其次,为了保障漕运大局,就要防止黄河脱离运道,免得运河水源因缺乏补给而枯竭,同时又要保障运河体系不被黄河冲毁打乱,为此清代治黄一直赶黄河南行而不使之北决。这就使清代治河活动违背水性趋下的基本规律,强迫黄河南行以夺淮入海,但从地形地势而言,黄河南道多为高滩悬河,一般高出附近地面3—6米,根本不符合水性趋下的治河基本原理。有鉴于此,清代治河专家与经世派官僚士大夫发生黄河南行与北行之争,但由于技术局限,黄河人为改道极为困难,加上朝廷"治黄保漕"的主导思想不会改变,因此黄河走南道的局面一直竭力维持。

一、清代河工的双重职能:消弭河患与通运转漕

消弭河患为河工的基本职能。历史上,黄河以其善淤、善决、善徙而给中华民族造成了巨大的灾难,因此防止黄河泛滥的治水活动,就成为历代王朝的任务之一,也是清代河工的基本职能。有清一代,黄河一旦决口,朝廷就要发帑赈灾,堵塞决口,同时蠲免受灾地区的钱漕,而且受灾地区多为经济发达的统治核心地区,因此对整个国计民生影响甚大。康熙年间,靳辅受命治河,曾奏皇帝连上八疏,谈到治黄益处时说:"因黄水内灌,将河底淤垫甚高,居民日患沈溺,运艘每苦梗阻,今必须将河身大为挑浚,决口尽行堵塞,庶几运道可得通行,民生可免昏垫也。"[1]黄河淤垫不仅使漕船梗阻难行,亦使百姓面临漂没田园庐舍之苦,因此治河"以通漕运,以足赋额,以拯昏垫之民生,以保见在之田土"。[2] 治河的各种民生益处,不言而喻。

清初以来,黄河河患颇为深重,朝廷一直致力于堵塞决口,但对黄河没

---

① (清)靳辅:《靳文襄公奏疏》卷一《总理河工第五疏》,《四库全书》第430册,第466页。
② (清)靳辅:《靳文襄公奏疏》卷一《河工弊坏已极疏》,《四库全书》第430册,第453页。

有采取根治措施,结果"自康熙六年至今十载之间,岁岁兴工,费过钱粮三百余万,且更有历年蠲免之正赋,节次赈恤之帑金,不可胜计,而河患之深日甚一日"①。假如朝廷对河患不彻底进行根治,其社会危害显而易见,而朝廷锐意治河,河归故道,可以使被淹之田亩涸出,以所征钱粮补充治河之费。淮扬地区被黄河水淹没的土地,何止十余万顷,因为屡次被淹而难以耕种。假如黄河、淮河、运河得以修治,则水中田土尽可涸出耕种,然后根据田亩之高低,地价之贵贱征收治河费用,每年可以得银一百七八十万两,朝廷也可以省去赈灾、蠲免的钱粮。因此,"设两河一日不治,则民田一日不耕,将冻馁流离伊于胡底? 是必河治而后民始得所也,明矣。夫以斯民得所之时,坐享沃土倍收之利,于是分粒米狼戾之余,以补河工万艰之费,此经权互用,有不得不然者"②。河工在达到通运转漕之目的的同时,对于保护百姓家园、庐墓、土地方面的职能,显而易见。

清代经济重心在南方,政治中心在北方,沟通南北的大运河必不可少。北京具有"内跨中原,外控朔漠"的优越地理位置,它处于中原王朝与北方少数民族交流的最前沿,定都于此既有利于加强对北方民族的控制,又有利于加强京师与南方地区的经济交流,此为元、明、清三代建都北京的原因所在。清朝是满洲少数民族建立的政权,政府官吏采行满汉双轨制,同时京师周围驻扎着十多万八旗士兵。以上京师满汉百官、八旗将领、士兵及其家属,皆按月津贴米粮。另外,外任八旗官员的在京家属可在京支领俸米,京师各部院、外任告老官员以及革职仍留世职旗员,也可以在京领取禄米。其中领米最多的是八旗兵所领甲米,约占漕额的60%以上,而官俸禄米只占10%。③ 这样京师需要巨额的粮食供应。

由于北方京畿地区沟洫废弛,农业落后,根本无法满足京师官僚队伍与庞大驻军对粮食的需求。对此,嘉庆年间的翰苑名贤姚文田曾说:"大江以南,地不如中原之广,每岁漕储正供,为京畿所仰给者,无他,人力尽也。兖州以北,古称沃衍,河南一省,皆殷、周畿内,燕、赵之间,亦夙称富国。今则地成旷土,人尽惰民,安得不穷困而为盗贼?"④北方粮食生产的落后,使元、明、清三代都要转漕于东南地区,以满足京师的粮食供给。

清廷每年从山东、河南、安徽、江苏、浙江、江西、湖北、湖南八省征收漕

① (清)靳辅:《靳文襄公奏疏》卷一《经理河工第六疏·筹画钱粮》,《四库全书》第430册,第466页。
② (清)靳辅:《靳文襄公奏疏》卷一《经理河工第六疏》,《四库全书》第430册,第469页。
③ 李文治、江太新:《清代漕运》,中华书局1995年版,第72页。
④ 赵尔巽等:《清史稿》卷三七四《姚文田传》,第11548页。

粮四百万石,由大运河千里转输京师,漕运成为清朝的经济命脉。因此,国家大计莫过于漕运。正如时人所言:"国家建都燕京,廪官饷兵,一切仰给漕粮,是漕粮者,京师之命也。"①由于"国家资河、淮以济运漕,运不可一岁不通,则河、淮不可一岁不治"。② 于是,通运转漕便成为清代河工的又一大重要任务。朝廷对运河的畅通极端重视,而运河的通畅与否全系于黄河,这样治黄保漕就成为清代治河的主导思想,换言之,治理黄河的首要目标,乃为确保漕运通道——运河的安全畅通。

此外,运河畅通不仅便于转漕,而且往来商船、货船亦大为便利。在黄河未治、运河梗阻的情况下,商船要耗费大量的剥浅费用。运河畅通之后,黄河、淮河规复故道,清口之内运河深通,商船即可畅通无阻,省去巨额的剥浅费用。京杭大运河作为南北交通的大动脉,在全国经济、文化交流方面起着非常重要的作用。

清代建立了庞大的河政官僚系统,以期保障黄河安澜与运河畅通。漕粮属于天庾正供,清廷对于误漕官员处分极重,而误漕与否,主要取决于运道是否有碍。这使河督治河目标发生严重倾斜,即日益偏重于保障运道畅通,这对治黄效果产生极为严重的影响。事实上,治理黄河必须要有综合治理的眼光和全局意识,不然就会造成东筑西决的局面,各种治河措施终归无益。著名治黄专家靳辅敏锐地意识到,只有将河道、运道视为一体,彻头彻尾进行合治,才能最终消弭河患。但清代由于利害攸关的现实因素,要真正做到通盘规划,不啻痴人说梦。靳辅此论亦说明,早在治黄起步阶段的顺康年间,河督治河策略已严重向保住运道倾斜,而对无关运道的其他地方决口,则认为无关漕运,可以缓图。

更有甚者,那就是为了治黄保漕,清代要严防黄河冲毁、淤塞山东境内的运河,此亦为清代治黄"不能北决"方针的一个重要原因。嘉庆二年(1797)黄河泛滥时,最高统治者的治黄决策,颇具典型性。是年八月初一,砀山境内黄河南岸杨家坝河水漫溢,嘉庆帝命两江总督苏凌阿驰往堵筑;初五日,山东曹县黄河北岸二十五堡也决口,河水分道由单县、鱼台、沛县下注邳县、宿迁。黄河两岸同时决口,朝廷的堵合策略立即发生倾斜。嘉庆帝发出上谕说:

---

① (清)王心敬:《裕国便民饷兵备荒兼得之道》,载来新夏主编《清代经世文选编》上,黄山书社 2019 年版,第 313 页。

② (清)贺长龄、(清)魏源辑:《皇朝经世文编》卷九七《工政三·河防二·(清)鲁之裕〈治河淮策〉》,载《魏源全集》第 18 册,第 245 页。

因思杨家庄漫水系属南岸,且下注之水有洪泽湖为归宿,而曹县漫水则系北岸,且在上年丰汛漫口上游,关系运道尤为紧要,若两处同时进占,南岸堵筑,则北岸尤为著重,未免施工费力,今权其轻重当先将北岸曹县漫工赶紧堵筑,其砀山杨家坝工程,止须派令道将等,将两坝头裹住,勿令再有冲塌,暂缓进占,其中流漫水,且任其下注归入洪泽湖,如此酌办,则南岸下游既有宣泄去路,北岸上游施工自易为力,此时惟当将曹县漫工克期镶筑,勿令妨碍运道,俟此处工程办竣,再将杨家坝工程并力堵合,庶于运道全河,两有裨益。①

由此可见,清代大规模的治黄治运,根本目的乃在于保证东南近四百万石漕粮运抵京师,保障京师的物资供应,而治河保卫民生的目标不得不因此降至从属地位。故而,每当黄河在北岸决口时,因运道所关,则必须首先合龙,而南岸堵筑工程因只与民田庐舍相关,则要给北岸工程让路,也就毫不足怪。

南河尤其是清口,向为漕运要道。自康熙以后,朝廷就自然把治河重点全力集中于南河。康熙、乾隆二帝都曾六次南巡,也只巡视南河河工。上行下效,河督也自然只重视与漕运相关的河务。尤其是雍正七年(1729)后,朝廷将黄河河务划分南河、东河两个河督来分别管辖,这就更使黄河治理失却统筹全局的机能,造成更为偏重南河事务的弊端。东河的河工员弁往往不思积极筹划河务,不主动事先防范河患,难怪东河所辖黄河在清代中叶以后,屡次出现漫口决溢的水患。

嘉道年间,河患频仍,运河日渐梗阻浅涸,为了维系洪泽湖与高堰,河臣将目光囿于清口、高堰一隅,汲汲于出清济运,蓄清敌黄,更将眼光局限于"治黄保漕",缺乏治理黄河的全局意识。当时"治河、导淮、济运三策,群萃于淮安、清口一隅,施工之勤,糜帑之钜,人民田庐之频岁受灾,未有甚于此者"。② 可以说,自清廷赋予河工转运通漕的职能后,就严重影响了黄河治理的效果。虽然常年大工频举,但绝大多数围绕"蓄清敌黄"展开,缺乏大规模的建设性工程。

二、清人对黄河南行之害的认识

治水,一直是马克思所说的东方文明古国"亚细亚生产方式"当中的重

① (清)黎世序等修纂:《续行水金鉴》卷二七,《万有文库》本,第579页。
② 赵尔巽等:《清史稿》卷一二七《河渠志二·运河》,第3770页。

要内容。美国环境史家唐纳德·沃斯特指出,中国人治水的专业知识"更多着眼于洪水控制与修建精妙的运河,既向京城输送捐税(主要以粮食的形式),又为庄稼送水,特别是在半干旱的北方。它早期的伟大成就包括邗沟、郑国渠和最终连接北京与杭州全长约为1100英里的大运河。……它们的修建是为了控制'中华之忧患'——黄河,它为人类带来的灾害超出其他任何一条河流"①。事实确实如此,元、明、清三代的水利活动,一是着眼于开凿京杭大运河并维持其畅通,二是治理黄河以保障民生与通运转漕。至于解决干旱区的灌溉问题,则是地方官余力旁及之事,无法与通运转漕相比。对于治水的古今变迁,康熙年间姜希辙曾说:

> 民生并用五材,而操大利大害之权者莫如水,古帝王平地成天,以治水为首务,然后世之治水与上古异。……尧之时忧在泛滥,务泄其有余,而后世兼以挽漕,恒病其不足。……盖江淮河汉各有源流,可容疏凿,高高下下因其自然,而各遂其性。……自秦汉以还至于今日,挽输虽不同道,大率与黄河相出入,往往多筑金堤,盛水地上有若仰盂,栉比为防,鳞次启闭,使不得骤泄,其为法皆欲遏其就下之性,而矫拂之。故董其事者左支右绌,恒无长策。②

姜氏所言甚是。水利往往与水患并存,上古治水在于消除水患,因此按照水性就下的规律进行宣泄,而秦汉以后治水目的多在漕运,因此要筑堤蓄水,设置闸坝控制水量,因违反水性而造成诸多水患。秦汉时期的漕运水道还是局部范围的,明清时期则把400万石漕粮的转输完全依托于京杭大运河。

宋代以前,黄河的治理仅限于消弭河患,不使黄河泛滥、漂没沿岸田园庐舍,即达到了治黄的目的。元明以后,由于会通河、通惠河的开凿,黄河成为运河体系的一个重要组成部分,治黄不仅要消弭河患,还要通运转漕。清代河漕体系进一步完备,治河转漕成为朝廷的"国之大计",对此姜希辙感慨说:"朝廷兴数百万役,糜数十万金钱,岁岁而治河,不得休息,不过为挽漕计,古云三十钟而致一石,相权而论,宁非失策?……奈何弃西北之

---

① ［美］唐纳德·沃斯特著:《帝国之河:水、干旱与美国西部的成长》,侯深译,译林出版社2018版,第47页。
② (清)朱之锡:《河防疏略》卷首《(清)姜希辙〈河防疏略序〉》,《四库全书存目丛书》史部第69册,第352—353页。

利,徒仰给东南哉？然二千余年于兹,虽逢不世出之君,非常之佐,欲以他策罢之,卒不可。"①朝廷耗费大量人力物力治河,不过为了转漕而已,即使是圣君贤相亦无他策解决漕运问题。

为了保证通运转漕,就要防止黄河脱离运道,免得运河水源枯竭,因此黄河只能走南道,即黄河由开封而东,经徐州至淮阴夺淮河入海。这样治黄、导淮、济运、通漕相为表里,所谓"黄治而无不治"。治黄保漕的治河策略,使清代治河"往往违水之性,逆水之势,以与水争地,甚且因缘为利,致溃决时闻,劳费无等,患有不可胜言者"②。其中最为典型的,就是违背水性趋下的基本规律,强迫黄河南行,夺淮入海。

黄河走南道由淮河入海的局面,形成于宋代,元、明、清三代都要借黄河之水补给运河,因此黄河走南道就成为既定方针。为了防止黄河"越轨",明、清两代的治河方略,主要是加高加固堤防系统,修筑减水坝、开挖减水河以宣泄异涨,疏浚入海河道以开通闾尾,以及增筑高堰大堤以扩大洪泽湖调蓄洪水的能力等。这一系列治河方略的核心,都是要确保黄河走南道,并且不能改道。当然,应当承认,这些方略也曾一度减轻或延缓了黄河的决溢灾害,暂时收到一定成效。

从地形地势角度而言,黄河走南道毕竟不符合水性趋下的基本治河原理,不能从根本上解决问题,因此并非善策。宋代至清咸丰五年(1855)铜瓦厢决口之前,黄河下游河道的基本走向是:由河南三门峡、荥泽,流经开封、虞城,以迄徐州、睢宁、邳州、宿迁、桃源,东至清河与淮河汇合,再经过安东,由云梯关入海。本来,黄河流经封丘以东地区时,地势南高北低,北行才符合水性趋下的规律,但清廷为了使黄河不妨害、冲毁山东运河,迫使黄河南流入淮,结果造成黄河水流不畅,东冲西突,决溢漫口不断发生。对于因运道而妨害治黄的问题,舆地学家胡渭说:"封丘以东,地势南高北下,河之北行,其性也。徒以有害于运,故遏之使不得北而南入于淮,南行非河之本性。东冲西决,卒无宁岁。"③康熙年间关心漕运的任源祥亦说:"盖河性北,必强而南之,必强而尽南之,宜其屡决而不可治也。……若因其决而

———

① (清)朱之锡:《河防疏略》卷首《(清)姜希辙〈河防疏略序〉》,《四库全书存目丛书》史部第69册,第353页。
② 赵尔巽等:《清史稿》卷一二六《河渠志一》,第3716页。
③ (清)贺长龄、(清)魏源辑:《皇朝经世文编》卷九六《工政二·河防一·(清)胡渭〈禹贡锥指论河〉》,载《魏源全集》第18册,第227页。

78 政治、技术与环境:清代黄河水患治理策略研究(1644—1855)

顺其性,导之东北,俾由汉王景所治德棣故道入海,则河性既顺,而河可无患。"①但为了漕运,清廷强迫黄河南行,违背水性就下的规律,因此连年决溢不断,只有导河北行,才能解决河患问题。早在乾隆初年,曾任山东运河道、淮扬道的陈法直论黄河南行之害说:

> 元明以运漕,盖逼河而南,故环北数千里无大川,而区区淮阳,乃为河、淮、江、汉并趋之处,非天地之常也。河之由濮、郓入淮,以地势之南高北下也。自兰仪而东,地势稍高,故在豫东,河之决而南者,十之二三;其决而北者,十之八九。自曹单至徐,两山夹峙,徐州城外,河仅宽六十余丈;又百余里,至睢宁之鲤鱼山南岸,即峰山、龙虎山,河宽百丈,河底皆沙石,河流为之关束,壅于下则决于上。故明之中叶及其季年,则自归德而下、徐州而上间,数州县皆其蹂躏之区矣;靳文襄公不得已而开毛城铺,又纵之入微山湖,然其淹没民田亦不少矣。其自徐州而下,则往往为淮黄之害,邳、宿、桃、清,在黄运两河之间,无岁不灾;沭、沂之水,自马陵诸山建瓴而下,每一涨发,为堤所束,不得入淮,则溢而为沭阳、海州之害,动辄告灾,此皆河南徙之为害也。世之人,习见河之南流,不以为异,而不知违其故常而为害滋甚也。②

陈法追溯了黄河南徙的历史,指出元明两朝因有通运转漕的需要,逼迫黄河南行,导致黄河河道极为不合理,由于地势南高北低,因此黄河决口多在北岸。黄河在徐州、归德之间河道狭窄,导致下壅上溃,靳辅不得已开毛城铺减水坝,泄入微山湖,导致大量民田被淹浸,邳州、宿迁、桃源、清河等县位于黄运之间,几乎无岁不灾,而沭阳、海州亦频频告灾。正是频发的河患,引发诸多学者批评黄河南行违背治水规律。

三、清代以人力进行黄河改道的纷争

自顺治、康熙以来,黄河决口十有八九发生在北岸,而且大半决口使黄河水由山东大清河即王景故道入海,可以证明黄河改河北行之利。乾隆十八年(1753)九月十一日,黄河在铜山县南张家马路决口,协办大学士孙嘉

---

① (清)贺长龄、(清)魏源辑:《皇朝经世文编》卷四六《户政二十一·漕运上·(清)任源祥〈漕运议〉》,载《魏源全集》第 15 册,第 466 页。
② (清)陈法:《河干问答·论河南徙之害》(点校本),载顾久主编《黔南丛书》第 2 辑,贵州人民出版社 2008 年版,第 229 页。

淦认为,此时冬季水涸,可以乘黄河决堤之际,在河南阳武之下开挖减河,将黄河之水减入大清河:

> 顺治、康熙年间,河之决塞,有案可稽。大约决北岸者十之九,决南岸者十之一。北岸决后,溃运道半,不溃者半。凡其溃运道者,则皆由大清河以入海者也。盖以大清河之东南,皆泰山之基脚,故其道亘古不坏,亦不迁移。从前南北分流之时,已受黄河之半,嗣后张秋溃决之日,间受黄河之全。然史但言其由此入海而已,并未闻有冲城郭淹人民之事,则此河之有利而无害,亦百试而足征矣。……计大清河所经之处,不过东阿、济阳、滨州、利津等四五州县,即有漫溢,不过偏灾。忍四五州县之偏灾,而可减两江二三十州县之积水,并解淮、阳两府之急难,此其利害之轻重,不待智者而后知也。①

孙氏认为,黄河决口十分之九在北岸,黄河北行由大清河入海,符合地形走势,可以减轻黄河水患,且大清河所流经的州县只有四五个,而黄河走南道则导致两江地区二三十个州县受灾,其中利害不言而喻。因此,他主张开挖减河,导引黄河由山东大清河入海,但其建议未被采纳。

乾隆四十六年(1781)七月,黄河在河南万锦滩及仪封曲家楼决口,直注青龙冈,乾隆帝命大学士阿桂临河视察河南、山东河工。精通河工的大学士稽璜,向乾隆帝提出借黄河决口之机、挽河北行、河复故道的建议,希望黄河仍归山东故道,其所依据也是黄河下游流经地区地势南高北低。乾隆帝以稽璜之议咨询阿桂与河督李奉翰,他们却都认为导黄河北行断不能行,廷臣集议亦认为黄河已久南徙,不可轻议改道。这样,黄河趁决口之机改道北行,彻底成为泡影。

事实上,黄河改道北行,对于整个清代政治、财政、社会的意义颇为重大,正如《兴化县志》所言:

> 河行近万里,入中土,历徐豫,其欲自归于海也甚迫。黄运之交,曾在张秋,与在清河等耳。……其就下甚顺,其出海甚畅,其取道甚近,其经历州县甚少,其所需堤防之工甚轻,其久山、牡蛎诸口,徒骇、马颊诸河,凡雍正、乾隆间之所浚治,及历次决河之所冲刷,又皆甚深

---

① (清)贺长龄、(清)魏源辑:《皇朝经世文编》卷九六《工政二·河防一·(清)孙嘉淦〈请开减河入大清河疏〉》,载《魏源全集》第18册,第230—231页。

通,而可资畅泄。较之依违南道祸至无日者,其相去岂止径庭而已
哉?……变久则复初,此计定而数十州县之昏垫可除,岁数百万之耗
费可减,河安而天下安,非徒下邑之私祝而已。①

　　兴化是黄河走南道由云梯关入海受害最为严重的地区,因此对于兴化
士人而言,迫切希望黄河改道北行,由大清河入海。其所论改河益处及其
可行性亦颇有道理。但改河需要莫大勇气与超前眼光,即使是雄才大略的
乾隆帝,面对重臣孙嘉淦、嵇璜改河北行的建议,亦难以接受。清朝统治者
之所以坚持黄河南行,是因为担心运河被冲毁,使东南财赋无法流入京师,
但学者孙星衍认为,黄河北行并不影响运河畅通,因为漕运依靠汶河而非
黄河:

　　　　漕不废,漕以汶,不以河也。且夫浚齐桓已塞之河,复大禹二渠九
　　河之迹,神功也。河名大清,百川之所朝宗,美瑞也;东北流环拱神京,
　　胜于屈南东注之势,地利也。省南河设官岁修亿千万之费,涸出东南
　　亿千万顷之地,足资东方工用、赈恤、量移民居而有余。此数十百年安
　　澜之庆,转祸为福之大机也。②

　　孙星衍还从祥瑞、风水角度论述黄河北行的益处:恢复禹迹,百川朝
宗,拱卫京师,这在清代还是颇有诱惑力的,最后孙氏落到实处,认为改河
北行可以节省南河河费、漕费,而且黄河岁庆安澜,使东南财赋之区免遭水
灾,有益民生,这样就可以转祸为福。事实上,清廷确实可以通过调整黄、
淮、运的关系,调整黄河与运河的河道,以减少人为造成的河患。但囿于成
见,加上统治阶级因循守旧的本性,有清一代,朝廷对黄河河道并未进行有
效的调整。
　　乾嘉诗人袁枚对于黄河改道北行亦颇为认可,曾作《赴淮作渡江吟四
首》一诗表达此意:"慨念今黄河,势合淮汴流。只因资转漕,约束为疽疣。
人自夺水地,水不与人仇。河身日以高,河防日以周。纵舒一朝患,难免千
年忧。何不决使导,慨然弃数州?损所治河费,用为徙民谋。更置递运仓,

---

①　(清)梁园棣、(清)郑之侨、(清)赵彦俞修纂:《咸丰重修兴化县志·河渠志二》,载《中国
　　地方志集成·江苏府县志辑》48,江苏古籍出版社 1991 年版,第 75 页。
②　(清)贺长龄、(清)魏源辑:《皇朝经世文编》卷九六《工政二·河防一·(清)孙星衍〈禹厮
　　二渠考〉》,载《魏源全集》第 18 册,第 233 页。

改小运粮舟。水浅过船易，敌淮事可休。路宽趋海捷，泛滥病可瘳。"①袁枚指出，为了转漕，黄河下游被严密林立的河工工程所控制，如同"疽疣"一样改变河性就下的规律。黄河携带的泥沙沉积在黄、淮交汇处，使"蓄清敌黄"成为不可能，同时阻塞入海通道而河患不断。因此袁枚提出黄河人为改道的建议，将治河经费用于安置迁徙居民，并对漕运体系进行一系列改革。英国环境史家伊懋可指出，袁枚此举是想退还一片广阔的洪泛区，"使黄河下游的河道可以顺畅地四处流淌，不断放弃沉沙淤塞的河道而夺占新的河道。这展现了凭深深直觉所获得的关于黄河自然面貌的认识，但难以置信，中国这种人口过密的社会可能会让这么多肥沃的淤积地永远闲置不耕。"②乾隆年间"人满土满"的人地关系困境，使黄河河道难以做出大的调整，而安于河漕体系的现状，则又陷入"川流不疏，干土无引溉之利，堤防不固，下地无捍水之资，常年有种无收，遂以无用而废置之"③的两难境地。

　　道光年间，林则徐在吸取东汉王景治河经验的基础上，也曾提出黄河改道北流的治理方案。林则徐认识到，王景治河，使黄河由荥阳东至千乘（即今山东利津）入海，从此一千六百余年天下不闻黄河河患。基于此，他强调黄河南行并非河之本性，因此提出"谓欲救江淮之困，必须改黄河于山东入海，而以今之黄河，于淮涸出洪泽湖以为帝藉"的主张，④但林则徐深知此一设想与通运转漕的当下目标有矛盾，故而并未上奏朝廷。

　　从地形地势的角度分析，上述治黄专家与封疆大吏建议废弃黄河南行河道，在黄河决口之后，采用人工方法，将黄河导入一条流经山东并注入渤海的新河道。这应该是非常合理的建议，有利于黄河河患的减轻，但是采用人工方法将黄河引入预先设定的新河道，在当时的技术条件下的确困难重重，很有可能导致一些无法预测的后果，再加上朝廷对运河废弃的担心，故有清一代黄河改道的建议，实际上从未被真正采纳过。黄河北决之后，在堵塞决口时，朝廷应该因势利导，对黄河河道重新进行合理规划。可惜自清初至咸丰五年（1855）铜瓦厢改道前，黄河曾经多次北决流入大清河，清廷却没有利用这些机会，对河道进行全面规划，而只知道一味堵塞决口，强迫黄河南行，这就人为地造成黄河河患的不断加剧，留下了深刻的教训。

----

① （清）袁枚著，王英志编纂校点：《小仓山房诗集》卷六《赴淮作渡江吟四首》，《袁枚全集新编》本，浙江古籍出版社2018年版，第109页。
② ［英］伊懋可著：《大象的退却：一部中国环境史》，梅雪芹等译，江苏人民出版社2019年版，第452页。
③ （清）金庸斋：《居官必览》，中国商业出版社2010年版，第276页。
④ （清）林则徐：《致陈寿祺》，载《林则徐全集》第7册《信札卷》，第79页。

　　此外,清代水利技术水平有限,黄河改道首先要对黄河下游直隶、山东、河南地势进行整体科学实测,但当时测绘学无法达到此一水平。史载元人郭守敬是算学名家,习知水利,"尝以海面较京师至汴梁,定其地形高下之差。又自孟门而东循黄河故道,纵横数百里间,各为测量地平,或可以分杀河势,或可以灌溉田土"。郭守敬精通治水与算学,可惜其法失传。清代治水专家精通河工测量算法之人寥寥无几,治河书汗牛充栋,但大多纸上空谈,难资实用。冯桂芬指出:"夫为下必因川泽,未有改河道而不自审高下始者。诸书间及测量,止言所欲施工之地,从未有普遍测量之说,亦由不知其法尔。应请下前议绘图法于直隶、河南、山东三省。遍测各州县高下,缩为一图,乃择其洼下远城郭之地,联为一线以达于海,诚数百年之利也。"①只有进行科学测量,考察地形地貌,才能科学规划出黄河下游河道,改河之议才能付诸实施。

　　从清廷定鼎中原到黄河铜瓦厢改道,通运转漕始终是清代压倒一切的"国之大计",事实上大大降低了黄河的治理效果。对此魏源曾有深刻论述,他说:

　　　　明以来,如潘印川、靳文襄,但用力于清口,而不知徙清口于兖、豫,其所见又出贾鲁之下。诸臣修复之河,皆不数年、十余年随决随塞,从无王景治河千年无患之事,岂诸臣之才皆不如景? 何以所因之地势水性皆不如景? 其弊在于以河通漕,故不暇以河治河也。②

　　正是通运转漕的政治需求,使得清代治黄的效果不可能出现王景那种长期无患的局面。基于这一认识,魏源明确提出黄河北行为上策的主张,认为黄河北行,"河本在中干之北,自有天然归海之壑"。即由山东大清河入海,"则上游在怀庆界,有广武山障其南,大伾山障其北;既出,即奔放直向东北,下游有泰山支麓界之,起兖州东阿以东,至青州入海,其道皆亘古不坏"③。从地理地势角度而言,此一黄河河道更为有利。

　　治黄而兼治漕并无良策。对此一困境,魏源曾感慨地说:"由今之河,无变今之道,虽神禹复生不能治,断非改道不为功。人力预改之者,上也,

---

① (清)冯桂芬:《校邠庐抗议·改河道议》,上海书店出版社 2002 年版,第 72 页。
② (清)魏源:《筹河篇中》,载《魏源全集》第 12 册,第 350 页。
③ (清)魏源:《筹河篇中》,载《魏源全集》第 12 册,第 349 页。

否则待天意自改之,虽非下士所敢议,而亦乌忍不议?"①然而朝廷对于魏源这种因势利导、主动河道的治河上策,却始终无动于衷。因此魏源屡发感叹:"吁! 国家大利大害,当改者岂惟一河! 当改而不改者,亦岂惟一河!"②咸丰五年(1855),黄河在铜瓦厢改道北流,经山东大清河入海,最终证实了魏源的预言。

当然,黄河人为改道并非易事。有清一代黄河河患频仍,运河时常梗阻,朝廷以及河督焦头烂额,应接不暇,因此不太可能在毫无把握的情况下,投入千万国帑进行人为改河。正如陈文述所言:"夫改道非易言也。数万家之田庐坟墓系之,妇子老幼转徙流离系之;途长工钜,施筑不易,帑藏所需,多则千万,少亦数百万。不知其不可而议改道,是不知也;知其不可而议改道,是不仁也。"③黄河改道,涉及数万家的田庐坟墓,还有老幼黎民的迁徙问题,加上施工不易与上千万国帑的投入,轻易改河是草率而不人道的。但黄河决口之后,尝试进行黄河河道调整却未尝不可。

第四节　束水攻沙、蓄清敌黄的方略运用及其失效

由于善淤、善决、善徙,黄河河患不断。关于淤积、河决与河徙之间的关系,北宋时期欧阳修曾说:"河本泥沙,无不淤之理。淤常先下流,下流淤高,水行渐壅,乃决上流之低处,此势之常也。"④黄河含沙量大,泥沙淤积在所难免,往往下游淤高,造成水流不畅,而在上游堤防薄弱处发生决口。明代治水专家潘季驯亦说:"盖河之夺也,非以一决即能夺之。决而不治,正河之流日缓,则沙日高,沙日高则决口多,河始夺耳。"⑤此语进一步说明黄河淤、决、夺三者之间的相互关系。清代著名河臣靳辅亦认识到"河决于上者,必淤于下,而淤于下又必决于上,此一定之理"⑥此语说明黄河决口与河道淤积之间相互作用的关系。历史上黄河下游河道往往三年两决口,而且愈决愈淤,愈淤愈决,最后达到一定程度形成黄河改道的局面。当然,造成黄河决口改道的原因错综复杂,但主要在于泥沙太多。

---

① (清)魏源:《筹河篇上》,载《魏源全集》第12册,第347页。
② (清)魏源:《筹河篇中》,载《魏源全集》第12册,第352页。
③ (清)贺长龄、(清)魏源辑:《皇朝经世文编》卷九七《工政三·河防二·(清)陈文述〈论黄河不宜改道书〉》,载《魏源全集》第18册,第274页。
④ (元)脱脱等:《宋史》卷九一《河渠志一》,中华书局1977年版,第2270页。
⑤ (明)潘季驯:《河防一览》,《四库全书》第576册,第171页。
⑥ (清)靳辅:《治河奏绩书》卷四《黄淮全势》,《四库全书》第579册,第713页。

治河方略即为处理水利事业的基本方法或策略,犹如军事战术与战略。治黄关键在于治沙,河督靳辅的治河方略即为"束水攻沙,蓄清敌黄"。在此指出,治河方略与普通定理性质不同,普通定理应俟诸百世而不变,而治河方略并无固定标准,应随水利技术、河势变迁以及社会经济进步而推动治河方略进步。"束水攻沙"即通过提高河流流速来冲刷河底淤垫,而提高河水流速就要缩窄河床断面,使河堤面临着巨大冲击力,甚至造成溃决,因此"束水攻沙"包含诸多危险因素,及时进行策略调整至关重要。此外,黄、淮、运交汇的清口还要"蓄清敌黄",即以淮河清水冲刷黄河泥沙。对于"束水攻沙、蓄清敌黄"治河方略在清代的运用,诸多水利史著作皆有论及,但对其具体实施情况及效果则语焉不详。事实上,清代"束水攻沙、蓄清敌黄"方略对维系黄淮运体系起了一定作用,但未能有效解决黄河泥沙淤积问题,同时洪泽湖因之成为"悬湖",淮河因入海无路,宣泄不畅,给苏北地区常年造成严重的人为水患。面对黄河河道日益恶化,清廷并未及时调整治河方略。

一、"束水攻沙、蓄清敌黄"方略的运用及其水患危害

清代黄河河患尤为严重。黄、淮、运交汇于苏北清口,这样治理黄河、疏浚淮河、维系运河等诸多治水重任齐集于此,使治河形势变得错综复杂。同时,朝廷为了将东南财赋转运京师,对于运河治理高度重视。黄河多沙经常泛滥,运河面临冲毁与淤垫的威胁,为了解决这一困境,治河专家创造出"束水攻沙,蓄清敌黄"的治河方略。清代治黄始终以保障漕运畅通为核心,一是防止黄河冲毁、淤塞运道;二是为了保证运河水源、维持必要的航道深度,又采取"引黄济运"之法,防止黄河脱离运道而使运河水源枯竭。这样,既要防止黄河害运,又要利用黄河行运。

历史上,最早倡导束水攻沙理论的是汉代张戎。据班固《汉书·沟洫志》记载,西汉末年黄河河患严重。元始四年(4),王莽征召能治河者数百人,张戎应命指出黄河特性,"水性就下,行疾则自刮除成空而稍深。河水重浊,号为一石水而六斗泥"。黄河多沙,只有快速流逝才能刷沙,但"西方诸郡,以至京师东行,民皆引河、渭山川水溉田。春夏干燥,少水时也,故使河流迟,贮淤而稍浅;雨多水暴至,则溢决。而国家数堤塞之,稍益高于平地,犹筑垣而居水也。"京师长安附近的民田大多引黄河、渭水灌溉,导致水少沙停,淤高河床,暴雨到来则会河堤溃决,最终形成了"筑垣而居水"的局面。最后,张戎提出:"可各顺从其性,毋复灌溉,则百川流行,水道自利,无

溢决之害矣。"①张戎从黄河流速与刷沙关系的角度分析河患成因，提出黄河"以水刷沙"的治河主张，确有创见，特别是"河水重浊，号为一石水而六斗泥"之语，为黄河水沙的定量分析，对后世治黄颇有意义。

首倡"束水攻沙"并运用于治河实践的是明代治河专家万恭，万历年间潘季驯形成了一整套"以河治河，以水攻沙"的治河理论。清代以靳辅为代表的治水专家，继承和发展潘季驯的治河方略，在堵塞黄河各处决口之后，又大力挑浚清口以下淤浅的黄河河道，并在清江浦以下的正河两旁各开挖一条引河，以所挑之土修筑正河河堤。靳辅以后的清代河道总督，大抵都遵循了靳辅的治河方针。但"束水攻沙"容易造成堤防溃决，为了解决这一矛盾而建立多重堤防。清代堤防名称不一，功能亦不尽相同，大致有遥堤、缕堤、格堤、月堤等名目。堤防名目虽多，但主要有两种，即缕堤逼近河流，以束水攻沙，缕堤之外再建遥堤，以防止洪水泛滥漫溢。"束水攻沙"的治河策略使黄河河道相对稳定，河患相对减少，在一定程度上解决了黄河泥沙问题。但在当时技术条件下，很难科学地设计堤距的宽窄与河床断面的大小，朝廷也没有意识到治理中游水土流失的重要性，因此没能改变河道日渐淤积的趋势。

黄河携沙而行，只有大溜迅疾，才能携沙入海，如果水缓无溜，则会造成泥沙淤垫河底，形成河中滩地，出现河水溃堤的状况。乾隆十九年（1754），尹继善调任南河总督，面对江南黄河情形，上疏朝廷提到这样的河况："河水挟沙而行，停滞成滩。有滩则水射对岸，即成险工。铜、沛、邳、睢、宿、虹诸地河道多滩，宜遵圣祖谕，于曲处取直，开引河，导溜归中央，借水刷沙。河堤岁令加高，务使稳固，而青黄不接，亦寓赈于工。"②尹氏认为，黄河水流缓慢就会出现河道中多滩地的情况，因此要裁弯取直，开挖引河，导大溜回归到河的中央，借水刷沙，并加高河堤。尹继善的建议被朝廷采纳，此为"束水攻沙"理论的具体运用。

解决黄河泥沙的另一策略，就是凭借淮河清水来冲刷黄河泥沙，使河床更加深通，此即"蓄清刷黄"或"蓄清敌黄"的治沙策略。要真正实现蓄清刷黄，必须使淮河清水高于黄河浊流，但黄强淮弱，清水必须预为潴留，否则力弱不足以刷黄。为了达到这一战略目标，沿途接纳诸多支河，至徐州、扬州一带又合七十二涧之水的淮河，全部汇集洪泽湖储蓄，以俟机放泄入黄来冲刷其泥沙入海。全淮之水断绝了东去入海之路，成为冲刷黄河泥沙

---

①　（汉）班固：《汉书·沟洫志》，第1697页。
②　赵尔巽等：《清史稿》卷三〇七《尹继善传》，第10548页。

的工具。对于蓄清敌黄的战略与措置,清人鲁之裕说:

> 前人深知夫河性以浊而缓,缓则壅,壅则溃;淮性以清而急,急则行,行则安。故筑归仁堤以捍黄水、睢水,使不得南射泗州,攻高堰,又能遏睢水、湖水,并入黄河,使急流而不壅。复筑高家堰、周家桥、翟家坝以束淮,使涓滴俱出于清口,以逼河而归海。其蓄泄也又有方焉:淮水大涨,则漫坝而南,凤、泗得以无水患;淮水不涨,则阻其南奔,而清口之水有全力。法至善也。①

以淮河清水冲刷黄河泥沙是"蓄清敌黄"策略的关键所在,修筑归仁堤的目的是遏制黄河倒灌洪泽湖,冲击高堰,而修筑高堰、翟家坝意在拦蓄淮水,使之冲刷黄河泥沙,淮河水涨则漫坝南泄,淮水不涨则使之全部汇聚清口刷沙。

淮河清水的储蓄必须适宜,首先要考虑高堰的承受能力,方能收到刷黄之益。若蓄水过多,则高堰溃决,水患无穷。正如《清史稿》所言,清口一带"意在蓄清敌黄。然淮强固可刷黄,而过盛则运堤莫保,淮弱末由济运,黄流又有倒灌之虞"②。这样,洪泽湖东的高堰大坝,就显得格外重要。因为高堰坚固高耸,就可以提高洪泽湖的水位。但蓄水过多又会导致高堰溃决。清代河臣的策略,主要是加固高堰大堤以扩大洪泽湖调蓄洪水的能力,修筑减水闸坝以宣泄洪泽湖异涨,同时疏浚入海口,开通闾尾使黄河顺畅入海。

清口位于黄、淮、运交汇之处,是洪泽湖(即淮水)的主要出口,乾隆年间以前,洪泽湖高于黄河有七八尺或丈余不等,一交夏季,拆展御坝达一百数十丈宽,大泄淮河清水来冲刷黄河淤垫。时至冬季,由于担心过度宣泄清水导致运河缺水,就堵闭御坝收蓄清水济运。"蓄清敌黄"发挥了应有的功效。

黄河水最为浑浊,大汛时期甚至"沙居其八"。明代曾设浅夫捞沙清淤,还创制了"混江龙"等刷沙工具,而"蓄清敌黄"则是以水治水,以水攻沙,依靠自然之力解决泥沙问题,但所有这些措施无法改变黄河日益淤积的趋势。甚至有人认为,"蓄清敌黄"的本义并非以淮河清水冲刷黄河泥

---

① (清)贺长龄、(清)魏源辑:《皇朝经世文编》卷九七《工政三·河防二·(清)鲁之裕〈治河淮策〉》,载《魏源全集》第18册,第245页。
② 赵尔巽等:《清史稿》卷一二七《河渠志二·运河》,第3770页。

沙，"所谓敌黄云者，言乎运道出入蓄泄之宜，非所谓河势方张，可藉清口之出以驭之也；所谓攻沙云者，言乎平时运道出入，防护之法云者，非谓河底淤高，可藉清口之出以荡涤之也，后人误会其说，遇清黄相持，辄思矫揉以求胜于清口，于是减黄助清之说兴，卒至清口废而运道几绝"①。事实上，无论后人是否误解潘季驯"蓄清敌黄"的本意，但有一点无可置辩，那就是"蓄清敌黄"确实可以补给运河水源，但以清水冲刷黄河泥沙，在靳辅治河后数十年或许还有效，但从较长时段来看，效果甚微，且由此而衍生的"减黄助清"却造成了颇为严重的危害。

嘉庆年间，黄河屡决，清口日益淤垫。若清口淤垫，淮水无法畅出，不但失去刷黄之效，且使洪泽湖泄水不利，转而威胁高堰大坝。若高堰溃决，不仅为患苏北，而且阻碍运道，因此清口和高堰成为治理黄、淮、运的关键所在，亦是清廷最为关注的两处工程，正如嘉庆年间御史徐亮所言："海口，尾闾也；清口，咽喉也；高堰，则心腹也。要害之地，宜先著力。"海口事关黄河入海是否畅通，但在朝臣看来，属于无足轻重的"尾闾"，因为那里无关"漕运"这一国家大计，无非是民众田庐的漂没而已，只要"专力于清口，大修各闸坝，借湖水刷沙而河治。湖水有路入黄，不虞壅滞，而湖亦治"②，漕运也就畅通无阻。

事实上，将全淮之水储蓄于洪泽湖，以高堰一线长堤加以拦蓄，洪水暴涨造成的决溢淹浸，有清一代史不绝书，非独嘉道时期如此。康熙初年进士魏麐征作《高邮堤杂谣》一诗，形象地道出黄河之急、河堤之险与水灾之惨："堤如线，河如箭。水啮堤，迸成电。昔田亩，今沮洳。昔庐舍，阳侯居。吁嗟我民，波臣之余。"③人工凿成的运河细长如线，河水湍急如射出之箭，水流冲刷侵蚀河堤，一旦决口迅如闪电，给两岸人民带来无穷灾难，令人不寒而栗。康熙九年(1670)五月，暴风雨导致淮、黄并溢，六十余段高堰石工遭受滔天巨浪的冲击，冲决五丈有余，高邮、宝应等湖受淮、黄合力之涨，高堰几乎坍塌，淮扬岌岌可危。工科给事中李宗孔上疏说：

　　水之合从诸决口以注于湖也，江都、高、宝无岁不防堤增堤，与水俱高。以数千里奔悍之水，攻一线孤高之堤，值西风鼓浪，一泻万顷，

①　(清)梁园棣、(清)郑之侨、(清)赵彦俞修纂：《咸丰重修兴化县志·河渠志二》，载《中国地方志集成·江苏府县志辑48》，江苏古籍出版社1991年版，第77页。
②　赵尔巽等：《清史稿》卷一二六《河渠志一·黄河》，第3733页。
③　(清)张应昌编：《清诗铎》卷四《河防·(清)魏麐征〈高邮堤杂谣〉》，第111页。

而江、高、宝、泰以东无田地,兴化以北无城郭室庐。他如渌阳、平望诸湖,浅狭不能受水。各河港疏浚不时,范公堤下诸闸久废,入海港口尽塞。……水迂回至东北庙湾口入海,七邑田舍沈没,动经岁时。比宿水方消,而新岁横流又已踵至矣。①

　　高堰下游遭受的水灾威胁,可以想见。御史徐越上疏,高堰应乘冬水落时大加修筑,因此从桃源东至龙王庙,因旧址加筑大堤 3330 丈有余。康熙十五年(1676)夏,久雨不止,黄河倒灌洪泽湖,高堰不能支撑,决口 34处。漕堤崩溃,高邮的清水潭与陆漫沟的大泽湾,共决三百余丈,扬州所属州县皆遭水灾,漂溺无算。

　　靳辅“束水攻沙,蓄清敌黄”治河方略所带来的黄、淮、运区域水灾加剧是属于常年性的,且在夏季雨量偏大的年份更为严重。乾隆二十一年(1756),黄河在孙家集决口。翌年,河道总督白钟山奏请开荆山桥河,命梦麟驰勘兴工。梦麟查勘河形调查灾情,督办荆山桥工程,勘查六塘河灾情,治理金乡水患,解决沂水为害问题。在治河事务中,对水灾更为了解,作《触目行》一诗云:

> 宿迁桃源土不毛,清河而下皆洪涛。
> 高宝村户半坍塌,存者墙趾庭生蒿。
> 下河东望浩无际,积潦乃与天争遥。
> 闻昔少伯堤坝决,埽落不敌天吴骄。
> 湖涨没河河倒闸,中间弗辨横堤高。
> 眼见田庐肆冲突,不别贫富齐飘摇。
> 淮阳所属作薮泽,一任河伯恣贪饕。
> 田禾漂荡仓廪没,妻卧灶下夫出逃。
> 洪泽水溢愆已甚,黄流况乃乘其淴。
> 前已截漕四十万,川湖米石来轻刼。
> ……
> 我历徐淮逮高宝,触目未免中忉忉。
> 敢因所见道余意,作歌聊当陈风谣。②

---

①　赵尔巽等:《清史稿》卷一二六《河渠志一·黄河》,第 3719 页。
②　(清)张应昌编:《清诗铎》卷一五《旱灾·(清)梦麟〈触目行〉》,第 476 页。

梦麟诗中所述宿迁、桃源、徐州、高邮、宝应地区的水灾，属于洪泽湖作为"蓄清敌黄"战略工具所导致的必然结果，并非个别时期的偶发现象，而是自靳辅治河直到黄河铜瓦厢改道之间一直如此的"工程性水灾"。

二、黄河河道恶化与"束水攻沙、蓄清敌黄"战略的失效

黄河泥沙淤积问题随着时间推移而渐趋严重，各种治河措施则随之趋于无效。康熙年间以布衣试博学鸿词的潘耒，作《河堤篇》一诗进行说明："河徙时未久，淮流尚争雄。海口虽停沙，可以水力冲。淮主河乃客，主壮客不攻。用清以刷浊，当年策诚工。淮今仅一线，河涨犹难容。淤沙积成土，不浚焉得通。古方治今病，和缓技亦穷。疏瀹费虽多，尺寸皆有功。堤成倘蚁漏，金钱掷波中。"①要治理黄河，就要考察认识河性，对黄河、淮河及其沿岸地区自然条件、水文特征和河患成因进行全面了解，以便对症下药。潘耒《河堤篇》道出治河方略逐渐失效的症结，即泥沙淤积改变了黄河与淮河的主客形势。靳辅欲以"蓄清敌黄"解决黄河泥沙问题，但随着淤积加剧，淮河已爬不上黄河的高床。

嘉道时期，清口形势日趋恶化。首先，由于黄河河床不断淤积抬高，使黄、淮水位差距缩小，甚至高过洪泽湖，"蓄清刷黄"难度加大。黄河水时常倒灌洪泽湖，使洪泽湖底淤积面积加大，蓄水量下降，一至汛期，黄、淮同时涨水，高堰大坝危险异常。其次，洪泽湖仅靠一道长约一百三十余里的高堰拦蓄，湖面广阔，风急浪高，常年淘刷堤坝，年深日久，所砌砖石各工不能坚固如昔，而蓄水量则超过以往数倍，一到汛期，风浪滔天，堤堰险象环生，防守维艰。嘉庆十三年（1808）、十五年（1810），由于清水过大，头坝、临湖砖工被冲决，山盱义坝也被掣开。

对于黄河泥沙淤垫的具体情形，据时人记载，"往年（洪泽）湖水六七尺，即能会黄济运，今则黄河旧身，视道光元年约高一丈二三尺，以致湖水虽蓄两丈外，犹不能敌黄"。② 也就是说，康乾年间洪泽湖水高六七尺，即可收蓄清刷黄之效，兼以补给运河水源，但由于黄河淤垫，至道光初年，洪泽湖蓄水到两丈以外，还是难以"蓄清敌黄"。道光年间淮扬士人冯道立指出："今查数十年中，黄水盛涨，常过清水四五尺，道光四年（1824）十一月，

---

① （清）张应昌编：《清诗铎》卷四《河防·（清）潘耒〈河堤篇〉》，第112页。
② （清）张丙矗：《河渠会览》卷一五《集说附·（清）丁显〈黄淮分合管议〉》，载《中华山水志丛刊·水志卷》第2册，线装书局2004年版，第297页。

高堰志桩,积水已至一丈七尺五寸,仅能高于黄水五寸。"①由此可见,由于黄河河床迅速抬升,淮河已无法"刷沙",所谓"蓄清敌黄"已失去意义。

嘉道年间,黄、淮、运齐集的清口一带,河势已经陷入竭蹶的困境。事实上,以高堰区区一线之堤,难以承受淮河千里奔腾之水,加上黄河倒灌淤高湖底,因此一遇夏秋雨季涨水,黄、淮、运都难以承受,为泄洪而设的减水闸坝则次第启放,扬州、江都、高邮、宝应、泰州、兴化等地面临着严重的水患威胁。在这种情况下,河臣多以蓄清敌黄为畏途,每值运道浅涸,漕船经行则借黄水浮送,即借黄济运,但借黄济运实属饮鸩止渴,是为了通漕而迫不得已采用的下策,原因在于黄水多挟泥沙,一入运河容易淤垫,从而使清口倒灌,百病丛生。据《清史稿》记载:

> 自借黄济运以来,运河底高一丈数尺,两滩积淤宽厚,中泓如线。向来河面宽三四十丈者,今只宽十丈至五六丈不等,河底深丈五六尺者,今只存水三四尺,并有深不及五寸者。舟只在在胶浅,进退俱难。济运坝所蓄湖水虽渐滋长,水头下注不过三寸,未能畅注。淮安三十余里皆然,高、宝以上之运河全赖湖水,其情大可想见。②

由此可见,借黄济运使运河淤垫非常严重,不根除黄河泥沙淤垫,运河浅涸难行的问题就无法得以解决。

此外,"束水攻沙"使黄河河床相对固定,在某种程度上减少了沿岸地区的水患,但亦使泥沙迅速淤积河床,河床被逐渐抬高,在豫皖苏境内逐渐形成地上河。对此,魏源《筹河篇》论之最详:"南河十载前,淤垫尚不过安东上下百余里,今则自徐州、归德以上无不淤,前此淤高于嘉庆以前之河丈有三四尺,故御黄坝不启,今则淤高二丈以外。"③对于河床不断抬升,道光年间河督张井忧心忡忡地说:"河底递年垫高,堤身递年请增,城郭居民,尽在水底之下。惟仗岁请无数金钱,将黄河抬于至高之处。今每年以淤高一二尺为率,计至数十年百余年之后,其高下情形,殆不可以设想。"④由此可见,黄河在道光年间已经在大范围内成为"地上河"。黄河淤垫高悬,加剧

①　(清)冯道立:《淮扬水利论》,载《中华山水志丛刊·水志卷》第25册,线装书局2004年版,第13页。

②　赵尔巽等:《清史稿》卷一二七《河渠志二·运河》,第3786页。

③　(清)魏源:《筹河篇上》,载《魏源全集》第12册,第347页。

④　(清)盛康辑:《皇朝经世文续编》卷一〇五《工政二·河防一·(清)张井〈熟筹河工久远大局疏〉》,载沈云龙主编《近代中国史料丛刊》第84辑,第5027页。

了豫、皖、苏三省的水患。

宋代以前，淮河水系独流入海，包括淮河干流以及南北许多支流，与江(长江)、河(黄河)、济(济水)并称"四渎"。黄河夺淮后，淮河水道全部被打乱。为了"蓄清敌黄"，淮河干流被截留于洪泽湖，随着黄河淤垫河床抬升，淮河汇黄入海之路断绝，只能通过高堰五坝下泄，进入运河西部的高邮、宝应诸湖，通过运河汇入长江入海，但由于港汊迂回，淮河入江之路也极不顺畅。淮河的诸多支流亦命运多蹇，泗水河床早被黄河侵占，沂河被拥堵为骆马湖，后改道在灌河入海。黄河夺淮后，沭河失去入淮水道，河道极为紊乱，每至汛期由于排泄不畅，常常引起洪水泛滥。咸丰五年(1855)，黄河在铜瓦厢决口，改道由山东入海，但淮河依旧无法直接入海。同治五年(1866)，曾国藩设立导淮局。经过测量，废黄河河底高于洪泽湖底一丈至一丈五六尺。虽然黄河已经北去，淮河入海故道被黄河淤废，此后淮河一直被迫从洪泽湖以下的高宝湖改流长江入海。

清代为了实现"蓄清敌黄"，将淮水潴留于洪泽湖，使洪泽湖面积不断扩大，由淮河南岸一个面积较小的湖泊，先后吞并诸多小湖而与淮河连为一体，后又吞并了淮河北岸诸多小湖，成为一个跨越淮河两岸的巨型人工湖。随着黄河水的不断倒灌淤垫，洪泽湖湖底日益抬升，成为一个海拔高于周围平原十余米的巨大悬湖。洪泽湖高屋建瓴的形势，对运河河堤和整个里下河地区构成了严重威胁，而洪泽湖又完全靠号称"水上长城"的高堰拦蓄，高堰安全的重要性可想而知，清代就有"倒了高家堰，淮扬二府不见面"的民谣。

为了确保高堰的安全，防止洪泽湖溃决，雍正年间即有仁、义、礼、智、信五坝的设立。此时洪泽湖对于高堰五坝为建瓴之势，而高堰对于里下河地区的农田而言，更是"高屋建瓴"。高堰比宝应湖高一丈八尺有余，比高邮湖高二丈二尺有余，高邮、宝应湖堤比兴化、泰州农田高丈许或八九尺，与高堰相比不啻三丈有余。至嘉道年间，一遇夏秋汛期，洪泽湖水盛涨，则开放高堰五坝泄洪。五坝之水高居而下，一经开放，洪水奔腾咆哮，下注高宝诸湖，再灌入运河，运河难以容纳，只有再开启高邮运河东岸的车逻大坝、南关大坝、五里中坝、昭关坝、南关新坝等"归海五坝"，泄入周围河湖，但这些河湖距离入海口有数百里之遥，水流迂回曲折，加上盐场、村落、高地阻隔，往往各坝一经开启，则河湖港汊难以容纳，造成洪水四溢横流，特别是高宝运河以东里下河地区，周围方圆千余里，有农田约三十万顷，其地势四周高中间低，形如釜底，启坝泄洪往往使这些地区一片汪洋，形成"十年九灾"的惨状。

嘉庆十年(1805),御黄坝被移于河唇之后,黄河河底日益淤高,只得借黄济运,甚至运河长年无涓滴清水补给,运河两岸的决口皆为借黄济运之害。河臣畏黄如虎,又将御黄坝口门逐年收窄,仅容粮船通过,以求黄河水来源减少。后来重运粮船渡毕,即关闭御黄坝,专以一线运河承受淮水,高堰受水越发沉重。特别值得一提的是,嘉庆十七年(1812),河督黎世序师法靳辅减淮入黄的做法,在虎山腰开凿减水坝以泄汛水,而最终归墟于周桥,下游在叶家社则听任黄河水旁泄,不复坚守"束水攻沙"的前说。黎世序说:"黄涨非人力所能御,凿山腰以减之,无刷塌之虞,而有化险为平之妙。"包世臣对此诤谏说:

> 黄以无溜为至险,攻大埽不与焉。湖以淤底至为险,掣石工不与焉。阁下谓减黄入湖为化险为平,黄缓湖高,吾坐见其积平成险也。两险交至,其祸甚烈。阁下意在及身,然或未能以忧患贻后人已。[1]

包氏所言极是。黄河最危险的是散漫无溜,甚于水攻大埽;洪泽湖以湖底淤高为最险,甚于掣塌石工。黎世序在黄河上建减水坝,看似化险为平,事实上会造成"黄缓湖高"更为危险的局面,但黎世序并未采纳包世臣的建议,而是在位于清口上游的黄河增建虎山腰等水坝。黄水一涨,即将临黄新旧各坝开放,减黄水进入上湖,而高堰五坝成为尾闾,最终泄入下湖,下河七州县成为洪水走廊。

黎世序在虎山腰凿减水坝以泄汛水的做法,是对靳辅在周桥建减坝以泄淮水的效仿,实际上违背了治黄宜合不宜分的原则,最终会造成黄河水流缓慢、泥沙淤积河床的弊病,而洪泽湖承担着潴留全淮之水以"蓄清敌黄"的重任,湖底淤高最为忌讳,因此至道光四年(1824),造成了高堰溃决的惨剧。此后漕船通过黄河,实行倒塘灌运,御黄坝从此不再开启,淮河清水涓滴不再入黄刷沙,"蓄清敌黄"完全失去了意义。关于倒塘灌运的思想,出自河督潘锡恩的谋划:

> 臣前任淮扬道时,详办戽水通船之法,行之十余年,幸无贻误。今若于中河西口外筑箍口坝,添设草闸,以为黄水启闭之用,即将杨家坝作拦清堰,以为清水启闭之用。就中河运道为一大塘,道里长则容船

---

[1] (清)包世臣:《中衢一勺目录序》,载刘平、郑大华主编《中国近代思想家文库·包世臣卷》,第76页。

众,两次启闭,漕船可以全渡。惟黄水先已灌入运河,中泓淤垫,两岸纤堤亦恐有冲缺,赶紧修浚,计需费亦不甚多。此时果可回空,来年即可出重,则萧庄决口不妨从缓堵筑。倘此法赶办不及,只有竟用引黄济运之法。其临黄箝口坝草闸照式筑作,引黄水入坝送船,沿途多筑对头小坝,以逼溜刷深,庶免淤滞之患。迨出杨庄,汇入清河之水,即可牵挽南行。盖南岸不可借黄者,恐其淤湖淤运。今所引黄水,一出杨庄口,仍归旧河,自可用清口之水以刷涤之,应无流弊。①

倒塘灌运之法于道光六年(1826)开始实施。八月,在临清堰南筑拦清土堰,在御黄坝外的钳口坝建草闸,又在钳口坝外的两边修直堰,在中间筑拦堰名为临黄堰,这样,在御黄坝与临清堰之间形成一个塘体,引水灌塘,形成塘河。北上重运漕船由临黄堰入塘,堵闭后开临清堰,漕船进入运河;南下回空漕船由临清堰口门入塘,堵闭临清堰后,开临黄堰,漕船渡黄南行。大约八天可以完成一个入与出的循环,由于闸堰开闭完全用人工操作,因此要花费大量的人力物力,只能供给漕船使用。

道光九年(1829)六月,包世臣从馆陶登舟由运河南返扬州,一路亲见运河以及清口黄淮运的整体形势,作《闸河日记》详述所见所闻。六月二十一日,包世臣的船抵达杨家庄,看到了黄河水缓无溜、大部分河段已经泥沙中饱的情形,其言:

> 廿一日癸未,抵杨家庄。即晚渡黄觅舟,对渡即拦黄坝。黄涨初消,而埽前及中泓,皆平漾无溜,浊如泥浆,水缓则沙停,停而仍浊如此,可骇也。南河自嘉庆二十年以后,外南北、山安、海防四厅,黄河渐成中饱。近年严守徐、邳减闸,刷深河槽,其土复淤下游,以致倒淤上行于桃南北、宿南北四厅,计八厅所辖长河,中饱之病,且三百里矣。拦黄坝内集夫兴挑,因夏间倒塘淤浅,故浚深塘子口,以备回空,并将顺清沟挑通,以备轮换。盖一塘子而两口,黄入停淤,多在口门,有两口,则堵此开彼,旋淤旋挑,可以无虞。②

包氏在杨家庄一带所见黄河,河水流速缓慢,泥沙已大量淤积,但黄河

---

① 赵尔巽等:《清史稿》卷三八三《潘锡恩传》,第11659—11660页。
② (清)包世臣:《闸河日记》,载刘平、郑大华主编《中国近代思想家文库·包世臣卷》,第195—196页。

水仍旧浊如泥浆,其含沙量之高可以想见,而且黄河有八厅三百余里的河段,已经呈现出泥沙中饱的局面,一旦汛期来临,溃决横溢在所难免。此时御黄坝难以启放,漕船经过只能倒塘灌运,整个黄、淮、运体系的崩溃迟早都会发生。

总之,靳辅明确提出"束水攻沙,蓄清刷黄"战略,在分导和调剂水量方面较明朝有所进步,但无法改变河道淤积与入海口的延伸,因而"蓄清刷黄"变成不断提高洪泽湖蓄水位的过程。从康熙年间至道光初年的百余年,洪泽湖蓄水位升高约两米,运河与河湖之间闸坝愈建愈多。① 湖水水位升高,一面要求清水量大增,淮河水日益难于满足;另一面湖堤安全愈来愈无法保证,一遇风浪则频繁溃决。为了保证湖堤安全,限于经济技术条件,加高不能无限度,因此道光七年(1827)出现河湖永绝、黄淮分流的局面。清代采取"束水攻沙、蓄清敌黄"的治沙战略,在明清两代以漕运为国计的特定条件下形成,但不能改变黄河不断淤积的趋势,黄河泥沙问题未能得到很好解决。

直到当代,尽管我国治黄战略、水利技术有了突飞猛进的发展,但黄河水少沙多、水沙关系不协调,仍是黄河复杂难治的症结所在。尽管黄河多年以来未出大问题,但黄河水害隐患还犹如一把利剑悬在头上,丝毫不能放松警惕。正如习近平总书记所说:"要保障黄河长久安澜,必须紧紧抓住水沙关系调节这个'牛鼻子'。要完善水沙调控机制,解决九龙治水、分头管理问题,实施河道和滩区综合提升治理工程,减缓黄河下游淤积,确保黄河沿岸安全。"②

---

① 王恺忱:《黄河明清故道海口治理概况与总结》,载刘会远执行主编《黄河明清故道考察研究》,河海大学出版社1998年版,第293页。

② 习近平:《黄河流域生态保护和高质量发展的主要目标任务》(2019年9月18日),《习近平著作选读》第二卷,人民出版社2023年版,第262页。

第三章 清代黄河水患治理的
制度法律保障

出于消除黄河水患、通运转漕以及保护百姓田园庐舍的种种现实需要,清代建立了常态化的河政体制,包括河官任免、考成与奖惩在内的人事管理制度,岁修抢修、物料储备与洪水预警制度,但这些制度并未真正达到黄河安澜顺轨、运道畅通无阻的目的,因为河政制度作为清朝政治制度的组成部分,其执行情况受到吏治状况与社会管理水平的制约,实际所发挥的作用往往大打折扣。相反,随着吏治败坏与环境变迁,甚至形成河务机构急剧膨胀、河费激增而黄淮运却连年决溢的怪相,为后世留下诸多以政权力量运作黄河治理的深层思考。

此外,清廷还通过河工立法来加强对黄河水患的治理。这些法规包括河兵夫养护河堤责任、植树种草要求、抢险防洪要求、严禁开垦河滩地、严禁盗决河防水利工程、河堤质量标准、工程期限、料物保证、责任追究等方面的具体法令和惩罚规则。工程责任追究制规定,遇有河工事故,相关责任人要承担连带责任,体现出逐级负责、互相监督、密切协作的立法意图。山东运河缺乏补给水源,清廷推出调剂运河水量与闸坝启闭、严禁盗掘运堤与水柜的河工立法,所有这些构成了清代黄河河患治理措施的制度法律保障。

第一节 河政人事制度的建立与演变

清初黄河河患严重,顺治元年(1644)秋,黄河在河南温县决堤,顺治帝派杨方兴督治河道。此外,清廷定都北京,而经济中心在东南地区,为了将南方财赋源源不断运输到京师,并治理日益严重的黄河水患,顺治、康熙年间设置河道总督一人,而雍正至咸丰朝,河道总督包括副总河在内,少则两人,多则六人,随着治河形势的发展,清廷设立了庞大的河务管理机构与河官队伍。河道总督是清代河政体制的中枢,掌治河渠,及时疏浚河道,修筑堤防,综核河务政令。其根本职责是保障运河河道安全,维持漕运畅通,防止黄河水患发生以拯救民生。河督以下设道、厅、汛三级分管河务。清代河道总督及河官队伍建制的完善,提高了治河效率。清代中后期,河政日益混乱,加之黄河在铜瓦厢改道,运河逐渐废弃,至光绪年间河道总督最终被裁撤,河官体系逐渐瓦解。

一、"三河四省"河督体制的形成及其职守

元朝末年,贾鲁以工部尚书任总治河防使,专门负责治河,此为专设河道总督的雏形,为明清河督的设置奠定了基础。明初河道、漕运管理机构纷乱。永乐年间,漕粮逐步由海运转为运河运输,初期不设总理河道之官,遇有黄河变迁、运河浅阻,往往事连各省,责任重大,朝廷任命大臣前往治理,事后返京。永乐十五年(1417),始设漕运总兵官,掌管漕运河道之事,平江伯陈瑄为首任。成化七年(1471)设总理河道,与总漕平行。总河专门主持黄河、运河河道修守,总漕只理漕政,河道与漕司分为两个系统,成为常设。王恕首任总理河道侍郎,始称"总督河道",此为中国历史上首次设置"总理河道"一职。

总河以下分段设都水分司,以工部郎中或主事出任。成化七年,运河分为通州至德州、德州至沛县、沛县至仪征瓜洲三段进行管理。十三年(1477)改为二段,以山东济宁为界。万历年间又分为四段,淮扬运河段为南河,驻高邮;泇河运河段为中河,驻吕梁;会通河段为北河,驻张秋;通惠河段驻通州。各段有都水分司,设郎中主持管理,但分合颇为频繁。重要工程亦设主事,中河有徐州洪主事,吕梁洪主事,南河有瓜仪主事,各段郎中着重考核、稽查、调动、禁约运河官吏,分司主管工程设施。河道的具体管理则由地方主持,沿途州县官吏或专职,或兼职,设管河通判、州判、县丞、主簿等,武职卫、所、指挥、千户负责统领河道疏浚、工料人夫征集、巡视河道、捕盗防火等。

总理河道王恕之后,明廷或以工部尚书兼理河漕,同时设总理河道;或裁总河一职,以漕督兼理河道。万历十五年(1587),朝廷任命潘季驯为右都御史,总理河道。从此设置专官总理河务,将河漕事务分开管理。明代督河、督漕之官,分合无常,在建制上并未规范化。明末,李自成掘开黄河灌开封,之后黄河屡决屡塞,河堤溃坏,淹没良田无数,黄河亟须治理。清兵入关当年,即顺治元年(1644)七月,就任命杨方兴为总河,可见清廷对治黄通运的高度关注,此为清朝设置河道总督之始。清廷设置河道总督一员,首要战略目标就是保运保漕。

在清代,河道总督成为定制,驻于济宁,总理黄河、运河事务,可谓"统摄河道、漕渠之政令,以平水土,通朝贡,漕天下,利运道,以重臣主之,权尊

而责亦重"。① 河道总督的主要职责是掌管黄河、运河两河事务,维护京杭运河的畅通,提供每年漕运顺利抵达京师的运道基础。对于河督职责,美国学者佩兹特别指出,"由于治水的目标是保漕运,因此河道总督在职务上要从属于漕运总督。河道总督的任务是防止淮河、黄河发生洪涝,确保大运河航道畅通。换句话说,河道总督的职责是不要让堤坝内的水流出来,并没有疏导洪水或水利灌溉的任务。"②佩兹一语道出河督服务于漕运的核心职责。河道总督冬季勘察各处水利工程,提出修防计划,调集工程所需夫役进行堤防修筑,伏秋大汛主持防河事务,同时还主持疏浚河道、泉源等事务;管理河费,按制造册奏销经费;对所属官员进行考核、荐举、参纠,审理、处置河工案件,并与漕运总督、沿河各省督抚官员会同协商河工事务。

顺治十四年(1657),朱之锡出任河道总督。对于河督(总河)职责的重要性,朱氏有着深刻的认识,"总河一官,司数省之河渠,佐京师之输挽,其间区画机宜,争于呼吸,而吏治民生钱粮兵马事务殷繁,责任重大。即在老成练达,犹几几乎胜任为难"③。因此,其条陈两河利害,指出河督应"因材器使,用人所亟。独治河之事,非淡泊无以耐风雨之劳,非精细无以察防护之理,非慈断兼行无以尽群夫之力,非勇往直前无以应仓猝之机,故非预选河员不可"。对于河督,朝廷应严格遴选、预选,预选之法,"曰荐用,曰储才;谙习之法二:曰久任,曰交代"④。朱氏认为朝廷应明定河工官员要久于其任,要严格考成与交代,申明劝赏大典,得到朝廷批准。

康熙二年(1663)九月,吏部奏议,管河分司改为一年更替。河道总督朱之锡上疏说,河工关系甚重,与其他政事不同,如果一年一换,起初生手未谙河务,等稍微熟练则差期已满,不免贻误河工,因此请求仍以三年为限,吏部考核后准予叙升,得到朝廷准许。河官属于技术型官僚,久任有利于河工管理,朱之锡之议颇有见地。十六年(1677),江南运河弊坏,黄河下游淤积严重,朝廷对清江浦至海口河段进行大规模治理。于是江南河工日益紧要,河道总督移驻清江浦。总河无暇顾及河南段黄河。十七年(1678),朝廷将河南黄河岁修工程暂交河南巡抚管理。三十二年(1693),

---

①　(清)康基田:《河渠纪闻》卷一三,载王云、李泉主编《中国大运河历史文献集成》第20册,第2页。

②　[美]戴维·艾伦·佩兹著:《工程国家:民国时期(1927—1937)的淮河治理及国家建设》,姜智芹译,江苏人民出版社2011年版,第23页。

③　(清)朱之锡:《河防疏略》卷一《惊闻新命疏》,《四库全书存目丛书》史部第69册,第369页。

④　赵尔巽等:《清史稿》卷一二六《河渠志一·黄河》,第3718页。

规定河南黄河河务不必河道总督亲临勘察,由河南巡抚奏请修筑。四十四年(1705),因直隶、山东河道距离河道总督驻地甚远,于是照河南例,谕令各省巡抚就近管理。

地方官兼理河道修守,但某些地方官对河务并不熟习,因此在河道修防中容易出现问题,酿成严重的河患。康熙六十一年(1722),河南荥泽黄河堤工漫溢,堤工修筑完毕后责成河南巡抚杨宗义管理,但其不能及时修防,致使河堤再次冲决。河南黄河居于江南黄河上游,地理位置颇为重要,非设专官分治,易成鞭长莫及之势。雍正二年(1724),河南黄河河患颇为严重,郑州、中牟、武陟等地接连决口。朝廷设副总河掌管河南河务,嵇曾筠为首任副总河,驻于武陟。副总河原非额设之员,设置无常,多因需而设,事后即罢。

雍正四年(1726),山东河务日益变得紧要,险工层出不穷,山东巡抚有繁重的地方政务,难以专理河务。总河兼理南北治河之事,亦无法专心经理山东河务。经过九卿会议,认为黄河所经山东与河南两省堤工最为险要,因此将山东与河南接壤的曹县、定陶、单县、城武等处黄河堤工交副总河就近管辖,副总河管理河工的辖区扩大。雍正七年(1729),清廷决定分设总河、副总河,且南河与东河分治遂成定例。翌年,直隶地区添设河道总督管理直隶水利。由于辖境内的永定河邻近京师,有"小黄河"之称,而流经地区"地平土疏,漫衍无定",经常发生水灾,对京畿安全威胁极大,因此专设"北河总督"管理永定河及境内运河颇为必要。乾隆元年(1736),朝廷裁撤总河,分设南河、东河、北河总督,此后河督一分为三,即江南河道总督、东河河道总督与北河河道总督,分段管理河工的局面正式形成,三河分治标志着河督制度的最终完善。即"三河四省"式的河督体制,四省即河南、江苏、山东与直隶。三河分治后,河督根据辖区内河段的实际情况,因地制宜制定治河方案,大大提高了河务效率。

清中后期,"三河四省"的河督体制逐步解体。畿辅河渠水利关系国计民生与京师安全,备受朝廷重视,雍正年间设置北河总督。乾隆元年,裁撤北河总督,由直隶总督兼管河务。乾隆三年(1738),北河一切河工事务皆由北河总督管理。乾隆五年,永定河归故道,乾隆八年(1743),皇帝认为北河总督与直隶总督应合为一人,选任官员时注重河务能力,此后直隶河务由直隶总督兼理。乾隆十四年(1749),朝廷谕令直隶河道总督不必设为专缺,于总督关防敕书内添入兼理河道字样,北河总督缺被裁撤。

咸丰五年(1855),黄河在河南兰阳铜瓦厢决口,经东明、长垣至张秋横贯运河,经由大清河入海,运河中断。此次黄河改道影响颇为深远,美国学者佩兹指出:"首先,朝廷放弃了对华北平原水利治理的责任和义务。黄河改道削弱了大运河的漕运功能……因为漕运最终改成白银支付。黄河改道以后,不再需要漕运体系,河道总督最终在 1861 年被废除。随着负责华北平原水利治理的旧的中央管理机构的解体,漕运体系也在 1904 年寿终正寝。"①由于漕运瓦解使南河总督已无应办之工,河务官员多为冗杂,虚靡国帑。十年(1860),皇帝谕令:

> 江南河道总督,统辖三道二十厅文武员弁数百员,操防修防各兵数千名,原以防河险而利漕行。自河流改道,旧黄河一带,本无应办之工,官多阘冗,兵皆疲惰,虚费饷需,莫此为甚。所有江南河道总督一缺,著即裁撤,其淮扬、淮海道两缺,亦即裁撤,淮徐道著改为淮徐扬海兵备道,仍驻徐州。所有淮扬、淮海两道应管地方河工各事宜,统归该道管辖。②

江南河道总督一缺即行裁撤,淮扬、淮海道两缺亦裁撤,淮徐道改为淮徐扬海兵备道,仍驻徐州,管理所有淮海、淮扬两道所辖河工各事,南河事务改由漕运总督兼管。黄河铜瓦厢改道后,运河日益废弃,河务机构精简之后,东河总督独存,但所属河务机构亦大为缩减。

南河厅官二十员内,管理黄河的十三厅与管理洪湖的七厅一并裁撤。原来运河、中河二厅的事务,改设徐州府同知一员兼管。高堰、山盱二厅事务,改设淮安府同知一员兼管,里河厅事务改归淮安府督捕通判兼管,扬河、江运二厅事务,改归扬州府清军总捕同知兼管。各厅所属之管河佐杂人员,沿河州县所设管河的州同、州判、县丞、主簿、巡检,一并裁撤。原来的河标、河营或被裁撤,或改为操防军。清代中期之前庞大的河官、河兵队伍至此多不复存在。

光绪年间河政更为败坏,东河总督存废成为河政焦点。光绪二十八年(1902),东河总督一缺裁撤,一切事宜改归河南巡抚兼办,运河已基本废弃,河务归地方兼理,河督制度就此结束。

二、河官制度的文职系统与武职系统

为了防止黄河河患,有清一代建立了完备的河政人事制度。据光绪朝

① [美]戴维·艾伦·佩兹著:《黄河之水:蜿蜒中的现代中国》,姜智芹译,第59页。
② 《清文宗实录》卷三二二"咸丰十年六月"条,中华书局 1986 年版,第 774 页。

《钦定大清会典事例》记载,清廷设南河、东河、北河河道总督各一人,河督以下河道共计 11 人、河厅 32 个、河营 15 个,所属汛 157 个。河务佐杂官员,文职包括同知、通判、州同、州判、滦蓟河员、县丞、主簿,武职包括巡检、守备、都司、协备、协防、千总、把总、外委、额外外委、闸官等。此外,以河兵而论,江南省 9533 名、山东省 764 名、河南省 1256 名,直隶省永定河道所属河兵 1497 名,通永道所属北运河河兵 329 名,天津道所属南运河河兵 287 名,子牙、大清两河河兵 44 名、海河河兵 9 名。① 此中不包括苇荡左、右营的樵兵。东河运河营还有浅夫、闸夫、徭夫、坝夫、桥夫等夫役,阳封营还有桩埽夫,北河杨村厅设有浅夫,通惠河则设闸军。清代形成颇为庞大的河官、河兵队伍。

河道总督之下设立文、武两套管理体系,文职系统为道、厅,武职系统为营、汛。文职河道“分理南北部司,定地分驻协理”。其中济宁道管南河,驻济宁;兖东道管北河,驻张秋;淮徐、海防、开归管河各道皆分地专管。工部督厂分司驻临清,北河分司、张秋、济宁分司驻济宁,夏镇分司驻夏镇。至此,“分驻协理,规制大备”。南河总督统辖三道二十厅,文武员弁数百员,操防、修防河兵数千名。“三道”即淮扬道、淮海道与淮徐道。道下有 20 员厅官,其中丰北、萧南、铜沛、宿南、宿北、桃南、桃北、外南、外北、海防、海阜、海安、山安 13 厅,均系管理黄河;中河、里河、运河、高堰、山盱、扬河、江运 7 厅,管理洪泽湖。

河道多为分巡道兼职河务,有些因辖有地方刑名事务而难以兼摄河务,顺治年间在各重要河段设立管河分司,主要是通惠河分司、北河分司、南旺分司、夏镇分司、中河分司、南河分司、卫河分司等。管河分司与管河道并行,在汛情紧急时,大大提高了治河效率。

在黄河、运河沿岸的地方州县,还有与河务相关的管河同知、通判、州同、县丞、主簿等,其中同知、通判衙署称为厅,州同、州判、县丞、主簿、巡检等衙署称为汛。此外,还有闸官、未入流的佐杂等,是河道管理的基层人员。南河各厅所属管河佐杂人员,杨庄等地有闸官十员,专司河闸启闭;宿州等地有管河州同五缺,高邮州等地有管河州判三缺,东台等地有管河县丞 19 缺,高良涧等地有管河主簿 21 缺,阜宁等地有管河巡检 16 缺。

清代黄河沿堤每二里建造一座堡房,常年有堡夫二名驻守,负责修理守护堤岸。顺治十六年(1659),共从河南黄河沿岸 250 千米以内的 73 个

---

① (清)昆冈:《(光绪朝)钦定大清会典事例》卷九〇三《工部·河工·河兵》,《续修四库全书》第 811 册,第 1 页。

州县征发河夫 15762 名，每名河夫修守 3 个月；250 公里以外的 35 州县征发河夫 11061 名，可以以银顶工，每名征银 3 两，临河 26 州县编金堡夫 1157 名，常年看守堤、坝、船、厂。① 因河夫各有生业，驻守河堤的劳役给其带来沉重负担，而且守河时间亦无保障，建立专业守堤的河兵势在必行。康熙十七年（1678），河道总督靳辅认为："河工所用之民夫各有生业，不能责以常年居工，不如改募河兵，勒以军法较为着实"，②于是建立河兵 20 营，驻防于徐州以下。河兵常年修守黄河，是保卫河防的武装士兵，亦为参加防汛抢险、扦桩下埽的技术人员，但遇有堵塞黄河决口、修筑堤防工程，朝廷仍从各县征夫，动员数万或数十万人。乾隆年间，规定堡夫须携带眷属常住堡房，并创设"獾兵"，专门负责河堤獾狐的捕捉，至清代中期獾兵被取消。

清制，河道总督所属河兵即绿营标兵称河标，专掌疏浚及堤防维护，标下设营，营下设汛，汛是最基层单位，以千总或把总统率，官兵俸饷由河道库按月支给。清初河标随着河道总督的设立而设置，沿河各省设有守护河道的河营，掌河工调遣、巡查堤防以及守汛防险之事，从事运料、下桩、卷埽、栽柳等工作，作为军事力量参与河防建设。南河有右营、庙湾、洪湖、佃湖等五营，设河标中营副将一员、淮徐游击一员，游击以下各官 54 员，马步守兵共 2500 余名，萧砀等营所属修防兵 6900 余名。

黄河沿岸各省设立厅汛员弁，本来应该常驻堤所，常川保护河堤，如果仅仅在大汛时驻工防守，平日任其偷闲，远离汛地，兵夫人等无所统束，必定相率走避河务，一切防范的规制尽为具文。因此河督严饬各员弁无论是否汛期，均应督率兵夫巡逻堤岸，如果有人擅离汛署，即指名严参，以重职守。河营兵丁例有定额，平日责令他们学习桩埽，填补沟窝，堆土植柳，以习劳苦。如果空缺不补，一遇险工不敷差委，现募民夫应役，则坐致贻误。因此河督严行查察，均令各汛各营挑补足额，以使河工巡防得心应手。沿河工段虽然平时界址分明，一遇抢险皆当不分畛域，并力防护。如果溜势改变趋向，本汛河官河兵力难兼顾，其上下汛官则应督率兵夫，帮运料物，彼此互相策应。这样，才能保障河堤的安全。

顺治初年，朝廷开始在黄河沿岸设立厅营，各管辖若干里程的河段，负责修整河堤，堆土栽柳，挑挖河道，防洪防汛，即确定分汛防守之法。黄河

---

① 河南省地方史志编纂委员会编纂：《河南省志·黄河志》，河南人民出版社 1991 年版，第 313 页。
② 黄河水利委员会黄河志总编辑室编：《黄河志》卷一〇《黄河河政志》，河南人民出版社 2017 年版，第 6 页。

在每年立春后,候水初至,量水一寸则夏秋当至一尺,颇为信验,故汛水亦称信水。二月川流汇集,波澜盛涨,因桃花盛开而称为"桃汛";春暮为菜花汛,四月为麦黄汛,五月称瓜蔓汛。山深谷邃的冰坚待到盛夏消释方尽,沃荡山石,因此六月中旬称矾山汛。七月为豆花汛,八月为荻苗汛,九月为登高汛。防守之法统于桃汛、伏汛、秋汛三汛,清明节后二十日为桃汛,自桃汛后至立秋前为伏汛,自立秋至霜降为秋汛。汛期来临,各厅汛官弁责令河兵堡夫严加防守。

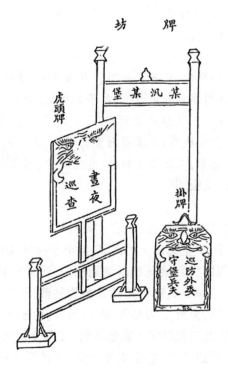

图三　汛堡牌坊

资料来源:(清)麟庆:《河工器具图说》卷一,《四库未收书辑刊》拾辑4,北京出版社2000年版,第185页。

黄河两岸有工处所设立窝铺,制备河工需用的器具,包括丈竿、铫锹、铁锥、木夯、雨伞、蓑衣、灯笼、油盏、火石、煤筒,等等。窝铺各挂标旗,编书字号,夜间悬镫鸣金以备抢护,白天则督率兵夫堆土牛、卷小埽以听候用。河堤遇有刷塌损坏,随刷随补,使河堤不至于发生大段崩塌。夜分巡守易于旷废,应设立五更牌面,分发黄河南北两岸,按照更次挨个儿铺递传。如天字铺发一更牌,至二更时若前牌未到日字铺,查明何铺稽迟,即时查究。

汛发之时多有大风猛浪，难免冲击堤岸，因此河员督令堤夫多扎埽料，用绳桩悬系附于河堤水面，纵有风浪，随起随落，足资防护。骤雨淋漓容易导致河堤横决，则应置备充足的蓑笠令兵夫冒雨巡守。此外，还有非时令性的客汛，十月后的槽汛，十一二月的凌汛，非三汛可比，只令兵夫照常巡守。凡黄运河工，要一例遵行。

　　河工的武职官员地位要低于文职，但是河工上的各种工程，皆由武职官员带领河兵河夫完成，是率领民夫防汛抢险、修堤筑坝的技术骨干，其中虽然职小但颇为关键的就是"当家效用"。河臣重用武职，有助于工程结实，帑归实用。对此，包世臣说：

　　　　武职之小而要者，曰当家效用。料物到工，须当家效用出结，动用料物，须当家效用逐日开折通报，虽不能尽实，然较之近来由厅员事后做帐，则大不侔已。兰康在南河犹可称者，此也。盖武职局面窄而胆小，偶有错误，立加棍责；文职局面宽而胆大，即有败露，尚可弥缝。大吏以武职率多蠢直，文职工于趋承，专任文职，其营汛止供厅员之指挥奔走，不敢与闻工帐。①

　　河工旧例，以文官掌管钱粮，武官主司桩埽。武官当中做工尤要者有"当家效用"之名，千总、把总以上的武职，甚至于参将、游击，皆起家于当家效用，因此河工工程的实际情况难以蒙骗他们，而文官只是凭借武官的工册，稽数发饷而已。后来，文官得知做工系为利薮，于是与武官分办工程。延请幕友有外工小席，而外工为参将、游击所荐，由于荐主势单力薄，只能以才能谋求晋升，因此工程结实。嘉道年间，工程全归文官掌管，武官几同虚设。而外工皆为院道所荐，修金素来微薄，因此乐于驻工而牟利。他们既不了解工程，又欲壑难填，于是他们与库贮大幕内外勾通，彼此串通报销。办工真账在各库贮手中，即使能洞知其弊，亦不敢声张，造成诸多弊窦。因此，要想河工坚实，必须重用武官。这一情形源自包世臣常年在工次的观察，但这一建议无法上达，更不可能被朝廷采纳。

　　河官之职本为防汛治河，原本应该常年往来工次，巡查河道。但是嘉道年间，河员以奔竞夤缘为能事，每到秋汛安澜、节交冬令之时，则纷纷下堤归署，只是酌留兵役看守河道，或者将修守事宜委托幕友家丁。他们往

_____

① （清）包世臣：《答友人论治河优劣》，载刘平、郑大华主编《中国近代思想家文库·包世臣卷》，第109页。

往聚居于繁华都市,"徐属之丰北、丰南各厅,则常住徐城;扬属海属之外北、中河、海防、山安、海安、海阜各厅,以及佐杂员弁,则常住清江;甚至平居饮食聚会,任意花销。惟俟派委工段,藉将所领银两,弥补私亏"。① 这样,河员聚居于都市,花天酒地,不但废弃了河工修守事宜,而且加剧了河政的奢侈腐化。

随着河患的频仍、运河的浅涸梗阻,朝廷不断增添厅汛机构及管河员弁,致使河务机构及其河工文武员弁不断膨胀。魏源指出,康熙初年,东河只有四厅,南河只有六厅,而嘉道年间,由于"堤日增,工日险,一河督不能兼顾,于是分设东、南两河,置两河督,增设各道、各厅。……今则东河十五厅、南河二十二厅。凡南岸北岸,皆析一为两,厅设而营从之,文武数百员,河兵万数千,皆数倍其旧"②。这样就形成了仰食河工的庞大队伍。随着吏治的败坏,这些河臣员弁不但没有起到加强河务的作用,反而成为贪污侵冒河费的"食河之饕"。

第二节　清代河督群体及其考成、祭祀与处罚

有清一代,顺康年间设河道总督一人,而雍正至咸丰朝,河道总督包括副总河在内,少则两人,多则六人。随着治河形势的发展,清朝设立了庞大的河务管理机构与河官队伍,其中共有河督132人,他们是清代河政人事制度的中枢,根本职责是保障黄河安澜与运道畅通。河督群体是一个专业技术较强、职掌关系国计民生而又备受世人诟病的特殊官僚群体,在清代官僚体系中占有举足轻重的地位。清代河督群体的出身、专业素质与考成问题是清代河政人事制度的重要内容。河督出身大体有四个特征,即旗人较多、父子世业、进士出身精于吏治者以及由底层河工佐杂提拔而来,此一结构既保障了皇权对河政的控制,又可以强化河督专业素质的养成。治黄通运事关国计民生,对河督治水的专业技术、为政清廉与领导能力皆有较高要求,但其治水效能的发挥深受官场多重因素制约,致使河督难以充分发挥其专长。清廷通过工程保固、钱粮奏销、失事处罚等方式加强对河督的考成,但难以挽回河工废弛、黄河屡决的颓势。河督卒后可以入祀先贤祠,甚至可以被封为河神,但河工失事则会遭受严厉惩罚。

① 《清宣宗实录》卷一一八"道光七年闰五月"条,中华书局1986年版,第992页。
② (清)魏源:《筹河篇上》,载《魏源全集》第12册,第347页。

一、河督群体的出身问题

清代河道总督自顺治元年（1644）开始设置，到光绪二十八年（1902）东河总督被裁撤，共有 258 年的历史。据《清史稿·疆臣年表》统计，有清一代，总河 17 人、南河总督 33 人、东河总督 75 人、北河总督 7 人，共 132 人。这些河督的群体结构大体如下：就民族而言，旗人出身较多；就河工经验养成而言，一是父子世业，二是由底层河工佐杂提拔而来；就功名出身而言，其中不乏进士出身精于吏治者。

（一）河督旗人出身较多

清朝是满洲贵族建立的政权，顺治元年即开始设总河，负责治理黄河，修治运河，当时战争烽火尚未熄灭，总河兼有剿匪、消灭明朝残余军队的责任，因此要优先任用皇帝最为信任的旗人。第一任总河杨方兴即为顺治帝宠信之人。史载："七年，上行围旋跸，方兴以醉后骑马，冲突仪仗罪当死，特命免之，戒后勿饮酒。"[1] 杨方兴上任后精心治理黄河，率兵剿平土匪，而且坚持明末潘季驯"束水攻沙、蓄清敌黄"的治河方略，决定了清代河工治理的基本走向。此后的河督，旗人的比例颇高。清代著名的河道总督，如康熙年间的靳辅，雍正年间的齐苏勒、高斌，乾隆年间的白钟山、顾琮、高晋，道光年间的麟庆，皆是满人，或者汉军旗人，其他如卢崇峻、杨茂勋、罗多、王新命、于成龙、赵世显、完颜伟、尹继善、李宏、国泰、萨载、那苏图、王秉韬、马慧裕、文冲、朱襄、慧成、钟祥、福济、庚长、长臻、庆裕、锡良，他们多为汉军旗人，或者是满人，因为治河不仅仅是河工专业技术问题，更是政治统治的重要组成部分，需要对朝廷的一片血诚。

雍正年间，党争异常激烈，而雍正帝锐意刷新吏治，以扭转康熙晚年吏治腐败、政务废弛的局面，河工方面问题最多。齐苏勒出任总河，在吏治清明、治河政绩方面颇为突出，其言："各堤坝岁久多倾圮，弊在河员废弛，冒销帑金。宜严立定章示惩劝。"[2] 此一建议得到朝廷的认可。齐苏勒周历黄河、运河，计里测量堤形与高闸的阔狭，以及水势的浅深缓急，以减少河工方面的妄行施工。总河私费以前取给于属官，每年一万三千余金，此外还有年节馈遗与行部供张，齐苏勒一律裁革殆尽。无论是保举还是参劾，必定按照才能大小，结果河员皆懍懍奉法。

---

① （清）李桓：《国朝耆献类征初编》卷一四九《杨方兴》，明文书局 1985 年影印版，第 291 页。

② 赵尔巽等：《清史稿》卷三一〇《齐苏勒传》，第 10620 页。

　　齐苏勒久任河督,不仅清廉勤政,最难能可贵的是他独立不倚,从未夤缘结交权贵,因此深受雍正帝的器重,发布上谕赞美说:"隆科多、年羹尧作威福,揽权势。隆科多于朕前谓尔操守难信,年羹尧前岁数诋尔不学无术,朕以此知尔独立也。"又说:"齐苏勒历练老成,清慎勤三字均属无愧。"①雍正七年(1729)春,齐苏勒卒。雍正帝认为靳辅、齐苏勒实能为国宣劳,有功民社,翌年入京师贤良祠祭祀。

　　(二) 河督的父子世业

　　清代出现了父子、叔侄、兄弟相继为河臣的特殊现象,常有一个家族两三代人相继任职河工。对于河督当中父子世业的现象,《清史稿》说:"世业尚矣,于河事尤可征。前乎此者,嵇曾筠有子璜,高斌有从子高晋。若李氏、何氏、吴氏皆继之而起,宏及子奉翰、熿及子裕城并有名乾隆朝,嗣爵子璥则下逮嘉庆,奉翰子亨特,贪侈陨绩,忝祖父矣。"②清代河督之中,嵇曾筠、嵇璜、嵇承志和李宏、李奉翰、李亨特是祖孙三代皆为河道总督;高斌与从子高晋,何熿与其子何裕城,吴嗣爵与其子吴璥,皆为著名的父子、伯侄河督,是清代河工世业的突出现象。

　　嵇璜是嵇曾筠弟弟的第三子,长期侍奉叔父,见闻所及,对于河工事务颇为谙练。幼年读《禹贡》,其言:"禹治水皆自下而上。盖下游宣通,水自顺流而下。"③长辈颇为惊异。嵇璜由于治河有功,官至大学士,继承了嵇曾筠的武烈。高斌任河道总督时,颇有劳绩,乾隆帝赞美说:"(高斌)在本朝河臣中,即不能如靳辅,较齐苏勒、嵇曾筠有过无不及。可与靳辅、齐苏勒、嵇曾筠同祀,使后之司河务者知所激劝。"④可见,高斌的河工治绩,可谓功不可没。高晋作为高斌从子,治河经验丰富,治绩显著。

　　李奉翰为河督李宏之子,分发江南河工效力,上奏署理河库道,乾隆帝以为李奉翰为李宏之子,习于河事,命其实授。李奉翰不愧河督之子,治河颇有政绩。但李亨特作为李奉翰次子,两次出任东河总督,因为玩忽职守,奢侈贪纵,造成河工失事,两次被发配,最后卒于戍所。何裕城为河督何熿之子,何裕城随父亲治河,曾著《全河指要》,乾隆四十七年(1782)署理东河总督,皇帝嘉奖说:"汝若能不自满而加以勤学,或可继汝父也。"⑤何裕城

---

　　① 赵尔巽等:《清史稿》卷三一〇《齐苏勒传》,第10622—10623页。
　　② 赵尔巽等:《清史稿》卷三二五,第10871页。
　　③ 赵尔巽等:《清史稿》卷三一〇《嵇璜传》,第10626页。
　　④ 赵尔巽等:《清史稿》卷三一〇《高斌传》,第10634页。
　　⑤ 赵尔巽等:《清史稿》卷三二五《何裕城传》,第10862页。

不负众望，颇有治河功绩。吴璥为河督吴嗣爵之子，乾隆五十四年（1789）任安徽学政，乾隆帝召见，因其父曾为总河，以河务加以询问，所奏对称旨，即日授河南开归陈许道。嘉庆帝以吴璥谙练河务，无岁不奉使勘河。

（三）进士出身与佐杂出身的河督

另外一类河督，就是进士出身的能员。身为清代第二任河督的朱之锡，"幼颖异绝伦，稍长通经书，日课十余艺，皆援笔立就"。顺治三年（1646）成进士，年仅24岁。朱氏出身翰院词臣，担任河督期间颇有儒臣本色，手不释卷。

> 公之立身清介，一切耳目玩好无所尚，惟藏书数千卷，被服如儒生，布衣蔬食泊如也。其接物则一本于诚，喜愠不形，遇僚属如家人，凡所指授必委曲详尽，娓娓不倦，或因公事论劾不少假借，每寓至仁于大法之中，闻者感泣，其礼贤下士当世尤多之，而其发为文章，淹贯史汉唐宋诸家，条析利害灿若指掌，至于封事书牍，皆矢口如流，虽十吏递供不给也。①

朱之锡有志于编纂河防一类的书籍，以接续明代治河名臣潘季驯的《河防一览》，嘉惠后世河政。朱氏卒后，同乡徐子埰辑录其河工奏议，纂成《河防疏略》一书。朱之锡之外，曾任河督的张鹏翮、陈鹏年、嵇曾筠、周学健、尹继善、庄有恭、吴嗣爵、康基田、吴璥、戴均元、黎世序、张井、麟庆、潘锡恩、杨以增、李清时、嵇璜、马慧裕、林则徐、李鸿宾、吴邦庆、朱襄、慧成等人，皆有进士功名，他们不但学问优长，而且精于吏治，在担任河督期间，能够认真勘察河势，仔细核对河费题单，在河工方面颇有政绩。

还有一类河督由河工出身的佐杂提拔而来。河工具有较强的专业技术性，而这些技术大多通过长期河工历练得来，正如康熙年间熟悉河务的崔维雅所说：

> 昔唐虞之世，工虞礼乐各有专司，而治水独推神禹，且以神禹之智，尤必迟之十三年而后成功，人材各有所长，而事必以久练而后谙也。故明二百余年间，治河独推潘季驯，观其历事三朝，四奉玺书，周巡河上二十余年，凡耳目之所狎，精神之所寄，俱若与河相忘者，如是

---

① （清）朱之锡：《河防疏略》卷首《（清）李之芳〈梅麓朱公墓志铭〉》，《四库全书存目丛书》史部第69册。

而后成功。当日人材岂无出季驯右者？而诏起田间,谓其谙习河道,素有才望,诚以治河非谙习不可耳。①

一些投效河工多年的佐杂,因为具有丰富的治河经验,在河工治理中治绩突出,被破格提拔为河道、河督的,人数亦为不少,其中李宏、韩鑅、司马骓、徐端、马慧裕、陈凤翔、李逢亨、张文浩、严烺,皆没有举人以上功名。他们大多通过捐纳,分发河工为通判、州判、主簿、县丞,因为治河小有"功绩",被破格提拔为河道,最后成为正二品大员的河督,就是与河督要求有很高的专业技术性密切相关。司马骓在乾隆年间为大学士、两江总督高晋幕府佐幕,掌管章奏,习于河事,以从九品留工效用,授山阳主簿,累迁淮安同知,仍然兼任幕职。司马骓跟从高晋塞河,屡有功劳,乾隆五十年(1785)被提拔为江南河库道,嘉庆二年(1797)十二月升任东河总督。

徐端之父徐振甲任江苏萧山、砀山、清河知县,这些县皆临黄河,徐端年少随任佐治,习于河事,入赀为通判。乾隆年间,黄河在青龙冈决口,徐振甲分挑引河,佐役其中的徐端被大学士阿桂器重,留在东河任用,授为兰仪通判,不久升任同知,嘉庆十年(1805)出任南河总督,前后在任六年,"明习河事,授吏程功,赢绌必如所计。躬耐勤苦,以趋险急,赖以安者屡矣。时有议改河入海之口者,公往相视,以为不可。迄今河入海,循故口甚利,皆公识之当也"。②徐端堪称河工佐杂出身的杰出河督的代表人物。对于徐端的河工专业素质,道光年间钱乃钊评价说:"公于古人治河法,无不融会贯通。自为丞卒投效河工时,从河干老兵细心谘访全河形势,以至一名一物之微,莫不洞澈源流,以周知其利弊。又时值河患频仍,大工数举,更事益多,研几愈细。"徐端的治河经验,源自亲身常年做工积累,还有河工老兵的传授,所著《安澜纪要》《回澜纪要》,"字字从身心性命体验得来,故其语质而不尚文,其旨近而可及达,不为空谈,而务求实用;不拘成法而动与时宜。盖以其所心得垂示后来,用意亦良苦矣"。③徐端的河工著作并没有所谓全局战略,而是河工工程中非常实用的"小节"与细节,是河工老兵裨将洞悉而无法以著述准确表达的,堪称河工工程的指南手册,实用价值

---

① (清)崔维雅:《河防刍议》卷五,《续修四库全书》第847册,上海古籍出版社1995年版,第210页。

② (清)姚鼐:《惜抱轩文集后集》卷九《太子少保兵部尚书总督江南河道提督军务兼右副都御史徐公墓志铭(并序)》,上海古籍出版社1992年版,第382页。

③ (清)徐端:《回澜纪要》卷下《(清)钱乃钊〈回澜纪要跋〉》,载《中华山水志丛刊·水志卷》第20册,第456页。

颇高。

河工佐杂出身的河督,优点在于精通河务,深知河工利病,但难免沾染"河工习气",浮冒中饱在所难免。此外,出身河工底层佐杂的河督,往往因为曾经与佐杂是同僚,从而瞻顾循隐。乾隆年间的河督李宏,监生出身,入赀授为州同,效力河工,后授山阳县外河县丞,累迁宿虹同知。由于治河有功绩,乾隆三十年(1765)调任南河总督。乾隆帝认为李宏由监司擢用,道厅以下多为同官,担心其瞻徇包庇,因此谕命高晋为南河总督,留李宏任东河总督。

嘉庆年间,河政废弛,河臣腐败加剧,特别是佐杂河员出身的河臣,深受河工习气的熏染,贪污、浮冒、虚靡河费的现象越发严重,而河工失事频发。当时朝廷内外包括皇帝的批评,可谓不绝于耳。十七年(1812),嘉庆帝在上谕中称:

> 南河文武官员,欺诈成风,冀图兴工糜帑,藉以渔利饱囊。积习相沿,牢不可破。试思河工设立官弁兵夫,岁给俸饷,原责其实力防守,俾河工安全无事。乃伊等视俸饷为故常,转冀大工屡兴,不但可以侵肥获利,并藉为升迁捷径。甚至援引亲友,滥邀官职,种种恶习,不可枚举。①

道光帝即位之后,加大了河工整饬力度。在河官选任方面,对于"河员出身"的佐杂官员,表现出深刻的不信任,因此在河道、河督的选任方面,更加重视河臣的操守品行而并非河工经验,甚至为了革除河工弊病与河工习气,专门简选"非河员出身"的进士翰林出任河道与河督。道光四年(1824)十一月,道光帝任命进士出身的张井为东河总督,张井并非河员出身,河南巡抚程祖洛保举张井,称其"办事勇往,实心奉公,遇事不避艰险"②,张井因襄办马营坝大工而升任汝宁知府,道光四年擢开归陈许道,十一月任东河总督。十二月,河南省黄河两岸要工林立,而河北道吴光悦、开归陈许道麟庆均非河员出身,对于河务并不熟悉,道光帝希望他们悉心经理,期于河务得人,断不可意存迁就。

十一年(1831)十一月,道光帝命林则徐补授东河总督,在谢恩折中,林则徐称自己"向未谙习河防形势,及土埽各工做法",但道光帝不以为然,认

---

① (清)黎世序等修纂:《续行水金鉴》卷六二,《万有文库》本,第1372页。
② 《清宣宗实录》卷七五"道光四年七月"条,第220页。

为"林则徐由翰林出身,曾任御史,出膺外任,已历十年,品学俱优,办事细心可靠,特畀以总河重任。……朕原恐熟悉河务之员,深知属员弊窦,或意存瞻顾,不肯认真查出。林则徐非河员出身,正可厘剔弊端,毋庸徇隐。该河督惟当不避嫌怨,破除情面,督率所属,于修防要务,悉心讲求,亲历查勘,务合机宜,以副重寄"①。道光帝看重林则徐"品学俱优,办事细心可靠",虽非河员出身,不熟悉河务,但正可以"不避嫌怨,破除情面",认真厘剔河工弊端,当时河务弊窦重重,这一点比熟悉河务更为重要。十二年(1832)三月,道光帝再次简选"非河员出身"的吴邦庆为东河总督,理由与选任林则徐如出一辙,吴邦庆并非河员出身,可以不避嫌怨,大力厘剔河工弊端。

二、清代河督专业素质的演变

河臣面对的河道形势复杂多变,治河策略亦应随之而变,因此治黄对河臣的专业素质与道德操守皆有较高的要求,正如清人钱泳所说:"治水之法,既不可执一泥于掌故,亦不可妄意轻信人言。盖地有高低,流有缓急,潴有浅深,势有曲直,非相度不得其情,非咨询不穷其致。是以必得躬历山川,亲劳胼胝。昔海忠介(指明代海瑞)治河,布袍缓带,冒雨冲风,往来于荒村野水之间,亲给钱粮,不扣一厘,而随官人役,亦未尝横索一钱,必如是而后事可举也。如好逸而恶劳,计利而忘义,远嫌而避怨,则事不举而水利不兴矣。"②事实确实如此,治水需要专业知识,需要实地考察,还要有清廉自守的品德与杰出的领导能力,再加上应对官场勾心斗角的能力,因此对河臣的素质要求颇高。对于河臣所应具有的素质,康熙年间河臣崔维雅亦云:

> 天下无事不以得人为难,而治河之人则尤难之难者也。盖必有天下已溺之仁,而后可以与民同患;有聪明特达之智,而后可以应变无方;有鞠躬尽瘁之忠,而后可以任劳不避,有一介不取之廉,而后可以临财不苟;有独立不惧之勇,而后可以众非不顾;数者有一不备,未能胜任愉快,故曰难也。③

①　《清宣宗实录》卷二〇〇"道光十一年十一月"条,第1144页。
②　(清)钱泳:《履园丛话》卷四《水学·专官》,中华书局1979年版,第106页。
③　(清)崔维雅:《河防刍议》卷五,《续修四库全书》第847册,第210页。

　　河督之职关系国计民生，治河需要河督具有大仁、大智、大勇以及公忠廉洁、独立任事的杰出品质才能胜任。在清代，这种河臣颇为少见，因此治黄问题始终困扰着整个清代社会。

　　河工人员重视经验技术，而培养历练河臣河工素质的办法，是把部分候补人员派到河工上学习河务，成绩优异者用为河臣。雍正帝即位以来，由于总河等官员经画有方，调度得宜，使得江南河工治理有方，洪泽湖湖底刷深，河庆安澜，因此他颇为重视河官人才的培育。雍正十一年（1733），皇帝提出定期派员前往南河学习河务，将来河务管理才能获得通晓治河的官员，"而全河形势，非平日讲求，亲身阅历，必不能胸有成算，洞晓机宜。即修防堵筑以及估工查料等事，亦非经练熟谙，备悉利弊，必不能随时损益，有裨工程。是通晓河务之员，不可不预为储备也"。① 因此朝廷决定每年在中央各部院拣选贤能勤慎的两名司官，派往南河学习河务，委办估工查料之事，以两年为期，如果操守才具实堪任用者，即保奏留工，酌量题补。据此，学者金诗灿认为，清代河官学习制度在雍正朝正式确立。② 由于嵇曾筠办理河工颇为妥善，雍正帝派高斌跟随其学习河务，为河督选拔储备人选。有清一代，嵇曾筠首开培训河员之端。雍正年间，满洲镶黄旗人完颜伟亦被派往江南学习河务。乾隆六年（1736），升擢河道总督。十三年（1748）八月，仓场侍郎张师载随高斌学习河务，二十二年（1757）正月任东河总督。十八年（1753）三月，身为布政使的富勒赫前往江南随高斌学习河务，十九年十二月出任南河总督。

　　具体到清代河臣素质的实际情况，包世臣评价说："河臣以能知长河深浅宽窄者为上，能明钱粮者次之，重用武职者又次之。其侈言工程，祖护厅员者，大抵工为冒销纳贿而已。"③治黄通运，需要精通治水的科学规律，因此河臣应了解黄河的河道情况，熟悉河水消长的规律，而治河工程需要上百万的河费，因此需要精通钱粮销算。嘉庆年间的河督徐端，治理南河七年，熟谙河工工程做法。苇柳等物料堆积河堤上，徐端一过就能目测数量多少，他与夫役同劳共苦，清廉奉公，从不妄取；对于河工积弊，徐端亦了如指掌。但因涉及方面太广，牵连太多，不敢轻易揭发，因此打算入觐皇帝时面陈。众人得知后千方百计阻挠，终其一生不得面陈皇帝的机会，以至于

①　《清世宗实录》卷一三七"雍正十一年十一月"条，中华书局 1985 年版，第 751 页。

②　金诗灿：《清代河官与河政研究》，武汉大学出版社 2016 年版，第 115 页。

③　（清）包世臣：《论治河优劣》，载刘平、郑大华主编《中国近代思想家文库·包世臣卷》，第108 页。

河工日益败坏,徐端亦郁郁而终。就河督的专业素质与吏治精勤而言,徐端颇为突出,但面对河政日益败坏,亦无能为力。

清代河臣的素质高下不一,有的甚至完全不通河务,正如包世臣所说:"河工每日有水报,云某日志桩存水若干丈尺寸,比昨日消长若干。而河底之深浅,堤面之高下,问之司河事者,莫能知其数。报有志桩存水之文,测量实水,则与报文悬殊。问之司河事者,莫能言其故。"①河臣对河事一窍不通,甚至看不懂水报,更不能将水报的水文信息与实际情况相对照用于防河策略,却一味欺上瞒下,掩饰河工措施方面的失当。

黄河治理工程浩大,所用钱粮动辄几十万,甚至上百万,因此精通钱粮销算颇为重要,"其明于钱粮者,知分厘皆百姓膏血。求水势致病之源,用力少而成功多。使河底日深,不能减工而能减险,靳、齐、白、高皆其选也"。②治河国帑皆为百姓血汗,因此河臣要探寻黄河受病根源,尽量减少河工险情,大概只有治河名臣靳辅、齐苏勒、白钟山、高斌才能做到。另外,由于河费数额巨大,向来为朝野舆论所关注,因此容易遭受言官弹劾,朝廷追查亦颇为严格:"河工关系民生极重,向来浮言甚多,若不查勘明白,无以服众人之心,将来大臣等何以办事。"③河督治河,如果出现河费开销与账册不符,即要面临被弹劾的危险;但一味撙节河费,致使河工员弁因怨恨而故意制造事端,河督亦要被朝廷处分。

特别是一些河督出身河员,"工程熟谙,一切弊窦,皆所深悉。综核太甚,事务不肯担承,于钱粮上尤觉过紧,工员含怨,俱有幸灾乐祸之意"。乾隆年间清廉能干的白钟山即是如此。乾隆帝访闻之后,并不嘉奖其廉,反而认为"实中白钟山之病"。乾隆十年(1745)十月,江苏阜宁陈家浦黄河河堤溃决,口门竟达二百余丈。陈家浦未决之前,工员四次禀请河臣发帑,但河臣深知白钟山向来节俭,因此只给白银数百两,以致缓不济急。对于时任南河总督的白钟山,乾隆帝批评其"只知慎重钱粮,而不能权其事之轻重,朕所不取。至于河员虽例用家道殷实之人,然孰是挟赀投效者,若过于综核,恐皆观望退缩,不能与上官一心,于事无益"。④由此可见,真正剔除河费浮冒,谈何容易!

---

① (清)包世臣:《答友人问河事优劣》,载刘平、郑大华主编《中国近代思想家文库·包世臣卷》,第108页。
② (清)包世臣:《答友人论治河优劣》,载刘平、郑大华主编《中国近代思想家文库·包世臣卷》,第108页。
③ 《清高宗实录》卷二五九"乾隆十一年二月"条,中华书局1985年版,第347—348页。
④ 《清高宗实录》卷二五〇"乾隆十年十月"条,第223—224页。

对于钱粮与河工的关系，乾隆帝说："夫钱粮固宜节省，但河工关系重大，与别项工程不同。……若冲决一口，不但小民流离可悯，而赈济之费，用帑不赀，较之先事豫防，临时抢护，其所费孰多孰少耶？"①由于河堤冲决之后，朝廷要堵塞决口，赈济百姓，蠲免钱粮，所费国帑更为巨大，因此乾隆帝对"只知慎重钱粮"的白钟山持批评态度。乾隆十一年（1746），御史杨开鼎弹劾白钟山"出纳悭吝，任情驳减，用损工偷，纵仆役婪索。陈家浦决七百余丈，止称二十余丈。兴筑延缓，阜宁、盐城二县受其害"②。乾隆帝命高斌会同尹继善核查，结果驳减、婪索并无实据，唯有陈家浦漫口冲刷，贻害累民属实。白钟山被召回京师，受到夺官处分，戴罪效力河工。

关于清代前期的河督，《清史稿》曾有评论："明治河诸臣，推潘季驯为最，盖借黄以济运，又借淮以刷黄。固非束水攻沙不可也。方兴、之锡皆守其成法，而辅尤以是底绩。辅八疏以浚下流为第一，节费不得已而议减水。成龙主治海口，及躬其任，仍不废减水策。鹏翮承上指，大通口工成，入海道始畅。然终不能用辅初议，大举浚治。世以开中河、培高家堰为辅功，孰知辅言固未尽用也。"③《清史稿》此论堪称平允。杨方兴、朱之锡治河，坚守了明末潘季驯的"成法"，靳辅奠定了清代河工的基本方略，于成龙开始主张治海口，最终仍如靳辅利用减水坝，张鹏翮兴大通口工程，使黄河入海道畅通。

关于清代中期的河督，《清史稿》评论说："自靳辅治河、淮，继其后者，疏浚修筑，守成法惟谨。世宗朝，齐苏勒最著，嵇曾筠、高斌皆仍世继业，与靳辅同祠河上，有功德于民，克应祭法。完颜伟、顾琮、白钟山随事补苴，不负当官之责。高斌任事二十年，疏毛家铺引河，排众议行之，民蒙其利。"④雍正、乾隆年间，齐苏勒、嵇曾筠、高斌、完颜伟、顾琮、白钟山等人，皆不负职守，有德于百姓，清代黄、淮、运体系得以良性运作。至嘉道时期，河政败坏，河工屡屡失事，即使河督清廉有才，亦难以挽回颓势，"仁宗锐意治河，用人其慎。然承积弊之后，求治愈殷，窟穴于弊者转益侔张以为尝试。海口改道之说起，纷纭数载而后定。康基田、徐端等皆谙习河事，程功亦仅。至黎世序宣勤久任，南河乃安。而减黄病湖，遂遗隐患。得失之故，具于斯焉。"⑤由于整个官僚体系的腐败加剧与因循废弛，无论是嘉庆帝还是历任

① 《清高宗实录》卷二五〇"乾隆十年十月"条，第223页。
② 赵尔巽等：《清史稿》卷三一〇《白钟山传》，第10640页。
③ 赵尔巽等：《清史稿》卷二七九，第10132页。
④ 赵尔巽等：《清史稿》卷三一〇，第10642页。
⑤ 赵尔巽等：《清史稿》卷三六〇，第11380—11381页。

河督,皆无法扭转颓势,最为清廉能干的黎世序虽然使黄河安澜十多年,最终却也留下了"减黄病湖"的隐患。

三、河工保固追赔制度与河官考成的演变

河官考成是人事制度的重要组成部分,但考核标准的制定颇为重要,清代第一任总河杨方兴曾说:"臣愚以为河不能无决,决而不筑,司河者之罪。河不能无淤,淤而不浚,亦司河者之罪。若欲保其不决不淤,谁敢任之?"①事实亦是如此。清代河患频仍,黄河、运河屡次冲决漫口,如果河工一出问题,河官就受到惩罚,估计无人敢出任河臣。为了使河道总督恪尽职守,顺治初年制定河工考成规则:"黄运两河堤岸,修筑不坚,一年内冲决者……总河降一级留任;本汛堤岸冲决隐匿不报,另指别处申报者,加倍议处。……总河不详查具题,罚俸一年;如地方冲决少而申报多者……总河不查实具题,降一级留任……其治河堤岸,不能先期修筑,以致漕船阻滞者……总河罚俸六月。"②凡是在其任内,黄运堤防没有河道冲决,或遇到冲决旋即修筑,漕运不致受阻或未造成严重水灾的,则给予升官晋级的奖励。反之,则要受到罚俸、降级甚至革职、充军的处分,所有这些奖惩措施,都是为了督促河督做好本职工作。

河道关系运道民生,堤岸冲决造成的损失颇为严重。大多冲决是由于修筑不坚、防守员弁怠玩所致,因此应该严定处分则例,不得诿之天灾。而且黄河河堤与运河堤岸的失事差距颇大,不应按照同一标准惩处。康熙十五年(1676),朝廷议准:

> 黄河堤岸,仍定限一年;运河堤岸,仍定限三年。黄河堤岸半年内、运河堤岸一年内冲决者,经修防守等官皆革职,分司道员降四级调用,总河降三级留任;黄河堤岸过半年运河堤岸过一年冲决者,经修防守等官降三级调用,分司道员降二级调用,总河降一级留任;如已过年限冲决者,管河各官皆革职戴罪修筑,分司道员住俸督修,工完开复,总河罚俸一年;若年限内冲决,经修之官已去,仍将经修官与防守官一同处分,其年限内本汛堤岸冲决,别指他处申报者,经修防守等官皆革职,分司道员降五级调用,总河不查实具题,降三级调用。其余

① 赵尔巽等:《清史稿》卷二七九《杨方兴传》,第 10110 页。
② (清)昆冈:《(光绪朝)钦定大清会典事例》卷九一七《工部·河工·考成保固》,《续修四库全书》第 811 册,第 129 页。

仍照旧例。①

这样,关于河工保固考成的规定更为详细周密,就加大了朝廷监察的力度,相关河务官员的处分有革职降调、罚俸、戴罪修筑等,这使河务官员的工程责任更加明晰,一定程度上可以减少因玩忽职守所造成的堤防溃决。道府负有地方之责,熟悉风土民情,他们作为黄、运两河堤岸工程的督修者,亦应承担相应责任。康熙十七年(1678),朝廷规定:嗣后如遇冲决等事,督修道府按照道员例加以处分,如果出现工程不能按限期完工,根据不同情况进行罚俸或者降调。如果所筑堤工合式坚固,厅印河官出具甘结,道府验实,加结申送,总河勘实具题,则照应升之官加二级即升,原非正途者均作正途一例升迁。所筑堤工若不坚固,根据不同程度,分管官要受降调、革职处分,而道府等监理官按照所辖分管官的处罚情况,亦分别受到罚俸、降调、革职等处分。

在此指出,河工工程保固期的规定虽然对河臣具有一定的监督性,但黄河堤岸一年、运河堤岸三年的规定不是科学预算的产物,因此不合时宜。乾隆年间,河闸的闸座"屡修屡坏,并有修办不止一次,每岁不止一闸者,总由向来保固三年例限易满,承修之员敢于草率从事。工程难期经久,致多虚糜"。② 正是因为保固期的期限过短,导致工程并不坚固。道光十五年(1835),东河总督栗毓美奏请在例限之外再加保固三年,获得朝廷许可。

朝廷每年花费巨额帑银治河,而决堤漫口如故,这不能不引起朝廷以及官僚士大夫的怀疑。康熙四十四年(1705)四月,河道总督张鹏翮上奏说:"河工积弊,汛官利于堤岸有事,修建大工,得以侵冒河帑;又希图修桥建闸,兴无益工程,于中取利。"③因此朝廷督责河官加紧修防,并将处分则例载入《大清会典》:"傥有故违,定行正法以示惩戒;其地方有司官,膜视河工,致有贻误者,题参到日,将地方官亦行正法。"④同时规定,堤岸冲决而河流不移者,管河各官皆革职,戴罪勒限半年赔修,分司道员各降四级督赔,工完开复;如限内不完,承修官革职,分司道员降四级调用,总河降一级留

① (清)昆冈:《(光绪朝)钦定大清会典事例》卷九一七《工部·河工·考成保固》,《续修四库全书》第811册,第129—130页。
② (清)张壬林编:《栗恭勤公年谱》"道光十七年"条,载栗永德编著《大清河帅栗毓美史料汇编》,三晋出版社2012年版,第97页。
③ 《清圣祖实录》卷二二○"康熙四十四年夏四月"条,第223页。
④ (清)昆冈:《(光绪朝)钦定大清会典事例》卷九一七《工部·河工·考成保固》,《续修四库全书》第811册,第313页。

任,未完工程,仍令赔修。分司道员不揭报,总河不题参者,皆照徇庇例议处。由此可见,朝廷对于河工保固的处罚规定越来越严厉。

雍正帝上台后,加大吏治惩处力度,希望以雷厉风行之势,力挽康熙晚年以来的吏治腐败,包括河工各种积弊。雍正帝认为"赔修之例,甚属无益"。从来河官领帑修工,必定预留赔修地步,以致钱粮不归实用,工程断难坚固。即使幸而工程得保无虞,而钱粮终归入私囊,以致相习成风,因此决定按照侵欺钱粮例严加治罪。雍正四年(1726)规定:

> 嗣后承修之官估计工程,总河与该督抚分司,勘明工段丈尺,桩埽料物,如果与所估数目相符,核实具题,发帑兴修。如估计过多,有心浮冒,察出即照溺职例革职。察勘之官,不实心详核,扶同徇隐,即照徇庇例议处。至工完之日,该总河督抚分司,再逐一察勘修过工程,果否如式坚固,与原估丈尺钱粮数目相符。如工程单薄,物料克减,钱粮不归实用,以致修筑不坚,不能保固,将承修官指名题参,照侵欺钱粮例分别治罪。其侵欺银著落该员家产勒限追赔。所修工程,令总河督抚等别委贤员,动帑修筑坚固,工完题销。①

雍正帝加大了河工钱粮管理、工程监督的力度,加重了相关责任人员的惩处力度,但河工追赔之项情由不一。有河员侵蚀钱粮入己者;有修筑草率、本不坚固而易致冲决应当赔修者;当溃决之时,河员预知例当赔修,先预留钱粮而将工费以少报多;甚至有故意毁坏工程,以便兴修开销者;亦有经手之人本无情弊,而照例应分赔者;承追之时,河员无力全完,亦于国帑无益。因此,雍正五年(1727),朝廷议定:

> 嗣后黄河一年之内,运河三年之内,堤工陡遇冲决,所修工程原系坚固,于工完之日已经总河督抚保者,承修官止赔修四分,其余六分准其开销;如该员修筑钱粮均归实用,工程已完,未及题报而陡遇冲决者,该总河督抚据实保题,亦令赔修四分,其余六分准其开销。如黄河一年之外,运河三年之外,堤工陡遇冲决,该管各官实系防守谨慎者,该总河督抚察实具题,止令防守该管各官共赔四分,内河道知府共赔二分,同知通判州县守备共赔分半,县丞主簿千总把总共赔半分,其余

---

① (清)昆冈:《(光绪朝)钦定大清会典事例》卷九一七《工部·河工·考成保固》,《续修四库全书》第811册,第132页。

六分准其开销;其承修防守各官,皆革职留任,戴罪效力,工完之日,准其开复;倘总河督抚保题不实,照徇庇例议处,仍照定例,勒限分赔还项。①

雍正朝通过立法规定,黄河、运河漫工所用钱粮,准销六分,应赔四分,至乾隆朝以后遂为河工成例,但应赔之项有时数额颇为巨大,道府廉俸较为优厚,完缴较为容易,至于文员厅佐以下及武职各员,俸薄力微,如果赔数过多,完缴未免拮据,或者根本无力培修,朝廷不得不对于应赔之项进行细化规定,以使赔项能够真正落实。乾隆三十九年(1774),朝廷规定:

> 嗣后遇有堤岸保固限外,陡被冲决,查明该管各员实系防守谨慎,并无疏虞懈弛者,将用过钱粮,除照例准销十分之六外,其余应赔四分银两,按其责任重轻,酌定应赔多寡。总分作十成计算,河臣总理河务,一切董率机宜,是其专责,应著赔二成;督抚兼管河防,责成綦重,应著赔一成;河道系专司河务大员,修防乃其职守,应著赔二成;厅员驻扎河干,工程钱粮皆所经手,应著赔一成;知府州县均系地方正印官员,例有协守之责,应分赔二成;参游专司估计,督率防护,守备协办工程,应分赔一成半;文武汛员驻工防守,责亦难辞,应分赔半成。如无兼管督抚及额设参游等官省分,即将应赔银两,在总河以下文武各官名下,按照应赔成数,分别摊赔。②

这样,雍正朝留下来的四成应赔之项,至此按照职责大小、廉俸多寡进行合理分割,地位高、廉俸优、责任重大的河督、河道、地方知府州县分赔多一些,督抚兼管河防,分赔少于河督,还有厅员、汛员、游击、守备职微力弱,分赔亦少。这样一来,一旦河工失事,所有相关人员皆要承担责任,皆要分赔工程款项。在朝廷看来,可以督促河务相关人员尽心职守,减少河工失事。

道光朝河工失事增多,朝廷加大了赔修工程的追缴力度,未能按限追赔的革职,离职官员亦不例外,已故官员由家属分赔。道光六年(1826)六

---

① (清)昆冈:《(光绪朝)钦定大清会典事例》卷九一七《工部·河工·考成保固》,《续修四库全书》第811册,第133页。

② (清)昆冈:《(光绪朝)钦定大清会典事例》卷九一七《工部·河工·考成保固》,《续修四库全书》第811册,第136页。

月,两江总督琦善奏参延误赔修石工的候补通判戴杲,并发银垫办,追缴归款,得到道光帝的认可。南河候补通判戴杲此前承办堰盱石工,被风暴掣卸,琦善参奏其勒限赔修。戴杲"借辞推缓,至今未报开工,殊属怠玩"。①琦善将戴杲革职示惩,由于大汛届临,琦善发银另行委员办理,所有垫修之款严令戴杲勒限上缴。此外,已故山盱通判黄树椿有六堡内掣卸新海漫石工一丈,八堡内新工六丈,丁艰回籍的两淮运判施勋承办智坝石工,倒卸新旧工五段,其中新工 38 丈。琦善亦已发银赶办,所有垫款由施勋、黄树椿家属名下追赔,解工归款。

河工出现坍塌险情,管河官员往往被直接革职,琦善认为不合情理,遂于道光六年(1826)十月上奏朝廷,认为石工风掣各员,"历次奏请惩处,参撤离任,另委承办,本员反得置身事外,且以候补各员接替,转恐贻误要工"。因此此次石工失事的王廷彦等五员,准其各带原参处分,分别留任留工,"嗣后石工续有掣塌各员,即著照此办理,勒限赔修,傥有玩误延缓,查明加倍治罪"②。

事实上,河道工程修筑费用数额巨大,赔修难以真正贯彻,河督亦不得不稍作通融。道光十二年(1832),南河高堰、山盱、扬河、扬粮、襄河各厅工程,河督张井查勘情形后,确定分为急修、缓修、赔补各类办工,其中已革留工通判张慰祖赔修林家西滚坝,系属保固期限内冲塌之工,自应照例赔修,由个人措资赶办,而淮扬道变卖革员张慰祖家产,未能济急,于是代为禀请借项赶办,河督张井打算暂行借帑。道光十三年(1833)三月,张井上奏朝廷,革员赔修坝工,请借项赶办。道光帝认为赔修工程,岂有借领帑项之理?因此痛斥张井说:"赔修之工,何可借项办理?该河督不能秉公持正,一味讨好属员代为巧辩,大负朕望,且该河督非河员出身,甘蹈河工恶习,朕复为该河督惜之。所有该革员应赔坝工,断不准借项赔修,又开一条门路。著张井即严饬该革员赶紧赔修,勒限于本年湖水盛涨以前,一律完竣。并著张井亲往验收,傥有草率偷减,或因是堰盱有故,张慰祖即当治以重罪,朕惟该河督是问。"③

在某种程度上,赔修制度对于工程保固未必有益。美国学者佩兹指出:"治河官员为了确保河防工程的顺利完成以及不断需要的堤坝维护,不得不承担越来越繁重的管理任务。由于大规模地使用稻草、秸秆进行

---

① 《清宣宗实录》卷九九"道光六年六月"条,第 612 页。
② 《清宣宗实录》卷一〇八"道光六年十月"条,第 790 页。
③ 《清宣宗实录》卷二三四"道光十三年正月"条,第 505 页。

河堤加固，水利工程实施的压力大大增加。针对财政困难，清政府实行了一项质量保证制度，目的是提高治河官员的责任心，一旦工程出现问题，就对官员进行罚款。这一制度只是迫使治河官员贪污更多的款项，因为只有这样才能在堤坝溃口时支付罚款。所以，这种罚款反而增加了朝廷的支出。"①为保障工程质量而设计的河工保固赔修制度，反而成为河官贪污河费的诱因。

四、河督卒后祭祀及其被封河神

清代河务方面的官员，统称为河臣，河臣最高职务是河督。河道总督俗称"河台"，为从一品或者正二品大员。在世人眼中，河道总督位高权重，是个令人羡慕的职位，而下属道厅汛营，亦被视为肥缺。身任河工员弁，一旦治河有功，升官颇为迅速，甚至成为开府大员，但河工失事，朝廷对河官的处分亦非常严厉。正如金清安所说："河工向来比照军营法，故河督下至河厅得罪，有枷号者，有正法者。而年年安澜，皆有保举。凡堵合决口，有特保花翎及免补本班者，同知即可升道，道即可升河督，多破格为之。"②每年只要河道不决口，便为"河奏安澜"，河臣皆得皇帝赏赐。决口发生之后，凡是堵合有功者，便可加官晋爵，同知升为道员，道员升为总督，甚至可以破格擢升。

为了激励劝赏后来的"司河务者"，朝廷在为河臣升官之外，还为河道总督修祠加以祭祀，大体分为贤良祠、名宦祠、专祠与地方报功祠。河督死后被封为河神，是对其治河功绩的最高褒奖。对于河臣的封典，清末民国学者郭则沄说："河臣之列祀典，加封号，自朱公之锡始。自后若靳文襄、张文端、张清恪、陈恪勤、齐勤恪、嵇文敏、张悫敬、黎襄勤、栗恭勤诸公，皆懋著名绩，炳在国史。襄勤、恭勤，于道光朝先后任河臣，尽瘁以没，民间至今尸祝之。"③郭氏指出，河臣列于祀典始于朱之锡，此后靳辅、张鹏翮、张伯行、陈鹏年、齐苏勒、嵇曾筠、张师载、黎世序、栗毓美等人皆因治河功绩而被崇祀。

贤良祠是祭祀有功于国家的王公大臣的寺庙。雍正八年（1730），皇帝下诏说："我朝开国以后，名臣硕辅，先后相望。或勋垂节钺，或节厉冰霜，

---

① ［美］戴维·艾伦·佩兹著：《工程国家：民国时期（1927—1937）的淮河治理及国家建设》，姜智芹译，第 25 页。
② （清）欧阳兆熊、（清）金安清：《水窗春呓》卷下《河工最重》，中华书局 1984 年版，第 73 页。
③ （清）龙顾山人纂、卞孝萱、姚松点校：《十朝诗乘》，福建人民出版社 2000 年版，第 663—664 页。

既树羽仪,宜隆俎豆。俾世世为臣者,观感奋发,知所慕效。庶明良喜起,副予厚期。京师宜择地建祠,命曰'贤良',春、秋展祀,永光盛典。"①有清一代,河督死后入祀贤良祠的共有 13 人:靳辅、张鹏翮、齐苏勒、尹继善、嵇曾筠、田文镜、高斌、那苏图、高晋、萨载、袁守侗、黎世序、张之万。乾隆三年(1738)十二月,嵇曾筠卒于家,终年 69 岁。嵇氏在任期间,视国事如家事,知人善任,治河尤著绩,用引河杀险法,前后省库帑甚钜。四年(1739)十一月,乾隆帝特旨:"前任江南河道总督嵇曾筠,殚力宣防,至今河渠受益。著照靳辅、齐苏勒之例一体祠祀,以示优奖。"②嵇曾筠入祀贤良祠。

名宦祠主要祭祀有功于国家和地方的乡贤、名宦,具有崇德报功、教化民众的意义。清代河督中死后入祀名宦祠的有 4 人:陈鹏年、黎世序、林则徐、栗毓美。专祠是为特定人神而设立的祠庙,祭祀有功德于民众、鞠躬尽瘁以身殉职的亲民之官,起到歌功颂德、尊崇祭祀的作用。清代河督中死后进入专祠的 8 人:靳辅、张鹏翮、齐苏勒、尹继善、嵇曾筠、田文镜、高斌、萨载。河督中享祀地方报功祠的很多:在龙神庙内旁祀李清时,栗毓美享祀栗恭勤公祠,道光朝《济宁直隶州志》记载享祀报功祠的河督有 23 人,其中有杨方兴、朱之锡、靳辅、王新命、杨茂勋、于成龙、张鹏翮、陈鹏年、齐苏勒、嵇曾筠、白钟山、张师载、李宏、李清时、吴嗣爵、姚立德、袁守侗、何裕城等人。此外,潘锡恩入祀乡贤祠,许振祎死后入江苏、河南的曾国藩祠。

清代河督死后被封为河神的只有朱之锡和栗毓美、黎世序三人。清代河神信仰颇为普遍,原因在于黄河水患非人力所能驾驭,因此委诸神灵操纵,"黄水滔天,骇人听闻。其来也,难以阻止;其过也,房屋邱墟,生命财产尽付东流。其畏惧黄河之心,胜过宇宙之一切。如是则不得不有所信仰,以资寄托。是故大河南北,虽妇孺尽能详道'大王'之神明,与'将军'之灵验也。"③朱之锡任河督 10 年,对于治黄治运可谓鞠躬尽瘁,死而后已。《清史稿·朱之锡传》说:

　　之锡治河十载,绸缪旱溢,则尽瘁旰宵;疏浚堤渠,则驰驱南北。受事之初,河库贮银十余万;频年撙节,现今贮库四十六万有奇。覈其官守,可谓公忠。及至积劳撄疾,以河事孔亟,不敢请告。北往临清,

①　赵尔巽等:《清史稿》卷八七《礼志六·吉礼六》,第 2601 页。
②　(清)赵慎畛:《榆巢杂识》卷上,中华书局 2001 年版,第 64 页。
③　张含英:《黄河之迷信》,《水利》1933 年第 4 卷第 12 期,第 21 页。

南至邳、宿,夙病日增,遂以不起。年止四十有四,未有子嗣。①

朱氏死后,百姓相传其化为河神。乾隆四十五年(1781),高宗南巡视察河工,应大学士阿桂等人的奏请,封朱之锡为助顺永宁侯,春秋祠祭,嗣加号"佑安",民间称其为"朱大王"。

黎世序,字湛溪,河南罗山人,嘉庆元年(1796)进士,十七年(1812)出任南河总督,由此开始了长达13年的河督生涯,道光四年(1824)卒于任。黎氏治河功绩深得道光帝认可,盛赞其"宣力河防,十余年来,懋著勤劳,克尽职守。允宜特予恩施,以昭勋绩,著加恩赐谥襄勤,入祀贤良祠"。② 同年夏四月,孙玉庭代地方绅耆上奏朝廷,请将黎世序入祀名宦祠,并建专祠纪念,得到朝廷准许。同治七年(1868),黎世序被敕封为孚惠黎河神。

栗毓美于道光十五年(1835)至二十年(1840)任东河总督。在任期间,推行砖工,治绩卓著,河不为患。《清史稿》赞美说:"毓美治河,风雨危险必躬亲,河道曲折高下向背,皆所隐度。……在任五年,河不为患,殁后吏民思慕,庙祀以为神,数著灵应,加封号,列入祀典。"③ 道光帝认为栗毓美"办事实心,连年节省帑金数十万,一旦病故,诚为可惜",并御赐祭文说:"久邀特达之知,水利夙谙,聿重修防之任,娴泄滞通渠之法,四渎安流;策导源陂之功,九洲底绩。风清竹箭,消雪浪于荡平;地固苞桑,速云舻之转运。嘉乃浚川之力,倚任维殷。"④ 道光帝对栗毓美评价甚高。

栗毓美卒后次年,即道光二十一年(1841)六月,黄河在河南祥符汛发生漫口,大溜全掣,洪水围困省城开封长达八个月之久,沿河百姓更为思念栗氏治河功绩,"时阖城居民纷传栗恭勤公为河神已有日矣"。⑤ 在人们看来,栗毓美"生也精诚,常在两河,殁后屡著灵应。数十年间,每岁洪流巨险,辄示形露迹,呵护东豫居民百千万家。大吏顺民之所请,胪列实事入告,朝议以御灾捍患,宜隆馨香之荐,敕封诚孚大王,东、豫两省沿河许建专祠,甚盛典也"。⑥ 同治十二年(1873),奏准原任东河总督栗毓美在郓城金

---

① 赵尔巽等:《清史稿》卷二七九《朱之锡传》,第10113页。
② 《清宣宗实录》卷六五"道光四年二月"条,第21页。
③ 赵尔巽等:《清史稿》卷三八三《栗毓美传》,第11657页。
④ 栗永德编著:《大清河帅栗毓美史料汇编·御赐祭文》,三晋出版社2012年版,第229页。
⑤ (清)痛定思痛居士:《汴梁水灾纪略》,载黄河水利委员会档案馆编《黄河水利系列资料之一·道光汴梁水灾》,2000年版,第37页。
⑥ (清)曾国荃:《河神栗大王祠记》,载梁小进主编《曾国荃集》(六),岳麓书社2008年版,第228页。

龙四大王庙内添置神位附祀,此为栗毓美被朝廷正式列为河神之始。十三年(1874),朝廷加封栗毓美为"诚孚栗大王"。光绪帝登基伊始,便加封栗大王为"诚孚普济栗大王",此后四年内先后三次加封栗大王。光绪五年(1879),栗大王封号为"诚孚普济灵惠显佑威显栗大王",官方敕封极大地增强了栗大王作为神灵的影响力。

河神信仰对治河成功亦有鼓舞人心的作用。张含英指出:"有一迷信,即'大王'出现,则不致决口;决口复出现则必可堵上,实为催眠之良剂。若险象环生之时,洪水汹涌,势如山崩,黄浆东流,风雨交加,民夫抢护,不能见效。其时心必涣散,多虑及生命财产不能保,亲族朋友不相见,其心惴惴,意志衰颓。惟有坐以待毙,痛天由命而已。如有大王出现,则为信仰之驱使,精神奋发,工作增倍,而险可守。"[1]河臣办理治河工程,往往利用沿河居民与河勇兵丁的河神信仰,以"大王"显灵鼓舞士气,加速工程进展。

五、河工失事后朝廷对河臣的处罚

因河工失事而加大对河臣的处分,是为了慎重职守,防止河臣渎职,对于河堤冲决的处分颇为严厉,革职、罚俸在所难免。但河臣为了规避处分,往往采取恶毒的手段加以掩饰。康熙年间,"南河一带,每恐冲决,处分过重。故见水势既大,则暗令河官黑夜掘开,拣空处放水,希图借报漫溢,绝不顾一方百姓之田墓庐舍,尽付漂没。是以黄河上流及高宝一带乡民,知有此弊,但遇水长,皆黑夜防闲,恐河兵扒口放水,而私称河官为河贼,则民情之怨望可知。至每年开销帑金数十万,多归私囊,为打点之资,于工程毫无裨益"。[2]河臣每年耗费数十万国帑治河,大多中饱私囊,却通过人为制造漫溢来逃避河堤溃决带来的处分,实为可恶。

有清一代,由于黄、淮、运屡次决口,作为最高统治者的皇帝,甚至怀疑河臣河员心怀叵测,故意暗留决口,以趁机侵冒沾润河费。这一情况康熙年间即已出现。嘉道时期黄河屡决,动辄花费几百万甚至上千万堵塞决口,使得嘉、道二帝更为怀疑河臣居心叵测。对此道光帝曾说:

　　向来河工积弊,厅汛员弁总利于办工。即如黄河坐湾迎溜之处,时而镶做埽段,固有不得不然之势。然其间有不应镶而妄施工段者,尚不知其凡几,总不过为开销钱粮地步。甚至溜随埽斜,对岸生险,险

---

①　张含英:《黄河之迷信》,《水利》1933年第4卷第12期,第21页。
②　(清)黎世序等辑:《续行水金鉴》卷五,第128页。

生而工费迄无已时。迫至失事,则又指为无工处所,冀图影射规避。纵有应行赔修工段,亦只先以帑项兴办,赔项终无缴期。①

在道光帝看来,这些河工员弁当中有相当一部分人,怀着不可告人的目的,苟且钻营,想从中捞上一把而妄行施工。正是出于这一考虑,清廷对失事河臣的处分亦颇为苛酷,因此乾嘉道时期,官员多以河工为畏途。

河督治河往往耗费大量国帑,又要征调民夫,可谓劳民伤财,加上黄河难以治理,另案与大工不断,而黄河依旧河患频仍,因此河督常为人所诟病。靳辅曾说:"河臣怨府也,督抚为朝廷养民,而河臣劳之;督抚为朝廷理财,而河臣糜之。故从来河臣得谤最多,得祸最易也。"②河督管辖河段千余里,每当汛期,统管河员与河兵奔波劳苦,情状让人难以想象。河督陈鹏年治河,露宿于河干,寝食俱废,身体羸弱憔悴。雍正元年(1723),陈鹏年病卒,雍正帝颁布上谕说:"鹏年积劳成疾,没于公所。闻其家有八旬老母,室如悬罄。此真鞠躬尽瘁、死而后已之臣。"③这类事情并非个例。

汛期一旦大溜顶冲,堤埽遭到冲毁,轻则降级留任,或者革职议处,重则枷号河干,甚至发配边疆,或者就地正法。如果工程在保固期内被冲毁,还要受到经济上的严苛处罚,往往倾家荡产,甚至殃及子孙,使河臣们如履薄冰。此类处罚,即使颇为干练甚至有功河务的河督亦在所难免。乾隆十一年(1746),陈家浦漫口,继任南河总督的顾琮弹劾原任白钟山措处失当,乾隆帝下令籍没白钟山资产逾十万加以赔偿。嘉庆年间的河督徐端一生清廉,"至贫无以殓,而所积赔项至十余万,妻子无以为活,识者悲之"。④徐端所赔的十余万,就是因为工程失事累积所致。

乾隆十八年(1753)九月十一日,安徽铜山县张家马路堤工冲决,乾隆帝大怒,认为秋汛已过,河堤冲决显有情弊,而南河总督高斌、安徽巡抚张师载任职已久,不能留心查看堤身卑薄疏松,以致溃决而漫淹数邑,罪行实无可逭。乾隆帝即令高斌速赴铜山,限期堵塞决口,若不能克期完工,即严行治罪。对于侵帑误工的铜山同知李焞、守备张宾,乾隆帝下令在河干即行正法。18天之后,即九月二十九日,同负失职之责的高斌、张师载,与李焞、张宾一同绑缚河堤工次,李焞、张宾二人被正法,高斌、张师载二人被乾

---

① 《清宣宗实录》卷一四五"道光八年十月"条,第227页。

② (清)靳辅:《治河奏绩书》卷四《帮丁二难》,《四库全书》第579册,第733—734页。

③ 赵尔巽等:《清史稿》卷二七七《陈鹏年传》,第10095页。

④ (清)昭梿:《啸亭杂录》卷七《徐端》,中华书局1980年版,第215页。

隆帝勒令目睹行刑全过程,以示儆戒。高斌、张师载二人当即昏迷在地,醒后奏称悔已无及,此后除感恩图报之外,心无别念,结果二人被释放。

高斌身为乾隆帝慧贤皇贵妃之父,贵为皇亲国戚,多年效力河工,可谓劳苦功高。对于高斌的治河功绩,乾隆帝在其卒后曾高度评价:"原任大学士、内大臣高斌,任河道总督时颇著劳绩。即如毛城铺所以分泄黄流,高斌设立徐州水志,至七尺方开。后人不用其法,遂致黄弱沙淤,隐贻河患。其于黄河两岸汕刷支河,每岁冬季必率厅汛填筑。近年工员疏忽,因有孙家集夺溜之事。至三滚坝泄洪湖盛涨,高斌坚持堵闭,下游州县屡获丰收。功在民生,自不可没……在本朝河臣中,即不能如靳辅,较齐苏勒、嵇曾筠有过无不及。"①由此可见,高斌不仅治河得法,而且爱护民生,颇为难得,在年已71岁高龄之时,尚且因为属下之过遭受如此处分,可见任职河督确实不易。难怪《清史稿》对此感叹说:"夺淮之役,缚赴工次待决。雷霆不测之威,赫矣哉!"②两年之后,高斌卒于工次。

因为河工失事而遭受处分最为严厉的是道光年间的张文浩。道光四年(1824)十一月,高堰溃决,十三堡堤溃一万一千余丈,山盱、周桥、悉浪庵过水八九尺,各坝漫溢,洪泽湖全行倾注,淮、扬二郡百姓几为鱼鳖。道光帝大怒,南河总督张文浩被革职。《水窗春呓》生动地记载了张文浩被惩处的过程。道光五年(1825)正月,两江总督孙玉庭、漕运总督魏元煜、南河总督张文浩以及合署文武官员百余人,齐集于清江浦北岸的万柳园,加上内外官民观者不下万人,街衢为之阻塞。奉旨查勘的文孚、汪廷珍弹劾张文浩御黄坝应闭不闭,五坝应开不开,蓄清过旺,以致高堰溃决。上谕张文浩革职,先行枷号两月。一满人司员传旨说:"张文浩至河督而特令枷号河干者,实因民命至重。设官本以卫民,今乃荡析离居,实为朝廷之辱,是以特予严谴,乃为慎重民命起见。"③在场官员无不震恐。

张文浩为浙东世家子,以州同需次南河,颇有才干器局,而且洞悉河务,因此由同知升为河道,由河道升为东河总督。道光帝登基,丁忧之中的张文浩尚未服阕,皇帝特令其夺情署理工部侍郎,督办直隶北河水利。当时,戴均元、蒋攸铦等重臣倚重张文浩,对其大力推荐。张氏莅任南河,对旧时同僚皆疾声厉色,人们因此议论鼎沸。张文浩遣戍伊犁起解之日,场面亦为大观。当时两江总督琦善、河督严烺集于总督行辕,张文浩身着囚

---

①　赵尔巽等:《清史稿》卷三一〇《高斌传》,第10633—10634页。

②　赵尔巽等:《清史稿》卷三一〇《高斌传》,第10642页。

③　(清)欧阳兆熊、(清)金安清:《水窗春呓》卷下《溃河事类志》,第49页。

服引至大堂，设香案疏枷谢恩。公事既毕，琦善、严烺邀张文浩入内厅饯行，二人挥泪说："人生作官不能无公过，圣明在上，不久自必赐还。我三人才轻任重，将来恐尚不能望三兄地步。"①事实确实如此，高堰决溢后如何修治黄河，情形颇为棘手，弄不好二人亦会步张文浩的后尘。新疆张格尔叛乱发生后，张文浩随营效力，叛乱平定后请求释回，道光帝不许。十六年（1836），张文浩卒于戍所。

高堰溃决之后，由于黄强淮弱，漕运受阻，琦善与副总河潘锡恩力主开放王营减坝，导黄河北趋，将以下河身挑挖通畅，再挽黄河回归故道。总河张井不以为然，但无力制止。结果费帑六百万，黄河挽回故道之后，河身仍然高仰，一无成效。道光帝大怒，琦善降为阁学，特命大学士蒋攸铦、尚书穆彰阿前来查办，同知唐文睿发配新疆；管理总局的淮扬道邹眉因经理未当，受到议处，一时物议沸腾。此后采用灌塘法通漕，不问黄、淮强弱。身任河臣，或者兼管河务，因为治河失误而遭受各种处分，为司空见惯之事。

道光二十一年（1841）六月，黄河在河南祥符决口，大溜全掣，水围省城，下游多被淹浸。河督文冲请照睢工漫口之例，暂缓堵塞。道光帝大怒，认为文冲身任河道总督，"不能先事豫防，又不赶紧抢堵，糜帑殃民，厥咎甚重，降旨革任"②。因此将文冲交给钦差大臣王鼎，传旨枷号河干三月，以示惩戒，三月后发往伊犁充当苦差。道光二十三年（1843）八月，身为废员的文冲呈请赎罪，道光帝不准，但其标榜以孝治天下，念文冲老母年逾八旬，不忍其暮年失养，因此破格施恩，令文冲回旗养亲。

有些河督，本身并无大过，刚刚莅任不久就遇到河工失事，虽会受到处分，但不久亦能开复，并不影响迁升。道光二十三年（1843）七月，因东河中河九堡漫口，河督慧成被革职，并枷号河干以示惩儆。但慧成到任刚刚数月，黄河发生漫口，其责任不大。慧成两个月后疏枷，加恩留于河工效力赎罪，交麟魁差遣委用，后帮办中牟大工。二十五年（1845）正月，中牟大工合龙，慧成在工差委勤劳，加恩以六部员外郎起用。二十八年（1848）十一月，赏户部员外郎慧成二等侍卫，为科布多参赞大臣。

① （清）欧阳兆熊、（清）金安清：《水窗春呓》卷下《溃河事类志》，第50页。
② 《清宣实录》卷三六二"道光二十一年十一月"条，第524页。

表 1　清代河道总督(总河、副总河)及江南河道总督一览表

姓名	任职年份	出身、政绩与著述
杨方兴	顺治元年七月至十四年五月卸任(14年)	汉军镶白旗人,崇德元年中举人,授牛录额真衔,擢内秘书院学士
朱之锡	顺治十四年七月至康熙五年二月卒(十六年假,十七年十二月回任;10年,在职病故)	顺治三年进士,著有《河防疏略》,死后被封为河神"朱大王"
卢崇峻	康熙五年三月至十一月	镶黄旗汉军
杨茂勋	顺治十六年十二月署,十七年六月调;康熙五年十一月代,八年九月休(弹劾罢官)	汉军镶红旗人,顺治间以通满汉文,由荫生选授太仆寺副理事
罗　多	康熙八年十月任,十年调(调山西总督)	满洲八旗
王光裕	康熙十年二月任,十六年二月罢(6年,解职拿问)	由左副都御史升为河道总督
靳　辅	康熙十六年三月任,二十七年三月免,三十一年二月复任,十一月病免(13年,免职,在任病故)	汉军镶黄旗人,以官学生考授国史馆编修。著有《治河奏绩书》《靳文襄公奏疏》《治河方略》
王新命	康熙二十七年任,三十一年二月罢(4年,解职)	汉军镶蓝旗人,初官笔帖式,康熙二十七年累擢至河道总督
于成龙	康熙三十一年十二月代,三十四年八月忧免;三十七年十一月复任,三十九年三月卒	汉军镶黄旗人,以荫生授直隶乐亭知县
董安国	康熙三十四年八月任,三十七年十一月罢(3年零3个月,罢官)	顺治十一年正月任兵部他赤哈哈番(汉译为"博士官")
张鹏翮	康熙三十九年三月任,四十七年十月迁(8年零7个月,迁刑部尚书)	康熙九年进士,著有《黄运河全图》《张公奏议》《治河全书》
赵世显	康熙四十七年十一月任,六十年十一月召(13年,罢官)	镶红旗汉军

续表

姓名	任职年份	出身、政绩与著述
陈鹏年	康熙六十年十一月署,六十一年十二月补,雍正元年正月病免(在任病故)	康熙三十年进士,著有《政略》《河工条约》
齐苏勒(总河)	雍正元年正月署,雍正七年卒(7年)	满洲正白旗人,自官学选天文生为钦天监博士,迁灵台郎
嵇曾筠	雍正二年闰四月任河南副总河,七年三月为东河总督,八年四月调为南河总督,十一年忧	任河督9年,康熙四十五年进士,著有《防河奏议》
孔毓珣	雍正七年三月代,八年卒。(1年)	孔子六十七代孙
高斌	雍正九年九月副总河,十一年十二月署南河总督,十三年十二月补,乾隆六年八月迁,兼理北河,十二年四月差;十三年闰七月暂管南河,至十八年八月议处	任河督17年,满洲镶黄旗人,初隶内务府
完颜伟	乾隆六年八月任,七年十二月迁东河,十三年三月迁	满洲镶黄旗人,自内务府笔帖式累迁户部员外郎,命往江南学习河务
白钟山	雍正十二年七月为南河副总督,十二月迁东河,乾隆七年十二月迁南河,十一年闰三月革;十九年三月任东河,二十二年正月迁南河,二十六年三月卒	汉军正蓝旗人,雍正初年自户部笔帖式迁江南山清里河同知,著有《纪恩录》《豫东宣防录》《续录》《南河宣防录》
顾琮	乾隆二年八月署北河,三年正月改协理,九月管理总河印务,十月补,六年八月召;十一年闰三月署南河,九月回原任;十一年八月任北河,十二年十二月罢;十三年三月迁东河河督,十九年三月召	满洲镶黄旗人。尚书顾八代孙,以监生录入算学馆,修《算法》诸书,书成议叙
周学健	乾隆十一年九月任,十三年闰七月逮	雍正元年进士

续表

姓名	任职年份	出身、政绩与著述
尹继善	乾隆十八年九月任,十九年十二月兼署两江总督	满洲镶黄旗人,大学士尹泰之子,雍正元年进士
富勒赫	乾隆十九年十二月任,二十一年十月召	满洲八旗
庄有恭	乾隆二十一年十月任,二十二年正月居家待罪	乾隆四年一甲一名进士,著有《三江水利纪略》
高晋	乾隆二十六年三月任,三十年三月迁	高斌从子,著有《南河图说》《江南河工图》
李宏	乾隆三十年三月任,三十六年八月卒	汉军正蓝旗人,监生,入赀授州同,效力河工
吴嗣爵	乾隆三十四年二月任东河,三十六年八月迁南河,四十一年三月卒。	雍正八年进士
萨载	乾隆四十一年三月任,四十四年正月迁	满洲正黄旗人,父萨哈岱,官镶蓝旗满洲副都统。萨载为翻译举人,授理藩院笔帖式
李奉翰	乾隆四十四年正月署南河,四十五年二月至八月任东河,四十六年正月任南河,五十四年二月迁东河,嘉庆二年九月迁	入赀授县丞。皇帝认为其为李宏之子,习河事,乾隆四十四年,署江南河道总督,次年授河东河道总督
兰第锡	乾隆四十八年四月署东河,五十四年二月迁南河,嘉庆元年调东河,二年调南河,十二月卒	乾隆十五年举人,授凤台教谕,擢顺天大兴知县。著有《黄河工程文册》
康基田	嘉庆二年八月任东河,十二月迁南河,五年二月革	乾隆二十二年进士,授江苏新阳知县,著有《河渠纪闻》
吴璥	嘉庆三年署东河,四年十一月实授,五年二月迁南河,七年调漕督,十一年四月任东河,十三年十二月复任南河,十五年病免。十九年正月任东河,二十年正月迁	河督吴嗣爵之子,乾隆四十三年进士

续表

姓名	任职年份	出身、政绩与著述
嵇承志	嘉庆七年八月署东河，嘉庆八年任南河，九年四月来京	大学士嵇璜之子。由举人官内阁中书
徐　端	嘉庆九年任，十一年改副总河。十三年三月复任，十二月降。十五年七月至十二月代	父官江苏清河知县，徐端年少随任，习于河事，入赀为通判。著有《安澜纪要》《回澜纪要》
戴均元	嘉庆十一年六月任，十三年三月病免。十八年九月任东河，十九年正月迁	乾隆四十年进士
陈凤翔	嘉庆十四年七月任东河，十五年十二月任南河，十七年八月革，旋即气死	眷录，议叙县丞，发直隶河工，累迁永定河道
黎世序	嘉庆十七年八月任，道光四年二月卒（11年零6个月）	嘉庆元年进士，著有《续行水金鉴》《黎襄勤公奏议》《钦定河工则例章程》《南河碎石方价》《练湖志》
张文浩	嘉庆二十五年四月署东河，道光元年七月丁忧，四年二月任南河，十一月免，遣戍新疆	入赀为布政司经历，投效东河
严　烺	道光元年七月任东河，四年十一月调南河，六年三月调东河，十一年十月病免	嘉庆中，入赀为通判，发南河，累擢徐州道，著有《两河奏疏》
张　井	道光四年十一月署东河，六年三月任南河，十二年革留，十三年三月病免。四月暂署	嘉庆六年进士，以内阁中书用
麟　庆	道光十三年三月任，四月丁忧，八月仍署，二十二年八月革	满洲镶黄旗人，嘉庆十四年进士，授内阁中书。著有《黄河河口古今图说》《河工器具图说》
潘锡恩	道光二十二年八月任，二十八年九月病免	嘉庆十六年进士，著有《畿辅水利四案》

续表

姓名	任职年份	出身、政绩与著述
杨以增	道光二十八年九月任,咸丰元年调东河,二年复任,六年正月卒	道光二年进士
庚　长	咸丰六年正月任,十年五月革。六月缺裁	满洲镶黄旗人
王梦龄	咸丰十年五月兼署,六月缺裁	曾任江苏知县、淮安知府、苏州知府、徐州兵备道

表 2　清代东河总督一览表

姓名	任职年份	出身、政绩与著述
沈廷正	雍正八年八月代,九年九月调北河	汉军镶白旗人
朱　藻	雍正九年九月任东河,十二年十二月调北河,十三年十月调;乾隆三年正月任北河,九月被劾	曾任河南河北道
张师载	乾隆二十二年正月任,二十八年十一月卒	张伯行之子,康熙五十六年举人,以父荫补户部员外郎
叶存仁	乾隆二十八年十一月任,二十九年六月卒	雍正年间,补江苏铜山县知县
李　宏	乾隆二十九年六月任,三十年三月迁	汉军正蓝旗人,监生,入赀授州同
李清时	乾隆三十年三月任,三十二年七月迁	大学士李光地从孙,乾隆七年进士,著有《汛闸约言》《治河事宜》等
嵇　璜	乾隆三十二年七月任,三十四年二月降	嵇曾筠弟第三子,雍正八年进士
姚立德	乾隆三十六年八月署,四十四年四月革	以荫生授主事
袁守侗	乾隆四十四年四月任,十二月迁	乾隆九年举人,入赀授内阁中书,充军机处章京
陈辉祖	乾隆四十四年十二月任,四十五年二月迁南河	两广总督陈大受之子,以荫生授户部员外郎,迁郎中

姓名	任职年份	出身、政绩与著述
国　泰	乾隆四十五年八月兼署	满洲镶白旗人,四川总督文绶之子,初授刑部主事,再迁郎中
韩　镳	乾隆四十六年正月任,四十七年七月忧	入赀授通判,拣发山东,授上河通判
何裕城	乾隆四十七年七月署,四十八年四月迁	为河南巡抚兼理河工的何焻之子,自贡生入赀授道员,著有《全河指要》
司马驹	嘉庆二年十二月任,嘉庆三年假	两江总督高晋为幕僚,习河事,以从九品留工效用,授山阳主簿
王秉韬	嘉庆五年二月任,七年卒	汉军镶红旗人,由举人授陕西三原知县
李亨特	嘉庆九年十二月任,十一年四月革;十五年十二月复任,十八年九月革	河督李奉翰次子,入赀授布政司理问,发河东委用,补兖州通判,后擢河东河道总督
马慧裕	嘉庆十三年六月任,十四年七月迁	汉军正黄旗人,乾隆三十六年(1771)恩科进士
李鸿宾	嘉庆二十年正月授,五月忧;二十四年八月任,十月降	嘉庆六年(1801)进士,著有《禹贡水道考异》
李逢亨	嘉庆二十年五月忧兼,二十一年回本任	乾隆四十四年(1779)拔贡,充四库校录,议叙借补蓟州州判,掌治河工程
叶观潮	嘉庆二十一年十一月任,二十四年八月革,十月仍任,二十五年三月革	曾任淮扬道
林则徐	道光十一年十月任,十二年二月调	嘉庆十六年进士,著有《畿辅水利议》
吴邦庆	道光十二年二月任,十五年五月来京	以拔贡官昌黎训导,嘉庆元年成进士,著有《豫东碎石方价成规》《畿辅河道水利丛书》

续表

姓名	任职年份	出身、政绩与著述
栗毓美	道光十五年五月任,二十年二月卒	嘉庆中,以拔贡考授知县,发河南。著有《栗恭勤公奏议》《砖坝成案》
文 冲	道光二十年二月任,二十一年革	满洲旗人,荫生
朱 襄	道光二十一年八月任,二十二年九月卒	汉书二甲庶吉士,翰林院编修,日讲起居注官,南河学习河工之侍讲
慧 成	道光二十二年九月署,二十三年七月革,咸丰二年六月任,十二月迁	戴佳氏,满洲镶黄旗人,道光十六年进士,翰林院庶吉士
钟 祥	道光二十三年七月任,二十九年闰四月卒	满洲八旗,曾任山东兖沂曹济道
颜以燠	道光二十九年闰四月任,咸丰二年六月降	举人,直隶总督颜检胞侄,闽浙总督颜伯焘堂弟
福 济	咸丰二年十二月任,三年三月迁	满洲镶白旗人,道光十三年进士
长 臻	咸丰三年三月任,五年五月卒	由开封知府、河北道升任
李 钧	咸丰五年五月任,九年三月卒	嘉庆二十二年进士
黄赞汤	咸丰九年三月任,同治元年七月迁	道光十三年进士
谭廷襄	同治元年七月任,三年七月庚戌迁	道光十三年进士
郑敦谨	同治三年七月任,四年四月迁	道光十五年进士
张之万	同治四年四月任,五年八月迁	道光二十七年进士,官至大学士
苏廷魁	同治五年八月任,十年八月罢	道光十五年进士
乔松年	同治十年八月任,光绪元年二月卒	道光十五年进士
曾国荃	光绪元年二月任,二年八月迁	拔优贡,曾国藩之弟,中兴名臣
李鹤年	光绪二年八月任,七年八月迁。十三年九月署,十四年七月革	道光二十五年进士
梅启照	光绪七年八月代,九年二月革	咸丰二年进士,著有《中国黄河经纬度图》一卷
庆 裕	光绪九年二月任,十三年九月革	满洲正白旗人,由翻译生员考入内阁中书,任军机章京

续表

姓名	任职年份	出身、政绩与著述
吴大澂	光绪十四年七月署,十六年二月忧	同治七年(1868)进士
许振祎	光绪十六年二月任,二十一年十二月迁。刘树堂兼署	同治三年进士
任道镕	光绪二十二年正月任,二十七年四月迁(二十四年七月裁,九月复)	拔贡出身,考授教职
锡　良	光绪二十七年四月任,二十八年正月裁	蒙古镶蓝旗人,同治十三年进士

表3　清代北河总督一览表

姓名	任职年份	出身、政绩与著述
刘於义	雍正八年十二月任,九年九月调直隶总督	康熙五十一年进士
沈廷正	雍正九年九月任,十年二月召	汉军镶白旗人
王朝恩	雍正十年二月任,十一年八月罢	镶黄旗汉军
刘　勷	雍正十三年十月任,乾隆二年七月革职	
那苏图	乾隆十二年四月署,十四年卒	满洲镶黄旗人
方观承	乾隆十五年(直隶总督兼任)任,三十三年八月卒	随定边大将军彭福征讨准噶尔,师还,授内阁中书
杨廷璋	乾隆三十三年八月兼,三十六年十月迁	汉军镶黄旗人
周元理	乾隆三十六年十月兼,四十四年三月免	乾隆举人
袁守侗	乾隆四十四年十二月任,四十六年十一月忧;四十七年十月任,四十八年五月卒	乾隆举人,入赀为内阁中书,充军机章京
郑大进	乾隆四十六年十一月任,四十七年十月卒	乾隆元年进士

姓名	任职年份	出身、政绩与著述
刘　峨	乾隆四十八年五月任,五十五年二月降	入赀授知县
梁肯堂	乾隆五十五年二月任,乾隆六十年罚免	乾隆二十一年举人

第三节　岁修抢修、物料储备与洪水预警制度

岁修是对水工建筑物每年定期进行的修理,一般多在冬季进行,又称冬修。抢修是对水工建筑物的紧急修理,多因自然灾害或突发事故引起。河工工程必须随时修补才能发挥作用,河堤由土筑成,风蚀雨剥,浪刷水激,会造成堤防的削损卑矮,需要年年加高加厚,埽工由苇柴、秫秸分层捆束而成,容易腐朽坐蛰,需要定期加厢。为了确保黄河安澜顺轨,清代建立了岁修抢修制度。雍正元年(1723),总河齐苏勒上疏说:"治河之道,若濒危而后图之,则一丈之险顿成百丈,千金之费靡至万金。惟先时豫防,庶力省而功易就。"①事实亦是如此,治河当中防患于未然颇为重要。为了保障岁修抢修得心应手,清代还建立了与之相应的物料储备采买制度,黄河一旦发生险情,物料充足可以及时抢修,避免发生更大规模的河决。掌握黄河汛情的重要性不言而喻,清廷在黄河、运河、洪泽湖等地普遍设置志桩以观测水位涨落,并将水文信息通过驿站传到下游,使相关部门采取各种应急措施,消除可能发生的黄河险情,此即洪水预警制度。所有这些制度与措施的建立,旨在减少黄河水患的发生。

一、岁修抢修制度建立及其效能弱化

清代河工分为岁修、抢修和另案、大工。对于岁修,《大清会典》规定:"凡旧有埽工处所,或系迎溜顶冲,或因年久旧埽腐坏,每岁酌加镶筑,曰岁修。"这些河工工程可以提前预计。对于抢修则规定:"河流间有迁徙,及大汛经临,迎溜生险,多备料物,昼夜巡防抢护,曰抢修。"另案、大工为"岁修抢修所不及者"。具体来讲,"凡新生埽工,接添埽段,不在岁修抢修常例

---

① 赵尔巽等:《清史稿》卷三一〇《齐苏勒传》,第 10620 页。

者"为另案，"其堵筑漫口，启闭闸坝，事非恒有者"①则为大工。由此可见，另案、大工是岁修、抢修以外的新工，其中另案为新生埽工的接添兴修，大工为堵塞黄河漫口以及由此造成的闸坝启闭。

清代建立了严密系统的河工岁修抢修制度，"每年水落归槽之后，通查各厅境内新旧埽工，将应行补厢、加厢、折厢各处，逐加估计，统于桃汛前一律修竣。如春修后，偶有蛰刷，仍及随时厢垫"。② 每年河员按例在霜降前堪估春工，十月份领帑购料办工。岁修在河工之中非常重要，正如时人所言：

> 查河道工程，以岁修为最要。盖抢险之工，只补救于临时，而岁修之工，则预防于先事。……果使实估实修，毫无偷减，则大汛经临，自足抵御。即或有迎溜生险，应行抢护之处，而岁修之工已固，即抢修之费无多。③

也就是说，如果岁修实估实修，确有保障，河道就很难出现漫口冲决之事。河道总督每年冬天勘察河干，春天修补，称为岁修。每年伏秋大汛是河防的紧急之时，汛期能否顺利度过，与每年岁修有很大关系。

河务工程未雨绸缪最为重要，临渴掘井最要不得。伏秋防汛固然重要，但河工稳固的前提是冬勘春修的岁修。假如春季岁修工作早早完竣，物料准备充足，"入伏经秋，从容坐守，不过遇险即抢而已，若冬勘未周，春修不足，伏汛之水已长，厢筑之工未竣，事事措手不及，鲜有不溃败者，纵幸而抢救保全，然所费钱粮，已不知几倍倍矣"。④ 因此每年霜降水落之后，河厅营汛官员花费十天或半月，周遍巡查所辖境内的河段，对于河工全局形势了然于胸。凡是大堤、埽工、闸坝、摊唇情形皆要了解，询问附近土著老人，细问水涨与水落情形，丈量比较摊面、河唇高矮，以确定大堤所应培修的尺寸。

---

① （清）昆冈：《（光绪朝）钦定大清会典事例》卷六〇《工部三·都水清吏司》，《续修四库全书》第794册，第580页。
② （清）贺长龄、（清）魏源辑：《皇朝经世文编》卷一〇三《工政九·河防八·嘉庆十五年工部〈严核河工经费疏〉》，载《魏源全集》第18册，第517页。
③ （清）贺长龄、（清）魏源辑：《皇朝经世文编》卷一〇三《工政九·河防八·嘉庆十五年工部〈严核河工经费疏〉》，载《魏源全集》第18册，第517页。
④ （清）徐端：《安澜纪要》卷上《岁修宜早》，载《中华山水志丛刊·水志卷》第20册，线装书局2004年版，第120页。

　　岁修工程之一,就是挑浚河道与修防工程。关于河道治理,顺治二年
(1645)议准:"凡浚河,面宜阔,底宜深。如锅底样,庶中流常深,岸不坍塌。
如无堤之处,须将土运于百余丈外,以免淋入河内。遇河流淤浅,即令疏
浚。如水溜在中,两岸筑丁头坝以束之。水势在旁,顺筑束水长坝以逼之,
或排板插下泥内,逼水涌刷。或排小船,或用勺,或用混江龙,或用刮板,皆
因地制宜,不拘器具。"①此为《大清会典事例》所定挑浚河道的规制。每年
岁修之后,河道总督就按照《会典》规定视察河道挑浚情况。

　　挑浚河道时,胥吏时常舞弊。康熙年间魏塈曾作《浚漕河篇》一诗,以
民夫之口道出胥吏的虚报丈尺:"漕河十日水初涸,县吏征夫供力作。淘河
每岁百余里,荷臿持畚苦疏凿。白头老叟遇河涘,自云耕种傍河水。淘河
工作困迁徙,官粮刻减饿欲死。饿欲死,不足惜,堪恨年年苦工役。就中舞
弊由胥吏,私饱官银恣吞蚀。逐令草草了工程,河开一尺报十尺。十尺河
水深,一尺河水浅。上下两相蒙,工役岁难免。不然一年疏瀹可十年,何必
年年事调遣。"②胥吏中饱私囊,使挑浚河道徒具虚文。

　　此外,河官还要查看河心溜势有无坐湾里卧,若逐渐逼近河堤,则应预
先防范。滩宽丈尺亦应测量,摊面串水沟槽尤为河工隐患,必须填补土格
河堤,栽种卧柳,使春汛水涨之时逐渐停淤,以避免伏秋时发生串刷之患。
对于埽工,则要细查各段在涨水落水时的吃重状况,每段必有数段起关键
作用的"当家大埽",将这些埽段勘估加厢,撑住大溜,则所费颇少。若春修
不足,大汛来临之后,则可能发生节节着溜的险情,抢救不及则造成决口。
秋秸厢埽仅能支撑三年,最多四年,根脚即已腐烂,冬季水落之后埽根浅
露,应仔细查看,或是加厢或是拆厢,一交春季次第修整,限定三月完工,而
且冬季夫役闲暇易于雇募,土工得以从容夯筑,埽工可以细心盘压。

　　加固河堤亦是岁修的重要内容,黄河堤防关系运道民生,因此备受朝
廷与河臣的关注,每年增卑培薄以期堤工坚固。但额设河兵堡夫,只能修
补水浪冲激之处,以备临时抢护之用,不能遍及整个黄河、运河大堤的修
补。一年之内堤防经过风雨淋漓与车马践踏,渐至侵损单薄,势所必有。
雍正帝留心此事,又询问通晓河工之人,得知潘季驯《河防一览》内,有每年
令河夫加高五寸河堤的奏请;康熙年间的总河靳辅亦有类似建议,令每名
河兵招募帮丁四名,给予堤内空地耕种,免纳钱粮,令他们每年加高河堤五

---

① (清)昆冈:《(光绪朝)大清会典事例》卷九一三《工部·河工·疏浚一》,《续修四库全书》
　　第811册,第98页。
② (清)张应昌编:《清诗铎》卷二《漕政·(清)魏塈〈浚漕河篇〉》,第64页。

寸。雍正帝认为堤工虽然千里有余,如果每年加高五寸,不过花费三四万金,如果置之不问,每年剥蚀五寸,十年合计下来,河堤将残破不堪,一旦溃决,所费钱粮更多。因此,雍正七年(1729),朝廷规定,黄河大堤每年加高五寸①,但黄河河床淤积速度颇快,加高五寸并未起到防止溃决的作用。加上乾隆后期吏治腐败,河工员弁并未认真加筑河堤,甚至以堤面铲松浮土,或挖去堤根附近的地面进行敷衍,河工遂不可问。

此外,修堤一定要夯硪坚实才能抵御波浪冲击,正如河督张鹏翮所说:"凡加拟之堤务,将原堤重加夯硪,密打数遍,极其坚实而后,于上再加新土,其刱筑之堤,先将平地夯深数寸,而后于上加土建筑,层层如式,夯杵行硪,务期坚固。"②以土筑堤,只有层层夯硪坚实才能持久不坏。但由于筑堤按土方计价,如实夯硪会使堤防变矮,需要花费更多的土方与工时,因此在吏治腐败、监管不严的情况下,难以做到坚实夯硪。道光初年,夯硪往往星星点点作为装饰而已,河督黎世序称之为"花硪"③。

岁修若实估实修,所做工程坚固,大汛来临,河患会大为减少,漫口冲决之事难以发生。雍正年间,齐苏勒出任河督,在任期间勤于河事,督率河工员弁将岁修工程一律修筑如式,出现了"黄河自砀山至海口,运河自邳州至江口,纵横绵亘三千余里,两岸堤防崇广若一,河工益完整"④的局面,河患因此大为减少。齐苏勒的治河功绩,可与康熙朝治河名臣靳辅相媲美。到了嘉道时期,岁修大多敷衍了事,河员将工段交给幕友家人兴办,而"管工幕友家人及河营弁兵,往往不愿春修做足,暗留为抢险地步,盖春修估定而后做,丝毫皆有稽考,一经抢险,则事在仓惶,易于花销侵润"⑤。幕友家人承修工程,"往往克扣银两,偷减土方。应大挑者止于抽沟,应抽沟者略加挑挖,宽深多不如式"⑥。河务废弛至此,难怪黄河屡次漫溢冲决。岁修之外还有抢修,其中埽工抢厢是主要内容之一。埽工之所以坐蛰,或是因为埽底淘深,或是埽身朽烂,最后发生蛰动,断无突如其来之理,这全在管工汛弁留心查看,即可预先防范。一汛所辖埽工,多则百余段,少则数十

① 吴筼孙编:《豫河志》卷一〇,载《中华山水志丛刊·水志卷》第21册,第371页。
② 吴筼孙编:《豫河志》卷一〇,载《中华山水志丛刊·水志卷》第21册,第367页。
③ (清)贺长龄、(清)魏源辑:《皇朝经世文编》卷一〇三《工政九·河防八·(清)黎世序〈复奏河工诸弊疏〉》,载《魏源全集》第18册,第513页。
④ 赵尔巽等:《清史稿》卷三一〇《齐苏勒传》,第10622页。
⑤ (清)徐端:《安澜纪要》卷上《岁修宜早》,载《中华山水志丛刊·水志卷》第20册,第120—121页。
⑥ 《清宣宗实录》卷八"嘉庆二十五年十一月"条,第176页。

段,虽然大溜变化靡常,但所受冲击的埽段不过三四段,假如大溜走到某段埽前,溜势汹涌,如果掏挖超过原做丈尺,则应加订桩橛,备齐绳缆,动料加厢,追加几坯埽段,即可稳固。如果旧埽腐朽不堪,应及时补厢,加补之后还能抵御大溜。假如玩忽职守,不及时补救,则会连埽数埽,造成河堤溃决。因此,要想河工安澜,埽工必须及时加厢抢修,河臣必须恪尽职守,尽心竭力于河务。对此,乾嘉时期的河督兰第锡曾说:

> 河工绸缪防护,全在平时。堤有深浅,水有变迁,及车马践踏,獾鼠洞穴,必朝夕在堤,始能目睹亲切。至冬末凌汛,春初桃汛,尤应昼夜巡逻。应令驻工各员移至堤顶,禁勿私下。如有旷误,文武得互举。令以堤为家,庶不至疏防。①

河工修防,全在河臣平时亲自巡视,督责员弁认真做工,因此必须常年驻守河堤之上,以堤为家。但嘉庆年间各工抢险,厅营河官并不到工地,仅命家人幕友携带钱款,购料备土,招募夫役数十人,埽上仅有数名效用带兵,柴土到工则加厢,无料就束手无策。结果往往发生走埽,甚至连段埽捆发生蛰塌,造成河工险情。

嘉道年间河务废弛,黄河北河所属有五厅,"岁修险工,糜费巨万。道员多深居简出,不时驻工,春秋防汛,虚应故事"②。嘉庆十五年(1810),工部对于所奏河工各案情形进行详细核查,发现因为旧埽腐朽、深陷蛰塌而别案开报者,"几居四分之一。殊不思旧埽腐朽,即其岁修案内亟应修理之工,其已估岁修者,固系修筑之不坚,其未估岁修者,亦系估修之不实"③。至道光朝,岁修依然如故,时人赵廷恺说:"至于春之加厢,夏秋之抢厢,俱属缮列名色。近见所加厢者,不过敷衍而已。抢厢则因循怠慢,酿成巨险,不得已而始为之也。苟其春工著实,增修完固,何至夏秋蛰走之虞?夏秋如溜紧,速抛砖石以卫之,何至有塌坝刷堤之患?大抵厅员无非欲节省之以为己有,而非欲节省之以为国有也。"④

道光朝河臣之中亦有例外者。道光元年(1821),河北彰卫淮道王凤生

---

① 赵尔巽等:《清史稿》卷三二五《兰第锡传》,第 10869 页。
② (清)魏源:《两淮都转盐运使婺源王君墓表》,载《魏源全集》第 12 册,第 262 页。
③ (清)贺长龄、(清)魏源辑:《皇朝经世文编》卷一〇三《工政九·河防八·嘉庆十五年工部〈严核河工经费疏〉》,载《魏源全集》第 18 册,第 518 页。
④ (清)盛康辑:《皇朝经世文续编》卷一〇五《工政二·河防一·(清)赵廷恺〈河工例销流弊说〉》,载沈云龙主编《近代中国史料丛刊》第 84 辑,第 4899 页。

即能事必躬亲,"细而放淤,抽沟戽水,大而抢险,下埽箱垫、走溜,皆亲率厅营监莅。又以岁修有定例,而另案无定例,在任三年,力删另案,计所请挑之工,惟原武、阳武、延津之文寨、天然二渠,封丘之四渠,其议挑未兴者,安阳之广润渠,并原河故道而已"①。事实上,岁修抢修皆为防患于未然的河务工作,包括放淤、抽沟戽水、下埽镶垫等,而且岁修款项以及河务向有定例,不能随意开销,因此岁修做得到位,河患就会大为减少。

河工岁修所需银两,每年十月朝廷进行预发,交与工员乘时购料,将料垛、土牛堆积如式。河督向来在霜清水落之后,前往沿河工段进行核查,以杜绝架空浮松之弊。料物存储要工处所,以备伏汛、秋汛使用,即使遇有险工突然出现,备料充足,施工亦可得心应手。再者,秋收后新料登场之际,民间急图出售秸料,价格必贱,购料必能节省河费,备齐物料较易。待到大汛来临,物料为料贩囤积,仓皇抢险之际向料贩购买,必然哄抬居奇,导致河费大量虚靡。

更重要的是,购料与工程需要密切相关,工段长短,河水深浅,大溜迎顺,埽段新旧,皆影响购料的多寡。因此勘估工程时,要丈量工段丈尺,计算埽段数量,区分新埽旧埽以及迎溜顺溜,此外就是察看以往物料储存的数量,综合各种因素确定购料数额,宁可有余,不能短少,可谓有备无患。嘉庆以来,河督习于安逸,霜降后并不亲自勘验物料,而工员将虚贮花堆、克扣偷减视为当然,甚至估办春工时,将不应修的地方加以修整,而将应修处所暗自预留,待到大汛抢险时,以便借另案工程侵冒河费。这使岁修制度变得有名无实。

在岁修过程中备足物料,抢险才能得心应手,但河工物料积弊最多,各种弄虚作假层出不穷:"且以每年岁修言之,于险工扼要之处下木筑埽,藉以护堤,堤上有土堆料堆,以备不时之需,其余各处河堤不过敷衍故事,偶有培补,仍然役使乡民不出夫者,即出钱一百六十文,又有旧堤本未加增,铲起虚土,诈称新增。"②勒索百姓钱财,以铲起虚土敷衍修堤,致使岁修有名无实。嘉道年间各河工处所,料垛土牛不能预备充足,道光六年(1826),朝廷下谕说:

　　河工要务,全在冬勘春修,每年豫发岁料银两,饬交工员乘时购

---

① (清)魏源:《两淮都转盐运使婺源王君墓表》,载《魏源全集》第12册,第262页。
② (清)盛康辑:《皇朝经世文续编》卷一〇七《工政四·河防三·(清)严烺〈覆奏严查河工积弊疏〉》,载沈云龙主编《近代中国史料丛刊》第84辑,第5122页。

备,将料垛土牛堆积如式。该河督向于霜清水落之后,前往沿河详验,以杜架空浮松之弊。并将应办春工周历履勘,悉心核估,一交春,次第兴修,克期竣事。再行亲往验收,查明料物用存确数,以备伏秋两汛之需。即遇有险工陡出,备料足资应手,是以鲜有失事。朕闻自嘉庆年间以来,各河督等习于安逸,往往不于霜降后逐段亲诣勘验,以致工员等将虚贮花堆,克扣偷减诸弊,视为固然。甚或有估办春工时,辄以不应修而修,转将应修处所,暗留为大汛抢险地步,以便藉另案工程。事起仓猝,易滋侵冒。著各该河督等于例届冬勘,及次年工竣时,务须亲历河干,详加勘验。料垛必禁其虚松,工程必期其坚实,各宜不惮勤劳,力除结习。①

冬勘春修对于河防颇为重要,每年朝廷拨款用于购料,河督应督促属员按照要求备料,春季切实兴修,但嘉庆以来,工员偷减工程,应修不修,不应修而修,甚至暗留险工以便浮冒,因此道光帝谕令河督必须亲历河堤,严加督查。

二、河工物料储备与采买制度

清军刚刚入关,就面临治理黄河、疏通运河的重任,由于明末河政废弛,黄河长期年久失修而河患不断,以致沿岸百姓流离失所,"老弱流转于沟壑,车牛僵仆于道路,草木不得繁昌,昆虫不得孳息,稼穑尽空,龙蛇行陆"。② 清代黄河两岸河堤数千里,修筑河堤、堵筑决口最常用的方式是埽工,只有邻近通都大邑或险要地段才修建石堤。埽是中国特有的一种水工构件,由柳枝、秫秸、麻草、苇缆等物和土、石一起卷制捆扎而成,单个的埽称为埽个、埽由,多个埽由叠加相连构成埽工。以埽工防河需要投入巨额物料与数以万计的夫役,这给沿岸百姓带来沉重负担。此一问题在清初就颇为突出,对此顺治帝下诏进行严厉切责:

濒河郡县,田土尽湮,各地方协济河工,一束之草,赔银数钱;征调繁兴,侵那万状;河夫工食,不能时给;物力已竭,绩用未成;中原重地,人民苦累,半由于此。自今以后,该管各官务宜亲驻河干,解到人夫物料,严核数目;乘时修筑,工食价直毋得短减;有仍前作弊者,官则题

---

① 《清宣宗实录》卷一〇八"道光六年十月"条,第793页。

② 《明清史料》(甲编),第4册,商务印书馆1930年版,第351页。

参，吏即拿究。期在早竣，以苏民困。①

黄河、运河沿岸居民在遭受水患漂没之苦的同时，又因朝廷的治河活动而遭受物料赔垫、夫役繁重的种种痛苦，因此顺治帝痛斥河官要严核物料数目，不得多加勒索，也不能短少工食银，但各种积弊并非皇帝一纸诏书所能解决。顺治年间，河南巡抚贾汉复曾指出物料搜采的弊病："若夫砍梢之弊，残害尤烈。计河工之所需，柳之外，余皆无用。今闻各夫下乡，无论坟内、门前榆、柳、槐、杨，任意砍伐，即桃、杏果木，凭其摧折，毫无顾忌。既索酒食，更索银钱，民受其害，不敢申诉。"②埽工需要柳梢作为主料，但是各夫下乡搜采物料，将榆、柳、槐、杨等树任意砍伐，甚至摧折桃、杏果木，又肆无忌惮地索要酒食与银钱，对民间造成严重骚扰。

顺治年间，曾任淮河同知的纪元，对物料采买的弊病亦感触颇深。当时整个国家处于战争状态，财政颇为紧张，但朝廷亦拨发库银，令河官加以采买。按照往年惯例，在每岁正月内酌发库银，每州县先给二百两，催促各里甲办料，物料陆续完交再估计具题。按照用过料数确定银价，上司拨发各州县，各州县转发里老，里老又散给物料花户。不肖官吏往往任意扣减，里老又借端花费，于是花户办料之前苦于敲扑，事后又不得实惠，对此纪元说：

> 官既有染指之私，法必不行于下。于是衙役、势豪，挟官肆恶，有本身原无柳料，而代包科敛者；有己身应纳料银，止报虚文，毫厘不纳，不患河官、里老不为遮盖弥缝者；有小民交料赴厂，而吏胥、厂老勒掯不收，横索使费者。始因料价不给于民，后致柳价反累于官，上下朦胧，止图苟且塞责。如此养痈遗害，势必大患于河，河患而漕亦病矣。③

官吏既然公开染指料价，结果衙役、胥吏、厂老勒索交料小民，而豪民恶棍自己不交料价银，甚至代包科敛，从中克扣渔利，造成严重的社会问题。征收物料本来是为了治河，保护百姓田庐不被漂没，而物料采买当中的种种弊端，给百姓生活造成极大困扰，因此物料制度亟待完善。

① 《清世祖实录》卷八八"顺治十二年春正月"条，第698页。
② （清）贺长龄、（清）魏源辑：《皇朝经世文编》卷一〇三《工政九·河防八·（清）贾汉复〈严厘河工积弊橄〉》，载《魏源全集》第18册，第527页。
③ （清）贺长龄、（清）魏源辑：《皇朝经世文编》卷一〇三《工政九·河防八·（清）纪元〈河工夫食料价议〉》，载《魏源全集》第18册，第529页。

黄河一旦发生险情,及时抢筑颇为重要,而及时抢修必须要物料得心应手。正如礼亲王昭梿所言:"江南重务,莫大于防河,而防河机宜,莫先于储料。"①特别是黄河发生决口,若物料充足,及时下埽堵筑,才能避免更为严重的冲决。嘉庆四年(1799),黄河在邵家坝漫口,河督吴璥上疏陈述物料问题,认为河工一旦出现险情,物料采买至为关键。对于水灾发生后办料遇到的种种问题,宗源瀚记述说:

> 堵工首在料物应手,始能一气呵成。近工多系灾区,下游又不通水路,远处搜买,运费倍增,一垛需数垛之价。来路愈远,到工愈缓,一遇阴雨泥泞,更多迟滞。料贩刁诈成习,远者固以挽运昂价,近者亦或囤积居奇。委员于本工设厂招收之外,又于豫东连界分设数厂,俾料户有各路牵制,不致逞其垄断。又因民之不信官也,奏明另加帮价,照民间时值交易,大张晓示公平现价,委员发银领办。仍设法令地方道县,劝令驯善之户,先办若干以为之倡。远近民人目睹其利,始辇运以来,渐次云集。盖于其既事,又多方计画,惟恐欲其入而闭之门也。②

黄河一旦出现漫口,只有物料应手才能及时抢险,但施工处所多为灾区,交通不便,远处运料费用倍增,加上料贩囤积居奇,因此需要多设分厂购买,加上现价公平与地方官协助,才能解决好物料购买问题。

在河患频仍的嘉庆年间,提前预备物料尤为重要。朝廷议定,在事关漕运要道的江南省河务各厅,除预备岁料之外,每年发银三万两,添办料物堆储上游,遇有新险发生,火速协济拨运。若无新险工程,则于次年岁修抢修时动用,照数扣银。尽管如此,因物料储备不足而造成的河患依旧颇多,对此昭梿曾说:"南河库贮,岁糜金钱数百万,仍复缮堤不完,漫口屡告,皆由工无存料,猝难购买,欲事抢厢,已成冲决。"③由此可见,唯有采取措施解决好河工物料的采购、储备问题,才能保障河患的减少与河决损失的降低。关于埽工使用物料的大致情况,清代方志记载颇为详细:

> 近日塞决法不复用竹络砖石,大约以柳梢数千束,外裹以芰缆麻

---

① (清)昭梿:《啸亭杂录》卷三《朱白泉狱中上百朱二公书》,第70页。
② (清)盛康辑:《皇朝经世文续编》卷一〇七《工政四·河防三·(清)宗源瀚〈筹河论上〉》,载沈云龙主编《近代中国史料丛刊》第84辑,第5180页。
③ (清)昭梿:《啸亭杂录》卷三《朱白泉狱中上百朱二公书》,第70页。

草,役夫千人而上始克推挽。大王庙口之役有卷埽高至三丈余,长至二十余丈者,每埽估议物料约费千金。既推岸下,往往以水势浩悍绝维而去,亦有钉大桩数道,仍浮出与波俱逝者。盖埽大而河势攻之愈力,虽贯以绳索,三面系之,犹拉枯朽罔成绩也。后赖挑浚引河,水势分杀,始克堵塞。近议卷埽仍以一丈为度,不特事省力易,即间有冲失,亦不至过费金钱,诚良策也。至于柳梢一项,每至河工亟需,价辄腾跃,而采运收支之弊,有不能尽述者。①

一个卷埽的埽由高达三丈,长二十余丈,所费柳梢需要数千束,此外还有芰缆、麻草等物,而一个决口可达数百丈,往往需要埽由数十个,所费物料之多可以想见。在埽个物料使用方面,《祥符县志》有颇为详细的记载,"顺治年间,黄河南北堤岸临水甚近,水一泛溢恐致冲决,必须下埽防护堤岸,柳草、芰缆、桩橛、绳麻、云梯、石硪、夫匠等项为费不赀,每次必用数十埽,每埽必用数百金"②。由此可见,埽个除了主料用柳梢之外,还需要各种辅料加工而成。

关于河南、山东、直隶、江南各省埽工的规格大小与用料数量及种类,《大清会典》有着颇为明确的规定,如河南堤防的埽工,长十丈高一尺的埽由,用柳 18 束,无柳用秫秸 24 束、草 18 束,十两重苘绳 100 条;长十丈高二尺埽由,用柳 72 束,无柳用秫秸 96 束、草 72 束,二十两重苘绳 100 条;长十丈高三尺埽由,用柳 162 束,无柳用秫秸 216 束、草 162 束,三十两重苘绳100 条。长十丈高四尺埽由,用柳 288 束,无柳用秫秸 384 束、草 288 束,四十两重苘绳 100 条。埽由每长一丈,用橛木一段,柳中取用,不计钱粮,橛木则例以下俱同。③ 随着埽由的加长加高,所需物料越多越复杂,除了基本物料之外,还需要箍头绳、滚肚绳、揪头绳、穿心绳等。此外,埽上还要用秫秸、苘麻、土方加镶,并用柴、土方做防风工程。山东、直隶、江南各省的埽由做法大体与河南相同,具体物料随各地物产、河工具体情形略有变化,比如物料中增加芦苇、稻草等。

埽工的主料是柳梢,或代之以芦苇、秫秸,柳梢的优点在于不易腐烂,

① (清)余绍修,(清)李嵩阳纂:《封丘县志》卷二《建置·堤厂》,民国二十六年(1937)铅印本,第 16 页。

② (清)沈传义修,(清)黄舒昺纂:《新修祥符县志》卷七《河渠志·河防》,清光绪二十四年(1898)刻本,第 48 页。

③ (清)昆冈:《(光绪朝)大清会典事例》卷九一五《工部·河工·埽工做法》,《续修四库全书》第 811 册,第 113 页。

芦苇次之,而秫秸入水易腐,性能更差一些。清初由于河患频仍,柳梢用量激增,受生长期的限制,柳梢往往不敷使用,加上柳树无人养护看守而导致种种破坏,因此柳枝数量有限,难以满足河工上的大量需求,至康熙年间遂以芦苇替代柳枝。山东、河南、江南皆为黄河堤防集中的省份,但各省自然环境不同,各地芦苇产量颇为不同:河南最少,山东稍多,江南沿海、沿湖的滩地则盛产芦苇,主要分布在高宝湖、骆马湖以及黄河下游云梯关沿海滩地,特别是海滨所出芦苇长大坚实,每一束抵二三束之用,足以保障河工对于芦苇的需求。因此,分布地域广泛、数量巨大、容易收割的芦苇便逐渐代替柳枝与秫秸,成为清代河工中埽工的主料。但在柳枝、芦苇产量皆不足的地区,就只能以秫秸代替。

黄河下游河堤绵延数千里,发生决口之处所在多有。因此堵筑黄河决口所需的物料数量巨大,种类繁多。这些物料无一不取自民间,无一不为百姓苦累。由于河患无休无止,河堤修防亦无休无止,这使沿河州县的物料负担沉重不堪。为了满足河工对大量物料的需求,缓解沿河州县的物料征派,清廷建立了系统完备的物料采买制度,对于加强治河效果与安定民生,起了重要作用。

雍正五年(1727),朝廷复准河南省预备物料,堆储在河工险工的上游,编立字号,每堆五万斤,倘若有霉烂、亏空等弊病,厅汛各官员即被参劾,勒令赔补。嘉庆十七年(1812),朝廷议定南河各厅料垛,每垛青料应重 5.7 万斤,温料应重 4.94 万斤,枯料应重 4.18 万斤,按照青、温、枯物料牵混计算,足斤称重以 5 万斤为准。一座样垛,柴料每垛长 3 丈,宽 1.2 丈,檐高 1 丈,脊高 1.5 丈,共计 45 方;秸料每垛长 6 丈,宽 1.3 丈,檐高 1 丈,脊高 1.5 丈,共计 97.5 方。物料按方核斤,定为稽查准则。① 东河秸料规格亦是如此。河工报销仍按垛核斤,按斤核价,以符定例。料垛不得稍有虚松,倘若擅自更改长丈高宽以及搭架空虚、抽秤短少者,从重参处。

此外,若查验人员拆出料垛之中含有霉烂不适工用之料,不及一成,抽秤斤重有一处不足者,将承办厅员进行处分,责令赔补;一成以上至二成,及斤重有两处不足者,承办之员降三级调用,仍押令赔补;二成以上至三成以外,及斤重有两处不足者,承办之员革职赔补,如无力赔补,责成其上司道员照数赔缴。如果道员先行查出揭报,免予处分,失察者一并分别议处。

---

① (清)昆冈:《(光绪朝)钦定大清会典事例》卷九〇八《工部·河工·物料二》,《续修四库全书》第 811 册,第 58—59 页。

江南省河工工程所需柴草，规定每年九十月之间，预计需用物料数额，动支现存河库银备办 7/10，分别存放在河工紧要之处备用，同时委派就近州县进行盘查，若办不足数，照侵蚀钱粮例参劾治罪；倘若盘查之人扶同徇隐，短少物料，照仓库钱粮例进行分赔。物料若久放闲置，经过日晒雨淋，则会变得朽烂不堪使用，因此朝廷规定镶工之时，无论远近，先尽旧料拨运应用，本年霜降后截数存工之料，只准次年工程使用，不准存到第三年，以致物料残朽霉烂。

河工办理岁修抢修料物，以厅员为专管，守备为兼管；稽查做工，以守备为专管，厅员为兼管。倘若厅员、守备互相容隐，查出之后分别议处，如有侵亏偷减而扶同捏隐，一并按律拟罪。关于河工办料的期限，每百万斤限定 10 日，200 万斤限定 20 日，按照物料数额进行递增，河官依限交工，若逾限采购不完，承办人员将被题参。至乾隆二十八年（1763），朝廷规定河工购办苇柴，于四五月间发办，秋秸在七八月间发办，均限十二月底购齐存工，逾限不完将承办官员降三级调用，严行参处，其道府上司罚俸一年。

购买物料时，河官协同地方官亲自赴买，地方官给予"并无累民"的印结转送工部，以此限制河官借采买之机勒索百姓，但实际上因采买物料而勒索百姓的事件仍然层出不穷。乾嘉年间吕星垣指出：

> 所可恨者，河工一逢征料，吏胥因缘作奸。民死于水，尚不如死于料之惨也。颇闻往日之弊，实起在工收料之员，其浮收者收十作一，遂以浮收者折价，以致远河州县不得不省运脚之跋涉，求折价之便宜。而近河员弁及驵侩商民，益乘料初出，贱价屯积，贵价居奇，致今垫水苇麻，一如纳仓粟米，而州县吏胥臧获，因其收十抵一，遂累千百倍征之。尝闻料之征也，始按亩，继兼按廛，有一廛责一金者，穷民束手无措，往往鬻儿女偿之。①

河工物料征收之时，胥吏因缘为奸，其手段无非是浮收后折价变卖，河工员弁与商民囤积居奇，或者向沿河百姓按亩摊派，给百姓造成极为沉重的负担。为了清除物料征派的种种弊病，乾隆元年（1736），朝廷下谕警告河务官员：

---

① （清）贺长龄、（清）魏源辑：《皇朝经世文编》卷一〇三《工政九·河防八·（清）吕星垣〈复张观察论工料书〉》，载《魏源全集》第 18 册，第 532 页。

闻直隶永定河,每夏秋间,时有冲决,修筑堤岸,夫役物料,不能不取办于民间。胥吏朋比作奸,其人工物料价值,肆意中饱,毫无忌惮。且将物料令民运送工所,往返动经百里,或数十里不等,脚价俱系自备。种种扰累,吾民其何以堪?嗣后河工诸臣,与协办河务州县官,皆宜实心筹画,严行稽察。无论岁修抢修,凡民夫物料,应给价值,务照实数给发,不得听任胥吏丝毫扣克,以致贻累百姓。如有漫不经心,仍蹈前辙者,或经朕访闻,或被人题参,必从重处分。①

胥吏克扣物料价格,贪污中饱,勒令百姓无偿运送物料,各种弊病不一而足,这些并非皇帝一纸诏书所能解决。至嘉庆年间,以征收物料银苛剥百姓的情形并未改变。按照朝廷规定,官府向百姓征收秸料银,“每秸一斤只系五毫,而一经州县吏胥之手,则层层加派,所征必不止于此数。且议加之后,不能复减,非暂时借资民力,竟永远累及闾阎矣。”②朝廷规定的向百姓征收的秸料银颇为轻微,但胥吏层层加派之后,给百姓造成沉重负担,而且成为定制,长期扰累民间。

为了减轻百姓的物料负担,乾隆年间,朝廷豁除沿岸百姓协济物料的制度,不惜动用国帑购买以免增加百姓负担,但因吏治腐败而造成的物料摊派并未从根本解决,“从前河工积弊甚多,久为人所指摘。旧有文官吃草,武官吃土之谣”。即作为文官的厅员在购买物料时侵吞钱粮,作为武官的守备在修整河堤工程时偷减土方侵冒钱粮。文官购料时贪污克扣的行径屡禁不止,直到咸同年间依旧如此。“民间秸价每斤至多不过一文,则虚冒五六倍矣。而犹不尽以价买来也,率皆派之沿河之民……则是料价之归于实用者,不啻十分之一矣。抢修之料,多在夏秋。……往往领款而不即购。……其定价恒较岁修加一二成,而派之于民,悉仍其故。所余之款,概归私人囊橐矣”。③同治年间负责采买物料的王权斋,透露出南河购料时河官贪占公款的大致比例,河工物料人夫等开销“一切公用,费帑金十之三二可以保安澜,十用四三足以书上考矣”,其余大半用于河官奢侈、打点朝廷命官、应酬亲友、馈赠京官过客,甚至下级官员无不贪污有方。

依照定例,南河有工处所堤岸上往往土牛与物料相间堆放。南河正料多用海柴,每堆物料75方,每方40束,每束干柴22斤,每年用料约计4400

---

① 《清高宗实录》卷一八“乾隆元年五月”条,中华书局1985年版,第453—454页。

② 《清仁宗实录》卷四六“嘉庆四年六月”条,中华书局1986年版,第560页。

③ 中国水利水电科学研究院水利史研究室编:《再续行水金鉴·黄河卷》,第3207页。

堆,东河、北河所需物料自然也不在少数。河工物料,一是源于苇荡营的官料,一是采买于民间。关于物料的价格,嘉庆十七年(1812)规定,河南、山东二省采办岁料,每垛除例价银45两之外,再加帮价25两,例价、帮价银共70两,而五、六、七、八月新旧物料不接,工用物料却较繁,河督往往在帮价之外,复行议增,遭到朝廷禁止。

三、江南苇荡营的建立及其功能

由于江南省滨海滩涂盛产芦苇,为了保障河工对苇柴物料的需求,朝廷在海州、山阳两地设置苇荡左、右二营。早在入清以前,黄河入海口、灌河、射阳河两岸就分布着广袤的滩涂,芦苇丛生,任人樵采而无人管理。随着黄河泥沙的淤积,滩涂不断向海中扩张,滩涂日益广袤,茂盛的芦苇对于满足河工物料的需求大有裨益。康熙年间靳辅治河,其心腹幕僚陈潢曾建议充分利用濒海荡柴作为河工物料:"至濒海柴荡,随河东涨,有日广之势,其有裨于料,良非纤细,必宜设专官理之。凡造报之荡,取近河易运者,责取芦束,以作大工,其余皆宜听民领管,或归灶户,或起滩租,裕公之中,复须利民,勿俾豪强兼并,滋为弊薮,斯善也。"①靳辅曾派人到海滨采割芦苇,继而令民人每年交纳滩租以供工需,但十余年间更代纷纭,欠租颇多。靳辅意识到必须设立专门管理机构,加强对滩涂荡地的管理,解决河工亟须的物料问题,但未来得及设立苇荡营即离职。

为了满足河工对于苇料的需求,康熙三十八年(1699),河督于成龙上奏,建议朝廷设立苇荡营:

　　再查海州、山阳等处,官荡出产苇柴,历年以来,或发刀工,或给委员,原期砍斫,运济两河岁抢工程之用,乃因日久弊生,或借装运愆期,雨浥霉烂,或称野火焚烧,及海潮漂淌,遂而拖欠累累。今查各荡,每年约得额柴一百一十八万余束,即责成该游击等管理,每当九月霜降后,拨兵开采,照额计日,采完运贮水口,调拨各管浚船,交给该备弁运送各工收用。②

于成龙奏请在江南省海州、山阳两地正式设立苇荡营,专司物料樵采,

① (清)贺长龄、(清)魏源辑:《皇朝经世文编》卷九八《工政四·河防三·(清)张霭生〈河防述言〉》,载《魏源全集》第18册,第304页。
② (清)傅泽洪辑录:《行水金鉴》卷五二,第763页。

不与杂役,以供修筑堤埽之用,得到朝廷批准。苇荡营分左、右二营,设置游击一员,统辖左、右二营,守备二员,千总二员,把总四员,步战兵 30 名,守兵 1200 名。每年采苇 118 万余束,作为定额。康熙五十二年(1713),朝廷规定江南省里河、山盱两厅的河工工程均用荡柴,每束价格银二分二厘;徐属地方卷埽镶垫,参用荻芦,每束银一分,如用秫秸,开销芦苇价。

时隔 20 年,即康熙五十八年(1719),河督赵世显借口荡地淤垫,不产苇柴,将苇荡营官兵一概裁汰,荡地分给兵丁,垦种升科输租。这样,节省下来的俸饷银 1.8 万余两,加上升科银四千余两,用来购买苇柴,如原产之额。苇荡营的裁撤带来诸多不利影响,河工所需苇柴皆用国帑购买,商贩居奇,料价腾贵。雍正四年(1726)二月,河督齐苏勒以海滨荡地芦苇丛生为名,提出恢复苇荡营。三月,浙江巡抚李卫亦奏请恢复苇荡营。齐苏勒认为游击一员不足以弹压料贩滩棍,建议以参将代替游击,以重其任,增设马战兵 100 名,加强官府对苇荡营的管理力度。苇荡营分为左营与右营,职责有采割、运输芦苇以及边防保卫,兼管荡地开发。

雍正朝设置苇荡营官兵,总计 1230 名,除照旧额苇柴 120 万束外,命令再增采 30 万束。雍正十二年(1734),议准江南省苇荡营旧额每年交苇柴 150 万束,自此以后增加苇柴 20 万束,统计正柴 170 万束,令左、右二营分采,全数交工,按例缴价解库,按年清额,永为定例,其中 60 万束苇柴各厅雇船自运,交存工所,其余 110 万束苇柴,令浚船按期趱运交厂。

至乾隆年间,苇荡营汛弁目兵将苇柴通同盗卖,装运船兵又在沿途改捆偷售,导致工料日益短亏。乾隆八年(1743)十月,江南河道总督白钟山上奏苇荡营的弊病,请求朝廷加以整顿。朝廷最终议定,各汛地亩划分十段,设十名头目各管汛兵若干,每名兵分地一区,各立界址加以经管,苇柴开采以霜降为期,来年清明前全数采完运交;加强荡地沟渠挑挖,使之深通,便于苇柴运输;苇荡营下设船务营,共设浚、柳、石船 570 只,向例浚船每帮装柴 536 束,柳船每只装柴 900 束,石船每只装柴 1500 束,船大料少,船兵将苇柴遗留在荡,任其私自售卖。此次规定,每帮船运苇柴一次,增柴 4 万余束,每年左、右两营累计增柴 40 余万束,且照粮船附带土宜之例,每浚船一帮准带余柴 20 束,柳船 30 束,石船 50 束,委员给银收买,不许船兵私卖。为了防止浚船、柳船、石船脱帮停泊,以图盗卖苇柴,因此照粮船例,依帮进行编号,令沿途文武催趱,不许停泊。这就加强了对苇荡营的管理,减少了苇柴私卖的情况。

南河苇荡营所产海柴足够南河河工之用,若经营得当,节省河费颇为不菲,但荡务管理积弊深重。嘉庆年间,南河苇荡营每年额采正、余荡柴

245.4万余束，每束重30斤，交给船务营分运各厅为岁修之用。事实上，所交之柴半属散柴爬篓，折断乱堆并夹杂蒲草，并不适于工用。厅员希望收好柴，情愿折让少收，向来以40束为一方，减为30束一方，而柴束更轻，每束不足30斤。实际每方秤重仅有300斤，其中暗亏又不下三分之二。① 由于河工使用苇荡营的苇柴基本上无利可图，无法染指河费，而各河厅做工全仗购料，购料越多，料价越贵，而河员则可以开销浮冒，从中渔利，因此对于柴束短少并不认真计较。河督屡次设法清理苇荡营积弊，但均未见成效。

河工费用当中，物料占绝大部分，包世臣曾说："（南河）连年岁修、抢险二款，用至二百三四十万之多，工程经费正料居六，杂料及夫土居四。则每年购料银，约百六十万两。"因而指出："近日南河机宜，探本清源，专在清荡。"②即加强苇荡营的荡务管理，增加苇柴的采割交收。嘉庆十七年（1812）十月，两淮盐政阿克当阿来京，嘉庆帝询问南河情形，阿称近年以来靡帑之多，由于料贩居奇，遇有大工，购买所需柴薪料束，奸商囤积居奇，抬高价值，转乐于河工有事，"以遂其三倍牟利之心"③。因此加强苇荡营的整治，对于减少黄河险情、控制河费浮冒大有裨益。

嘉庆十六年（1811），两江总督百龄勘察海口，顺道查看苇荡营情形，见"地面广阔，一望无涯，苇茎亦极密茂，窃意能将积弊剔除，尽荡搜采，必能额外加增"。④ 因此百龄委派亲信朱尔赓额办理荡务。据昭梿《啸亭杂录》记载，"朱白泉观察原名友桂……今改名朱尔赓额。……性甚刚毅，勇往敢为。屡任封圻，以廉能著，百菊溪制府任倚之如左右手"。⑤ 朱尔庚额勇于任事，廉洁能干，因此为百龄所信任。朱氏到任后发现，"比年以来，苇营废弛，料价翔贵……而苇营地亩一万二千余顷，岁产柴千万束，徒令滩棍、狡兵据为利薮，盗卖采割，转贩到工"。⑥ 苇荡营所产海柴多被附近滩棍挟制把持，侵占强割，而负责采割的樵兵与滩棍互相渔利，上下串通，以致牢不可破，致使南河因工料无存，屡次发生漫口溃决。朱尔赓额首先清查荡地，

---

① （清）贺长龄、（清）魏源辑：《皇朝经世文编》卷一〇三《工政九·河防八·（清）百龄〈清理苇荡以济工需疏〉》，载《魏源全集》第18册，第521页。
② （清）包世臣：《筹河刍言》，载刘平、郑大华主编《中国近代思想家文库·包世臣卷》，第87页。
③ 《清仁宗实录》卷二六二"嘉庆十七年十月"条，第548页。
④ （清）贺长龄、（清）魏源辑：《皇朝经世文编》卷一〇三《工政九·河防八·（清）百龄〈清理苇荡以济工需疏〉》，载《魏源全集》第18册，第522页。
⑤ （清）昭梿：《啸亭杂录》卷三《朱白泉狱中上百朱二公书》，第67页。
⑥ （清）昭梿：《啸亭杂录》卷三《朱白泉狱中上百朱二公书》，第70页。

严办滩棍,敦促樵兵采割,结果所采海柴比定额多出一倍有余,为国家节约河费 35 万两之多,但朱尔赓额"拨荡为购,减厅员冒销之利;按束交方,拂营员偷换之欲。额以只身独撄众怒,固已知其祸不旋踵,功废垂成"。① 南河总督陈凤翔利用厅营员弁对朱氏的憎恨,诬告朱氏捏词邀功,虚靡钱粮,苦累樵兵。朝廷派松筠、初彭龄前往南河查巡,果然私利受损的厅营员弁都站在陈凤翔一边。结果正如《啸亭杂录》所言:"验尾帮驳回之料,取船弁挟怨之词,厅营共证,合翻此局。"②朱尔赓额罪责难逃。

由于河督陈凤翔与两江总督百龄素有嫌怨,百龄曾在河务问题上诬参陈凤翔,导致陈被枷示河干,旋即气愤而死。一时未免物议沸腾,御史马履泰、吴云上奏弹劾百龄,意欲将其罢斥。朱尔赓额是百龄由微员一手提拔起来,对百龄感激涕零,在这种情况下,他甘愿代百龄受过。在朱尔赓额获罪后,百龄曾派人赠送"御赐鹿尾二枚,珍膳四止",这表明朱氏代百龄受过,是嘉庆帝与百龄预先设计好的。《清史稿·百龄传》对于朱氏获罪事,直言:"帝意方向用(百龄),议上,专坐朱尔赓额罪,以塞众谤。"③

嘉庆帝深知"苇荡为河工岁料所资,近年弊混甚多,自应加以清理。……其实两营所产之柴,亦断不止仅如从前额定之数"④。因此下令松筠、初彭龄会同百龄、黎世序会议《苇荡营章程》,结果议定,苇荡左右二营额柴 316 万束,除正额外,余柴 320 余万束,比原来额定正余荡柴 245 万束,已经超过一倍有余,而正料充足使黄河出现险情时能够及时抢修,这一切正应归功于朱尔赓额触犯众怒的首次清荡。对于此次清荡增柴的意义,正如百龄所言:"南河用料浩繁,价值增长,得此苇柴,分交各厅收用,多一堆之柴,即可少购一堆之料。节帑济工,莫善于此。"⑤与此同时,鉴于苇荡营事关河工物料,难以兼任,朝廷决定裁撤营弁,以荡务归淮海道专理,防海事宜归庙湾游击统辖,海、阜同知兼理荡务,守备督率弁兵专司苇柴樵采。

苇荡营额柴自霜降后开采,至次年清明为止,若逾限不能完成,所欠柴数由把总分赔六分,守备分赔三分,参将分赔一分,完日开复。如果实力督采余柴五万束以上者,河督可以酌量分别记功奖赏,十万束以上者纪录一次,再有加增,照数递加纪录。苇荡右营柴束在正月初旬勒限运清,至迟不

① (清)昭梿:《啸亭杂录》卷三《朱白泉狱中上百朱二公书》,第 68 页。
② (清)昭梿:《啸亭杂录》卷三《朱白泉狱中上百朱二公书》,第 68 页。
③ 赵尔巽等:《清史稿》卷三四三《百龄传》,第 11135 页。
④ 《清仁宗实录》卷二六四《嘉庆十七年十二月》条,第 582 页。
⑤ (清)贺长龄、(清)魏源辑:《皇朝经世文编》卷一〇三《工政九·河防八·(清)百龄〈清理苇荡以济工需疏〉》,载《魏源全集》第 18 册,第 523 页。

得超过五月。左营柴束在五月内勒限运清，至迟不得超过十月。倘若逾限未完，罚主管员弁自备水脚，雇募民船一月全运清完。如再不完，按照未完苇柴之例，分别参处。苇荡营船只到荡，定限三日内装完开行，到厂定限两日内卸完放回。苇营出运之时，守备在荡交装，参将在厂交收，每船各设循环簿二本，由河督衙门查考。各省河工预办岁料及备防料物，采办完竣时，河督将各厅实买料物先行造册送部，年终再行造具旧管、新收、开除、实存四柱清册，送交工部备查，加强对苇荡营的物料管理。

四、洪水预警制度与志桩水报的发展

　　黄河上较早的水情传递是塘马报讯。中国自古洪水灾害频仍，黄河水患尤多，为了减少洪水造成的损失，水报制度形成较早。水报是和兵报一样的加急快报，六百里加急快马传送，紧张程度不亚于十万火急的兵报。当黄河上游地区连降大暴雨、河水陡涨时，当地主管官员便将水警情报书于黄绢，黄布包裹，盖上印信，立即派人下送，昼夜兼程，让下游官民加固堤防，疏散人口，以避水患。这种水报采取接力形式，逐县传递，所以沿河各县都备有专门马号，且常备目力好者登高瞭望，一旦上游水报马到，立即通知本县水使做好准备。这样逐县接力，一直传到首都为止。《宋史·河渠志》记载："（大中祥符）八年（1015）六月，诏，自今后汴水添涨及七尺五寸，即遣禁兵三千，沿河防护。"[1]这里所谓"涨及七尺五寸"即今日所说防洪警戒水位。这是宋都汴京（今河南开封）施行的防洪预报。

　　首次明确提出治黄掌握汛情重要性与必要性的是明代河臣万恭。在治河实践中，万恭逐渐摸清黄河河性特点："夫黄河，非持久之水也！与江水异。每年，发不过五六次，每次，发不过三四日。故五六月，是其一鼓作气之时也；七月，则再鼓而盛；八月，则三鼓而竭且衰矣。"[2]黄河汛期受夏季降雨量影响很大，集中在六七月份，一般持续三四天。只有掌握黄河的汛情规律，才能有效防洪。为了准确了解黄河汛情，万恭主张在黄河潼关与宿迁之间设立塘马汛报："黄河盛发，照飞报边情，摆设塘马，上自潼关，下至宿迁，每三十里为一节，一日夜驰五百里其行速于水汛。凡患害急缓，堤防善败，声息消长，总督者必先知之，而后血脉通贯，可从而理也。"[3]有了汛情预报制度，河臣就可以依据汛情变化，采取有效的防汛措施。

① （元）脱脱等：《宋史》卷九四《河渠志三》，第2321页。
② （明）万恭原著，朱更翎整编：《治水筌蹄·黄河》，第31页。
③ （明）万恭原著，朱更翎整编：《治水筌蹄·黄河》，第43页。

　　清代黄河河患频仍,为了及时掌握各大河的水位涨落情况,清廷在黄河、运河、洪泽湖、长江堤岸闸坝工程之上,普遍设立志桩,以观测水位涨落尺寸,上游志桩所测水文信息,通过驿站传递到下游,并以奏报形式上报中央,作为朝廷掌握各地水旱灾害的依据。黄、淮、运的水位一旦达到警戒线,相关部门则要采取各种应急措施,消除可能发生的各种险情。康熙年间,黄河上游甘肃曾经用皮混沌传递汛情水报,康熙四十八年(1709)六月十三日上谕曾说:"甘肃为黄河上游,每遇汛期水涨,俱用皮混沌装载文报顺流而下,会知南河、东河各一体加以防范,得以先期预备。"①可以想象,皮混沌随黄河激流漂流几千里,丢失损坏的可能性极大,后世因效果欠佳而废除。

　　对于汛情传递方式,据说元世祖曾经采用革囊法传递,清代曾采用"羊报"传递汛情。清人陈肇援《忆芬楼可谈集》称:"羊报者,黄河汛报水卒也。河在皋兰城外,有铁索船桥横亘,两岸立铁柱,刻痕尺寸以测水。河水高铁痕一寸,则中州水高一丈,例用羊报先传警汛。其法以大羊空其腹,密缝之,浸以荣油,令水不透。选卒勇壮者,缚羊背,食不饥丸,腰系水签数十。至河南境,缘溜掷之,顺流如飞,瞬息千里。汛警时,河卒操急舟,于大溜俟之,拾签,知水尺寸,得豫备抢护。至江南营,并以舟飞邀报卒登岸,解其缚,人尚无恙。赉白金五十两,酒食无算,令乘车从容归,三月始达。"②这种羊报水汛的记述,大概是塘马报讯与皮混沌传递汛情的混合。乾隆朝诗人张九钺曾作《羊报行》加以形象描述:

　　　　报卒骑羊如骑龙,黄河万里驱长风。雷霆两耳雪一线,撇眼直到扶桑东。鳌牙喷血蛟目红,撄之不敢疑仙童。须郎出没奋头角,迅疾岂数明驼雄。河兵西望操飞舵,羊报无声半空堕。水签落手不知惊,一点掣天苍鹘过。紧工急扫防尺寸,荥阳顷刻江南近。卒兮下羊气犹腾,遍身无一泥沙印。辕门黄金大如斗,刀割羵肩觥沃酒。回头笑指河伯迟,涛头方绕三门吼。遣卒安车陇坂归,行程三月到柴扉。河桥东俯白浩浩,羊兮彭舞上天飞。今年黄河秋汛平,羊报不下人不惊。河堤官吏催笙鼓,且餐烂胃烹肥羚。③

---

① 黄河水利委员会黄河志总编辑室编:《黄河大事记》,河南人民出版社1989年版,第61页。
② 陈肇援纂辑:《忆芬楼可谈集》卷下,忆芬楼1925年版,第46页。
③ (清)张九钺撰,雷磊校点:《陶园诗集》卷一九《洛中集上·(清)张九钺〈羊报行〉》,岳麓书社2013年版,第524页。

张九钺《羊报行》的描述更多带有某种神话色彩。对于清代水情报讯的评价,卢勇指出:"明清时期的水患预报属于经验性质的比较多,没有多少现代科学量性分析的成分,因此精确度不是太高,但它们含有不少合理和科学的成分,在当时代表了较高的洪水预报水平,在争取防洪抢险的主动性方面发挥了较好的效果。"①此论较为客观。从现代水利科学视角而言,清代洪水预警多属于经验性质,但其中蕴含的科学理性不容忽视,而文献所述羊报这种汛情传递方式的有效性、及时性与可行性皆大打折扣。

测量水位、预报洪水的活动自古有之,但元代之前观测水位主要用于农业生产领域。宋代水则设置在水利事业发达的地区,记录洪水、枯水水位,以指导农业灌溉与宣蓄事宜,还有针对黄河中游与汴河水位的涨落,形成系统的"水历"。元代黄河、运河的漕运作用突出,为了维持运河深通,调剂运河水量,官府在运河上建有多处闸坝,设立水则,作为启闭各水闸的依据。

清代设立志桩起于何时并无旧案可考。乾隆三十年(1765),东河总督李宏上疏说:"黄河至河南武陟、荥泽始有堤防,丹沁二水自武陟木栾店汇入,伊、洛、瀍、涧四水自巩县洛口汇入,设诸水并涨,两岸节节均须防守。臣咨饬陕州于黄河出口处,巩县于伊、洛、瀍、涧入河处,黄沁同知于沁水入河处,各立水志,自桃汛迄霜降,长落尺寸,逐日登记具报;如遇陡涨,飞报江南总河,严督修防。"②由此可知,李宏身为河督,为了了解黄河洪水汛情,曾命黄河关键地段的管河同知设置志桩,记载河水涨落尺寸,入伏后遇到黄河河水暴涨,要飞报南河总督。这样,下游重要河段就可以提前严加防汛。

包世臣认为志桩最早见于乾隆年间,大学士阿桂在查勘高堰工程时提到了志桩水位丈尺:

> 志桩之说,无旧案可考。惟乾隆中阿文成公查勘高堰,有霜后落定之水,是为底水,其时湖面与高堰志桩之底相平,故志桩存水一寸,即为涨水之奏。其说庶几扼要。近时以顺坝志桩与高堰志桩比较高下,既以顺坝志桩一丈七尺二寸,当高堰桩志之底。或当时顺坝志桩

---

① 卢勇:《明清时期淮河水患与生态社会关系研究》,中国三峡出版社2009年版,第190页。
② 赵尔巽等:《清史稿》卷三二五《李宏传》,第10856—10857页。

连底水起算,故与高悬殊也。①

黄河厅汛在关键位置设立"志桩",以记录水位高低,作为防汛防洪的重要依据。自乾隆二十三年(1758)起,河督奏报河工宣防事宜,大都会提到所在河段志桩存水状况,说明志桩已广泛使用,并作为河工治理措施的重要依据。

关于清代志桩,曾任南河总督的麟庆在所著《河工器具图说》"宣防器具"条目中,列有"志桩"图样,并附以文字说明:"志桩之制,刻划丈尺,所以测量河水之消长也。"说明其功用在于测量水位涨落。志桩的本义是木质桩形工具,但实际上志桩有石质的,亦有木质的。桩体上刻有丈尺标记,用来测量水位高低。关于志桩形制,麟庆说:"桩有大小之别,大者安设有工之处,约长三四丈,较准尺寸,注明入土出水丈尺;小者长丈余,设于各堡门前,以备漫滩水抵堤根,兵夫查报尺寸。"②小型志桩设在厅汛的堡房门前,便于河兵及时查看河水涨落,及时采取抢险措施。大型志桩安装在河工重要地段,上面标注埋入地下尺寸与出水尺寸。

清代"水报"控制范围比前代扩大,上至甘肃宁夏府的青铜峡,下至黄河下游江南省黄、运、淮交汇处,这样河务官员可以全面掌控黄河流域的水情。康熙四十八年(1709),宁夏开始报告水情,遇有黄河水涨,由宁夏相关官吏驰报河督与河南巡抚。乾隆三十年(1765),陕州万锦滩、巩县城北洛河口,沁河木栾店龙王庙,皆设立志桩,黄河涨落尺寸的报告,一如宁夏之例。

清代志桩广泛设于黄河、运河和长江沿岸,按照性质、功能、地理位置分为两类,一类是水位志桩,显示河道、湖泊水位情况,作为水量蓄泄的依据。山东济宁以北的南旺湖、蜀山湖、马踏湖、马场湖,以南的微山湖、昭阳湖、南阳湖、独山湖上的志桩,功能是指示作为水柜的各湖每月水量的收蓄情况,据此判断是否有充足的水源以维持运河通畅。黄河下游徐州府的志桩,监控砀山毛城铺坝、王家山天然闸以及睢宁峰山四闸的启放;黄河与运河交汇的清口、拦蓄洪泽湖的高堰以及老坝口、顺黄坝等处皆设有志桩,以监测黄河、淮河与洪泽湖的水位,并及时采取处置措施。这一类志桩无论

---

① (清)包世臣:《答友人问河事优劣》,载刘平、郑大华主编《中国近代思想家文库·包世臣卷》,第109页。

② (清)麟庆:《河工器具图说》卷一,《四库未收书辑刊》拾辑4,北京出版社2000年版,第179页。

水位高低,皆无须通报他处河工人员。

另一类志桩为预报志桩,不仅指示水位高低,还要向下游预报水情。黄河上游宁夏碛口、中游河南陕州万锦滩、武陟沁河、巩县洛河志桩,以及淮河上游河南汝宁府、光州与安徽寿州正阳关等地志桩,处于江河上中游位置,分布于江河各支流汇流的结点,其所测水位的水情信息要限时传递给下游负责河务的官员,使其针对不同水情及时采取相应的抢险措施,起到洪水预警的作用。清代建立了颇为完善的水报系统,正如清人宗源瀚所说:"厅汛皆有水报,凡水之消长,距堤埽志桩及底水长水各尺寸,桩前埽前,滩唇堤面,水势各情形必报。"①

河南陕州万锦滩居于孟津上游,彼处涨水若干,在下游南河涨水若干,向有规律可循。交大汛之后,每遇异涨,万锦滩先期即有急报飞报下游,因此黄河水的消长可以预计,嘉道时期南河有怕见"皮纸文书"之谚,即指万锦滩的水报。清代的水报式样如何,笔者并未查到相关文献,包世臣认为有不合理之处,曾向两江总督百龄建议修改"水报式"。包世臣所设计的水报式如下:

> 某厅某汛某工第几段某日志桩存水若干丈尺寸。实测水若干尺寸。埽前顶溜水深若干尺寸。长河中泓水深若干尺寸。埽高水面若干尺寸。滩高水面若干尺寸。堤高滩面若干尺寸。河槽水面宽若干丈尺。堤内河身宽若干丈尺。滩面即滩唇,紧靠河槽,留淤常厚,非谓堤根低注之滩也。
>
> 比较昨日长落若干。上年今日长落若干。上年盛涨日长落若干。
>
> 厅总报加上汛河底比中汛深浅若干。中汛河底比下汛深浅若干。堤面比较同。②

包世臣所改水报式,详细周全,一旦"如所改之式,则长河底面之深浅,滩堤去水之高低,河臣皆知之。工员不能虚报险工以侵蚀帑项,宜其沮之也"。③ 河臣可以判断下游河身是否能够容纳上涨洪水,沿河物料是否短

---

① (清)盛康辑:《皇朝经世文续编》卷一〇八《工政五·河防四·(清)宗源瀚〈筹河论中〉》,载沈云龙主编《近代中国史料丛刊》第84辑,第5255—5256页。

② (清)包世臣:《答友人问河事优劣》,载刘平、郑大华主编《中国近代思想家文库·包世臣卷》,第110页。

③ (清)包世臣:《答友人问河事优劣》,载刘平、郑大华主编《中国近代思想家文库·包世臣卷》,第110页。

缺,某日水当涨某日水当消,可以在千里之外将河工宣防运筹帷幄之中,对于河臣采取各种有效应对措施,加强防汛大有裨益。但非常不利于河员舞弊与开脱责任,因此在他们的一片反对声中,百龄没有采纳。

河工向例,在桃汛、伏汛、秋汛三汛时,各厅营皆准备塘马,以送水文文报,寻常事件方由堡夫接递。河臣核查每日水报,据此得知水势缓急情形,以确定各种防洪抢险措施,这在河防中至关重要。嘉道年间河务废弛,水报不能及时送达下游河厅,熟悉南河河工的包世臣曾经指出:"大汛经临之时,竟有退至五六日或至十余日,将水报十余角同送者。又印板模糊、字迹潦草,至不可识,以其时正值河湖异涨,奔走旁午,若加挑掣,转至仓皇失措。今当安澜之后,应与约布定章:距浦在五六十里者限本日,百余里者限次日,三四百里者限三日,不准稍有违延。其向例三日、五日、旬日一报者,准此递展,除另定水报新式饬发遵行外,先行谕知。"①由于玩忽职守,水报积压十余份一同送到,而且仓皇之间弄得字迹潦草模糊,无法辨认,因此包世臣建议约定章程,规定水报间隔时间与到达时限,不许延误。包氏的建议颇有价值,但未被采纳。

对于清代志桩及黄河水报制度的运作,潘威认为:"万锦滩等志桩的设立和运作体现了清政府基于黄河流域汛期洪水水情信息的掌握和分析,意欲控制洪水影响程度的国家行为。虽然在实际运作中受帝王喜好、官员素质及其传递途径等制度性和技术性因素影响,对汛期水情的记录和洪灾预警的实际功能并未很好地达到设计要求,但是这些环境信息一定程度上成为中央政府了解其辖境内水文环境变化的重要途径,成为清政府河工防洪建设的主要依据。"②清代黄河"水报"制度成为国家水务管理的一个重要方面。19世纪末叶,西方电讯技术传入中国,黄河通信报汛得到很大发展。光绪十三年(1887),清廷架设自山东济宁至开封黄河段的第一条电信线路。二十八年(1902),山东巡抚周馥奏准沿黄河大堤架设通信线路,山东河防局与河防分局开始架设电话线,至三十四年(1908),黄河沿河两岸已架设电话线七百多千米,黄河汛情通过现代通讯方式得以传递。

---

① (清)包世臣:《南河善后事宜贴说》,载刘平、郑大华主编《中国近代思想家文库·包世臣卷》,第242—243页。
② 庄宏忠、潘威:《清代志桩及黄河"水报"制度运作初探——以陕州万锦滩为例》,《清史研究》2012年第1期。

第四节　山东运河水量调剂立法与水闸启闭禁令

清代水利立法始于康熙朝，当时由于黄河堤防失修，黄、淮、运地区大片土地被淹浸，人民无法安居乐业，从事生产。因此康熙帝任命靳辅负责治河并着手制定立法。乾隆朝编写《钦定工部则例》，包括"河工""漕河""防洪""海塘""江防"等内容，涉及水利工程的维护与修治、管理人员职责、水利工程保固等方面，在康熙、雍正朝临时制订的水利法规基础上，制定了较为完备的防洪法规。这里需要说明的是，清代没有单独、完整的成文水利法规，相关河工立法见于《大清会典》及其《事例》《工部则例》《防汛章程》等文献汇编当中，涉及河官、河兵、河夫职责，经费物料，河道疏浚，埽工坝工，工程保固，失事分赔，种植苇柳，河防禁令等方面，内容颇为丰富。清代黄河决溢颇为频繁，严重影响沿岸百姓的生产与生活，使沟通南北交通的京杭运河面临着中断的危险，威胁着清朝的统治安全，因此清廷不但积极寻求治理黄河、疏通运河的各种方略，而且高度重视有关调剂运河水量的河工立法，以及山东运河水闸启闭的规制与禁令。

清代山东运河全系人工开挖，并无天然河流可以利用，水源完全依靠人工补给，为了保障运河通航，清廷采取各种立法措施保障运河补给，如引汶会泗、引泉济运、南北分水、设置水柜和闸门等，试图将运河沿岸的水源最大限度纳入补给体系，但灌溉是农业之本，在以农立国的传统时代，解决好湖泉济运与农业灌溉之间的矛盾，实现济运与灌田的水资源合理化分配，显得尤为重要。事实上，合理分配河湖水源事关国计民生，清廷优先保障运河用水成为压倒一切的国计，其推行则通过河工立法与水工建筑物得以实现，致使沿岸灌田的民生问题让位于济运；与此同时，清廷亦采取一系列措施来缓解济运与灌田的冲突，力图实现水资源分配的合理化。本节从制度、法规层面探讨山东运河水源补给与农业灌田的分水问题，以期为中国水利建设中的分水问题提供历史殷鉴。

一、山东运河补给水源与南北分水不合理问题

山东运河起于元代。世祖至元年间在汶水堽城附近筑堽城坝以遏制汶水下流，在汶河右岸建黑风口斗门，引汶水入府河济运。明代宋礼采纳汶上老人白英的建议，在汶河堽城坝以下，建立戴村坝，横遏汶水南流汇入会通河，至水脊南旺分水，将三分水使之南流徐州，七分水使之北流到达临清，以补给运河水量，所谓"七分朝天子，三分下江南"。南旺为山东运河地

势最高之地,自南旺向北到临清 300 里,地势下降 90 尺;自南旺向南至台儿庄 390 里,地势下降 116 尺,由于地势高低不平,运河上建立一系列水闸控制水量,调节运河之水的丰枯。运河上所建闸坝随着运道、河流的变迁而不断增添或废弃。

山东运河为无源之水,只能依靠引河湖与泉水补给,因此水源补给的重要性不言而喻。正如刘天和所说:"运道以徐兖闸河为喉襟,闸河以诸泉为本源,泉源修废,运道之通塞系焉,可不重耶?《泉志》记载详矣,惜未能纪泉所由,及测其穴数大小形状,以故官夫疏浚,率多虚文,未可考矣。"①为了保障河湖泉源济运,首先必须查明诸泉的地理状况,并且加以疏浚,才能使其不致枯竭。

依照乾隆年间陆耀《山东运河备览》记载,山东运河的补给水源包括汶水、泗水、沂水、洸水与济水五河,而事实上,运河补给主要依赖汶水、泗水,因为在沂州境内的沂水汇入江南运河,而汇入山东运河的水量甚为微弱;洸水是汶水的支流,自堽城坝修筑以后就无法入运,济水以流经定陶、东阿到达利津入海为主,补给运河的水量也非常有限。济宁、兖州、沂州、泰安等 17 州县,可以用来补给运河的泉水,按明代《职方地图》记载,大约有 234泉,《山东通志》所引《大清会典》之数,遂有 425 泉之数,至陆耀《山东运河备览》则多达 478 泉,由此可见,清代对泉水济运的管理,比明代更为细密严格。

这些泉水"由汶入运者二百四十四泉,由泗、沂、白马湖归鲁桥入运者一百二十八泉,由洸、府二河归马场湖济运者二十一泉,径由独山蜀山二湖济运者四十六泉,别为一河入运者三十九泉。其等差则以莱芜、泰安、泗水、峄县之泉为极盛,新泰、东平、汶上、鱼台、滕县次之,肥城、邹县、曲阜、济宁又次之,蒙阴、宁阳微矣,滋阳、平阴又微之极者。要之,地利出于自然,天时非可强致"。②为了加强对泉源的管理,朝廷设立泉官、泉夫加以疏浚清理,不许民间偷截泉水进行灌溉。

为了保障运河蓄水,河臣建立堰、闸、坝、水柜和水壑等水工建筑物,进行引水、壅水、蓄水与泄水,形成比较完整的水利工程体系。其中最为重要的蓄水设施,即是水柜的建立。所谓水柜,正如《清史稿·河渠志》所说:"山东蓄水济运,有南旺、马踏、蜀山、安山、马场、昭阳、独山、微山、郗山等湖,水涨则引河水入湖,涸则引湖水入槽,随时收蓄,接应运河,古人名曰

---

① (清)陆耀:《山东运河备览》卷一二,《故宫珍本丛刊》第 234 册,第 386 页。
② (清)陆耀:《山东运河备览》卷首《泉河总图》,《故宫珍本丛刊》第 234 册,第 150—151 页。

'水柜'。"①清代水柜相当于现代水库,主要是利用天然湖泊进行蓄水。事实上,以当时的技术条件,同一水柜很难做到蓄泄兼得,因为"夫可柜者,湖高于河,不可柜者,河高于湖"②。作为水柜的泉湖,只有在水位高于运河的情况下才能用于蓄水。当时用于宣泄多余洪水的应是斗门。

　　清代用于调蓄山东运河水量的湖泊,济宁以北主要有安山、南旺、蜀山、马踏、马场等五湖,但安山湖由于水源缺乏,湖底淤高,经过农田垦殖,渐成平陆。雍正年间,曾有人倡议恢复安山湖水柜,但终因水无来源,天旱时湖水发生枯竭,涓滴不能济运而作罢。至乾隆年间,济宁以北只有马踏湖补给运河。因此补给水源极为缺乏。为了运河畅通,解决山东运河的水源补给问题,清廷希望最大限度地利用河、泉之水,因此对湖泉管理高度重视。

　　由于种种原因,泉水减少甚至枯竭在所难免,这使地方官不敢轻易上报新泉,免得因为疏浚不力而招致处分。对此,嘉庆帝批评说:"山东运河,全赖泉源接济,汶、泗之间,出泉处所本多,闻地方官因恐报出新泉,越时衰涸,致干吏议,往往隐匿不肯造册送验。莫若量为变通,如该州县境内报出泉源,不认真疏瀹,任听淤塞自应加以惩处。若实系源流涸竭,该管上司查验明确,准予宽免处分。庶地方官无所畏忌,探有新泉,即行呈报,可广挹注之益。"③为了鼓励地方官查验呈报新泉,嘉庆帝决定对于泉水枯竭问题,应分别情况加以处理。事实上,清代几乎把鲁中山地西侧的泉源全都纳入了运河补给体系,但山东运河水源缺乏的问题始终未能根本解决。

　　关于山东运河的补给水源,存在南多北少的问题,正如康熙年间曾任济宁道的张伯行所说:

　　　自南旺以至台庄,有泗河、沂河及彭口、大泛口之河。又有马场湖、独山湖、南阳湖、昭阳湖、微山湖之水,且有滕、峄、邹、鱼之泉水,皆可以济运。而自南旺以至临清,并无涓滴之水可以济运;止有安山一湖可以蓄水,而今又经佃种。故南运之水每有余,而北运之水恒不足。④

①　赵尔巽等:《清史稿》卷一二七《河渠志二·运河》,第3777页。
②　(明)万恭原著,朱更翎整编:《治水筌蹄》卷下,第145页。
③　《清仁宗实录》卷三三九"嘉庆二十三年二月"条,第481页。
④　(清)贺长龄、(清)魏源辑:《皇朝经世文编》卷一〇五《工政十一·运河下·(清)张伯行〈戴村坝议〉》,载《魏源全集》第18册,第596页。

南旺南北的运河补给水源多寡不均,南旺至台儿庄补给水源颇为充足,有泗河、沂河、彭口河、大泛口河可以补给,再加上马场、独山、南阳、昭阳、微山诸湖之水,以及滕县、峄县、邹县、鱼台泉水皆可补给运河,但南旺以北至临清,补给水源只有安山湖,且水源日益枯竭,因此南旺分汶水三分向南、七分往北,而北段运河水源仍然严重不足。此外,张秋以南的沙河与枣林河亦可济运,但尽行淤塞,所有这些因素造成南旺以北的运河补给水源严重不足。

此外,山东运河分水闸的建立极其不合理。张伯行指出,山东运河长一千二百余里,而总以南旺为分水枢纽,三分南下补给运河,七分往北补给。南旺以南有"利运闸、安居闸、十里闸、五里营闸及府河、洸河、泗河及砚瓦沟、磨链沟以相接济,而又有独山湖、南阳湖、昭阳湖、微山湖以助之,且以下八闸每闸必有泉源,此所以三分往南,而不患其水少也",但南旺以北只有安山湖接济运河,且安山湖亦被盗种,其下闸座亦被废弃,无法起到调剂水量的作用,因此"每遇天旱之年,七级土桥一带,在在浅阻……每遇雨潦之年,济宁、鱼台一带,竟成巨浸,田禾淹没一空,百姓日受其害"。① 为了使运河补给的水源能够合理分配,张伯行认为应在关键地段建立分水石闸,使补给水源过多的地方将余水分给水源不足之处,既可以使运河全线顺畅通航,又可以避免一些地区因运河决溢而淹没农田和另外一些地区运河缺水、农业亦无水灌溉的窘况。

运河水量补给的不均,经常导致某段运道缺水,漕船浅涸难行,因此调整分水规则至关重要。最早提出南旺南北分水应轮番分注的是明季河臣潘季驯。他认为应利用南旺水脊地势,根据运河南北段的实际需要进行分水,"宜效轮番法,如运艘浅于南,则闭南旺北闸令汶尽南流,如运艘浅于北,则闭南旺南闸,令汶尽北流"②。清代关注此一问题的除张伯行之外,还有康熙年间的学者蔡方炳。蔡氏认为,若将山东运河水闸的启闭规制加以变化,就能解决分水不均问题,"南旺分水,地形最高,所谓水脊也,决之南则南,决之北则北,惟吾所见何如耳。故粮运盛行之时,或遇水涸河浅,宜效轮番之法:如运艘浅于济宁之间,则闭南旺北闸,令水尽南流;如运艘浅于东昌之间,则闭南旺南闸,令水尽北流。盖南北分流则不足,南北合流则

<hr/>

① (清)张伯行:《居济一得》卷三《分水口上建闸》,《四库全书》第579册,第519页。
② (清)傅泽洪辑录:《行水金鉴》卷一六〇,第2322页。

有余,虽当旱暵,自克有济。如是而后可以尽古人设闸之妙用矣"①。此一建议有一定的合理性,但终清一世并未被采纳与实施。

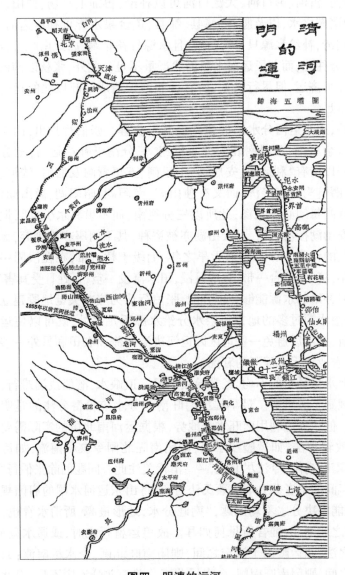

图四　明清的运河

资料来源:朱偰:《中国运河史料选辑·附录》,中华书局1962年版。

---

① (清)贺长龄、(清)魏源辑:《皇朝经世文编》卷一〇五《工政十一·运河下·(清)蔡方炳〈启闭闸座说〉》,载《魏源全集》第18册,第599页。

此外,张伯行还认识到,分水不均与闸坝建筑的不合理,除了造成运河浅阻之外,还有水灾的频发问题。那些分水过多的运河沿岸地区,遇有夏季雨潦,运河难以承受时就会被迫泄洪,造成沿岸地区出现人为的水灾。比如山东东平:

> 近日东平汶上之所以被水者,以石滩石坝仅百丈耳,夫以汶水全河之势,而恃此百丈之坝以泄之,且过三尺而始泄之,石坝既窄,土坝又高,所以蓄水既高,则汶上被淹及其冲决坎河,则骤水所经,而东平亦被淹,所谓川壅而溃,所伤必多也。①

分水的不合理不仅影响运河通航,而且给沿岸地区造成人为的水旱灾害,张伯行指出:"南旺以北,每逢天旱之年处处胶舟,而南旺以南,无论旱潦处处淹没,二十余年不得耕种,如宋家洼、济宁南乡、鱼台、沛县、滕县各处,又何止数千顷哉?"②出现这一问题的原因,在于南旺以南为运河厅辖境,南旺以北为捕河厅辖境,运河厅为了避免蓄水不足被朝廷处分,因而故意多蓄,只顾个人官位,不顾百姓受灾,只顾本境蓄水,不顾全河畅通。要解决此一问题,清廷对山东运河闸坝必须进行改造,堵闭利运闸与十字河,严格管理柳林闸板的启闭,尽起十里闸板,开新河头,使水尽向北流。这样,既能解决运河补给问题,又能消除沿岸地区的水旱偏灾。

对于运河南北分水的问题,朝廷亦有所调整。乾隆二十五年(1760),巡漕给事中耀海偕东河总督张师载上奏:"南旺以北仅马踏一湖,水患不足,独山湖有金线闸,水只南流,利济闸水可北注,请移金线闸于柳林闸北,使独山诸湖注北运河。"③得到朝廷允许。在水资源有限的情况下,合理分配水源显得尤为重要。清廷应在运河南北分水的规划、闸坝设置方面,随着河湖状况与运河需求及时进行合理调整,达到湖泉最大限度的有效利用。但山东运河的南北分水问题,有清一代始终未能彻底解决,而是一味与农业灌溉争夺水源。

二、山东运河水量补给与农业灌田分配的立法

清廷明确规定,山东、河南、直隶等地河流湖泉,首先要优先保障运河

---

① (清)张伯行:《居济一得》卷五《东省湖闸情形》,《四库全书》第579册,第554页。
② (清)张伯行:《居济一得》卷五《东省湖闸情形》,《四库全书》第579册,第557页。
③ 赵尔巽等:《清史稿》卷一二七《河渠志二·运河》,第3783页。

用水,不得随意灌溉农田。早在顺治十七年(1660)春夏之交,由于天气亢旱,卫水微弱,运河梗阻浅涩,于是河臣修筑堤堰,阻塞漳河灌溉民田之水,以便漳河全部入卫济运。朝廷何尝不知运河需水补给而农田更需水灌溉,但这在保障漕运畅通与首都供应的国计面前苍白无力! 康熙五年(1666),漕运粮船北行处处阻浅,在朝廷与河漕官员看来,原因在于近年以来山东安山湖、马踏湖周边靠近湖泉的土地,多被周边居民耕种,他们或者阻塞水流,不使湖泉进入运河,或盗决河岸,使湖泉只能灌田而不能济运,以致水柜水量日益减少,济运水源日益阻塞。因此,漕运总督林起龙上疏,请求朝廷敕令河道总督亲自勘察,"诸湖曾否收水,水柜果否成田,柜闸有无堵塞,子堤曾否修筑,斗门是否填闭,堤岸有无废缺,诸泉果否开浚,务期浚泉清湖、深通河道"①。

事实上,无论是作为济运的水柜,还是黄河滩地,皆不应占种为耕地,更不应该升科纳粮。升科表面上是为朝廷增赋,实际上存在各种不良影响。对于水柜,应该"相地势,去壅塞,复水柜,导泉源,修闸坝"②,才能保障泉水旺盛。黄河迁徙无常,决溢频仍,耕地忽为巨浸,地去而税额不改,百姓难以负担。当然,这些地方亦不能荒废,而应作为官地,责令汛官员弁广植榆柳芦苇,由河员按市价收买,作为河工物料加以储备,这样更加有利于治河与运道。但清廷与河臣并未意识到此一问题的重要性。

在运河补给与灌田用水屡屡发生冲突的情况下,康熙三十年(1691)朝廷规定,在雨水充足的情况下,每年三月初至五月末堵塞涵洞,使河泉汇入卫河济漕,但仍留余水灌田;若是亢旱之年,则三日放水济运,一日塞口灌田。雍正二年(1724),朝廷对此禁令重新加以申饬,以保障运河用水。此一禁令并非具文,而是推行得比较彻底,因为漕粮属于天庾正供,清廷对于误漕的官员处分极重,而误漕与否在于运道是否畅通,因此为了通运保漕,保障山东运河的水源补给,各级河务官员对于泉水优先补给运河的规定,执行得不遗余力,而农田灌溉,则成为无足轻重的小事。

乾隆二年(1737)五月,山东运河区域降雨稀少,以致运河水浅,粮船不能衔尾前进,而临清以北更是多处阻滞。事实上,临清以北的运河全赖卫水汇入汶水接济,而卫水发源于河南卫辉,至临清长达五百余里,沿岸居民往往私自泄水灌溉,因此每年五月初一,则将所有灌田渠口堵闭,使卫水全部用来补给运河。但乾隆帝担心日久法令废弛,致使卫水水源减少,因此

---

① 《清圣祖实录》卷一八"康熙五年春正月"条,第267页。
② (清)陆耀:《山东运河备览》卷一二,《故宫珍本丛刊》第234册,第388页。

谕令直隶、河南督抚:"(卫水)小民不无偷放,遂致运河水势,长落不时,重运艰于北上。目前正当紧要之时,所当稽查严禁者,著直隶河南督抚速行办理,务使卫水不致旁泄,粮运遄行无阻。"①为了严格管理济运河泉,乾隆二十三年(1758),朝廷谕令每年汛期过后,对济运河泉逐一加以查勘,"如有浅阻梗塞之处,即督率民夫挑浚深通,年终出结存案。如失时不治者,将该管官照紧要堤桥不行豫修例,罚俸一年,兼辖官罚俸六月。"②由此可见,朝廷为了漕运畅通,对山东大小河流湖泉的管理极为严格,任何有碍运河补给的事情都坚决制止,甚至不许农民在河湖附近种植芦苇、种藕捕鱼等。

为了保障水柜蓄水济运,运河补给优先用水,清廷专门颁布了一系列法令法规,严禁民人盗决供给运河的水柜。康熙四十四年(1705)朝廷复准,南旺湖涸出滩地不许违例耕种,谕令地方官出示严禁。同时复准嗣后有故决、盗决南旺、昭阳、蜀山、安山、积水等湖,扬州高宝湖,淮安高堰、柳浦湾及徐邳上下滨河一带各堤岸,并阻绝山东省泰安等处泉源,有干漕河禁例者,不论军民一概发往边卫充军。嘉庆年间禁令更为严厉详细:

> 故决盗决山东南旺湖,沛县昭阳湖、蜀山湖、安山积水湖,扬州高宝湖,淮安高家堰、柳浦湾及徐邳上下滨河一带各堤岸,并河南、山东等处临河大堤,及盗决格月等堤,如但经故盗决,尚未过水者,首犯先于工次枷号一月,发边远充军。其已经过水,尚未浸损漂没他人田庐财物者,首犯枷号两月,发极边烟瘴充军。既经过水,又复浸损漂没他人田庐财物者,首犯枷号三月,实发云贵两广极边烟瘴充军。因而杀伤人者,照故杀伤问拟,从犯均先于工次枷号一月,各减首犯罪一等。其阻绝山东泰山等处泉源,有干漕河禁例,军民俱发近边充军。闸官人等,用草卷阁闸板,盗泄水利,串同取财,犯该徒罪以上,亦发近边充军。③

事实上,山东运河沿岸的居民盗决水柜,并非故意破坏,而是天旱农田需要引水灌溉,但在朝廷看来,则是破坏运河补给、有干漕运国计的重罪,

---

① (清)昆冈:《(光绪朝)钦定大清会典事例》卷九一九《工部·河工·禁令二》,《续修四库全书》第811册,第148页。

② (清)昆冈:《(光绪朝)钦定大清会典事例》卷九一九《工部·河工·禁令二》,《续修四库全书》第811册,第148页。

③ (清)昆冈:《(光绪朝)钦定大清会典事例》卷八五四《刑部·工律河防》,《续修四库全书》第810册,第402—403页。

因此对于故决、盗决南旺、昭阳、蜀山、安山等湖，破坏河南、山东临河大堤，有干漕河禁例者，不论军民，一概发配到烟瘴之地充军。

为了满足漕运对于运河水量的需要，江苏、山东运河沿岸的各种水源，如引入济运规定的河流、湖泊与塘池，皆严禁民间随意使用，严重影响了运河沿岸地区的农业灌溉与生活用水，而一到汛期，为了防止运堤溃决，又会开启减水闸，将运河之水泄入沿岸的湖泊与塘池，给沿岸带来洪涝灾害。湖塘的滩地非常易于耕种，但存在着蓄水济运和耕地灌溉的矛盾。为了解决这一矛盾，清代对于这些特殊水源与湖塘滩地的用水制度进行了严格规定。

朝廷管控水源往往使地方豪绅利益受到侵犯，但豪绅往往不顾"国计"而侵占盗引运河水源。江苏丹阳的练湖，临近江南运河，有调蓄洪水、灌溉农田、补给运河的作用，明清时期有"七分济运，三分灌田"之说。关于练湖启闭水闸、修筑湖堤、湖水调蓄均有定制，湖禁极严，民间甚至有"盗决湖堤者，罪比杀人"①的说法，但明清两代围垦练湖之事屡禁不止，甚至朝廷多次毁田亦无法制止。丹阳境内的练湖本有上、下两湖，发源甚远，向来设有闸座以蓄水济运，灌溉民田。至清代，上湖久为民间垦种成田。至嘉庆十三年（1808），下湖头有闸座4处、涵洞12处。朝廷规定按年岁修，设夫防守，由丹阳、徒阳二县的管河县丞经理，以专责成。

在山东，由于地狭人稠，百姓往往不顾禁令，将南旺附近作为水柜的各湖滩地，强占耕种，此类事情时有发生，正如总河齐苏勒所言：

> 兖州、济宁境内，如南旺、马踏、蜀山、安山、马场、昭阳、独山、微山、稀山等湖，皆运道资以蓄泄，昔人谓之"水柜"。民乘涸占种，湖身渐狭。宜乘水落，除已垦熟田，丈量立界，禁侵越。谨淳蓄，当运河盛涨，引水使与湖平，即筑堰截堵。如遇水浅，则引之从高下注诸湖。或宜堤，或宜树，或宜建闸启闭，令诸州县量事程功，则湖水深广，漕艘无阻矣。②

滩地占种之后往往造成湖面缩小，影响运河补给，因此齐苏勒建议朝廷丈量立界，严禁豪强侵占水柜，同时建闸适时启闭，培修大堤，种树护堤。

---

① （清）贺长龄、（清）魏源辑：《皇朝经世文编》卷一〇四《工政十·运河上·（清）黎世序〈请修练湖闸堤启〉》，载《魏源全集》第18册，第549页。
② 赵尔巽等：《清史稿》卷三一〇《齐苏勒传》，第10620页。

雍正元年（1723），朝廷重新丈量南旺、安山、昭阳各湖，树立疆界，永禁侵占。这样，湖面逐渐恢复，维持了各湖水柜的调蓄作用，使山东运河得以畅通。

运河沿岸区域的农田需水灌溉，天旱时百姓干犯禁令，偷截水源灌田，并非朝廷一纸律令所能解决，对此齐苏勒心知肚明，因此必须从河工闸坝修建上着手，才能从根本上遏制百姓"盗用"湖泉之水。雍正四年（1726），齐苏勒上奏皇帝称：

> 山东运河必赖湖水接济，请将安山湖开浚筑堤；南旺、马踏诸堤及关家坝俱加高培厚，建石闸以时启闭；其分水口两岸沙山下，各筑束水坝一；汶水南戴村坝应加修筑；建坎河石坝于汶水北；恩县四女寺应建挑坝一；砖平运河西岸修复进水关二，东岸建滚坝一；濮州沙河会赵王河处，旧有土坝引河，应修筑开浚，其河西州县，听民开通水道，汇入沙河，于运道民生，均有裨益；武城及恩县北岸，各挑引河一。河南运河自北泉而下，历仁、义、礼、智、信五闸，遏水旁注，愚民不无截流盗水之弊。请拆去五闸，于泉池南口建石堰一，开口门三，分为三渠，筑小堤使无旁泄；东西各开一渠，渠各建五闸，分溉民田。小丹河自清化镇下应开浚筑小堤，河东一里开水塘一，石闸三，分为三渠，以小丹河为官渠，东西各一为民渠。其洹河石坝皆已湮废，宜增修为挑坝。诸泉源应各开深广，入卫济运。①

齐苏勒的上奏得到了朝廷的批准，这些闸坝、引河、官渠修建之后，分水的主导权就掌握在官府手中。首先，那些用来济运的湖泊的湖堤或是加高培厚，避免周边百姓私自垦湖为田，引水灌溉；或是修筑各种闸坝调蓄水量，既可以保障运河水源供给，又可以在不妨碍运河畅通的情况下，分出余水听任百姓开通水渠灌田，官府占据了水源分配的主动地位。其次，河督面对山东运河作为"无源之水"的闸河现实，朝廷在运道规划、漕船设计方面亦有所节制，特别是不许漕船建造过大。因为漕运固然重要，但灌田亦不容无视，况且地方士绅通过州县官悬请督抚上奏朝廷，批评河督漕督只顾漕运，不顾灌田与民生。康熙二十八年（1689）七月，辉县知县滑彬受士民段上锦、雷发师之托，呈请巡抚、河督订立分水则例，解决农田灌溉问题，并尖锐指出，卫河作为济运水源，由于朝廷"封板塞渠以济漕运，而渠泉两

---

① 赵尔巽等：《清史稿》卷一二七《河渠志二·运河》，第3778—3779页。

旁民田,虽遇亢旱,禾将立槁,不敢轻用此水。但在言漕,则漕为重,足国之谋,不容轻变;而民田无收,赋将焉出? 则灌田之策,亦不可忽。所以权其大势,酌以两全”。① 在这种情况下运河用水必须节制,才能缓解济运与灌田之间的冲突。

乾隆元年(1736),漕运总督补熙请求建造十丈的漕船,运河存水应当以水深四尺为准则。这一提议受到东河总督白钟山的反对,他说:“闸河无源之水,雨至而后泉旺,泉旺而后河盈。上闸闭、下闸启,则下闸倍深,上闸倍浅。各闸相距远近不均,水近者深,则远者必浅。以人役水,以水送舟,必不能均深四尺。”②补熙之议,只考虑漕运的便利,而不顾山东运河作为闸河、水深难以达到平均四尺的现实。白钟山的驳议,既照顾运道又考虑民生,颇有现实意义。

与此同时,侍郎赵殿最又请求在馆陶、临清各地树立卫河水则。对此,白钟山亦加以反对:“尺寸不足,将卫辉民田渠闸尽闭,致妨灌溉,事既难行,尺寸既足,将官渠官闸尽闭,来源顿息。下流已逝,运河之水亦立见消涸。二者均属非计。”③湖泊水量的大小,随每年降雨量的多寡而变化,运河补给亦要随之变动,而订立水则无论对民田灌溉还是运河补给,都是自缚手脚,因此白钟山采取了比较现实的折中态度。乾隆二年(1737),运河沿岸的馆陶、临清各设立一水则,以测量运河水的深浅,作为闸坝启闭的标准,使卫河之水在济运、灌田两方面进行合理分配。

对于微山湖的水柜作用,《清史稿》有云:“微山等湖收蓄众泉,为东省济运水渎,不许民间私截水源。”④微山湖作为济运的水柜,严禁民间私截水源。嘉庆十四年(1809)上谕云:“微山湖附近处所,多被民人开垦,不惟侵占湖地,势必将上流泉水截住,以资灌溉。是近日湖水渐少,河身日浅,其弊未必不由于此。”因此嘉庆帝令山东巡抚会同东河总督,派干明大员前往履勘,若所垦耕地已经成熟,仍听其耕种,其余未垦以及已垦复荒的地亩,则不许再行私垦。“庶滨湖一带,泉流灌注,毫无阻滞,湖水愈蓄愈深,于运道方有裨益。倘此次示禁之后,仍有不遵,查明严行究办,以利漕运”。⑤

① 辉县市史志编纂委员会编,任鸿昌校注整理:《(道光十五年)辉县志》卷七《渠田志》,中州古籍出版社2010年版,第167页。
② 赵尔巽等:《清史稿》卷三一〇《白钟山传》,第10640页。
③ 赵尔巽等:《清史稿》卷三一〇《白钟山传》,第10640页。
④ 赵尔巽等:《清史稿》卷一二二《食货志三·漕运》,第3578页。
⑤ (清)昆冈:《(光绪朝)钦定大清会典事例》卷九一九《工部·河工·禁令二》,《续修四库全书》第811册,第151页。

　　至于山东境内作为济运水柜的其他湖泊,在天旱水涸之时,附近百姓占种为农田亦在所难免,而垦田势必影响湖面蓄水。乾隆四年(1739),朝廷议准:

　　　　东省南旺、马踏、蜀山、马场、安山诸湖,原属济运水匮,除安山湖久经淤高不能济运外,现在济北运者,止有马踏一湖。若水势不足,严闭寺前铺闸,使蜀山湖水,由利运闸放出,令济北运。并将各湖地亩逐一清查,如有额设祀田等项,照旧留存,明定界址。其余凡有官民占种,概行禁止。①

　　由此可见,因朝廷漕运用水与民间灌溉引起的争端与博弈,是长期而尖锐的。不仅滩地垦田遭到朝廷禁止,就是附近农田灌溉亦会受到种种限制。雍正初年,身为副总河的嵇曾筠曾说:“小丹河自辛句口至河内清化镇水口二千余里。昔人建闸开渠,定三日放水济漕,一日塞口灌田。日久闸夫卖水阻运,请严饬。仍用官三民一之法,违治其罪。”②由此可见,当时小丹河建闸开渠,三日济运,一日灌田,此不失协调农田灌溉与运河补给的一种策略。

　　乾隆三十年(1765),关于大丹河与小丹河灌田与济运的原则,河督李宏进行了调整,并得到了朝廷批准:“大丹河至河内县丹谷口,旧筑拦河石坝,令由小丹河归卫济运,请不时察验疏令畅达卫河。辉县百泉为卫河之源,苏门山下汇为巨浸。南建三斗门,中为官渠济运,东西为民渠灌田。向例重运抵临清,闭民渠,使泉流入官渠。五月后插秧,一日济运,一日灌田。”③为了济运,朝廷派官员修建斗门,疏通河湖泉源,保障运河供给水源的充足,重运漕船抵达临清,则关闭民渠,五月正是农田需要灌溉的时候,则一日济运,一日灌田,既考虑到了运河补给,又顾及了农田灌溉。

　　此外,乾隆五十年(1785),朝廷议准:“江南省运河分段设立志桩,以水深四尺为度,如水深四尺以外,任凭两岸农民戽水灌田;如止消存四尺,毋致车戽,致碍漕运。”为了解决济运与灌田的矛盾,朝廷谕令河官在江南省的运河沿岸设置志桩,运河水深超过四尺,可以听凭百姓引河湖之水灌溉,

---

① (清)昆冈:《(光绪朝)钦定大清会典事例》卷九一九《工部·河工·禁令二》,《续修四库全书》第811册,第148页。

② 赵尔巽等:《清史稿》卷三一〇《嵇曾筠传》,第10624页。

③ 赵尔巽等:《清史稿》卷三二五《李宏传》,第10857页。

如果低于这一标准,则严禁百姓引水灌溉。

三、宣节有度:山东运河水闸启闭规制与禁令

晚明时,意大利传教士利玛窦来到中国,通过大运河从南京前往北京,看到河上有许多船只互相拥挤,为了使船只顺利通行,"就在固定的地点设置木闸来节制水流,木闸还可以作为桥来使用。当河水在闸后升到最高时,就开放木闸,船只就借所产生的流力运行。从一个闸到另一个闸,对水手是个艰巨的任务,造成旅途中冗长乏味的耽搁。由于运河中很少有足够风力,行船更增加了负担,于是从岸上用绳纤拉船前进。有时在一个闸的出口或另一个闸的入口处,也会波涛汹涌,以致船只倾翻,全部水手都被淹死"①。晚明时闸河段运河的行船情形,大概与清代差异不大。由于山东运河完全依靠各种功能的水闸控制水量,维持运河通航,因此船只在闸河上顺利通航并非易事,最为关键的是实现闸坝启闭禁令的合理化。

清代山东运河修建平水闸、积水闸、进水闸、减水闸甚多,或数十里设置一闸,或数里一闸,向称"闸河"。其中平水闸控制入运坡水的蓄积,进水闸将河湖之水引入运河,减水闸是将运河之水泄入湖泊或者下游河道。南旺为山东运河的制高点,亦为分水枢纽,各地河泉之水汇于南旺之后,依靠分水闸南北分水,三分向南,七分向北。运河上的这些闸横跨运河,平时闭闸蓄水,漕船到来则开闸过船。面对山东运河作为"无源之水"的闸河现实,清廷分水措施并非一味强势,而是在漕船规制、运河蓄水、闸坝启闭方面进行合理规划,力求运河节水通航,尽量缓解运河补给与农业灌溉之间的分水冲突。

为了保持运河水量,水闸启闭管理至关重要。运河上修筑的各种河工建筑物,功能各不相同,正如元人揭傒斯所言:"地高平则水疾泄,故为竭以蓄之,水积则立机引绳以挽其舟之下上,谓之坝。地下迤则水疾涸,故防以节之,水溢则缒起悬版,以通其舟之往来,谓之闸。皆置官,以司其飞挽启闭之节,而听其狱讼焉。雨潦将降,则命积土壤,具畚锸以备奔轶冲射。水将涸则发徒以倒淤塞崩溃。"②这里的"竭"也就是坝,又名堰、埭,拦河筑坝可以代闸。小船过坝则用人力拖曳,大船则两岸设绞关,用人力或畜力推

---

① [意]利玛窦、[比]金尼阁著:《利玛窦中国札记》,何高济等译,何兆武校,广西师范大学出版社2001年版,第229页。

② (明)杨宏、(明)谢纯撰,荀德麟、何振华点校:《漕运通志》卷十《漕文略·(元)揭傒斯〈建都水分监记〉》,方志出版社2006年版,第302页。

转盘坝,元代以后多改用闸。冬春水小之时,漕船通过运河多要盘坝,这样耗水非常少。

闸坝既可以拦蓄河水又可以宣泄洪水,是控制水位、调节泄洪的一种建筑物。闸、坝、堰的结构与功能,现代闸坝工程水力学认为:"在结构上,水闸是以闸墩之间的闸门启闭控制闸前较平浅的水深;溢流坝则主要依赖坝体本身控制坝前较高蓄水位。介于闸坝之间,有时还把低的滚水坝称为堰。当然在堰或坝顶仍可设置闸门。"①这一论述亦适于清代运河的闸、坝、堰。水闸多指低水头的平原水闸,泄流特点是水头差不大,但尾水位变化幅度较大,闸门开启后,能形成从急流到缓流的多变水流状态。堰是低的滚水坝,主要作用是抬高河流水位,使之在枯水季亦能自流进入渠道,洪水期则让多余的河水越顶下泄。堰顶可以设置闸墩和闸门,来调节水量与水位。

清代运河贯穿南北,山东运河两堤建闸控制水量,保障通航。运河上的闸坝按照功能可以分为两种:拦河修筑的节制闸坝即平水闸、积水闸,用于控制运河的航深。山东运河"闸河"航道水量是否充裕,完全依靠闸坝的调蓄来维持;另外一种是建在运河一侧的进水闸或减水闸,用于运河补水或运河泄洪。运河西岸闸多为引坡水入运河的进水闸,但遇汛期运河水需要大泄之时,东岸即建有减水闸以备泄水。进水闸与减水闸往往隔河相对,形成运道与河道平交之势。

节制水量的积水闸直接关系到运河通航,在管理方面必须有严格的启闭规制与维修制度。清代运河闸门多为叠梁闸,闸门启闭次数、启闭方式、启闭时间,皆与运河航道深浅密切相关。因此上下相邻的水闸要联合启闭,原则是一启一闭。要开启一闸,操作时常常要等上、下游的二闸用会牌通知,船聚上塘,等候运河水充盈之后,才开闸入下塘。正如《清史稿·食货志》所言:"闸河遇春夏水微,务遵漕规启闭。漕船到闸,须上下会牌俱到,始行启板。如河水充足,相机启闭,以速漕运,不得两闸齐启,过泄水势。"②水闸启闭以会牌传达指令,目的就是漕船节水通行,因此"运河各闸,收束水势,全在启闭得宜。会牌未到,催漕各官,不得逼令启板。会牌已到,司闸官亦不得故意迟延。"③会牌未到,催趱漕官不得随意逼迫闸官启

---

① 毛昶熙、周名德等:《闸坝工程水力学与设计管理》,水利电力出版社1995年版,第3页。

② 赵尔巽等撰:《清史稿》卷一二二《食货志三·漕运》,第3578页。

③ (清)昆冈:《(光绪朝)钦定大清会典事例》卷九一九《工部·河工·禁令二》,《续修四库全书》第811册,第148页。

闸，会牌已到闸官不得故意迟延，以此保证漕船通行与运河蓄水的双重目的。

运河水闸启闭规制，日久废弛。一些官差船只不顾朝廷禁令，仗势强令闸官开闸放行，造成运河泄水过多，重运漕船受阻。"奈迩来官差船只，但顾一己速行之私，罔念朝廷京储之重，每到闸口，辄听船役喝令启板，稍有违拗，则捶楚继之。积水既泄，闸内粮船不免浅阁。即使泄而复蓄，亦不免稽延，甚或随带货船须水浮送。则上闸应闭而不听闭；下闸当开而不容开。年来争竞之端，实由于此"。① 同时，为了减少闸门的启闭次数，节约运河用水，朝廷规定过闸船只必须积累到一定数量，编组过闸，单船则闸门不准随到随启。山东南旺段的柳林闸规定，必须积船 200 只以上，方可启板放行，启完闸门后船只要迅速通过，船过完之后，立即闭板蓄水。闸板之间用草塞住边缝，以尽量减少漏水。

补给运河的河湖泉源受降雨量影响较大，若气候干旱则水源短缺微弱，运河水涸舟胶，节水通航尤为重要。有鉴于此，康熙四年（1665）二月，朱之锡上疏说："南旺为运河之脊，北至临清，南至台庄，四十余闸，全赖启闭得宜。濒河春常少雨，伏秋雨多，东省久旱，山泉小者多枯，大者已弱。若官船经闸，应闭者强之使开，泄水下注，则重运之在上者阻。应开者强之使闭，留水待船，则重运之在下者又阻。乞饬各遵例禁。"②结果康熙帝下诏，若非极要差遣而擅行启闭者，准许河督参奏。

此外，朝廷还规定运河最低的积水深度。无论是运粮或解送官物，还是官员、军民、商贾乘船到闸，务必等到积水至六七板，方许开放，但紧用的进贡船不在禁例。对此，河督朱之锡说：

> 凡运粮及解送官物并官员军民商贾等船到闸，务积水至六七板，方许开放。若公差内外官员人等乘坐马快船，或站船紧急公务，就于所在驿分给与马驴过去，不许违例开闸。进贡紧要不在此例。又载凡闸惟进贡船只，随到随开，其余务待积水。若豪强擅开，走泄水利，及闸开不依帮次争进者，听闸官拏送究问参治。③

---

① （清）贺长龄、（清）魏源辑：《皇朝经世文编》卷四七《户政二十二·漕运中·（清）朱之锡〈运闸运船宜整理疏〉》，载《魏源全集》第 15 册，第 559—560 页。

② 赵尔巽等：《清史稿》卷二七九《朱之锡传》，第 10112 页。

③ （清）贺长龄、（清）魏源辑：《皇朝经世文编》卷四七《户政二十二·漕运中·（清）朱之锡〈运闸运船宜整理疏〉》，载《魏源全集》第 15 册，第 559 页。

这些启闭闸门的规定，一定程度上保障了运河的畅通。此外，在枯水季节或者运河岁修期间，运河的局部河段要下闸堵水，或修筑草坝，关闭运河，船只要由月河绕行，或上下盘坝，以维持河道通航。

漕船通过闸河，需要节节开闸铺水，始能过关前行。康熙年间尤侗《漕船行》一诗曾生动记述："五日过一闸，十日过一关。问君濡滞何为尔，积水以待漕船还。漕船峨峨排空来，影摇白虹声如雷。官船逡巡不敢进，客船急向两崖开。昔年曾见漕船上，今年又遇漕船回。漕船回时犹自可，漕船上时鳖杀我。会河水浅青草生，日烧三伏红于火。闸门高闭溜潺潺，篙师系缆垂头坐。坐等漕船闸始开，舳舻亘塞中流柁。其船重大皆千钧，淮盐苏酒多包裹。睥睨榷司不敢呵，鞭挞划工无处躲。使气便说有漕规，一呼群起无不为。茶梁木筏随汝取，米市鱼牙受汝亏。众船亦羡漕船乐，不惟醉饱且施威。"①漕船高耸威武，夹带淮盐苏酒等私货，榷司不敢盘查，令人艳羡不已。为了夹带更多私货，漕船建造越来越超出规制，朝廷三令五申亦无济于事。

事实上，漕船规制与运河畅通息息相关。运河源流细微，只有漕船轻便，才能衔尾而进，否则船重难行，漕船就要剥浅。康熙初年，据总河朱之锡所言，漕船俱有定式，龙口梁阔不过一丈，深不过四尺，装载正米不得过四百石，入水深度不得过六捺，也就是三尺，但江西、湖广、浙江漕船梁头阔一丈六七尺，深至七八尺不等，空船入水已四五捺，而且装载漕粮超过规定，入水深度多至十捺以外。②这种漕粮重船在黄河需要合帮人夫逐船倒纤，才能过溜；在运河则守板蓄水，集船起剥，倍费时日。漕船因为体式过大过重，妨碍全漕船只的顺利通行。江西漕船违例尤多，对此朝廷多次加以禁止。

按照定制，漕船每过十年进行更新打造，在打造新船时，往往将船的尺寸造得更大，以便多载私货。至雍正初年，漕船已能载货千石，其中漕粮正供六百石，行月口粮一百石，私货三百石。魏源曾论漕船私自改大之弊，说：

> 江西、湖广、浙江之船则嵬然如山，隆然如楼，又船数不足，摊带票粮，入水多至五尺以外，于是每大艘复携二三拨船以随之。是以渡黄

---

① （清）张应昌编：《清诗铎》卷三《漕船·（清）尤侗〈漕船行〉》，第65—66页。
② （清）贺长龄、（清）魏源辑：《皇朝经世文编》卷四七《户政二十二·漕运中·（清）朱之锡〈运闸运船宜整理疏〉》，载《魏源全集》第15册，第560页。

则碍黄,入运则胶运,遇闸则阻闸,一程之隔,积至数程,北上之后,复滞回空。而迩日山东、江南之船,亦复仿效逾制,继长增高,日甚一日。其实所载额米仍不过六百石,余悉为揽盐、揽货之地,沿途贩售,所至辄留,稍加督催,辄称胶浅。①

漕船改大,使其在运河上的航行严重受限。事实上,山东运河维持正常通航,保障重运漕船顺利北上,既需要河员设法蓄水,留意撙节,合理宣泄,又需要粮船、官差船等各种官船遵守闸坝启闭规制,船制尤其不能逾制,但清代漕船不守定制的现象屡禁不止,而河湖济运与农业灌溉之间的矛盾也始终未能得到很好解决。魏源作《新乐府》一诗讽刺漕艘"如山如屋",诗云:"漕艘来,漕艘来,如山如屋如风雷,千艘辟易何雄哉!入闸闸为阻,千夫万夫挽邪许。入运运为胶,微、蜀湖田泽雁号。我闻漕艘丈尺有成规,受五百石无差池。水力船力胜米力,何事儡硪穹窿为?私货愈多费愈重,徒供仓吏闸夫用。病漕病河兼病民,何如改小一帆送。"②漕船改大利于夹带私货,却给运河通航造成巨大压力。

总之,为了保障京师的物资供应,运河畅通成为压倒一切的国计。而保障山东运河的补给水源充足,是维系运河畅通的重要条件。因此在运河补给与沿岸灌田发生冲突的情况下,朝廷的首要着眼点当然是运河补给优先,而沿岸农业灌溉则是可以忽略的局部利益,但在农业立国的清代,朝廷亦不能完全忽视农业灌溉的需要。在不影响运河补给的情况下,分水给农业灌溉,同时在漕船规制、运河蓄水与闸坝启闭方面做了一系列缓解用水冲突的合理规定。

---

① (清)魏源:《筹漕篇下》,载《魏源全集》第 12 册,第 384 页。
② (清)魏源:《古微堂诗集》卷四《新乐府》,载《魏源全集》第 12 册,第 574 页。

第四章　治水技术进步与河患
应对能力的增强

在治河方略上,清代河督大多未有突出建树,基本上遵循明代治河名臣潘季驯"束水攻沙、蓄清敌黄"的方略,而在具体河工技术方面却更为周密精细。对此,历史学家岑仲勉曾说:"清人治河的技术,无疑比明人较为考究,较为周密;但从大体上来讲,方略依然墨守着明人的成规——治河必须顾运,并没有什么新的发掘。"①精密细致的治河技术对于清廷应对河患能力的增强,亦发挥了关键性的作用。

黄河水冲刷河堤的堤根,日久单薄卑矮,或者遇到溜急顶冲,均有可能发生漫口决溢,这些危险地段被称为"险工"。河工守险之法,主要有埽工、逼水坝与引河。三者之用各有其宜,对此靳辅曾说:"埽之用是备其城垣者也,坝之用捍之于郊外者也,引河之用援师至近开营而延敌者也。夫吾既已修其守备,而外又或捍之或延之,敌虽强未有不迁怒而改图者,保修之法尽矣。"②埽工、逼水坝与引河往往相互为用,有着相辅相成的河防功效。此外,放淤固堤亦是常用的应对黄河险工的治河方法。

中国人民在治水斗争中不断丰富和完善治河技术,为当代治黄留下了宝贵的经验。邹逸麟指出:"明清时代'束水攻沙'的治河方针已被固定下来,各式堤工、埽工、减水坝闸、放淤固堤,截弯取直等工程措施,基本上已与今日相同,对河道的调整和稳定起过积极作用。"③直到今天,诸多治黄工程仍沿袭明清做法,成为中国水利史上的宝贵财富。本章对于清代埽工、碎石护埽、抛转护岸、闸坝技术、引河开挖、引黄放淤等河工技术进行系统研究。

第一节　埽工技术的进步、演变及其弊病

埽工是我国较早的河工防险措施,是古代黄河上用来保护堤岸、堵塞

---

①　岑仲勉:《黄河变迁史》,第554页。
②　(清)靳辅:《治河奏绩书》卷四《防守险工》,《四库全书》第579册,第720页。
③　邹逸麟:《千古黄河》,上海远东出版社2012年版,第106页。

决口、施工截流的一种水工建筑物,它的构件叫作埽个、埽由或埽捆,简称埽。将若干个埽捆连接起来,沉入水中并加以固定,就成为埽工。黄河治理上使用埽工,始于汉代,汉代的黄河堵口工程中,大量使用埽工材料,还有类似埽工的修筑。北宋时期,埽工技术已颇为成熟,至明清时期,埽工成为河工中最为普遍使用的防洪技术。关于埽工的用途,水利学家张含英认为:"埽工除作为保护堤岸的一种措施以外,还可以为修建挑坝和堵塞决口之用。护岸之埽为沿堤镶修;挑坝为由堤伸出,逐步修达一定长度而止;堵口则为自口门双方堤根前进,及渐接近,乃下龙门埽堵合。所以埽工的用途甚广。"①事实确实如此。下面分析清代埽工技术的进步、演变及其弊病。

一、埽工种类与清代埽工技术的进步

在论述清代埽工技术之前,有必要先探讨各种埽工术语。埽工是以柳梢料、苇柴、秫秸等薪柴、土石为主体,以桩签、绳缆联系的一种捍溜护堤的水工建筑物。制作方法是先将薪柴用桩绳捆束成坯,然后分坯以压土石而成,顶层为压埽土。施工下埽时,全埽各坯依次入水下沉后,各以绳系于堤上桩顶,还有底钩绳亦扣于桩上,拉紧加固。埽工种类繁多,按做法有顺厢埽与丁厢埽;按形态有磨盘埽、月牙埽、鱼鳞埽、雁翅埽和扇面埽等;按作用有藏头埽、护尾埽、裹头埽和护岸埽;按地位有等埽、面埽和合龙埽等;按材料有秸埽、柳埽和柳石楼厢埽等。埽工用于护岸、护滩及抢险,能抗御水溜对堤岸的冲刷;用于截流与堵口,易于闭气;还可用于整治河道的临时性工程,但它质轻易朽,要经常修理,不适用于永久性工程。

硬厢是软厢的相对语,厢修时先打两行排桩入地,然后在排桩中填薪柴料物,桩柳护岸即用硬厢法厢修。软厢亦称"捆厢""楼厢"。在制作埽工时,用绳缆、桩签捆束薪柴而厢修。用捆厢法所做之埽称为捆厢埽或楼厢埽。软厢是以大量埽料、柳枝、土石、绳缆、木桩就地填捆,逐坯加厢,追压沉至河底,上部压石封顶的大体积埽体,为埽工的一种改进。顺厢埽因薪柴根梢与堤岸顺直布置而得名。顺厢将薪柴捆扎成束,上压埽土,各层用签桩固定,并用绳缆与顶桩系牢,常用于护岸、护滩和抢险等。薪柴根梢颠倒向外与堤岸呈丁字形厢修者,称"丁厢"。

下埽方法有桩船法、桩枕法和旱厢法等。桩船法是在堤上钉排桩,一桩一绳,绳的两头一系桩上,一系捆厢船上,于排绳上一层坯一层土做埽工,徐徐松绳,追压到底,常用于堵口及截流。桩枕法是以柴枕代船,用堤

---

① 张含英:《明清治河概论》,水利电力出版社1986年版,第91页。

上桩系柴枕顺堤下沉,枕先浮于水面,再于底钩排绳上一层坯一层土做埽工,徐徐松绳,枕随层坯逐渐下沉,直至追压到底,常用于护堤、护滩。旱厢法是在枯水时堤岸坡脚露出水面,平挖堤脚,整为埽台,然后在埽台上直接厢修埽工。

磨盘埽是半圆形的丁厢埽,一般修筑在弯道的深水大溜处,上迎正溜,下抵回溜,埽体巨大,常作为埽中的主埽。磨盘埽须多用桩绳,多压土石,层层钉实,故费料较多,施工维修较困难。月牙埽是形似月牙的丁厢埽,常用在险工段的首尾,作为藏头埽或护尾埽工。月牙埽比磨盘埽小,亦可抵御正溜及回溜。鱼鳞埽是形似鱼鳞状的丁厢埽,是埽工中最常用的一种,常用于大溜顶冲、河湾险工地段,数段或数十段毗连,头窄尾宽,易于藏头托溜,亦有头尾颠倒者,称倒鱼鳞埽,多用于回溜较大之处。

藏头埽是丁厢埽的一种,修筑在险工段的首端,能掩护险工段下段其他埽的埽头,避免其被水溜冲击。可做藏头埽的有磨盘埽、鱼鳞埽和月牙埽等。耳子埽是位于主埽两旁较小的丁厢埽。形似主埽的两耳,用以抵御上、下回溜,辅助主埽。护尾埽亦是丁厢埽的一种,修筑在险工段末端,能使水溜外移,以防冲刷下游滩岸或堤坡,可做护尾埽的有月牙埽和鱼鳞埽。裹头埽是裹护决口的堤头或挑水坝坝头的埽,一般用丁厢埽做成一段整体,上下再接鱼鳞埽、倒鱼鳞埽。

埽工是中国古代人民长期与黄河洪水做斗争而形成的一种河工建筑物。黄河埽工始于汉代。在北宋以前,埽工技术已十分成熟,黄河两岸埽工的使用已有相当规模,积累了相当丰富的技术经验。宋代是埽工发展的高潮期。北宋前期,黄河下游两岸已修建有 46 处埽工,此后沿河埽工又有增修。元丰四年(1081)以后,黄河两岸埽工增至 59 处。[①] 这些埽工分布于黄河下游两岸的险工地段,多为防洪重点工程。朝廷设有专门的管埽官员,还有完善的埽料准备制度,有详细的制埽程序,并对沿河两岸的埽工进行全面规划设计,朝廷每年按计划拨给埽工修守费用。

为了防洪防汛,北宋时期建立埽料储备制度,要求沿河出产埽料的各州县地方官会同治河官吏,于每年秋后农闲季节,率领丁夫、水工收采埽料,为来年春季施工做准备。宋代使用的是卷埽,卷埽的特点是埽工修成之后,埽体不用长索贯穿固定,而是随黄河河底的冲刷而自由下沉,埽体的基脚不致出现掏空现象。直到清代中期以前,黄河埽工大都属于卷埽类型。埽的形式虽不断变化,但卷埽的做法,大体沿袭宋代的基本程序和主

---

① 徐福龄、胡一三编:《黄河埽工与堵口》,水利电力出版社 1989 年版,第 5 页。

要方法。

明代治水专家潘季驯、清代河臣靳辅一致认为，治河凡于险要之地，皆恃埽工以为守御。埽工优点显著，比如可以缓溜落淤，所用秸料、苇料及柳枝均有弹性与柔韧性，可以随着承重增加而被压实，能较好适应水流特点。水流从埽体穿过时流速减小，泥沙淤填在埽体之中，可以使埽体不漏水，柳埽的缓溜落淤性能更为明显。不同情况下的防险，所用埽工的种类亦不相同，对此靳辅曾说：

> 当风抵溜，其埽必柳七而草三。何也？柳多则重而入底，然无草则又疏而漏，故必骨以柳而肉以草也。御冰凌之埽，必丁头而无横，何也？冰坚锋利，横下埽则小擦而靡，大磕必折也。然埽湾之处，则丁头埽又兜溜而易冲，必用顺埽，鱼鳞栉比而下之，然后可以挡溜而固堤。①

当风抵溜的埽工，物料需要柳七草三，柳枝多沉重而埽工易入河底，然而无草则有疏漏问题，因此埽工以柳为骨，以草为肉，且柳枝遇水则生发，草入水而腐朽，盘根错节的树根对于护堤大有裨益，又省费易办。抵御冰凌的埽工要用丁头埽，埽湾之处要用顺埽，这应是靳辅长期治河的经验总结。

埽工优点颇多。首先，厢修速度快，埽工料物质量轻体积大，若工料充足可在短时间内做出庞大埽工，不受风雨天气影响，可在急流下施工，因而适用于抢险、堵口及截流等紧急情况。其次，埽工就地取材，可由当地百姓筹集，所用工具、设备简单，在生产力不发达的古代可以广泛使用。再次，埽工性柔，埽工适用各种河底情况，不同河底采取相应措施，即可与河底紧密结合。最为重要的是，埽工施工方法由上而下，在河底被水流淘刷后，可松缆绳使埽体随河底冲刷而下沉，高度不足时可在顶部续厢，以适应修埽后的河床变化。

埽工亦有缺点。首先，薪柴经久易于腐烂，需经常维修，只适用临时工程。其次，埽工上宽下窄，重心靠上，埽身体轻，河水涨落较大时发生浮动，易生险情。再次，埽身压土必须适当，压土少不易沉到河底，压土多则引起断绳，造成跑埽。最后，备料必须充分，埽工施工必须一气呵成，不能停工待料，否则险情加速。

由于卷埽体积大，修作时需要巨大场地与大量人工，否则难以施工。

---

① （清）靳辅：《治河奏绩书》卷四《防守险工》，《四库全书》第 579 册，第 720 页。

清代对修埽方法进行改进,经过长期摸索实践,乾隆年间,卷埽逐渐改为沉厢式修埽。乾隆十八年(1724),朝廷正式批准将这种厢埽法用于铜山黄河堵口,进而普遍推广使用,此为埽工技术上的重大改进。沉厢式修埽是用桩、绳把秸料绾束成一个整体,以土压料,松缆下沉,逐层修作,直到河底,即成埽体。做埽时,开始几层上料厚而压土薄,埽体接近河底因过流断面减小,流速增加,水流冲刷力变大,因而采用薄料厚土促其下层。此种做埽方法在清代河工广泛使用,沿用至今。

修埽正料包括薪柴料与土石。薪柴料的主料,一是秸料即高粱秆,性质柔软,要选新的、干的、长的、整齐而带根的,但易于腐烂;二是苇料即芦苇,要选择粗大直长的,其性质大体与秸料相同,但比秸料耐腐;三是"梢料"即树梢,以柳梢为优,最好选用枝条长而鲜柔且带叶者,柳枝虽然不如秸料、苇料柔软,但耐久性好。由于梢料不宜长久堆存,最好随用随采。在埽工薪柴料的选择上,明代和清初多用柳,柳埽入水经一二十年不腐,一般秸埽两三年后即朽坏无存。若柳不充足,则以芦苇代替,芦苇虽不如柳结实,但仍比秫秸优胜,因此柳埽坚固而费省。

二、埽工用料的演变与溃堤加剧之关系

埽工,尤其是大埽长桩在防险方面尤为得力,因此"前贤百计经营于逢湾迎溜之处,设立大埽长桩,与水相抗,其万里奔腾之势,一遇大埽,莫能动摇。则溜势下掣,抉沙而行,埽埽建功,人人奋志,溜走中道,河身日深,克奏肤功,民鲜昏垫"[①]。康熙初年至乾隆年间,凡遇工程仍遵古法,随时增损桩埽,采用硬厢之法,工程颇为牢固。乾隆五十一年(1786)堵闭山安厅汤工,正值冬月水落归槽,几乎没有大溜,为了节省物料,方便做工,因此采用软厢作为一时应变之法。后世一味偷减,以软厢为常法,往往使口岸堵闭功败垂成,河费反而多有浪费。岁修拆厢亦有名无实,春季埽工验收报竣,一至伏秋大汛,埽段接连塌陷,以致文武河员奔走抢救,河堤濒危,国帑物料皆为靡费,甚至所费更多。

关于埽工的演变,清人刘成忠说:"河工之用埽,自汉已然,明潘印川宫保我朝靳文襄公之治河,凡险要之地,皆恃埽以守御,未尝以埽为引溜生工也,亦未尝弃埽而抛砖石也。自用柳改而用秸,而古法于是一变;自横埽尽为直埽,而古法于是又一变。自是以来,愈变愈下,直至今日,而埽遂为利

---

①　(清)盛康辑:《皇朝经世文续编》卷一〇五《工政二·河防一·(清)凌江〈河工桩埽〉》,载沈云龙主编《近代中国史料丛刊》第84辑,第4893—4893页。

少害多之物矣。"①事实确实如此,主料由柳梢变为秫秸之后,埽工朽烂蛰塌增多;横埽变为直埽之后,甚至发生引溜生工的恶果。对于埽工物料的性能,乾隆十九年(1754),两江总督尹继善上奏说:

> 河工料物,柴柳为上,秸次之。柴柳入水耐沤而经久,柳质尤重,压埽沈著有力,入水经一二十年不腐。秸至一二年后朽坏无存,柴不如柳,然犹胜于秸。此皆言镶埽之物,莫良于柳,而草则所以补柳之疏漏也。②

有明一代,埽工主料皆用柳梢,每个高达五尺的埽捆,用草600斤,柳梢360斤,如果柳梢短少,则以苇柴代替,从未使用过秫秸。柳梢为埽工所必需,而且用量极大,顺康年间,为了满足河工对于柳梢的需要,黄河沿岸各州县采取各种植柳措施,主要是协济柳梢,建设柳园。

顺治十年(1653)五月堵住大王庙黄河决口时,由于柳梢缺乏,近河州县一时采办不及,造成摊派扰民情形。许作梅疏称:"今一州县派夫动以数百,派柳动以数万。素不产柳之处,固不能无中生有,即种柳地方,近者采取已尽,远者陆运维艰,恐十钱而不得一钱之用也。臣闻曹、单之间,蓄柳甚盛,年来未动大工,即小有修筑,所需无几,况地近新河,船运可通,或行本地买办,或令募夫采取,省民力而济河工,莫此为便。"③河工需要柳梢,动辄摊派沿河州县,而且数额巨大,运输艰难,可谓劳民伤财,因此许作梅建议沿河植柳,解决河工需柳问题。顺治十六年(1659)正月初八,总河朱之锡奏请建设柳园,疏称:

> 宜责令黄河经行各州县印官,于濒河处所,各置柳园数区,或取之荒地,或近民田,量给官价,每园安置徭堡夫数名,布种浇灌,既便责成,而道厅等官,可以亲诣稽察,秋冬验明,行以劝惩之例。将见数年之后,遍地成林,不但以济河工,而河帑亦可以少节。民力亦可以少更矣。再照官给柳价,每束五分。……照例令印官责成里甲,均采均

① (清)盛康辑:《皇朝经世文续编》卷一〇五《工政二·河防一·(清)刘成忠〈河防刍议〉》,载沈云龙主编《近代中国史料丛刊》第84辑,第4976页。
② (清)盛康辑:《皇朝经世文续编》卷一〇五《工政二·河防一·(清)刘成忠〈河防刍议〉》,载沈云龙主编《近代中国史料丛刊》第84辑,第4977页。
③ (清)王士俊编:《河南通志》卷七六《艺文志五·(清)许作梅〈谨陈河工疏〉》,河南教育司长史宝安督工1914年重印本,第40—41页。

运。……有柳之家,听其转售。如有包揽、指索、扣刻、准折等弊,司道等官力行揭报到臣,以凭参究。①

此后,河南各建成诸多柳园,以备黄河之用。此外,清廷亦有植柳的法令。顺治十三年(1656)规定,滨河州县新旧堤岸,皆要种植榆柳,严禁放牧。各河官员弁栽柳一万株至三万株以上者,分别叙录,不及三千株或者并不栽种者,分别参处。康熙九年(1670),奏准沿河州县选择闲散人等,授以委官名色,专管栽柳,三年分别情况进行劝惩。十五年(1676),议准河官种柳不及数者,免除处分,成活万株以上者纪录一次,二万株以上者纪录二次,三万株以上者纪录三次,四万株以上者加一级,多者照数议叙。二十年(1682),议定武职栽柳照文官之例议叙。分司道员所属官员内有一半因植柳议叙者,纪录一次,全议叙者加一级,令年终题报吏部。

康熙二十二年(1683),朝廷提高了植柳议叙条件,规定河官栽柳成活二万株以上者,纪录一次,四万株以上者纪录二次,六万株以上者纪录三次,八万株以上者加一级,多者照数议叙。分司道员因其属员栽柳议叙之例停止。三十一年(1692)议准,河道堤面宽二丈,留出八尺作为行路,剩余一丈二尺密栽细草,遇有坦坡均栽卧柳。所有这些措施加强了柳树的种植,为埽工物料提供了物质基础。雍正年间,总河齐苏勒上奏说:"治河物料用苇、柳,而柳尤适宜。今饬属于空闲地种柳,沮洳地种苇。应请凡种柳八千株、苇二顷者,予纪录一次,著为例。"②齐苏勒不仅奖励种柳,而且鼓励种苇,有利于河工物料的充裕。

乾隆二十二年(1757),朝廷规定淮徐、淮扬二道所属沿河一带,每年兵丁额栽柳杨数十万株,按年加增,埽工尽可足用,无须借助官民捐栽,所有南河捐栽柳树议叙之例,应行停止,以免冒滥。五十七年(1792),由于河南、山东二省黄河南北两岸河堤,兵夫额栽柳树业已遍布丛密,若继续责令按额栽种,不但新柳细小难以培养,而且旧柳因生长空间有限,反而不能生长畅茂,因此下令停止栽种。事实上,栽柳数额不能仅凭河臣奏报,上报数量与实际存活数量肯定存在巨大差异。嘉庆年间,河工屡次漫堤决溢,埽工需柳颇多,原有柳树很快砍伐殆尽,柳梢变得不敷工用。

由于沿河种柳的旧规废弛,清代河工埽料亦发生重大变化,即秫秸逐渐代替柳梢。非常吊诡的是,这种埽料变化并非始于朝廷废止奖励种柳议

---

① (清)傅泽洪辑录:《行水金鉴》卷四六,第667页。
② 赵尔巽等:《清史稿》卷三一〇《齐苏勒传》,第10621页。

叙、河兵停止栽柳之后，而是始于吏治严苛的雍正年间。早在康熙年间，朝廷大力劝勉河厅弁兵沿河种柳，但河官却将两岸种柳之地改成田亩，出租分肥，朝廷植柳议叙的规制成为虚文。埽工用秫秸见于奏章者，始自雍正二年（1724）河南布政使田文镜。当时一斤秫秸开销银一厘，与此同时朝廷还正式批准山东、河南黄河河工可以用秫秸做埽。此后朝廷再三申明官地种柳之令，但历经乾隆、嘉庆之世，种柳不能真正恢复。乾隆八年（1743），朝廷遂定南河专用秫秸之例。至道光年间，人们竟然不知埽工用柳之说，因而河工无三年不换之埽，全是易柳为秸导致的恶果，不仅使河工经费造成巨额浪费，而且加剧了河患的发生。

高元杰认为，河工物料从柳梢到秫秸的演变，反映了河工对林木植被的沉重压力，展现出黄运地区自然植被的变迁。"在明代，自然植被以及官方栽种的柳株尚能满足河工所需。清初河工繁剧，物料频频告急，除柳株生不足用外，民间和山中杂木也被大量砍伐。柳株的匮乏迫使清廷不得不改用数量更多、更为易得但质量差得多的秫秸。高粱的广泛种植得益于黄、运二河改造下的区域水环境，而河工使用秫秸反过来又一步推动和巩固了高粱在农业生产结构中的种植比例。"①埽工使用秫秸是自然环境变迁之后的无奈之举，又使河工陷入决口与堵筑无休止的恶性循环。

水利学家张含英指出，以秸埽作护岸之用，缺点有六个方面：每年必须加镶，太不经济；秸埽比重太小，易于浮动；若多加土可增加比重，但埽身临水一面不能做成收分，河流易成回溜，刷深埽基；镶埽之处多为被溜淘刷坍塌之坡，则秸埽重心必在上部，极不稳定；埽绳为连络秸料之用，若埽被土压，秸紧而绳失连络之效，易于走失；以土压埽，水来则土易冲去而效失。②因此秸埽大有改良的必要，然而利益所在，积习难除，因为山东、河南一带盛产高粱，秫秸甚多，价廉易取。若用于河工紧急抢险，比较其他方法经济高效。

关于埽工存在的问题，清人蒋湘南说："堤所以束河也，水近于堤与水远于堤，二者孰为便？曰远于堤便。埽所以卫堤也，岁岁修补与一劳而无烦修补，二者孰为省？曰无烦修补省，此不待智者而决也。……东河之费之日增也，自道光元年（1821）至十五年（1835），较嘉庆中已增至一倍，其故皆由于埽之引溜，溜为埽引，新险丛生。救险则益加埽，浮费日以多，经帑

---

① 高元杰：《环境史视野下清代河工用秸影响研究》，《史学月刊》2019 年第 2 期。
② 张含英：《治河论丛·视察黄河杂记》，第 118 页。

日以绌矣。"①以秫秸作为埽工主料,最大的问题是易于腐朽蛰塌,过两三年就要更换,因此导致河费不断激增。埽料演变既是环境变迁使然,亦是侵贪河费利益驱动的结果,河工技术的进步未必会带来河患的减少。

三、从横埽到直埽的形制演变及其弊病

清代埽工的另外一个变化,就是横埽演变为直埽。事实上,治河书上原本没有横埽与直埽之说,但卷埽与捆镶埽应为横埽,因为不横则埽体不能卷,不横则船不能捆。后世埽工皆以秫秸之头向外,自顶至踵,有直无横,一些年老兵弁认为向来如此。事实上,无论镶埽筑坝,皆有丁、顺之分,直者为丁,横者为顺。乾隆四十七年(1782),阿桂堵筑青龙冈漫口,两边进占,由于地势不顺而上奏朝廷,应于上水南首自南钉桩,向北进占,进至七八占后,仍向西进占,这样丁顺做工,较为稳定,即一直一横之谓,此通工之所习闻。关于治河书上所言丁埽、顺埽,刘成忠《河防刍议》说:

> 《治河方略》云,御冰凌之埽,必丁头而无横,何也? 冰坚锋利,横下埽则小擦而靡大磕必折也,然埽湾之处,则丁头埽又兜溜而易冲,必用顺埽,鱼鳞栉比而下之,然后可以挡溜而固堤。又云,抢救顶冲之法,于外滩地内,离堤三四十丈,飞掘丈许深槽,卷做高丈许丁埽,先期埋入。或百丈或七八十丈,下至稍可舒展处为止。若离堤甚近,则即于大溜内先用顺埽保护,一面仍于顺埽外卷下丁埽,均看大溜长短,以定埽个多少。以方略所言,合之阿公之奏,则丁顺即为横直,而今日之直埽,即古之丁埽无疑矣。②

刘氏认为,靳辅《治河方略》所说丁顺即为横直,后世所谓直埽,无疑是古代的丁埽。河工上顶冲大溜这样的险工,每年并不多见,而埽湾造成的险工却颇为常见,埽湾之溜同样能刷塌河堤,而其深不过二丈,但丁埽能兜住大溜,然后才会刷深到三四丈,而顺埽只有二丈,断无掏刷太深之理。因此顺下之埽非卷即捆,卷埽上面必定要加散料,兼以压上大土。埽捆被料土所压,圆者变扁,如果上宽一二丈,底部可至三四丈,下埽后状如坦坡。

---

① (清)盛康辑:《皇朝经世文续编》卷一〇七《工政四·河防三·(清)蒋湘南〈黑冈观砖工记〉》,载沈云龙主编《近代中国史料丛刊》第 84 辑,第 5155—5156 页。
② (清)盛康辑:《皇朝经世文续编》卷一〇五《工政二·河防一·(清)刘成忠〈河防刍议〉》,载沈云龙主编《近代中国史料丛刊》第 84 辑,第 4979—4980 页。

捆镶埽初镶第一坯，亦为平铺，但上面有船加以收拦，其下任其所之，加料加土之后，兼以众人齐跳，愈跳埽捆愈开，愈下愈远，收分较卷埽为大，因此埽湾之溜斜漫而上，或斜拖而下，向前之势汹涌，故而横缚的缆索坚固，在下之力不重，近埽之土无伤，有搪溜之功而无兜溜之害。因此大溜顶冲之外，河工所用皆为顺埽，即横埽。

大溜顶冲是险工中的险工，向来河工失事，多缘于此，必须加倍防护抢险，才能免于满溢。顶冲的产生，或因对岸为嫩滩，兜住溜势，使其不得就下，变而横走直冲河岸。或因鸡心滩外旧有大河，忽然在滩面水涨之时，冲开犹如峡口的一道，而峡愈长则力愈大，从河滩的对面卷地而来，波澜势若排空，而攻击力透底，横直的顺埽以带有千百茎叶的柴柳排列而成，依靠裹肚缆绳与入腹长桩加以钤束，一经顶冲大溜奔注，缆松依附不固，桩橛签钉皆虚，逐浪随流埽捆尽散，即使没有冲散，水力太猛亦必将淘空埽底之土，巨浪一撞埽捆亦翻身入水，大溜势长而埽身短窄，因此溜势虽有收分，但顺埽不足以相抗。

丁头埽则适于大溜顶冲的防御。因为丁埽森然排列，左埽与右埽两两相依，顶冲不能摧折，只是惧怕搜根淘底。用于防御顶冲的丁埽，一般卷至一丈高，长至十丈，或七八丈，以七八丈的长埽挺入河心，大溜能淘深河底三四丈，然后钻入埽底三四丈，又有顺埽承续其后，重关叠键，加上顺直连长，因此能抵御顶冲。但后世丁埽，因为从省缆省工起见，将秫秸散乱抛掷，入河之后并无七八丈之长，只是效法秸根向外，变横为直，屹然如峭壁之立。顺堤绞边以及埽湾之溜为其所逼，往往洄漩而入，将埽捆彻底掀翻，其后又无顺埽，结果造成随溜而走的情形。乾隆中叶以后，东河总督姚立德所谓埽能引溜生工的奏疏，认为非不得已不可以用埽，即是以"丁埽"防御大溜顶冲的结果。事实上，此为埽捆变横为直的恶果。

此外，埽捆依赖揪头绳、滚肚绳牵拉，月余之后即腐朽，因此全赖长桩将埽捆钉入河底加以固定。乾隆三年（1738）五月，河督白钟山上奏乾隆帝说：

> 河防以办料为先务，埽工以桩木为要料，凡岁抢大工，卷下大埽，非密钉长桩，深入老土，无以关束，而资稳固。江南河工，历来杉橛杨桩并用，豫东两省全用杨桩，每年约千百余株，江南每次委员采买，亦不下一二千株。沿河地方杨树殊少，豫省各厅，向在洛阳、偃师、巩县、孟津、济源、孟县、温县等处购买。东省则在城武、定陶等处购买，经部

按照产地距工里数,核定脚价。①

由此可见,从康熙年间至乾隆之初,埽捆皆用桩木。其后由于杨树日渐稀少,采买不易,借桩冒销者多,于是合龙大工不准用桩,而岁修仍用木桩。后世推行丁埽之法,埽前之水深达三四丈,虽有长桩不能到底,而丁埽亦不再使用木桩。埽捆之所以经过风浪击撞而不走,主要是由于木桩加以固定。后世以埽捆浮置堤外河内,中间者还有左右两埽夹辅,而工头工尾的埽捆,溜至即走,此为镶埽不钉长桩导致的恶果。

谚语有云,镶埽无法,全凭土压。这是河工多年不变的通论。软镶是由数寸花土以次递加,至面土三尺而止。埽料改为秋秸后所镶的丁埽,本来容易腐朽,而水又易深,溜到之后往往蛰断两三次,假如埽面土高三尺,屡次蛰断之后,土皆入水被浪淘尽,即使又加三尺料进行补充,也是枉费。河员对于丁埽不压大土,找各种说辞进行辩护,然而埽无土压则轻浮,不能入土而容易出现危险。轻则易动,不能御溜,重则走埽,此为埽捆不压大土之弊。

河工旧用卷埽,有明一代以及清代乾隆以前,皆用卷埽。嘉庆道光年间,河工全用软镶,以为胜于卷埽,大概认为埽料皆着底,没有虚悬偏重之弊,而费用重于卷埽。工员为了省费,于是岁修抢修镶埽,变为推枕镶,用丁而不用顺,无裹肚绳、提脑缆、揪梢缆加以连接,只靠两旁之埽夹住,埽工愈加草率偷减。结果捆镶埽盛行而卷埽废,推枕镶盛行而卷埽更加废弃。一遇顶冲大浪,船不能捆,则无以应之,此为卷埽失传之弊。埽工诸弊并非一朝一夕,要改变各种弊病,必须变丁埽为顺埽,主料使用柳枝,埽工才能历时长久,但河臣目光短浅,加上吏治腐败,改变几乎是不可能的。

第二节　碎石坦坡护埽法和抛砖护岸法的推广

嘉道时期河务废弛,河患频仍,但长期治黄经验的积累,使当时的治水技术仍有较大的提高。最为突出的就是黎世序碎石坦坡护埽法,以及栗毓美抛砖护岸法的推广,在治河效果方面颇为显著。至道光初年,黄河大堤早已"隆堤于天",成为高过周围民居城镇的"悬河",但黄河依旧坚持三四十余年而未发生改道,与碎石工程及砖工护岸的推广,有着非常密切的关系。

---

① 　(清)黎世序等纂修:《续行水金鉴》卷一〇《河水》,第236—237页。

一、黎世序碎石坦坡护埽法的推广

在埽工正料中，柳梢结实耐用，因此朝廷奖励河南、山东沿河地方文武员弁与民人百姓栽种柳树、杨树，效果显著者加以议叙，但河工并未得到实用。乾隆二十二年（1757），朝廷将原定植柳议叙之例停止，责令管河佐杂会同沿河州县，在所属官地选择非盐碱地，无拘定数尽地栽植柳树、杨树，道员不时查点。若葺修培养不利分别严惩，枯槁者勒令赔补，但柳树、杨树的栽种却更见稀少。埽工主料由柳梢逐渐代之以秫秸。

至嘉道年间，埽坝几乎全以秫秸制作，即使厢筑结实，一过二三年亦归于腐朽，因此拆旧换新，劳费无算。而且旧埽数段相连，一经大溜冲刷，同时坍塌，堤工顿成巨险。明清时期，黄河河工以埽工为主，但埽中加有石料，黄河在徐州一带因为距山较近，曾修有石工。黎世序任南河河督时，因见徐州城外黄河石工，凡是埽前抛有碎石之处，工程倍为巩固，岁修省帑省力，而无碎石之处，则坐蛰频仍，险工迭出。嘉庆十七年（1812），黎世序倡议用碎石护埽，将碎石坦坡护埽之法用于通工，但碎石坦坡工程遭到一些人的反对，理由是石性沉重，被溜冲掣中流深处，不能随水漂走，易于挂淤阻塞水流。黎世序对此论调进行了反驳，他说：

> 埽段陡立，易致激水之怒，是以埽前往往刷深至四五丈，并有至六七丈者，而碎石则铺有二收坦坡，水遇坦坡即不能刷，且碎石坦坡黄水泥浆灌入，凝结坚实，愈资巩固。是以凡有抛石之埽，其本段既无蛰塌之患，即上下无石之埽，或至腐朽塌卸，补厢亦易为力，断不至有脱胎抢险之虞。①

南河推广碎石坦坡后河费大为节省，工程大为巩固，南河多年安澜，因此碎石坦坡为河防长治久安之策，这是显而易见的事实。况且历次疏挖引河，挑浚河淤，从未起出石块，更是有目共睹的事实。

碎石坦坡的应用历史悠久，对此包世臣曾说："碎石坦坡，靳文襄公用之于高堰，后纯庙（乾隆帝）饬用之于瓜洲江工，嘉庆初，兰河督用之于黄河石林工。徐心如任徐道时，用之于铜沛，皆有效。然兰止做两段，徐止做四

---

① （清）贺长龄、（清）魏源辑：《皇朝经世文编》卷一○二《工政八·河防七·（清）黎世序〈复奏碎石坦坡情形疏〉》，载《魏源全集》第 18 册，第 485 页。

段。其用之黄河通工者,自湛溪(黎世序字)为督始。"①靳辅治河,将碎石用于修筑高堰。乾隆帝曾饬令将其用于瓜洲江工,河督兰第锡用之于石林工,徐端用之于铜沛,这就为碎石坦坡的应用找到了坚实的历史依据。但石工的使用规模较小,范围非常有限。黎世序之前的河督兰第锡、康基田、吴璥、戴均元、徐端都曾办过碎石工程,有益无弊堪为定论。关于斜坡即坦坡减轻对河水堤岸冲击的重要性,雍正年间总河齐苏勒有着深刻的认识,他说:"黄河斗岸常患冲激,应改斜坡,俾水随坡溜,坡上悬密柳抵之。既久溜入中泓,柳枝沾泥,并成沙滩,则易险为平。"②可见,斜坡可以减轻河水对于堤岸的冲击力,而坡上种柳可以起到护坡挂淤的作用。

道光二年(1822),黎世序提倡将埽前抛护碎石以固坝岸的做法推广到东河河段。其上奏道光帝称:

> 因见徐州一带,凡埽前抛有碎石之处,工程倍为巩固,碎石亦坚立完整,岁修大有节省。其无碎石之处,溜势趋刷,则厢蛰频仍,险工叠出。……连年工固澜安,已著成效,而豫东黄河,从未抛护碎石;是以从前漫决频仍,今东河臣张文浩以及河北道严烺……皆曾任南河道员,深知碎石之益……必须仿照江境工程,方资巩固。……仰恳圣恩敕行东河河臣,体仿情形,一体仿照办理,庶全河普庆安澜,以期仰赞水土平成之盛治。③

徐州黄河近山,开采碎石颇为便利,因此最早在埽前抛护碎石,工程颇为坚固。有鉴于此,黎世序奏请道光帝,在南河通工办理碎石工程,以期南河全境安澜顺轨,并推广于东河河段。

黎世序推广碎石护埽之所以谤语不断,就在于"一由工料减少,贩户不能居奇;一由于游客幕友,见工简物闲,不能帮办谋生,故造作影响之词,远近传播"④。此一语道破了某些人攻击碎石坦坡的真实原因所在。对于黎世序推广碎石坦坡的功绩,《水窗春呓》说:"惟黎襄勤在任十三年,了无蚁

---

① (清)包世臣:《南河杂记中》,载刘平、郑大华主编《中国近代思想家文库·包世臣卷》,第120页。

② 赵尔巽等:《清史稿》卷三一〇《齐苏勒传》,第10622页。

③ (清)贺长龄、(清)魏源辑:《皇朝经世文编》卷一〇二《工政八·河防七·(清)黎世序〈复奏碎石坦坡情形疏〉》,载《魏源全集》第18册,第486页。

④ (清)贺长龄、(清)魏源辑:《皇朝经世文编》卷一〇二《工政八·河防七·(清)黎世序〈复奏碎石坦坡情形疏〉》,载《魏源全集》第18册,第486页。

穴之惊,而公帑节省无算,又倡行碎石以代埽工,实著奇效,使后人遵行之,其功何可殚乎。"①此论甚为公允。

道光四年(1824),高堰溃决,此后黄河河底淤垫加高,洪泽湖水蓄至两丈才能蓄清敌黄,高堰的稳固与安全显得更为迫切,而河督所倚恃的办法,就是大修碎石坦坡。正如河督严烺上疏所言:

> 从前黄河底深,湖水收至数尺,即可外注,堤身不甚吃重。今则湖水必蓄至二丈,始可建瓴而刷黄。以四百里浩瀚之湖水,恃一线单堤为之护,西风冲击,势必溃决。拟仿成法,于堤外筑碎石坦坡,护堤既固,则湖水可蓄。②

洪泽湖浩瀚广阔达四百里,依靠一线长堤蓄水高达两丈,因此堤堰的坚固就显得颇为重要。不然,运河体系面临着崩溃的威胁,而且淮扬一带百万生灵,面临着化为泽国的灾难,在长堤之外修筑碎石坦坡,就成为救命稻草。

严烺任东河总督时,即仿照南河埽前抛护碎石的做法,在武陟马营挑坝试用碎石。道光五年(1825),河南境内河工处处险象环生,黄河南岸兰仪厅兰阳汛处所,河面狭窄,从前漫工时开挖引河,北岸挑积土山复行壅滞,溜势全注南岸,原有柴坝工程难以抵御。再者河南境内黄河大堤多系沙土,风蚀日剥,不能专恃为固,堤单而以埽护之,埽陡而以石护之,在迎溜最险之处抛护碎石,使堤埽更加坚固。因此东河总督张井上奏道光帝,请求仿照南河抛护碎石之法,以期工固澜安,结果先行抛护柴坝四埽、九埽、十一埽险要地段。这样抛护碎石由南河推广到东河,其应用日益广泛。

道光十二年(1832),林则徐任东河总督时,鉴于黄河埽工常被大溜淘刷严重,修守困难,认为"碎石斜分入水,铺作坦坡,既可以维护埽根,并可纾回溜势",可以达工固安澜的目的,因此推广碎石护埽工程。道光二十一年(1841),林则徐参加黄河的张湾堵口工程,曾在合龙埽前用碎石抛护。

抛护碎石使堤埽更加坚固,可为确论。每遇险工紧急之时,没有厢护的堤埽时常发生坍塌溃败,而抛护碎石的堤埽则不至于溃塌,因此减少了黄河的漫溢决口。道光年间,黄河频岁安澜,实赖碎石之功,但东河某些河段附近无山,采运碎石路途遥远,每方价格倍徙,难以多办,一定程度上影

---

① (清)欧阳兆熊、(清)金安清:《水窗春呓》卷下《河防巨款》,第64页。
② 赵尔巽等:《清史稿》卷三八三《严烺传》,第11648页。

响了碎石护埽的推广。此外,碎石工程不能用于修筑运河河堤以及时筑时拆之坝,因为运河身窄溜急,唯恐冲刷至河心,影响漕船航行。此外,需要拆掉的闸坝,也不适合用碎石,如果拆不干净,容易阻塞河流。

二、栗毓美抛砖护岸法与砖工推广的顿挫

砖可以用为河工物料,始见嵇曾筠《河防奏议》。对此,学者蒋湘南记述说:"砖之宜用,始见于嵇文敏之河防奏议,如曰,土石性难于联属,以砖贴土,诚有妙理,是盖以砖衬石,而融洽于土。非直用砖工以挑溜也,今则应手奏效,确有把握矣。"[1]但大规模推广抛砖护岸法,则始于道光十五年(1835)东河总督栗毓美在河南原武以砖块堵住串沟。栗毓美,字朴园,山西浑源州人。早年长期在河南任地方官,如武陟知县,光州知州,汝宁、开封知府,河南粮储道,开归陈许道,河南布政使等,河南是黄河河患颇为严重的地方,因此出任河南地方官为栗毓美熟悉治黄问题奠定了基础。

嘉庆二十四年(1819)九月,黄河在河南马营坝决口,朝廷兴办大工,身为开归陈许道的栗毓美亲历其事,了解河工事务及其利弊得失。在任河南布政使期间,道光十二年(1832)八月,祥符下汛十三堡河堤蛰塌五十余丈,河督吴邦庆驻守马营,未能及时赶赴现场,栗毓美奉河南巡抚檄文,前往视察,在十二堡湾堤抢筑柳坝,不数日水患全除。河督吴邦庆上奏朝廷赞美栗毓美的治河功绩,有"不动声色、化险为平"[2]之语,道光帝知栗毓美有治河之才,至道光十五年(1835),任命栗毓美为东河总督。出任河督之后,栗毓美勤于询访熟悉河务的河兵,考察黄河沿岸的地势水脉,以及前任河官处理的河务是否得当。

黄河在历史上决口频繁,一般发生在夏季洪水期,河水因降雨量大而集中,导致汛期水位高涨,容易造成漫口和溃决;中水时期如果溜势集中,也容易造成冲决;小水时期如果出现横河,河势入袖,也会发生严重的决口。历史上的黄河决口并非每次都在汛期,有时在未入汛期的阴历四五月间,或者阴历九月霜清以后的中小水时期,皆有黄河决口的记载。当代水利专家徐福龄谈到黄河决堤问题时说,嘉庆八年(1803)九月十三日,黄河在河南封丘衡家楼决口,其实衡家楼一带为平工段,"外滩宽五六十丈至一

---

[1] (清)盛康辑:《皇朝经世文续编》卷一〇七《工政四·河防三·(清)蒋湘南〈砖工记〉》,载沈云龙主编《近代中国史料丛刊》第84辑,第5153页。

[2] (清)盛康辑:《皇朝经世文续编》卷一〇七《工政四·河防三·(清)蒋湘南〈砖工记〉》,载沈云龙主编《近代中国史料丛刊》第84辑,第5154页。

百二十丈……因河势忽移南岸生湾,挺持河心,逼溜北移,河身挤窄……塌滩甚急,两日内将外滩全行塌尽,浸及堤根"①。此次黄河决口,就是因为发生了横河,抢护不及而造成一次严重的决口。因此堵塞串沟、斩断横河至为重要。

嘉道时期,河南境内黄河北岸自武陟至封丘二百余里,南岸祥符下汛至陈留六十余里,地势低洼,积水往往形成串沟。串沟是在堤河之间的断港积水,久而久之沟首受河,而沟尾入河,于是串沟遂成支河,因而远堤十余里之河变得切近堤身,往往溃堤,久为河患。而堤河相远之处平素无工无料,因此无工处所常生至险之工,一般人们难以察觉,等到觉察往往造成溃堤大患。

道光十五年(1835),栗毓美出任东河总督之后,泛舟查河,发现黄河北岸原武汛串沟受水,口已宽三百余丈,行四十余里至阳武汛,沟尾复入大河,又合沁河及武陟、荥泽滩水一起汇集于河堤之下,而此处为无工处所,因此没有秸料、碎石可用,而石堤南北皆水,不能取土筑坝,河工文武官员惶惶无措。栗毓美于是收买民砖,在迎溜顶冲处抛成砖坝,涨势愈为收缩,口门收至五六丈,拔采大柳枝横塞河中,砖如雨下,经过四十余昼夜,成砖坝六十余所。砖坝垒垒高出水上,大溜立即外移,在工者惊呼栗氏为神。工程刚刚完竣就风雨大至,支河首尾溃决数十丈而堤岸毫无损伤,这次工役节省帑项无算,沿堤居民欢呼相庆。

自此之后,栗毓美深知砖工可用,认为土工、石工、埽工之外,应该增加砖工以备急需。又考虑到砖工未必随地适宜,因此奏请试行砖工。之后又在原阳越堤、黄沁厅拦黄堰、上南厅杨桥坝、卫粮厅、祥河厅、曹河五厅以及南岸黑冈试用砖工,凡不可厢埽、不能厢埽之处,投之以砖,其挑溜迅捷,无不应时,成效显著。之后每有兴工,物料以砖加碎石及秸埽,河费大大减少,数年之间节省河费一百三十余万两,而工程却更加巩固。栗毓美又在原阳越堤、拦黄堰以及黄河南岸黑冈使用,皆颇有成效,于是奏请一千砖为一方,每方价格六两,同时减少采买秋秸、石料银,兼备砖价。此中道理,正如栗毓美所说:

> 护堤之法,率用秸埽,然埽能压激水势,俯啮堤根,备而不用,又易朽腐。至碎石坦坡,惟巩县、济源产石较近,而采运已艰。河工失事,

---

① 徐福龄:《对"堤防不决口"的一些思考》,载王明海主编《科技治黄大家谈》,黄河水利出版社 2004 年版,第 19 页。

多在无工处所……河势变迁不常,冲非所防,遂成决口。砖则沿河民窑终岁烧造,随地取用,不误事机。且砖及碎石,皆以方计,而石多嵌空,砖则平直,每方石五六千斤,而砖重三分之一,一方石价购砖两方,而抛砖一方当石两方之用。其质滞于石,故入水不移,坚于秸埽,故入水不腐。又工不能筑坝水中,砖则能水中抛坝,即荡成坦坡,亦能缓减急冲,化险为夷。①

栗氏认为,以埽工护岸,最大的问题就是秫秸易于腐朽,一两年后需要加厢修缮。而且埽工既能挑溜亦能引溜,引溜则掣动全河,其危险情状更不可问,即使幸保河堤无虞,而要沿堤厢埽亦物力为难,兵役尤难并力协作。碎石坦坡效果颇佳,但河南黄河沿岸无山,多不出产碎石,难以推广。河工失事,多在无工无料的处所,嘉庆二十四年(1819)马营坝决口,河工员弁想要补堤而不得碎石,因此栗毓美深知用埽不如抛砖,而且收砖易于运石。砖则民窑可以终年烧造,可以随用随烧,不会因为无料贻误抢险,且砖比碎石的价格便宜,一方石价购买两方砖,而砖坝效果不亚于石坝,因此抛砖护岸不仅减少河工失事,而且河费大为节省,甚至可省数十万、上百万官银。

道光十六年(1836)四月,著名学者蒋湘南路过济宁,到官署拜访栗毓美,详细了解砖工的始末,认为砖工应为河工一大转机。砖工取材便利,且坚固程度远远超过埽工,亦颇为适合河南黄河两岸的地理环境。对此,蒋湘南的分析可谓鞭辟入里:"河滨之土皆淤沙,濡水辄涣,故用土不如用砖,砖虽不坚于石,然石滑多罅不溜淤,且性沈易陷,砖则受淤而弥缝其隙,淤愈积,挑溜愈捷。故护埽以石,水仍在埽根,筑坝以砖,水退至坝外者此也,且夫人知埽之能卫堤,而不知埽之能引溜。溜本平也,埽引之而侧注;溜本浅也,埽引之而刷深。溜本在中泓也,埽引之而迫近堤岸,补旧厢新,劳费无已。前人明知之而不能去者,岂非以埽之外别无良法乎?……巡视南北两岸,砖工屹立者,旧埽即无上提下坐之病。于以固工节帑,使堤防免冲决之虞,田庐少淹没之患,催科无加价之累,其殆河工之一转机哉?"②河南黄河沿岸土质沙性,碎石稀缺,土坝不结实,石坝建设维艰,埽工更是容易蛰

① (清)盛康辑:《皇朝经世文续编》卷一〇七《工政四·河防三·(清)梅曾亮〈栗恭勤公传〉》,载沈云龙主编《近代中国史料丛刊》第84辑,第5148—5149页。
② (清)盛康辑:《皇朝经世文续编》卷一〇七《工政四·河防三·(清)蒋湘南〈砖工记〉》,载沈云龙主编《近代中国史料丛刊》第84辑,第5152—5153页。

塌,显而易见砖工优于石工与埽工。

由于砖工屡见成效,因而栗毓美奏请设窑烧砖,推广抛砖护岸法。御史李莼上疏言砖坝之害。栗毓美上疏争辩说:

> 豫省历次失事,皆在无工处所。堤长千里,未能处处筹备。一旦河势变迁,骤遇风雨,辄仓皇失措。幸而抢护平稳,埽工费已不赀。……查北岸为运道所关,往者原阳分溜,几掣动全河,若非用砖抛护,费何可数计? 今祥符下汛、陈留一汛滩水串注,堤根形势,正与北岸同。滨河士民多有呈请用砖者,诚有见于砖工得力,为保田庐情至切也。……自试办砖坝,三年未生一新工,较前三年节省银三十六万。盖豫省情形与江南不同,产石只济源、巩县,采运维艰。砖则沿河民窑不下数十座,随地随时无误事机。……上年盛涨,较二年及十二年尤猛迅,砖坝均屹立不移。仪睢、中河两厅,河水下卸,塌滩汇坝,抢镶埽段,旋即走失,用砖抛护,均能稳定。是用砖抢办险工,较镶埽更为便捷。……现在各厅无工之处,串沟隐患,必应未雨绸缪。若于黄、沁下南豫储砖块,则可有备无患。[1]

道光帝深知栗毓美忠实可用,而且筹划周密,因此支持了栗毓美的意见。河南黄河之所以屡次失事,一个重要因素就是不产苇柴,亦无石料可用,一旦出现险情则因无料而束手无策。以砖工代替埽工,优点在于砖工比埽工结实,烧砖可以就地取材,成本低廉,贮存保管安全便捷。

栗毓美推广砖工,那些眼见黄河安澜、物料将会落价的既得利益者,立即造谣非议砖工:"而一时之不愿用砖者,则谓砖可以挑浅溜,不可以抵大溜;可以济缓用,不可以济急用;可于将生未生之险预防先事,不可于已生已成之险,立转危机。"[2]道光十七年(1837)三月,蒋湘南曾亲自到黑冈参观砖工,心中的疑惑顿时释然。黑冈距离大梁上游二十里,为保障大梁的安全,以前河臣皆以黑冈为要工,所厢之埽旋厢旋蛰,黑冈尤为严重。栗毓美采用砖工法,筑成大小砖坝数十座,堤前之水尽涸,对岸之滩不切而自陷,大梁官民恃砖工为安堵。对于埽工与砖工的优劣,栗毓美曾经加以对比说:

---

① 赵尔巽等:《清史稿》卷三八三《栗毓美传》,第11655—11656页。
② (清)盛康辑:《皇朝经世文续编》卷一〇七《工政四·河防三·(清)蒋湘南〈砖工记〉》,载沈云龙主编《近代中国史料丛刊》第84辑,第5154页。

从前治河用卷埽法,并有竹络、木囤、砖石、柳苇。自用料镶埽,以秸料为正宗,而险无定所,亦无一劳永逸之计。缘镶埽陡立,易激水怒。其始水深不过数尺,镶埽数段,引溜愈深,动辄数丈,无工变为险工。溜势上提,必须添镶。溜势下坐,必须接镶。片段愈长,防守愈难。新工既生,益形劳费。埽工无法减少,不得已而减土工,少购碎石,皆为苟且因循之计。自试抛砖坝,或用以杜新工,或用以护旧工,无不著有成效。且砖工不特资经久,而堆储亦无风火堪虞。从此工固澜安,益复培增土工,专用力于根本之地,既可免漫溢之患,亦保无冲决之虞。①

埽工最大的缺陷就是容易朽烂,必须经常加厢补救,造成险工迭出,而砖工的优势在于坚固耐久,新工、险工不断减少,而且就地取材,成本低廉。

对于栗毓美的砖工,陈康祺《郎潜纪闻二笔》说:“河工之筑坝护堤,以砖代石,自栗恭勤公始。是后每有大役,碎石秸埽,工用大减,数年省官银百三四十万两,而工益坚。自奏为定例,省费更不可胜算矣。然公于河,实殚竭心力,体验入微。平居河势曲折,高下向背,皆在其隐度中。……任事五年,河不为患,官吏皆庆为天幸。然前公任三年,河决祥符,公卒一年,南岸决,逾年又决。然则岂非人事哉?”②栗毓美任东河总督五年,河工每有风雨,堤工危险,必定亲临工所,河道的曲折、高下与向背,皆了然于胸,由于抢险物料预备充足,有备无患,河决漫溢大为减少。道光二十年(1840),栗毓美卒于任上。

值得一提的是,黄河下游河道滩区是河道的主要组成部分,约为河槽面积的两倍。滩地颇为广阔,有纵横比降,河水漫滩后冲成纵横串沟,串沟互相联通,最后汇集成堤河,顺堤行洪,容易发生险情,严重时串沟夺溜形成滚河,造成黄河决口。道光二十一年(1841),栗毓美卒后一年,河南开封一带大堤距河约三公里,河滩宽广,结果洪水漫滩,串沟夺溜,将黄河大堤冲开,造成开封城被淹。滩区较大的地方形成纵向串溜,在大河坐弯顶冲之处有发生夺溜的危险。历代治河皆反对与水争地,但在很多情况下,与水争地的并非河督的治河设施,而是沿岸地区的百姓对耕地的强烈需求。由于地狭人稠,在滩区经常有沿河百姓耕种居住,修筑民埝,对堤防造成很大危害,朝廷多次严加禁止民埝的修筑,却屡禁不止,因此大力整饬滩区民

---

① 赵尔巽等:《清史稿》卷三八三《栗毓美传》,第 11656—11657 页。

② (清)陈康祺:《郎潜纪闻二笔》卷一六《栗恭勤殚心治河》,中华书局 1984 年版,第 626 页。

埝和串沟,防止沿堤行洪所造成的冲决危险,至关重要。

第三节　闸坝技术、引河开挖与引黄放淤

清代河工防险的办法,无外乎重堤、埽工、闸坝与引河。关于四者之间的关系,清代曾任河南候补道的刘成忠曾说:"自来防险之法有四:一曰埽,二曰坝,三曰引河,四曰重堤。四者之中,重堤最费而效最大,引河之效亚于重堤,然有不能成之时,又有甫成旋废之患,故古人慎言之。坝之费比重堤、引河为省,而其用则广,以之挑溜则与引河同,以之护岸则与重堤同,一事而二美具焉者也。埽能御变于仓卒而费又省,故防险以埽为首,然不能经久,又有引溜生工之大害,就一时言,则费似省,合数岁言,则费极奢矣。"①在此,刘氏分析了四种防险方法的利弊得失:千里重堤防险效果最好,但费用极高;引河效果次于河堤,还有旋挖旋废的隐患;闸坝较堤防、引河为省,可以挑溜亦可护岸;埽工用于堵口,费用较省,但容易腐朽且不能持久。堤防与埽工前面已有研究,下面主要论述清代闸坝技术的进步与引河的挑挖。此外,黄河泥沙一直是治黄的核心问题,而引黄放淤技术在清代已颇为成熟,在此一并进行研究。

一、水坝技术进步与挑坝逼溜在河工上的应用

河流两岸以筑堤来束缚河水,防止洪水泛滥成灾,河的中心有一道深漕,也称主槽,是河水宣泄的主要渠道,所谓调整河槽,就是按照河水的自然流势,修筑必要的河工工程,使主槽相对固定、合理,而不至于有较大幅度的摆动,以此控制河床冲积深浅的趋势,减缓泥沙淤垫的速度,改善航运条件。清代调整河槽的主要措施是建筑各种水坝与开挖引河。水坝属于河道整治工程当中的治导建筑物,如顺坝、丁坝、潜坝、锁坝用来调整河床,引导水流借以造成断面和流速等,均能适应防洪、航运、引水等要求,从而形成比较稳定的新河槽。关于水坝的作用,清人刘成忠说:

> 挑溜固堤之方,莫善于坝。坝者,水中之断堤耳,而其为用,则有倍蓰于堤者。堤能御水,不能挑水,且所御者为平漫之水。镶之以埽,护之以砖石,然后能御有溜之水,然止于御之而已,终不能移其溜而使

---

① (清)盛康辑:《皇朝经世文续编》卷一〇五《工政二·河防一·(清)刘成忠〈河防刍议〉》,载沈云龙主编《近代中国史料丛刊》第84辑,第4963页。

之远去也。坝之为制,斜插大溜之中,溜为坝阻,转而向外,既能使坝前之堤无溜,又能使坝下之堤无溜,十丈之坝,能盖二十丈之堤,因而重之。以次而长,二坝长于头坝,三坝长于二坝,坝至三道之多,则大溜为其所挑,变直下为斜射,已成熟径,终不能半途而自返,非独六七十丈之内无溜,即二三百丈之内亦无溜矣。①

刘氏认为,水坝相当于河中的"断堤",但与堤相比,水坝最重要的功能就是可以挑溜,引导水流方向。而且护堤范围远远超过河堤数倍,因此水坝在防洪护堤方面颇为重要。坝的种类颇多,其中顺坝、丁坝、挑水坝与格坝最为重要。在河道整治工程中,顺坝是一种大致与河岸平行的治导建筑物,上游的一端可连接河岸,下游的一端与河岸间留有缺口或与河岸连接,所用材料一般为梢料、沉排、木笼、块石等。位置大都设在计划的新岸线上,与流向平行。其功用是造成新岸,约束水流,冲深坝前河槽,以及引导水流,保护旧岸岸滩。顺坝可使水流平顺,并削弱水流对河岸、堤脚及其他建筑物的冲刷作用。光绪年间曾任东河总督的吴大澂,将建坝与筑堤、镶埽的治河效果进行对比,指出:

> 筑堤无善策,镶埽非久计,要在建坝以挑溜,逼溜以攻沙。溜入中洪,河不著堤,则堤身自固,河患自轻。厅员中年久者,金言咸丰初荥泽尚有砖石坝二十余道,堤外皆滩,河溜离堤甚远,就坝筑埽以防险,而堤根之埽工甚少。自旧坝失修,不数年废弃殆尽,河势愈逼愈近,埽数愈添愈多,厅员救过不遑,顾此失彼,每遇险工,辄成大患。河员以镶埽为能事,至大溜圈注不移,旋镶旋蛰,几至束手。臣亲督道厅赶抛石埝,三四丈深之大溜,投石不过一二尺,溜即外移,始知水深溜激,惟抛石足以救急,其效十倍埽工,以石护溜,溜缓而埽稳,历朝河臣如潘季驯、靳辅、栗毓美,皆主建坝逼溜,良不诬也。②

吴大澂认为,治河当中挑溜最为重要,只有大溜直走中洪,才能保障河堤安全,而各种水利工程中,建坝是挑溜最有效的方式。旧坝废弃后,大溜逼近河堤,河员只知镶埽而不建坝,但埽工旋镶旋蛰。只有在建坝挑溜基

---

① (清)盛康辑:《皇朝经世文续编》卷一〇五《工政二·河防一·(清)刘成忠〈河防刍议〉》,载沈云龙主编《近代中国史料丛刊》第 84 辑,第 4971 页。

② 赵尔巽等:《清史稿》卷一二六《河渠志一·黄河》,第 3759—3760 页。

础上镶埽,才能达到良好的治河效果。治河名臣潘季驯、靳辅、栗毓美皆是如此。

　　丁坝亦是一种治导河流的水工建筑物,坝根与旧河岸相连,坝头伸达或逐条延长至计划新岸线。多系成群建筑,常用的材料为梢料、沉排、木笼、土石料等。坝轴线和水流方向正交或向上、下游斜交,分别称为正挑、上挑或下挑丁坝,两座丁坝之间称为"坝田"。为了使泥沙加速淤积,在丁坝的坝头加建与水流方向平行的短坝,称为钩形丁坝。如用来挑溜离岸,借以保护河岸的,称为"挑水坝"。丁坝的功用在使坝田淤积,逐渐造成新岸线,并使新岸线外的河槽冲深。在海岸的护岸保滩工程中,也常采用丁坝。

　　挑水坝是黄河上常用的一种护岸丁坝,其轴线与水流斜交,方向须略向下游,用埽工或石料做成。主要功用是挑开大溜,保护下游堤段。在堵口时,也常在口门的上游建挑水坝,逼流入引河,以减少流向口门的水量。比较短的挑水坝称"矶头"。格坝亦称"格堤",是与顺堤大体垂直并连接河岸的小型堤坝,用以切断或削弱该区域的纵向水流,防止顺堤和缕堤背后被冲刷,并促进泥沙落淤。格坝分坝顶过水和不过水两种。坝顶不过水的高格坝,使顺坝内外的水增加交流机会,落淤较快,而且均匀。坝顶过水的低格坝,落淤多集中于靠近上游几个格坝之间。格坝通常为轻型建筑物,低格坝下游面的坡脚必须设法保护,以免被漫顶水流冲毁。高格坝的构造和丁坝、顺坝相仿。对于不同水坝的功用,清人刘成忠说:"若夫欲水之归槽,则筑长坝以逼之;欲河之中深,则作对坝以激之;一切作用,皆出于坝,坝之功效大矣哉!"①

　　在水坝修建过程中,闸门高度适宜颇为重要,雍正年间已经使用仪器测量地势高度,而且颇为精准。河督齐苏勒上奏说:"仪器测度地势,于河工高下之宜甚有准则。今洪泽湖滚水坝旧立门槛太高,不便于泄水。请敕诸臣绕至湖口,用仪器测定,将门槛改低,庶宜防有赖。"②清代在河工建筑中,已经使用测量仪器来规划滚水坝的口门高度,使之更为科学、合理。

　　黄河最大的问题就是河水混浊,水流湍急,泥沙含量大则善淤,湍急则水流易于回旋,形成"南岸坐湾,则北岸顶溜;中间平流,则淤浅无泓"的危险情况。出现这一局面,"坐湾顶溜之处,非大堤所能抵御,厢做埽工,随溜

　　①　(清)盛康辑:《皇朝经世文续编》卷一〇五《工政二·河防一·(清)刘成忠〈河防刍议〉》,载沈云龙主编《近代中国史料丛刊》第84辑,第4972页。
　　②　赵尔巽等:《清史稿》卷三一〇《齐苏勒传》,第10621页。

斜下,溜势偶改,各湾同变,节节生工,耗费无算。……夫水德旺于冬,归槽之后,其质已清,其流更驶,又土性温酥易刷,水势浅落易制,以坝导溜,逐渐减工,工减则险减。是故能言治河者,用心力于霜后,及汛至则恬然如无事者"。① 对付黄河上的坐湾顶溜,大堤与埽工往往无济于事,溜势一旦发生变化,甚至出现节节生工、处处生险的局面,最好的办法是在水落归槽之后,以筑坝导溜来减少险工。

清代由于通运转漕的需要,黄淮运的治理往往是一体化的,其中运河畅通是一个动关国计民生的战略目标。黄河含沙量世界第一,是最难以治理的河流,它既夺淮入海使淮河下游水系混乱糜烂,又成为威胁运河畅通的死敌。而淮河则成为"蓄清刷黄"的工具,全部河水储蓄于洪泽湖,成为一条没有下游的被腰斩的河流。关于黄淮运的关系及其治理方略,包世臣有一个全盘统筹规划的认识,其言:

> 河身深则安澜,浅则成事;下游深则安澜,浅则成事。河槽窄则流急而深,宽则溜缓而浅,此理易明也,此效易致也。故霜降水落之后,通测黄河身深二丈以上,而海口倍之,则黄治矣;通测引河深丈五尺以上,而清口倍之,则黄治矣;通测引河深丈五尺以上,而清口倍之,则淮治矣;通测运河深丈以上,而江口倍之,则运治矣。若上下皆深,中间一段独浅,此而不治,则成事在即。自海口不畅而黄淤,成事一处,则陡淤百余里,虽挑浚新河不还旧观也。黄淤水高,而清口倒灌,于是运河淤,甚者且淤入湖。然清口之淤,引河之淤,运河之淤,皆可煞坝挑浚,而黄河之淤非人力所及。②

包氏此言颇有远见卓识。治黄的核心问题就是泥沙问题,由于淤积严重,在清代黄河下游多处形成地上河,造成频繁的决口泛滥。因此黄河必须保持主槽深通,槽深溜急才能消除泥沙淤积,黄河顺轨才能避免倒灌清口,淮河、运河才能得以治理。此外,清口、引河、运河淤积可以人力挑挖,而黄河泥沙确非人力所为。但包氏设定的黄河、淮河、运河与引河的宽深丈尺,很难通过科学的手段进行数据上的控制。这些论断大多停留在水利

① （清）包世臣:《答友人论治河优劣》,载刘平、郑大华主编《中国近代思想家文库·包世臣卷》,第108页。
② （清）包世臣:《策河四略》,载刘平、郑大华主编《中国近代思想家文库·包世臣卷》,第94页。

科学的定性分析上,而不是定量分析。

治沙是治黄当中最难以解决又必须解决的问题,而黄河泥沙的解决,并非人力可为,必须要借助河流自身的力量,正如包世臣所言:"黄河之淤非人力所及。法唯相度水势,槽宽溜缓之处,镶做对头束水斜坝,以逼其溜,使冲激底淤,节节逼之,则淤随浪起而淦更重,淦重则积淤更易刷矣。"① 在包氏看来,解决黄河泥沙淤积,必须镶做对头束水斜坝,以逼溜刷淤。潘季驯的"筑堤束水"可以防止溃决,只可谓防河而谈不上治河,因为泥沙沉积很快就会使黄河成为地上河,形成"隆堤于天"的危险局面,无论如何加高加固河堤,溃决漫溢亦在所难免。相势筑坝,逼溜深槽,冲刷淤积的黄河泥沙才称得上"治河"。对于"设坝以作溜势",包世臣说:

> 夫河之败,不败于溃决四出之日,而败于槽平无溜之时。河性激而善回,深与回常相待也。槽浅则溜不激,水无以回而为淤,浅者益浅,激者益平。河性怫矣,能毋怒乎? 怒而无以待之,则必成事。成事则河底垫高。……故能言治者,必导溜而激之。激溜在设坝,是之谓以坝治溜,以溜治槽。②

治理黄河必须设坝激溜,以坝治溜,以溜治槽,所谓"溜非坝则不激,故治溜以坝;槽无溜则不深,故治槽以溜"。设坝逼溜,就可以刷深河槽,并使之相对固定,减缓地上河的形成速度,保障黄河顺轨安澜。

关于设坝的位置,如果设坝的位置有问题,不但不能起到激溜导溜的作用,甚至可能因坝生险。因此设坝必须"相势",即"相溜势之所值",不然筑坝无效,比如建坝于无溜之处,则毫无效果。"设坝以御溜,然必有溜而后可以坝激之。若设于溜势不到之处,收置埽于软淤之上,平漫之水,遇坝而止,淤垫更甚。所谓溜不争而淤争之,是弃坝也"。③ 筑坝必须在工段的上游,如果坝前水深而中泓仍然浅,则以斜坝挑溜归于中泓。因此,设置坝基必须得当,才能起到挑溜深河的作用。此外,包世臣还研究筑坝出险的一些情况:

---

① (清)包世臣:《策河四略》,载刘平、郑大华主编《中国近代思想家文库·包世臣卷》,第94页。

② (清)包世臣:《说坝一》,载刘平、郑大华主编《中国近代思想家文库·包世臣卷》,第111页。

③ (清)包世臣:《说坝一》,载刘平、郑大华主编《中国近代思想家文库·包世臣卷》,第111页。

　　挑坝逼溜,溜势当于坝外直下。若绕坝内转,横入伤滩。此而不治,渐成倒钩,便妨入袖。治此之法,惟有就坝头再进占,挑溜头外出。若坝基单薄,难任大占,则须于坝外,镶做边埽,帮宽坝台,则免溜提搜后之患。溜提至无工之所,旧工弃,新工生,是糜费。①

　　在包氏看来,如果溜势绕坝内转,形成倒钩,串入支河,解决之法就是坝头进占,将溜头挑出,若坝基单薄,还要厢埽加宽坝台,但将溜势提到无工处所,就会增添新工,更为糜费钱粮。应该指出的是,当时科学技术落后,设置坝基全凭河臣的个人经验加以判断,失误在所难免,加上河势变化无常,因此想要达到设坝逼溜的效果,颇为困难。一旦河势变化,所设之坝往往失效,甚至形成新的险工。对于逼溜深河的对坝的正确修筑方式,包世臣说:

　　自缕堤多废,而河身始有坐湾,一岸坐湾,则一岸顶溜,两处皆成险工,岁费无算。宜测水线得底溜所直之处,镶做挑水小坝,挑动溜头,使趋中泓,而于溜头下趋之对岸,复行挑回,渐次挑逼,则河槽节次归泓,而两岸险工可以渐减。②

　　关于挑水坝的镶做,是包世臣的发明创造。嘉庆十七年(1812),黎世序出任南河总督,多采纳包氏的河工建言,筑对坝以逼溜,开始用于黄河工程,效果颇为显著。但是对坝逼溜容易出现险工,于是抛碎石护岸,由于碎石效果显著,对坝逐渐废弃。事实上,碎石只能护岸,不能逼溜深河,因为"盖碎石斜分入水,能挑溜头,故足止急淤攻埽之险。然不能激溜,故无刷淤之功。坝于水面激溜,溜被激而争坝,回旋彻底,故淤随溜起,用各不同,未可偏废"。③ 碎石与对坝的作用并不相同,不可偏废。

　　在清代,蓄清敌黄为河务一大关键,而"蓄清"全赖湖堤,一旦溃堤则清水泄枯,重运漕船经临则无水以资浮送。若借黄济运,则担心运河窄浅,黄

---

① (清)包世臣:《说坝一》,载刘平、郑大华主编《中国近代思想家文库·包世臣卷》,第112页。

② (清)包世臣:《策河四略》,载刘平、郑大华主编《中国近代思想家文库·包世臣卷》,第94页。

③ (清)包世臣:《说坝二》,载刘平、郑大华主编《中国近代思想家文库·包世臣卷》,第113页。

河之水湍急枭悍，多则运河不能容纳，少则必致胶浅涸舟。因此，河督严烺上奏朝廷，打算在御黄坝外建坝三道，钳束黄流，使得黄水有所节制。又添筑纤道以资束水行纤。其言："里、扬两厅长河挑挖淤浅，帮培堤身，并豫储料物，随时筑坝，逼溜刷淤。御黄坝未启，则先挑高堰引河，导清水入运；将启，则严堵束清，杜黄水入湖。至修复湖堤，必乘天寒水涸，取土较易。拟就近采料，限大汛前砌高十层，备湖水渐长。"①清口挑溜深河，更加依赖筑坝。各种水坝在清代黄、淮、运的治理工程上皆有广泛应用。道光十三年（1833），麟庆疏陈筹办南河情形，略曰：

> 近年河湖交敝，欲复旧制，不外蓄清刷黄。古人引导清水，三分济运，七分刷黄，得力在磨盘埽。自废弃后，河务渐坏，拟规复磨盘埽旧制。洪泽湖水甚宽，高家堰工绝险，各坝多封柴土蓄水，盛涨启放，辄坏坝底，糜费不赀。应仿滚水坝成法，抬高石底，至蓄水尺寸为度。山圩五坝暨下游杨河境内车逻等坝，一遵奏定丈尺启放，水定即行堵合。至黄河各工，当体察平险，节可缓之埽段，办紧要之土工。一切疏浚器具，只备运河挑挖。若黄河底淤，非人力所能强刷，惟储备料工，遇险即抢，以防为治，而其要全在得人。②

由此可见，清代河臣在治理黄淮运的关键地段，广泛使用各种闸坝，成为调整河道、防守险工的重要措施。

二、裁弯引河的普遍开挖及其效果争议

引河是人工开挖的引水河道，导引正河之水分泄，杀减其水势，以利于水流归入正槽，或使河流改道。有关引河的作用，靳辅曾说：

> 引河之用有三：一曰分流以缓其冲也，河一决则全流尽趋决口，奔腾激荡，桩埽无所施，应于对岸上流别开一河以引之，则决口缓矣。一曰预浚以迎溜也，河身既淤为平陆，即异日黄流归故必涨溢而他溃，故必预开一渠以迎之，务使水至归渠，遂其湍迅之势，则刷沙有力，而后无旁出之虞。一曰挽险以保堤也，河性猛烈，方其顺流而下也，则藉其猛以刷沙，当其横突而至也，则恣其烈以崩岸，故当其倏忽激射之时，

---

① 赵尔巽等：《清史稿》卷三八三《严烺传》，第 11647 页。
② 赵尔巽等：《清史稿》卷三八三《麟庆传》，第 11657—11658 页。

宜酌左右之间急开一渠,以挽所冲之溜头,引入中流以夺其势,而后危堤可保。故曰其用有三也。①

关于引河的作用,靳辅认为有三个方面,一是减缓河水对决口的冲刷,二是以开挖引河而挑淤迎溜,三是为了抢险保堤而开引河疏泄洪水。

在清代,一般情况下,引河开挖有以下四种情形:一是合堵决口引河。河流冲决漫口,致使水势旁溢,通过开挖引河,引导水流归入正槽,使河水仍沿故道流淌。在堵塞决口时,为了减小口门的河水流量而挑挖引河,借以挽救险情,减缓对口门的冲击,易于决口的堵塞。康熙六十年(1721)二月,河南武陟县马营的黄河堤工漫口,巡抚杨宗义率领河工员弁昼夜堵筑,决口的上口止剩六丈余,下口止剩四丈余,但水深溜急,署理河道总督陈鹏年担心此处决口堵塞,唯恐别处冲决,因此主张在广武山下的淤滩上开挖引河,“惟有分其上流,疏其下流,以稍杀其势,庶几人力可施。……现成扫湾之处,地名王家沟,查系黄河故道,年久淤塞。今于此处起开挑引河,使水由东南行,汇入荥泽旧县前正河,则大溜往南。马营决口,庶可堵塞”。②广武山引河的开挖,目的就是减少水溜对决口的冲击,有利于决口的堵合。二是裁弯引河,由于河势坐湾,水流缓慢停淤,因此有必要挑河取直,使河流顺畅。在裁弯过程中,需要开挖一条引河,利用水流自身的力量冲成新河道,达到取直河道的目的。黄河九曲回肠,迂回的河道通过裁弯取直加以改造,以利河水畅流,因此而开挖的引河工程颇多。三是施工导流引河,在河道上修筑水利工程时,可在施工地点或下游河道用围堰隔断河流,在河岸上另开引河导流,从而在围堰内的干地上施工。四是减泄引河,又称减河,为了分泄河流的洪水,通过人工开挖的河道以减杀水势,防止洪水漫溢决口,减泄引河可以直接入海、入湖,或在下游再汇入干流,但开挖引河要达此目的,亦要操作得法。对此,靳辅曾说:“若开引河则其费甚巨,又必酌地形而为之。若正河之身迤而曲如弓之背,引河之身径而直如弓之弦,则河流自必舍弓背而趋弓弦,险可立平。若曲折远近,不甚相悬,河虽开无益也。”③在清代,为了保障黄、淮、运的河堤不致溃决,普遍利用减水坝分泄盛涨的洪水,引水他流。此外,河水暴涨时还会开减水坝泄洪,但为了避免

①　(清)靳辅:《治河奏绩书》卷四《挑浚引河》,《四库全书》第 579 册,第 718 页。
②　(清)陈鹏年:《道荣堂文集》卷一《请开广武山引河折》,载李鸿渊校注《陈鹏年集》,岳麓书社 2013 年版,第 728 页。
③　(清)靳辅:《治河奏绩书》卷四《防守险工》,《四库全书》第 579 册,第 720 页。

淹浸周围的田园庐舍，减水坝下必须开挖引河，以保障减水最终汇入河湖而不致漫流。

此外，引河还可利用湖河的高低落差，引水补充需水河流的水量。如康熙十六年（1677），在宿迁、桃源、清河三邑开引河，引水补给运河；又在清口以下至云梯关外开挖引河，以导黄河之水入海，开挖清河以东的引河，引黄河入海，开清口两旁引河引淮水出河等。由此可见，在水利工程当中引河得以广泛使用。通过裁弯引河以减少险工的发生，与黄河河道的特点密切相关。

黄河河道向有"九曲回肠"之称，因为水流不畅，经常出现各种险工。乾隆年间河督嵇曾筠认为："黄河之水，湍悍变迁，其性多曲，每遇埽湾转溜，非斜趋而北，即直注而南，以致两岸堤工，或当大河之顶冲，或被支河之汕刷，签桩下埽，多方救护，始获保固平稳。此南北两岸，各工致险之源也。"①黄河河道弯曲，造成大溜非北趋即南注，使两岸河堤非顶冲即被河水汕刷，造成险工层出叠见。的确，河流应顺其自然的流势前进，才能顺轨安澜，若河道过于弯曲则容易发生险情，通过引河裁弯取直，可以使河道得以修整，险工得以减少，而黄河河道多曲的成因，正如民国水利专家许心武所说：

> 黄河流急而携带之质量特多，其成分为多量之黄土与少量之沙，亦即河床之所构成。其性松软，易致淤积，亦复易被冲刷。况当急流左右驰突，此涨彼坍，作用更速，故河流多行回屈曲，凡滩嘴伸张之处，其对岸必为河流所冲激而成埽湾顶冲之险，司河防者统谓之险工。②

许心武认为，黄河携带大量泥沙，沉积于河床，而其性质松软，在急流冲击下此涨彼坍，造成河流迂回屈曲，在滩嘴伸张的对岸形成埽湾顶冲，出现险工。清代应付险工之法，或修筑月堤，或加修埽坝以固堤防；结果年年抢险加厢，国帑靡费无数，最终防不胜防，以至于溃决成灾，甚至夺溜改道。

此外，黄河源远流长，建瓴而下，河道弯曲造成河水所携泥沙易于沉积，而取直之后，则易于水流携沙，"黄河来源甚高，建瓴而下，彻底翻掀，顺

①　（清）贺长龄、（清）魏源辑：《皇朝经世文编》卷九九《工政五·河防四·（清）嵇曾筠〈请开青龙冈引河疏〉》，载《魏源全集》第18册，第348页。

②　许心武：《引河杀险说》，载黄河水利委员会黄河志总编辑室编《历代治黄文选》下册，河南人民出版社1989年版，第164页。

其所趋则沙随水滚,绝无壅阻。遇曲则势逆,势逆则涨滞,水过之处,余沙易留,渐留渐长。路愈曲而势愈逆,脉愈滞,迫之使怒,横决随之。故以逢弯取直为上策,盖循其性而行所无事"。①

康熙帝曾经颁发谕旨,主张河流直行以刷沙,为此裁弯引河的开挖颇多。三十八年(1699)春正月,康熙帝南巡,仔细查看山东运河以至徐州以南河工,见黄河河道多湾,以致各处出现险情。至于归仁堤、高堰、运口等处,各堤岸愈高而水愈大。原因在于黄河淤垫甚高,以致节年漫溢。为了解决这些问题,康熙帝说:

> 朕欲将黄河各险工顶溜湾处开直,使水直行刷沙。若黄河刷深一尺,则各河之水浅一尺;深一丈则各河之水浅一丈。如此刷去,则水由地中而行,各坝亦可不用,不但运河无漫溢之虞,而下河淹没之患,似可永除矣。……择洪泽湖水深之处,开直成河,使湖水流出;黄河湾曲之处,直挑引河,使各险处不得受冲。②

在康熙帝看来,黄河河道弯曲影响以水刷沙,因此在险工顶溜坐湾之处开挖引河,裁弯取直。这样,黄河河槽可以刷深,河堤不会漫溢,下河地区不至于淹浸。康熙帝把裁弯引河看作冲刷泥沙、减少险工的重要手段。夏四月二十七日,康熙帝乘船渡过黄河,又坐小舟阅看新埽,谕令河道总督于成龙说:"黄河湾曲之处,俱应挑挖引河,乘势取直。高邮等处运河越堤湾曲,亦著取直。"③但对于裁弯引河的减险作用,河臣并无把握,不敢轻易开挖。乾隆初年曾任山东运河道、淮海道的陈法即持怀疑态度,其言:

> 引河以避险是矣。然亦只可行之于两堤稍宽之处,未有于堤外开河者。且河或不成,费无所销,故往往畏而不敢言。又引河之尾所直之处河复近堤,是避一险而又生一险也。且数开引河则河流益直,直则刷沙无力,而河身益淤。此隐患之难知者也。④

---

① (清)张度、(清)邓希曾、(清)朱镜修纂:《乾隆临清直隶州志》卷一《疆域志·运河》,载《中国地方志集成·山东府县志辑94》,凤凰出版社2004年版,第306页。

② 《清圣祖实录》卷一九二"康熙三十八年春正月"条,第1035—1036页。

③ 《清圣祖实录》卷一九三"康熙三十八年夏四月"条,第1043—1044页。

④ (清)陈法:《河干问答·论河工补偏救弊之难》,《丛书集成续编》第62册,上海书店1994年版,第497页。

在陈法看来,开挖引河只能在两堤之间的宽阔处而不能开河堤外,主要是避免溃决的风险;此外,开挖引河若未达到刷沙冲淤的效果,费用无法报销。引河裁弯取直,本来是为了避免河曲生险,相反却有可能招来更多的溃决风险。此外,陈法认为河直则刷沙无力,与开引河"使水直行刷沙"的观点恰恰相反。

对于裁弯引河的刷沙效果,道光年间曾任河督张井幕僚、淮海道的范玉琨说:"黄河易曲,流行使然。盖天下无水不曲,从无数千里直泻之水也。惟清水虽曲,无停淤之患。黄水遇曲,则不得平地就下之势。除曲处稍深外,其向南向北横流之水,浅不过数尺至丈余。挟带泥沙,必至日增淤垫……辄宗逢弯取直之法,切滩挑河,使其不生险工。或有已生险工,亦可改避淤闭。"①范玉琨认为,裁弯引河应通盘考虑,应先从海口做起,为了避险节费,亦可择地开挖引河,但泥沙不一定就能挟带入海,不过使上弯之沙聚于下弯而已。

对于引河开挖的实际效果,光绪年间的刘成忠并不看好,认为引河往往费巨而效果不佳,"引河用帑动以巨万计,非其地上有吸川之形,下有建瓴之势,则虽引而不能成。非开放之后,有数日不消之盛涨,则虽成而亦旋废,糜饷多而收效少,自非合龙之大工,未易轻举。"②引河大多开挖不久就废弃,难以起到疏导洪水与保固河堤的作用。而且引河耗费巨大,但能否成功要看地形地势,很多引河时间不久即遭废弃,因此不宜过多开挖。光绪年间,朱采论裁弯取直时说:"河性溜势,亘古不变。今年直而明年湾矣。再数年而湾如故矣。是以取直之说,只行于一时。"③在朱采看来,河弯是河流自身的天性使然,是河性溜势自然发展的结果,即使人工进行裁弯取直,数年之后,河流依旧"弯曲如故",裁弯引河的效果颇为有限。

三、张鹏翮、嵇曾筠开挖引河的治水实践

引河裁弯得以顺利推行并非易事,张鹏翮、嵇曾筠对开挖引河颇为精通。康熙三十九年(1700)五月,河道总督张鹏翮条奏河工九款。关于裁弯引河,张氏在查阅河工时,见顶冲大溜之处,对岸必有沙嘴挺出,原因在于河道过于弯曲。按照康熙帝圣谕,应从曲处挑挖引河,以杀水势,则对岸险

---

① 中国水利水电科学研究院水利史研究室编:《再续行水金鉴·黄河卷》,第3017—3018页。
② (清)盛康辑:《皇朝经世文续编》卷一〇五《工政二·河防一·(清)刘成忠〈河防刍议〉》,载沈云龙主编《近代中国史料丛刊》第84辑,第4966页。
③ 中国水利水电科学研究院水利史研究室编:《再续行水金鉴·黄河卷》,第3103页。

工可平,但河官并不遵行。原因在于"挑挖引河,需费钱粮甚多。挖后引水大溜,始能成河,若逢缓水,必致沙淤,例应追赔,是以人心惧缩。臣思河工虚应故事,挑挖不如式者,理应赔修。若实心任事,挑挖之后,偶致淤垫者,应请圣恩免其赔修,庶几人无畏缩。我皇上挑直之谕,可以实见之奉行,而河工有底绩之期矣。"①由此可见,并非所有情况下挑挖引河,都能起到刷沙减险的作用。如果裁弯后水流平缓,则会导致停淤,而且挑挖引河花费钱粮较多,因此河官惧怕追赔,并不敢轻易挑挖裁弯引河。

　　十一月,张鹏翮题奏康熙帝,认为"安东黄河其身最狭,仅六十余丈,万里水势收束太急。自时家马头至尹家庄,河身曲甚,对岸沙洲逼溜直射韩家庄,韩庄以下,又突出沙嘴逼溜,直射便益门。堤高于城,人居釜底,此韩家庄便益门于安东黄河两岸称剧险也。乃自时家马头引河尾曲处挑直,使黄水顺流而下,至韩庄对岸新淤截河沙洲,穿中引黄直下,冲刷沙嘴,则尹、韩二庄、便益门三险可平,而安东城郭人民,可以高枕矣"。② 安东便益门与韩家庄河道为黄河下游最窄之处,而时家码头至尹家庄的河身过于迂曲,对岸沙洲逼溜,直冲南岸的韩家庄,韩家庄以下又有突出沙嘴,逼溜直射北岸,便益门河堤高于安东县城,形势甚为危险。因此,张鹏翮主张在北岸、南岸各开挖一条引河,以达到挑曲取直的目的,使黄河顺流直下,巩固河堤,保障安东县城的安全。此举得到康熙帝的批准,引河修成后,使黄河河道得到明显的改善。关于挑挖引河的河工技术,张鹏翮亦有丰富的经验总结:

　　　　一挑挖引河之法,审势贵于迎溜,而施工宜于深阔,且俟水大涨,乘机开放,则有一泻千里之势。不可太窄,窄则受水无多,遽难挽溜以入新河;不可太浅,浅则水不全趋,势缓仍垫;不可过短,短则水流不舒,为正河所抑。……不可太直,直则平缓而无波澜湍激之势,久亦渐淤也。必随黄河大势开挑,俾其河头迎溜,河尾泄水,中间湾处,急溜冲刷,渐次河岸倒卸。再于河头筑接水埽坝,河尾筑顺水埽坝,对河筑挑水埽坝,庶引河可成也。③

---

① 《清圣祖实录》卷一九九"康熙三十九年五月"条,第 31 页。

② (清)贺长龄、(清)魏源辑:《皇朝经世文编》卷一○二《工政八·河防七·(清)张鹏翮〈论逢湾取直〉》,载《魏源全集》第 18 册,第 473 页。

③ (清)贺长龄、(清)魏源辑:《皇朝经世文编》卷一○三《工政九·河防八·(清)张鹏翮〈河防志略〉》,载《魏源全集》第 18 册,第 501 页。

在张鹏翮看来，引河要深阔，而且要在河水大涨的时候迎溜开放，一泻千里冲刷成新的河槽，引河不能太窄、太浅、过短、太直，在河头修筑接水埽坝，在河尾修筑顺水埽坝，在对河修筑挑水埽坝，这样，裁弯引河才能达到深河刷沙的效果。

以裁弯引河杀险，雍正年间河督嵇曾筠倡之最为有力，曾于雍正二年（1724）行之于河南仓头口，五年（1727）行之于雷家寺，八年（1730）行之于荆隆口等处，皆能化险为夷，所整治的黄河河段百年后仍无大患。对于坐湾生险问题的解决，嵇曾筠认为莫善于开引河，引河河成之后可谓一劳永逸之计。当然，开挖引河贵在乘时审势。雍正元年（1723）十一月，黄河河堤在姚其营、秦家厂漫溢，嵇曾筠乘舟详细查勘水势，发现黄河水自三门、七津而下，经过孟县、温县，北岸有沙滩形成，水流南趋至仓头口，环绕广武山的山根，"逶迤屈曲而下，形成兜湾"①，官庄峪有山嘴外伸挑水，使河水直注黄河，沁水交汇之处，造成秦家厂坐湾顶冲，因而黄河累年为患。二年正月，嵇曾筠在仓头口横滩开挖引河，一直到官庄峪下游的水口，以避开山嘴，并修建数座挑水坝，秦家厂一带的黄河河堤由此稳固下来。

雍正三年（1725），祥符县南岸的淤滩直逼黄河河心，致使水流南趋，而下游为单堤且靠近省城，因此嵇曾筠在北岸回回寨至李家店一带的旧有河道基础上，疏浚一道引河，引水直行，以确保堤工，并在南岸修建挑水坝。关于引河裁弯取直，贵在相度地形，统筹规划，嵇曾筠在这些方面积累了丰富的经验。雍正四年（1726），副总河嵇曾筠向皇帝进呈《黄沁安澜图》，雍正帝指示他在仪封、考城一带开挖引河，裁弯取直。嵇曾筠认为此处不具备引河开挖的条件，"从来开挑引河，必须河头有吸川之形，河尾有建瓴之势，方可期其必成。至于上下接挑，尤必上段之河尾与下段之河头吐纳相应，呼吸相通，方能一气贯注"②。黄河南岸考城的司家道口、北岸仪封的三家庄一带，河滩平沙漫衍，地势并无西高东下之形，引河首尾亦不能直接顺通，在这种情形下开挖引河，必定要前功尽弃，或者产生新的险工，因此请求缓开引河。民国水利专家许心武曾对嵇氏裁弯经验加以总结说：

　　一、须于老滩兜湾迎溜陡崖深水处所安立河头，或并于对岸筑挑水坝挑溜入口，以助其势。

① （清）钱仪吉纂：《碑传集》卷七六《嵇曾筠》，中华书局1993年版，第2186页。
② （清）贺长龄、（清）魏源辑：《皇朝经世文编》卷九九《工政五·河防四·（清）嵇曾筠〈议覆缓挑引河疏〉》，载《魏源全集》第18册，第346页。

二、再于下游寻得陡崖深水处所，以为河尾。不可太高，高则流缓易淤。不可太低，低则引河以下之水倒灌而入。

三、河身宜在老滩上开挖，庶免水大易漫，或并于河头下唇，筑接水坝，兜住溜势，勿使旁趋。

四、河身之长短宽窄深浅及其湾曲之度，必须慎重酌定，俾成一往之势。

五、河成之后，须在深水涨发河流涌往之时，迎溜开放，始能利用水力刷深河槽。①

以上是许心武总结嵇曾筠开挖引河的经验，颇得要领。开挖引河稍有不慎，则前功尽弃，因此对治河经验与工程技术要求颇高。嘉庆年间河督徐端《安澜纪要》云："无河头者不成，有河头而无下唇，谓之过门溜者不成，有河头下唇而无河尾者不成，有河头河尾下唇，而上下水势相平者不成，四者齐备，而河身纯是老淤者亦不成。"②此说与嵇氏引河思想大致相同。

雍正五年（1727）十二月，仪封黄河北岸水急，致使雷家寺一带滩地刷出支河。嵇曾筠相度地势，认为开挖引河的形势已成，"现今青龙冈迤下，水势漾洄纡折，将上湾淘作深兜，与下湾相对，止隔四百一十丈。上水河头已有吸川之形，下水河尾亦有建瓴之势，亟宜乘机因势开挖引河，导水东行。则河身顺直，水不纡回，大河之流既畅，支河之势自缓，随筑坝拦截，可以经久捍御矣。引河既成，支河坝既筑，俾黄流全归正河，自当愈刷愈深"。③ 至六年（1728）二月，嵇曾筠奏请加培旧有河堤，接筑土坝以断支河，并在青龙冈开挖引河一道，引水东行，黄河之水则顺畅东流。八年（1730）四月，由于黄河北岸封丘县的荆隆口顶冲，因此嵇曾筠奏请动帑兴工，开一道 3350 丈的引河，荆隆口一带的黄河河堤从此得以稳固。

四、引黄放淤与陈宏谋的放淤固堤

黄河泥沙含量过高，引起了严重的水患，但合理利用亦能化害为利。为了解决黄河泥沙问题，古人创造了放淤技术。总体而言，放淤大致分为

① 许心武：《引河杀险说》，载黄河水利委员会黄河志总编辑室编《历代治黄文选》下册，第165 页。
② （清）徐端：《安澜纪要》卷上《险工对岸估挑引河》，载《中华山水志丛刊·水志卷》第 20 册，第 122 页。
③ （清）贺长龄、（清）魏源辑：《皇朝经世文编》卷九九《工政五·河防四·（清）嵇曾筠〈请开青龙冈引河疏〉》，载《魏源全集》第 18 册，第 348 页。

两种，一种是放淤灌田，一种是放淤固堤。对此，水利学家姚汉源曾经总结说："明清两代在多沙河流上进行洼地放淤、固堤放淤和滩地放淤等，目的虽在利用泥沙，但也可以降低水流含沙量。放淤后的清水有的不能回入正河，堤滩放淤澄浑吐清是可以再回主槽的。当时有人设想这可以减少河道淤积，但规模较小，效果不显著。北宋熙宁时曾引用汴渠、黄河及滹沱河的浊水进行大量农田放淤。清代曾在黄河下游及海河水系上利用放淤整治河道，形成一个高潮。"①这里应该指出的是，宋元以前，放淤主要是为了灌田或者淤田、肥田；明清时期，由于黄河屡决运道受阻，而年年通运转漕的需求迫切，放淤灌田多为河督所反对，原因在于担心民间私自放淤，会导致河堤溃决。小规模的放淤灌田，多在与运道关系不大的其他河流上进行。明清时期官方进行的放淤，多是为了固堤，或者澄清黄河水中的泥沙再使清水回归河槽。

放淤灌田就是把含有大量泥沙的河水或洪水引入荒地、洼地、盐碱地或其他农田，使泥沙落淤，增加土壤肥力，改良盐碱地、沙荒地，还可以垫高地面，改造涝洼地。黄河泥沙中含有丰富的腐殖质，具有很高的肥力，所以古人早就有人利用黄河支流来淤灌田地，以取得丰产。关于放淤灌田的历史，清人陈宏谋回顾说：

> 放淤之说，古无明文。考之史书，魏史起为邺令，引漳水溉邺以富河内。秦郑国凿泾水为渠，注填阏之水，溉舄卤之地，收皆亩一钟。二者皆浊流所经，引之游荡，变斥卤为膏腴，其放淤之遗意钦？然皆引以肥地，未闻以之筑堤也。②

早在战国时期，魏襄王任命史起为邺城令，史起领导民人引漳河浑水来灌田，魏国的河内地区由此富庶。郑国在秦国开凿郑国渠，引泾水灌溉，斥卤之地变为膏腴良田。汉代黄河流域也有引水放淤肥田的记载，班固《汉书·沟洫志》说："泾水一石，其泥数斗。且溉且粪，长我禾黍。"③泾水泥沙含量大，以之灌田，可以起到淤灌肥田的作用。

魏晋至隋唐，放淤记载不多。北宋时期，引黄放淤达到高潮，特别是王

---

① 姚汉源：《黄河水利史研究》，黄河水利出版社 2003 年版，第 449 页。
② （清）贺长龄、（清）魏源辑：《皇朝经世文编》卷一〇五《工政十一·运河下·（清）陈宏谋〈南运河放淤记〉》，载《魏源全集》第 18 册，第 617 页。
③ （汉）班固：《汉书·沟洫志》，中华书局 1962 年版，第 1685 页。

安石变法期间,朝廷提倡大规模在黄河干流引水淤田,一时引黄放淤形成高潮,对促进沿河地带农业生产起了重要作用。在河北,一些黄河支流如漳河、滹沱河亦有较大规模的放淤工程,黄河中游陕西、山西地区利用黄河干支流进行放淤改良土壤,使原有瘠田变为沃土。宋代积累了丰富的放淤肥田经验,"水退淤淀,夏则胶土肥腴,初秋则黄灭土,颇为疏壤,深秋则白灭土,霜降后皆沙也"。① 由此可见,并非所有季节随时放淤皆能肥田,因为不同季节放淤所沉淀的土壤并不相同,只有夏季放淤有利于肥田压碱,改良土壤。但在大规模放淤之前,应进行全盘调查规划,盲目放淤既浪费劳力财力,亦会损坏原有的农田庐舍,造成不必要的经济损失。

到了明代,放淤超出肥田范围,开始放淤固堤,成为治河的一种手段。隆庆、万历年间河臣万恭在《治水筌蹄》中首次记载放淤固堤的方法,即将黄河水引到正堤或缕堤的背后,让泥沙沉积在堤后,借以加固堤防,由于黄河泥沙含量过高,因此放淤固堤效果颇为显著,泥沙沉淀后的清水再引回主河。此后,河臣潘季驯、杨一魁先后大力推广放淤固堤的办法,对于巩固黄河河堤起了重要作用。元、明、清三代的统治者最为关心漕运,对于农田水利关注不够,大多数河督反对放淤灌田,担心民间私自放淤会导致河堤溃决。对于放淤固堤,雍乾年间,关注水利兴修的鲁之裕说:

> 放淤者,就堤之旁,先为月堤,极坚极固。视月堤本堤之上下,而开口以诱浑水之入,上口视下口倍高,俟浑水满灌于月堤之中,泥盘旋而自落,则清水泛焉。于是开下口以纵之,半日之间,月堤平而大堤厚。虽有狼窝獾洞,鳝蚓穿潜之隙,莫不弥而实之矣。②

鲁之裕为康熙五十九年(1720)举人,曾任河南确山县令、清河道、直隶布政司参政等职,其为官数十年,在任期间兴修水利,革除旧俗,颇有政绩。在鲁氏看来,放淤需要月堤极为坚固,免得失事,而且所开之口上口高于下口,浑水落淤之后将清水放出,这样河堤被淤高淤厚,达到固堤的目的。

康熙年间,山东济宁道张伯行引漳河之水入卫,以补给运河。自康熙四十五年(1706)以后,漳河故道淤垫,漳水全部归入卫河,导致卫河、运河难以承受,不但漕船每有损坏之虞,而且难免淹没庐舍民田,波及山东德

---

① (元)脱脱等:《宋史》卷九一《河渠志一》,第2265页。
② (清)贺长龄、(清)魏源辑:《皇朝经世文编》卷一○二《工政八·河防七·(清)鲁之裕〈急溺琐言〉》,载《魏源全集》第18册,第477页。

州，直隶吴桥、宁津、东光、南皮、沧州等地，此外漳水泥沙含量大，经常淤高河道、运道。乾隆二年（1737），河督顾琮陈奏，放淤栽柳为治理浊河要务。翌年，陈宏谋出任直隶天津道，采取放淤固堤之法，解决漳河浊水的泥沙问题。

陈宏谋是乾隆年间的名臣，为诸生时留心时事，自题座右铭："必为世上不可少之人，为世人不能作之事。"他外任地方督抚司道三十余年，历经12个行省，"莅官无久暂，必究人心风俗之得失，及民间利病当兴革者，分条钩考，次第举行。诸州县村庄河道，绘图悬于壁，环复审视，兴作皆就理。察吏甚严，然所劾必择其尤不肖者一二人，使足怵众而止"。① 陈宏谋出任天津道之后，屡次乘坐小舟咨访水利问题，深得放淤之法，认为水涨挟沙而行，将浑水从堤中导出落淤后，再将清水导入河流，则会沙沉淤高地亩，改良土壤，使沧州、景州的瘠土变成沃壤，与战国时期史起治邺如出一辙，但陈氏放淤更多的是为了固堤而非肥田。

陈宏谋发现，河流顶冲埽湾之处，一线缕堤汕刷日薄，只得岁修先期帮筑，临汛抢修防护，但堤防随筑随溃，河流日益弯曲，溜势更为湍急，不得已修筑草坝，比土堤捍御力强，但草工最易腐朽，三年保固限满，仍须加镶修拆。近年以来，两岸草坝日增，国帑耗费增多，但运堤、河堤危险如故。此外，河滩无堤之处偶遇暴涨，民埝随即坍卸，一片汪洋。陈宏谋分析各种情形，决定采取加固河堤、修遥堤以为外卫，筑月堤以放淤固堤等办法，解决溃堤与淤垫问题。

放淤固堤亦要考虑河堤、运堤周边的地形地势，并非适用于所有河段。在治理南运河过程中，陈宏谋往往缕堤、月堤、遥堤并用。若旧有月堤应加帮宽厚，放淤成功后，极薄之堤变为宽厚，化险为平。凡河堤顶冲埽湾之处若旧有月堤，均宜加帮放淤；旧无月堤的应另建月堤，以备将来放淤。无堤之处，就其高阜土脊另建遥堤，以为外卫。大抵地势高阜之处宜建遥堤，而不宜建月堤；若在高阜之地建月堤，既不能放淤又为积水侵灌，有害而无益。地势洼下之处则应建月堤，而不宜建遥堤；若在洼下之地建遥堤，不但洪水建瓴而下难以抵御，而且缕堤之外遥堤之内的耕地为积水浸泡，无益于河而有损于民。因此，无论是建月堤还是筑遥堤，皆应因地制宜。建月堤放淤确有溃堤之险，但顶冲埽湾之处缕堤单薄，若不放淤，河水汕刷日渐坍塌，则河费日多一日，险工日甚一日。

乾隆三年（1738）伏汛、秋汛，陈宏谋领导河工员弁放淤 20 段，第二年

---

① 赵尔巽等：《清史稿》卷三〇七《陈宏谋传》，第 10560 页。

放淤48段。办法是"弃缕堤而守月堤,入浑水而出清水。汛水一至,随其消长以为深浅,浑流所过,罅穴皆满,旬月之间,缕堤月堤融成一片,有如平地"。① 放淤固堤之后,岁修抢修一切防险之事大为减少,草坝只用于逼近城郭民舍、无法放淤的河堤,河费与人力大为节省。在陈宏谋看来,放淤固堤关系重大,"全漕运道,岁挽数百万石,天庾正供,军饷民食,时廑宸衷,利害所关。又不仅一时一邑之事,司河者苟可计及久远。"②陈宏谋放淤,仍然着眼于固堤。

经过陈宏谋的努力,运河两岸淤平的月堤,不可胜数,其他凡属险工之处大半筑有月堤,无非为放淤而设。至于河滩无堤之处,或河岸宽阔,或河湾淤嘴,亦应根据实际情况,或筑月堤以备放淤,或修遥堤以防暴涨。既不宜建遥堤又不能放淤之处,则在岁修项下加帮缕堤。还有,逼近城垣村镇、河岸逼窄的河堤处所,既不能筑遥堤,也不能放淤,又不能帮筑缕堤,就只得用草坝进行护卫,这样的地方全河不过五六处。

乾隆初年,放淤固堤之法已经成熟。乾隆四年(1739)六月,大学士鄂尔泰上奏:"放淤培岸,其法于缕堤后,将月堤帮筑坚固,择背溜处,开倒勾槽二道:一放入黄水,令其停淤;一放出清水,仍令归河。"③当时铜沛厅所属的南岸七里沟、北岸茅家山,外河厅所属的南岸杨家马头,放淤已取得成效。黄河南北两岸可以放淤之处尚多,若实力奉行放淤固堤,因势利导,每年岁修抢修埽工、坝工的费用,可以大为节省。

陈宏谋对放淤固堤注意事项进行了详细总结,撰有《放淤事宜七则》,颇有实用价值。其七则大致如下:第一就是月堤应坚固足恃,以免开堤放淤造成溃决。新筑月堤先行夯硪坚实,旧有月堤务必搜寻獾洞鼠穴,次年再于堤外加帮筑堤。若月堤内外皆洼下,则在堤内或编柳,或钉席,或挂防风埽,堤外另加筑堤二三尺,不使水浸灌月堤堤根,防止内外渗漏。第二是月势应宽长适宜。缕堤地势洼下才能放淤,月圈要足以捍卫缕堤,月洼宽窄由月堤长短而定,总期如半月之形,不短不促。凡圈筑月堤要在堤外高阜之处,如果缕堤之外地势全洼,应在放淤之年加修筑堤外,另筑宽厚半筑,以防止内外渗漏垫陷。第三应预期种植柳草,长成后如同沿堤编篱,可以抵御风浪。离月堤二丈以外的月洼中要有相连的土坑格堤,则易于挂

① (清)贺长龄、(清)魏源辑:《皇朝经世文编》卷一〇五《工政十一·运河下·(清)陈宏谋〈南运河放淤记〉》,载《魏源全集》第18册,第617—618页。
② (清)贺长龄、(清)魏源辑:《皇朝经世文编》卷一〇五《工政十一·运河下·(清)陈宏谋〈南运河放淤记〉》,载《魏源全集》第18册,第618页。
③ 《清高宗实录》卷九四"乾隆四年六月"条,中华书局1985年版,第438页。

淤。第四应如法镶砌淤沟,下口与月洼之底相平,不可使河的水面高于淤沟,更不可使沟口高于月洼。上口不宜太深,视河水清浊而定,万一月堤稍有损坏,只须将上下沟口用埽堵塞。第五是上下口宜就地取裁,上口应在迎溜之处浅开,使浑水急溜而入,下口应在顺溜之处开深,使河水早入洼内澄清后流出。第六是上下沟应随时增添,不妨多开上口,总期上下口一律顺畅,入浑出清,全洼流动不滞,便可源源积淤。若月洼内上半段先已淤高,应在下半段另开一口,使常有浑水流入。至于月堤两头如牛角尖形者,或者本年积淤未满、中间多有坑窟者,来年将此处缕堤刨平几段,使河水漫过,则一抹而平。如果月堤与淤积的平地等高,则在月堤上加筑子埝一二尺以作遥堤,听其年年平漫而过。第七是预备夫料灯火,凡是桩埽、席片、麻绳、铁锅之类等防汛物料,皆提前预备,并先期派定窝铺兵夫,每日填补月堤上的小沟。月堤一有损坏,众兵夫一齐抢护。① 由此可见,陈宏谋在放淤固堤方面,积累了丰富的实践经验。

美国学者罗威廉深入研究陈宏谋"最著名的治理之策,以及他和其他正统精英理解宇宙的本质、人类生存的条件和社会关系基础的方式"②,对于他在水利方面的成就,发现"陈宏谋还被同时代的人评为水利管理上首屈一指的专家"。魏源辑《皇朝经世文编》收录陈宏谋53篇文章,很大部分属于水利管理方面的论文,其传记也总是"着力展示他在水利工程方面的丰功伟绩",在水利建设方面颇有声望,其中引黄放淤即为杰出功绩,但陈宏谋引黄放淤的目的是为了巩固堤防,而不是提高土地肥力,世人"对其水利工作方面的赞许是在控制洪水方面"③。为了漕运,朝廷对于运河堤防溃决焦头烂额,身为重臣的陈宏谋自然将放淤聚焦于固堤。

事实上,放淤和淤灌是控制与利用泥沙的重要措施,黄河多沙造成淤垫溃决,明清时期治沙的着眼点就是束水攻沙,输沙入海,其实这是极大的浪费。据水利学家姚汉源研究,黄河、海河水系输往下游和入海的总输沙量每年多达15亿吨,若处理不当,这些泥沙就要为害,如淤积河床,但同时黄河下游的"沙"又是极为宝贵的黄土,富含氮、磷、钾肥,输入大海是极大的浪费,放淤或淤灌不失为有益利用的途径。因此,对于黄河水和泥沙不应简单送走,而是应对水和泥沙加以控制和利用。治黄不但要除水害,更

① (清)贺长龄、(清)魏源辑:《皇朝经世文编》卷一〇二《工政八·河防七·(清)陈宏谋〈放淤事宜七则〉》,载《魏源全集》第18册,第493—495页。
② [美]罗威廉著:《救世:陈宏谋与十八世纪中国的精英意识》,陈乃宜译,中国人民大学出版社2013年版,第17页。
③ [美]罗威廉著:《救世:陈宏谋与十八世纪中国的精英意识》,陈乃宜译,第295页。

重要的是"通过一系列的拦蓄、调配、引输、分配、排泄等技术措施,从各方面加以控制,加以利用,以求得最大的综合效益;对泥沙也同样地要除其害和通过一系列相类似措施来兴利。兴利除害不外乎叫水或泥沙按照人们的需要在一定时间、按一定方式、一定性质、一定数量存在于指定地点,来发挥它的有利作用"①。

在清代,无论是河臣还是民众,对黄河决堤畏之如虎,防范唯恐不严密,而预防河患最有效的办法就是堤防越筑越高,因此放淤肥田难以推行。此外,清代为提高和加强农业生产力而进行的河流疏浚、灌溉亦颇为有限,对于各直省督抚忽于农田水利、劝课农桑,乾隆帝曾批评说:"(督抚)尽心于吏治、官方、命盗、钱粮诸事者,尚不乏人,而于民生衣食本源,未能切实讲求。地方守令亦惟刑名、钱粮,自顾考成,至以爱养百姓为心,留意于稼穑桑麻,如古循吏所为者,概不可得。即如直隶,今年夏初少雨,则以燠旱为忧,及连雨数日,尚不甚大……低洼之地多被水淹。"②清代地方官吏不注重发展农田水利,导致诸多地区沟洫水利废弃,粮食生产落后。

放淤固堤确实存在河堤溃决的风险,因此河督对于放淤是颇为谨慎的。嘉庆四年(1799),御史马履泰上奏河工事宜,认为河工向有放淤之法,盛涨时恐引渠开不如式,酿成漫溢,应俟霜降后水势平缓,相度办理放淤固堤事宜。吴璥对此持审慎态度,认为"河工放淤,系偶因大汛异涨,迎溜险工,已有必不能保之势,不得已而为之。原属一时权宜之计,如果胸有把握,月堤坚实,竟可化险为平,然究系冒险以化险,非斟酌万全之策"。放淤存在溃堤的风险,因此要慎重,"如有必须放淤之处,俟霜降以后,大汛以前,相机妥为酌办,使工有后靠。人力易施,庶不冒险,又不受险"。③

对于民间私自放淤灌田,绝大多数河督坚决反对。道光十二年(1832),江苏桃源农民私自掘开黄河大堤,放淤灌田,结果造成黄河溃决,淮扬一带遭受了惨重的水灾。八月二十一日,龙窝汛十三堡有农民驾船携带鸟枪器械,拦截行人,捆缚巡兵,将大堤刨挖。结果口门已宽九十余丈,水深三丈以外,黄河大堤崩塌,淮扬一带尽成泽国。盗挖官堤的是桃源县生员陈堂,监生陈端、陈光南、刘开成等人,陈端等人在桃源于家湾有地亩多顷濒临湖边,此处内湖外河只隔一线大堤,属于湖滩地,往年岁有收成,

①　姚汉源:《黄河水利史研究》,黄河水利出版社2003年版,第464页。
②　(清)林则徐:《畿辅水利议》,载《林则徐全集·文录卷》,第2291页。
③　(清)贺长龄、(清)魏源辑:《皇朝经世文编》卷九九《工政五·河防四·(清)吴璥〈覆奏黄河治淤情形疏〉》,载《魏源全集》第18册,第363页。

而近年以来湖潴旺盛，由于启坝泄洪而使这些地亩收成全无。道光十一年、十二年湖水涨至二丈一尺以上，为向来罕有，结果滩上地亩成为巨浸。因此他们想挖放黄水，希图地亩受淤，而地亩淤高之后就可以免于淹浸。但令人万万没有想到的是，黄河大堤因此溃决。

　　经过此次决堤掣溜之后，该处三四十里以内滩地均已受淤，与未受淤以前相比，高出五六尺至一丈不等，这些受淤地亩已成为膏腴之地。但陈端等人却因聚众挖堤，成为朝廷通缉的要犯，同时也给淮扬一带的百姓带来深重的水灾之苦。朝廷为了堵筑桃源决口，加上大工启闭江口、阚家山闸坝以及加高洪湖堤堰各工，所用银为 673 万两。由此可见，清代禁止私人掘开河堤，放淤灌田，还是颇为必要的。

第五章　陷入竭蹶：嘉道河患、河费
流向与积弊整饬

嘉道时期处于黄河铜瓦厢改道的前夜，随着吏治腐败加剧，黄河水患频发、运河日益梗阻成为困扰整个社会的头等大事。嘉庆朝河患频仍，被后世史家视为"清朝中衰"的表征之一。大国治水，绝非仅为技术问题，正如学者夏明方所言，清代黄河已从"自然之河"走向"政治之河"①，治黄已成为一项牵涉清代根本政治制度的错综复杂的治水政治。嘉、道二帝统治期间，黄河水患最为频仍、河政积弊最为严重。一方面河患频仍，运道日渐梗阻，河漕体系面临崩溃的危险；另一方面河费激增，给嘉道两朝的财政造成巨大压力，对清代政治社会生活造成严重冲击。与此同时河督治河乏术，此一时期的治水工程，仅仅是消耗重金堵口塞决，可谓有防无治。其中道光二十一年（1841）开封黄河水灾即为典型个案，折射出河官河兵的灾前灾后渎职、灾民劫后余生的行为失范，以及官绅义民众志成城抗洪救灾等复杂的社会镜像。

清代巨额河工经费的流向，除了治河所必需的部分以外，学术界通常认为被河臣贪污侵冒的数额相当庞大。在清代，河臣贪污侵冒河费确为不争的事实，但更可怕的是社会上形成一个仰食河费的庞大阶层，不仅包括河督、河员、地方官僚、生监、幕友、游客与佐杂，还包括贩卖河工所需物料的商贩，以工代赈之下的夫役灾民，所有这一切皆影响河费的正常使用。面对日益严重的河患，嘉庆帝没有强有力的整饬措施，而是一味消极应对，致使河务日益败坏，直到嘉庆十七年黎世序出任南河总督，河政局面才出现改观。道光帝上台之后，对河工积弊大力整饬，虽然取得一定效果，但已无力回天。

第一节　河患频仍及其对政治社会生活的冲击

嘉道时期黄河水患频仍，与19世纪上半期中国气候处于"小冰期"密

---

① 夏明方：《从"自然之河"到"政治之河"（代序）》，载《文明的"双相"：灾害与历史的缠绕》，第217页。

切相关,但天灾往往与人祸相伴,而吏治腐败则使积弊丛生的河政更为雪上加霜。河患对清代政治、社会生活以及区域环境造成严重的冲击:巨额河费使嘉道年间的朝廷财政雪上加霜,由于财政空虚,清廷不得不通过捐纳来增加收入。而捐班出身的官员日增,造成仕途更为冗滥,吏治更为败坏,他们分发到河工效力,造成河政不可收拾,黄河决口更为频繁。此外,黄河屡决河患频仍,百姓动辄遭受失去田园庐舍的灭顶之灾,深重的灾难导致民风败坏,社会秩序动荡不安。黄河决口使沿岸地区的耕地反复被积淤泥沙所覆盖,造成大片可耕沃土沙化,或成为斥卤之地,使民众从事农业生产的自然条件日益恶化。

一、吏治腐败与黄河水患的频发

黄河决口漫溢,与其自身的水性无常有着直接的关系。清人赵廷恺说:“夫水无常也,黄水愈无常,水之平险无常也,消长无常也,黄水之平险消长愈无常。使顺流归辙,历久不变,何难遵例守经,共循故制,其势固有不能。大溜时趋南而趋北,偶争上而争下,数年一易,或一年一易。”[1]黄河水性无常使河工防险颇为困难,甚至防不胜防,清朝为此建立了严密的河工岁修抢修制度,而河患依旧频仍。此外,嘉道时期中国处于“小冰期”,极端暴雨天气时常发生,最为典型的是道光二十三年(1843)黄河在河南中牟决口,即由罕见特大洪水所造成,邹逸麟《千古黄河》指出,据今调查和推算三门峡断面,洪峰流量达3.6万 m^3/s ,属于千年一遇的特大洪水,陕县当地至今流传着“道光二十三,黄河涨上天,冲走太阳渡,捎带万锦滩”的民谣。[2]

嘉道年间河患频仍,与河臣治河乏术和贪污侵冒息息相关,而且河政败坏成为清代中衰的表征之一。史家印銮章认为嘉庆一朝“实为清室由盛而衰之枢纽”,而中衰之现象约有三端,除满兵不竞、吏治大坏之外,就是“河患之见告”,他说:“康熙时治河,实事求是,嘉庆以还,官吏则视为利源,国家则成为漏卮。年复一年,糜帑无算。”[3]此论不无道理。嘉庆一朝黄河几乎无岁不决,而“河患至道光朝而愈亟,南河为漕运所累,愈治愈坏”[4]。黄河水患频仍是嘉道中衰在河务问题上的反映。自雍正七年(1729)开始,朝廷有黄河大堤每年加高五寸的规定,结果培修河堤时,河官当中的武官

---

① (清)盛康辑:《皇朝经世文续编》卷一〇五《工政二·河防一·(清)赵廷恺〈河工例销流弊说〉》,载沈云龙主编《近代中国史料丛刊》第84辑,第4897页。

② 邹逸麟:《千古黄河》,上海远东出版社2012年版,第113页。

③ 戴逸、李文海主编:《清通鉴》卷一七七,山西人民出版社2000年版,第5407页。

④ 赵尔巽等:《清史稿》卷三八三,第11661页。

负责筑堤、打坝等施工,他们以虚报土方、铲松浮土进行作弊,"工款到手,则择各堤之最完整者,将堤面浮土,略加铲治,堤根宿草,稍为芟除,俾见新痕。或少加土,或并不加土,即报修堤若干丈,应需银若干两"。① 这样培修河堤,则黄河泛滥在所难免。

面对黄河屡决,河督只是忙于堵筑决口,而没有采取措施使河床冲刷深通,因此黄河越是决口,泥沙越是堆积河床,导致河床日益增高,而增高的结果就是带来更多的决口。对此,嘉庆年间的河督吴璥说:"溯自丰工、曹工、邵工、衡工漫溢频仍,漫口一次,即河淤一次,河身积受淤垫,以致海口高仰,受病已非一日。近年下游,又屡经失事,河底日益抬高。河底逾高,则倒灌更易;倒灌愈甚,则下游更淤。其害相因,积久更难救治。"②嘉道时期,黄河陷入有防无治的废弛状态,陷入决口与淤垫交乘的恶性循环之中,对此魏源批评说:

> 但言防河,不言治河,故河成今日之患;但筹河用,不筹国用,故财成今日之匮。……今日筹河,而但问决口塞不塞与塞口之开不开,此其人均不足与言治河者也。无论塞于南难保不溃于北,塞于下难保不溃于上;塞于今岁难保不溃于来岁。即使一塞之后,十岁、数十岁不溃决,而岁费五六百万,竭天下之财赋以事河,古今有此漏卮填壑之政乎?③

此时治黄只能保障河不决堤,而不能保障刷深河床,使河道深通。决口今年堵塞南岸,难保北岸不决口;即使今年不决口,来年难保不决口,因而形成耗尽天下财赋以治河的局面。

黄河大堤对于保障两岸百姓生命财产至为关键,为此清廷建立颇为严密的修守维护制度,但无可救药的吏治腐败,导致河堤修守形同虚设。道光三年(1823)九月,御史佘文铨上奏稽查黄河岁修土工情形说:

> 据称承办土工员弁,每乘上司巡查后,遣令兵夫,搜挖堤根滩地之土,滩地挖去一寸,堤身自高一寸,名曰搜根。再以所挖之土,培所筑

---

① 中国水利水电科学研究院水利史研究室编:《再续行水金鉴·黄河卷》,第3207—3208页。
② (清)贺长龄、(清)魏源辑:《皇朝经世文编》卷九九《工政五·河防四·(清)吴璥〈通筹湖河情形疏〉》,载《魏源全集》第18册,第358页。
③ (清)魏源:《筹河篇上》,载《魏源全集》第12册,第345页。

之堤，是一寸已得二寸之数，一尺即冒二尺之银。至土工坚否，全赖夯硪，新筑之土，名为坯头，夯硪工价，估在土方价内。承办员弁，冀得盈余，坯头动辄厚至三尺，夯硪焉能结实？锥试之法，止及土面，工段往往高七八尺，底则任其虚松，硪亦有名无实。惟迎面始加套硪，用锥之人，早为关说，下锥提锥，多有手法，执壶淋水，亦用诡计。验收上司，一望而过，当面被其欺朦。至估工之初，旧堤尺寸，略为少报，新土报竣，旧可抵新，名为那掩。及收工之时，执持丈杆弹绳之人，得受贿赂，照册丈量，树杆稍斜，顶高即符额数。弹绳微松，单长不殊原估，按之原估额数，偷减已多。①

　　黄河能否安澜顺轨，全靠堤防作为保障，堤防是否坚固，全靠土工是否结实。河工员弁每年择要估办黄河堤工，动辄需银数十万两，但黄河岁修土工却弊窦丛生，存在各种浮冒蒙混，以图侵吞岁修款项，而将工程是否坚固置之脑后。

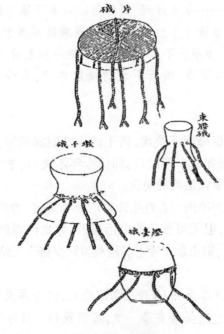

图五　夯硪器具

资料来源：（清）麟庆：《河工器具图说》卷二，第201页。

---

① 《清宣宗实录》卷五八"道光三年九月"条，第1023页。

道光帝谕令南河总督黎世序、东河总督严烺随时密查,兴筑土工是否存在弊混,一经查出即行严参惩办,总期工归实用,帑不虚靡。结果黎世序指出,佘文铨所说皆为河工每岁通行严查之事,但实际情况比佘氏所言更为严重,大抵承办堤工的人员,皆不免贪图河费盈余之想。工员所用夫役皆善于从中谋利,他们无弊不作,工员稍不精明,即受欺蒙;上司稍为疏忽,亦受其欺蒙。黎世序列举了更多的修堤弊病:

> 搜挖堤根滩地之土,名曰"偷底"。除偷底之外,所筑坡身不能饱满,略带微洼,名曰"螳腰"。加高之工,顶宽下削,外坡丈尺虽足,而里坡有陡立之势,名曰"戴帽"。堤顶两边,加高丈尺,虽与原估相符,而堤心略带微洼,名曰"架肩"。一面收高者,将施篑一面斜高,名曰"耸肩"。皆是偷减土方之弊。至于坯头加厚,名曰"加坯";行硪不到,名曰"花硪",工完之后,以长锥签试,兵夫于提拔之时,有意旋转,则灌水易保,名曰"泥墙"。灌水之时,故将泥浆及胶粘之水灌入,名曰"作料"。其余琐屑欺蔽之处,实不胜枚举,皆是偷减夫工之弊。①

黎世序列举的修筑河堤时的种种作弊名目,无非是偷工减料,希图侵冒河费,这就使朝廷立法周详、岁耗国帑修补黄河大堤的防河策略,变得形同虚设,而河臣昏聩渎职,对于其中的弊病并不严查,结果造成黄河屡决、漂没田园庐舍无数的惨剧,其中所偷挖的堤根滩地,皆系老土,多有草木盘结,每年春时草色回青,一经偷挖,情形显而易见,难以掩饰,只要河臣稍加留意,不难发现其中的弊病。其他弊病的核查亦是如此。但不可救药的吏治腐败,使黄河修堤的种种弊病难以避免。

作为黄河安澜保障的大堤,修筑完工后,本来有严格的勘验检查制度,但河工官员以次推升晋职,始终不离河务,今日督率属员稽查弊窦的河官,昔日即为属员亲身作弊之人,因此他们向来不肯认真稽查河工弊病,稽查形同虚设:

> 查勘堤工,以木概插入新堤,凿成小穴,取壶水贮穴中,不渗不漏即为坚固。舞弊者用白芋煮水,其性粘腻,虽虚土亦不渗漏。又或于新筑堤上拉车一过,车轮不致深陷,即为坚实,孰知车系空车,自然不

---

① (清)贺长龄、(清)魏源辑:《皇朝经世文编》卷一〇三《工政九·河防八·(清)黎世序〈复奏河工诸弊疏〉》,载《魏源全集》第18册,第513页。

陷。况且科派物料,滋扰闾阎,虚开帮项,以少报多,种种弊窦,总为自私起见,当河决筑堤之时,眼见生民漂没,犹忍作此弊端![1]

以水签堤而不渗漏,拉车过堤而不深陷,本来是检验河堤是否虚松的有效办法,但舞弊之人以白芋煮水灌堤,以空车过堤,使验堤流于形式。嘉道年间的河患,既有黄河本身难以治理的问题,亦有气候恶劣灾害频发的因素,但吏治腐败所造成的人祸,亦是无法回避的重要原因。

清廷每年花费百万国帑治河,河臣却只知堵口而不疏导,造成黄河中下游形成地上河,嘉道时期尤为严重。经世派思想家魏源《筹河篇》称黄河"起海口,至荥泽、武陟两堤,亘二千余里,各增至五六丈。束水于堵,隆堤于天"[2]。魏源还作《新乐府》诗讽刺这一现象,诗云:"防桃汛,防伏汛,防秋汛,与水争堤若争命,霜降安澜万人庆。两河岁修五百万,纵不溃堤度支病。试问东汉至唐亦漕汴,何以千岁无河患? 试问乾隆以前亦治河,何以岁费不闻百万过? 沙昏昏,波浩浩。河伯娶妇,河宗献宝。桃花浪至鲤鱼好,酒地花天不知老。板筑许许,鼍鼓逢逢,隆堤如天,束水如塘,不闻治河策,但奏防河功,合向羽渊师黄熊。"[3]在此,魏源揭露了河工的种种弊病,河费激增严重影响清廷财政,亦为历代所无的弊政,但治河结果却是"隆堤如天,束水如塘",这完全是只知防河、不知治河的必然结果,成为黄河水患频仍的根源所在。

二、河患频仍对清代政治生活的冲击

河患频仍造成河费激增,严重冲击了清廷的财政制度,使作为最高统治者的皇帝深感河费的巨大压力。嘉庆十三年(1808)十二月,因查勘海口河口以及高堰办工,河督吴璥、两江总督铁保等请饷需银三百数十万两,嘉庆帝因此甚为心烦,抱怨说:

> 今伊等筹办河务,每一工必先论需饷若干,每一折几于欲请饷一次,无往而非要工,动称迫不可待。抑知国家经费有常,度支有定,如俸工兵饷等项,按数给发,不能逾时;而各处旱潦偏灾,必须随时赈贷,

① (清)盛康辑:《皇朝经世文续编》卷一〇七《工政四·河防三·(清)严烺〈覆奏严查河工积弊疏〉》,载沈云龙主编《近代中国史料丛刊》第84辑,第5121—5122页。
② (清)魏源:《筹河篇上》,载《魏源全集》第12册,第346页。
③ (清)魏源:《古微堂诗集》卷四《新乐府·江南吟》,载《魏源全集》第12册,第573页。

岂能以天下之全力,专办一处河工? 又岂能因一处河工,停止天下经费? 朕廑念及此,宵旰焦劳,几同从前筹办邪教,其难更甚。①

　　河费给朝廷财政带来的巨大压力可想而知。如果黄河决溢,朝廷更要兴大工堵塞决口。据《清史稿·食货志》记载,嘉庆八年(1803),衡工加价至730万两;十年(1805)至十五年(1810),南河年例岁修、抢修及另案专案各工,共用银4099万两。道光六年(1826),拨南河王营开坝及堰、盱大堤银,合为517万两。二十一年(1841)东河祥工拨银550万两,二十二年(1842)南河扬工拨600万两,二十三年(1843)东河牟工拨518万两,后又有所增加。②对于河费的激增,魏源曾批评说,道光年间,河工"岁费五六百万,竭天下之财赋以事河,古今有此漏卮填壑之政乎?……人知国朝以来无一岁不治河,抑知乾隆四十七年以后之河费,既数倍于国初,而嘉庆十一年(1806)之河费又大倍于乾隆,至今日而底高淤厚,日险一日,其费又浮于嘉庆,远在宗禄、名粮、民欠之上"③。巨额的河费使嘉道年间的财政雪上加霜。

　　由于财政空虚,清廷不得不通过捐纳增加财政收入,捐班出身之员日增,造成仕途冗滥。南河、东河、北河的河工各缺,其中河工道员共有十缺,请旨七缺,保题三缺。而同知、通判没有部选之缺,全为州县佐贰的升阶。至嘉庆二十五年(1820)十月,只有请旨道员之中尚有正途人员,其余由河督题补题升之缺,自道厅以及佐杂,无一不由捐纳出身。捐纳候补官员的激增,也使漕务委员倍于往昔,他们分发河工谋求差使,无非希图沾润河费。林则徐曾说:"从前自南而北,漕委不过二十余人,迨道光七年(1827)奏定重运委员不得过四十员,回空不得过二十八员,至十六年(1836)又有不得过八十员之奏,总由候补人众,难令空闲。"④河工官员、漕务委员的增多,其索费必然随之而增,致使河工、漕务的腐败不可收拾。

　　捐纳对于吏治的危害,正如冯桂芬所言:"近十年来,捐途多而吏治益坏,吏治坏而世变益亟,世变亟而度支益蹙,度支蹙而捐途益多,是以乱召乱之道也。居今日而论治,诚以停止捐输为第一义。"⑤朝廷因为军需、河工多故而造成财政困境,不得已而开捐纳,捐例一开吏治败坏,河患频仍更为

---

① 《清仁宗实录》卷二〇四"嘉庆十三年十二月"条,第727页。
② 赵尔巽等:《清史稿》卷一二五《食货志六》,第3710—3711页。
③ (清)魏源:《筹河篇上》,载《魏源全集》第12册,第345页。
④ (清)林则徐:《复议体察漕务情形通盘筹画折》,载《林则徐全集·奏折卷》,第236页。
⑤ (清)冯桂芬:《校邠庐抗议·变捐例议》,第60页。

严重,而财政更为雪上加霜,捐纳对于吏治的负面作用不言而喻。虽然不能说捐纳出身之员尽为贪官,但国家名器可以纳财而得,本就败坏了官风与社会风气。自捐例一开,而游手好闲之徒以官司为市肆,不少人甘愿花费巨资捐官,原因就在于做官可以发财,投资一倍而来,搜刮百倍而去,这便是他们的为官之道。捐纳人员大多发给南河效力,这些人成为"食河之饕"。对此,嘉庆帝曾说:

> 朕闻河工效力人员,为数过多,伊等身在河工,即乐于有工而不愿于无事。且一人有一人之住居服食,并官亲幕友随从人等,在在需费,未必皆出己资,亦未必尽能奉公守法。……况多一人多一分供应,其好生议论者,往往独出臆见,是以近年来于并无工段之处,忽报新生工段者,不一而足,未必不由于谋夫孔多之故。况效用者既多,则专管之员退处事外,以致事无专属,意见参差,浮縻帑项,何所底止? 若不亟行澄汰,不惟于事无济,即使多方筹拨,帑金亦终归虚掷。①

事实确实如此,河官越多,河工生事越多。对于河官激增与河患的关系,魏源曾讽刺说:"险工减,故官可大裁;浮费核,则工归实用。故古河员之多寡,恒视河务为盛衰,员愈多,费愈冗者,河必愈坏;员愈少,费愈节者,其河必愈深。如曰不然,近请视国初,远请视前史。"②河工文武员弁本为防河抢险而设,随着吏治腐败与河工员弁的膨胀,其效能日趋弱化,甚至走向了它的反面。包世臣亦曾尖锐指出:"溯查统计,凡钱粮节省之时,河必稍安;钱粮縻费之时,河必多事。……盖縻费之时,必各工并举而无一归实,上最苟且,下贤筐篚,堤加而河身随之并高,工生而水势因之更险。"③

嘉道年间,河工腐败成为窥视吏治官风的一个窗口。河臣懈于河事,玩忽职守,两江总督百龄指出:"河工诸员,无一可信,以欺罔为能事,以侵冒为故常,欲有所为,谁供寄使? 罚之不胜其罚,易之则无可易。……自河务多事,内外讲求,而急功竞名者,咸思建白,道谋滋议,邪说纷纭,众论风生,口多金烁。设有措置,辄动浮言,摇惑人心,扰乱至计。……河工之坏,前事诸人,自觉其非,犹必百计遮掩,多方文饰。其坏古法也,则曰今昔情

---

① 《清仁宗实录》卷二〇五"嘉庆十三年十二月"条,第739页。
② (清)魏源:《筹河篇下》,载《魏源全集》第12册,第354页。
③ (清)包世臣:《答友人问河事优劣》,载刘平、郑大华主编《中国近代思想家文库·包世臣卷》,第109页。

形不同;其销冒钱粮也,则曰当时价值昂贵。树援植党,众志成城。"①在百龄看来,河臣将侵冒钱粮视为正常,急功竞名者皆以建言河工为终南捷径,结果河工多事成为常态。美国学者佩兹指出,"机构臃肿和官员腐败导致了河道总督这一机构的效率低下,最终导致 1855 年的黄河改道",而清政府的"独断专行、对变革和新思想的抵制、大批半官半绅的出现以及社会道德的滑坡,导致了对河道基本管理的忽视。更为严重的是河道管理渎职现象竟然得到纵容。河道管理机构的低级官员任由河堤坍塌损坏,目的是向朝廷申请更多的银两,而申请到的银两都进了这些官员的腰包"。②

　　道光朝后期黄河屡决,使清廷陷入堵塞决口、蠲赈灾民与帑金匮乏的多重困境。至二十三年(1843),黄河在河南中牟发生决口,大工费帑已七百余万,此后接坝挑河,预计还要帑金 500 万两,由于内外库项支绌,无从继续拨发,朝廷想迟堵决口,但事实上后果更为严重,因为灾后还要赈济百姓,漕运亦不能就此中断。正如时人邹鸣鹤所言:

　　　　查黄河自中牟漫口以来……三省被灾之民,不下数百万……大抵暂忍饥寒,专望合龙复业,一闻缓堵之说,生全无望,人各自危,必致弱肉强食,聚众滋事,其害殆无底止。……淮阳一带,为漕河咽喉之地,今以洪泽湖受全黄下注,一遇涨漫,堤防告警,漕道必致中梗,将来不堪设想。……河南省城,中枢要地,经祥工浸漫之后,竭全省官民心力,始得修复。今黄河逼近护堤,汛涨仍虞漫及,全城数十万生灵,安危难卜,年来官绅环守,比户担惊,岂能常年以为故事?③

　　灾民生活衣食无着,盼望决口早日合龙,以恢复家园与农业生产;淮扬一带为漕运咽喉,决口迟迟不加堵塞,一旦整个运河体系崩溃,南北贯通的大运河面临着崩溃的危险,京师粮食、物资供应岌岌可危,后果不堪设想,而且河南省城开封受到黄河威胁,全城数十万生灵生存无告,所有这些严重威胁着现存的统治秩序。鉴于以上种种原因,尽快堵塞决口颇为重要。

　　以经费而论,暂缓堵塞决口还会使朝廷增加赈灾款项,还要蠲免各州

①　(清)贺长龄、(清)魏源辑:《皇朝经世文编》卷九九《工政五·河防四·(清)百龄〈论河工与诸大臣书〉》,载《魏源全集》第 18 册,第 369 页。

②　[美]戴维·艾伦·佩兹著:《工程国家:民国时期(1927—1937)的淮河治理及国家建设》,姜智芹译,第 25 页。

③　(清)盛康辑:《皇朝经世文续编》卷一〇七《工政四·河防三·(清)邹鸣鹤〈中牟堵口管见〉》,载沈云龙主编《近代中国史料丛刊》第 84 辑,第 5171—5173 页。

县的钱粮。仅以河南而言,大工停缓之后,朝廷下诏加赈三月,需要八十余万,加以各州县蠲缓钱粮约四五十万,合计需银一百二三十万两,加上安徽、江南两省的灾赈、蠲缓之银,至少各需百万,统计三省总须白银三百余万两。因此暂缓堵塞决口有害无益,朝廷当然不能一任黄河浊流横溢中土。而且随着时间的推移,决口更难堵合,筑堤所费更为浩大。最终朝廷决定多方筹措经费,堵塞决口。中牟大工总计耗费白银 1200 万两,道光朝每年财政收入 4000 多万两,约占 30%,这给清廷财政造成颇为沉重的负担,给整个社会生产、生活造成颇为严重的困扰。

三、灾民水患之苦、土地沙化盐碱化与民风劣化

黄河决口首先给沿岸人民带来灭顶之灾。康乾时期一些诗人创作灾害诗,详细描写了黄河水灾之下灾民风餐露宿、困于洪水与葬身波涛的悲惨命运。陈章作《哀饥民》一诗,道尽淮扬地区水患之下的灾民惨状,"哀饥民,哀饥民,夏秋淫雨连朝昏,稻花不实烂稻根。淮流泛滥鱼龙奔。尺椽片瓦荡如焚。流离四散投城闉,门卒呵止还乡村。道遇一老姬,泣告声已吞。一家十三口,只有两老存。寒风急雪又作横,肩背不掩无完裙。残喘不知更几日,乞得薄粥犹相分。东家卖儿女,价钱同鸡豚。西家死父母,随地埋荆榛。哀哀此赤子,谁非圣代民?九重恩诏昨日下,绘图不必烦监门。"①《哀饥民》一诗颇能反映清代黄河水灾所造成的灾民流离失所、食不果腹、卖儿卖女的悲惨境遇。

更为惨痛的是水灾之下发生人吃人的惨剧。乾隆年间进士、官至兵部侍郎的刘凤诰作《宿迁民》一诗云:"我行宿迁城,城下无水声。我行宿迁野,野外草不春。水声学人哭,草根掘人肉。土民辨男女,骨节三百六。云昨岁苦饥,百口无一肥,母怀割幼子,父或餐其儿。髓干血亦竭,肠胃供饞餻。死者勿复道,生者犹僵尸。至今十家屋,九家穴狐狸。我闻坐路旁,忿怒交怨悲。凶荒灭天性,区区残喘为?"②乾隆统治时期的清朝号称盛世,而临近黄河的宿迁水灾频发,造成十室九空、狐狸出没的惨剧。在草根吃光的情况下,饥饿与死亡的威胁驱使灾民吃掉亲生儿女!

其实每次黄河水灾之后,朝廷皆拨发国帑赈灾,但往往缓不济急,或者僧多粥少,灾民流离失所无法避免。清人赵然《河决叹》云:"神河之水不可测,一夜无端高七尺。奔涛骇浪势若山,长堤顷刻纷纷决。堤里地形如釜

---

① (清)张应昌编:《清诗铎》卷一四《灾荒总·(清)陈章〈哀饥民〉》,第 447 页。
② (清)张应昌编:《清诗铎》卷一四《灾荒总·(清)刘凤诰〈宿迁民〉》,第 451—452 页。

底,一夜奔腾数百里。男呼女号声动天,霎时尽葬洪涛里。亦有攀援上高屋,屋圮依然饱鱼腹。亦有奔向堤上去,骨肉招寻不知处。苟延残喘不得死,四面茫茫皆是水。积尸如山顺流下,孰是爷娘孰妻子？仰天一恸气欲绝,伤心况复饥寒逼！兼旬望得赈饥船,堤上已成几堆骨。"①朝廷赈灾不及时,造成灾民大量死亡,他们为了自救,往往结成团伙,集体谋食。

道光十一年(1831)八月,黄河在杨河厅十四堡及马棚湾决口,"桃源、宝应、高邮、甘泉、江都,皆系被水较重之区……民田庐舍尚在巨浸之中,浅者淹及半扉,深者仅露檐脊……高、宝、扬州一带,多有灾民于沿堤搭棚栖止,亦有乘坐小舟逃荒外出者"②。其中江南徐州府被水之区,以灵璧、凤阳地区较为严重,凤阳县自王庄驿至濠梁驿,村庄民田均在水中,临淮以南又有积水。湖北黄梅县界水势更大,旱路水深二丈余,与大江百余里相连。江西地界德化、德安、建昌等县水灾严重,沿途灾民络绎不绝,携持幼弱,愁苦难堪。每次黄河决口后灾区范围之广、灾情之严重、灾民生活之痛苦,可以想见。江苏省受灾较重的地区,灾民四出谋生或流亡,一月以来,灾民由苏州过境者已有两万余人,现在陆续来者每日数百人,或一两千人不等。由于江南各县亦歉收,无法留养,只得听任他们在江南各州县以及浙江境内到处谋生。有些劣生土棍以领赈为生资,以逃荒为长策,名为灾头,他们引领合村男妇冒开人口,到处需索。泰州城外匪徒王玉林等自称灾头,率领民船数十只,号称灾民数万,并私设正副总管名目,直入州署倚众滋闹,勒索路牌路费,甚至艏船内装私盐,外坐被灾男妇幼孩,串诱灾民卖盐放抢。所有这些严重影响了正常的社会秩序。

水灾频仍使百姓动辄遭受失去家园的灭顶之灾,导致官风与民风一同败坏。道光十二年(1832)九月,江苏桃源于家湾黄河大堤被盗掘,造成颇为严重的水灾。十三年(1833)四月,淮安、扬州、徐州、海州等属22州县再次发生水灾,朝廷拨款赈济,并免除其赋税欠项。在赈灾过程中,从前州县克扣赈银、胥吏从中分肥的情形有所遏制,此与道光朝吏治首倡清廉有关,亦与国家财政空虚、士绅捐输占赈款比重很大有关。但最根本原因在于灾民嗷嗷待哺,"若办赈有所侵蚀,是直向千万垂毙之民夺之食而速其死","岂不虑激成事端,州县即不顾声名,断无不惜其身家性命,似此受制于人而仍无利于己之事,虽至愚亦不肯为"。③因此州县官在办赈时不敢肆意妄

① (清)张应昌编：《清诗铎》卷四《河防·(清)赵然〈河决叹〉》,第120—121页。
② (清)林则徐：《接任江宁藩司日期并陈沿途灾情折》,载《林则徐全集·奏折卷》,第16页。
③ (清)林则徐：《覆奏查办灾赈情形疏》,载《林则徐全集·奏折卷》,第291页。

为,甚至出现了"清赈"的特殊局面。但赈灾过程中却出现前所未有的"土棍之弊",正如时任江苏巡抚的林则徐所说:

> 土棍之弊在于悍泼。如该给事中所称扳号喧嚷,截米爬抢等情,皆系实有之事,然犹其浅者耳。其凶恶情形,则在强索赈票,不许委员挨查户口,如不遂欲,则抛砖掷石,泼水溅泥,翻船毁桥,甚至将委员拥置空屋,扃镭其户,以为要求必得之计。并主使村庄妇女,百般凌辱,尤为莫可理喻。其于殷富之户,则恃众闯闹,名曰坐饭,又曰并家,而统谓之吃大户。公然传单纠约,助势分赃,不独设立灾头,并有管帐、包厨等名目。……则弊在民而不在官。①

由此可见,黄河连年决口使灾民群体颇为庞大,他们经常面临着倾家荡产的境遇,绝望的处境导致了民风的败坏,使整个社会面临着几乎失控的险况。

更为严重的是,黄河频繁决口泛滥,对下游地区地理环境与社会生产生活产生严重影响。黄河下游河患激增,一些地区反复被黄河积淤所覆盖,大片沃土变得沙化,或成斥卤之地,这与洪水流速缓急不同而沉积物不同有着密切关系,故有"紧砂、慢淤、清水碱"之称。对此,水利学家张含英说:"盖以河于溢决之后,随地漫流,其水流较急之处,所携之粗粒泥沙,先行沉淀,水落之后,即成砂田;流缓之处,则继以细粒泥沙之沉淀,可以变为膏腴之地;若河水停积,因水中微含卤质,则水涸之后,地即变碱。黄河之迁徙无常,是以下游大平原之土壤,亦常在变易之中。"②可见,黄河决溢之后,水漫淤垫后的地区并非皆为肥田沃土,而是经常形成大片沙化、斥卤之地。

每次黄河洪水过后,大量泥沙在平原上沉积,造成极为严重的环境后果,"它打乱了自然水系,如填平了原来的湖沼,淤浅了天然的河流,宣泄不畅之处又将原来洼地变成了湖泊。在平地上留下了大片沙地、沙丘和岗地、洼地。由此种种,把原先农业生产很发达的地区,变成了旱、涝、沙、碱的常灾区。"③豫北地区的封丘县,自元明以来为黄河决溢最多的地区之一,至清顺治初年全县土地土居其四,沙居其六,康熙年间封丘境内有两千余

---

① (清)林则徐:《覆奏查办灾赈情形疏》,载《林则徐全集·奏折卷》,第289页。
② 张含英:《黄河水患之控制》,艺文研究会1938年版,第3页。
③ 邹逸麟:《黄河下游河道变迁及其影响概述》,载《椿庐史地论稿》,第11页。

顷田地"飞沙不毛,永不堪种"①。

胙城古为南北交通要道,人口稠密,经济发达,但因黄河泥沙淤积覆盖良田,至康熙年间,"积沙绵延数十里,皆飞砾走碛之区,胙之土田无几矣"。② 雍正年间胙城县被撤,土地民人并入延津县。黄河迁徙靡定,沿岸土地不断贫瘠化,若在人口稀少的古代,百姓尚可舍瘠就肥,择地而居,但在地狭人稠的清代,人们只能在贫瘠的土地上继续耕作,而别无选择。作为千年古都的开封,从元初至清末,曾七次被黄河淹没。最后一次是道光二十一年(1841)黄河决入城中,淹没全城。今开封城下二三米才可以看到清代建筑的地基,而宋代开封城的地面,被埋到现在的地下十余米。

河南中牟全境皆为平原,黄河在境内曲折绵亘九十余里,沿河筑堤以防冲决。但由于黄河经常泛滥,古时沟渠皆被淤塞,导致地瘠民贫,可谓"民劳于河,贫于河,死徙于河"。道光二十三年(1843),黄河在中牟决口,这次水灾灾情颇为严重:

> 历河南之开封、归德、陈州,安徽之颍州、凤阳,江南之淮安、扬州诸郡境,而至洪泽湖,被水之三十余州县,皆国家腹心要地,迥非海疆偏僻可比,水过之区,至今村墟寥落,城市浮沉……三省被灾之民,不下数百万,经年昏垫,随地流离,其鹄面鸠形编茅掘穴而居者,沿堤沿河千余里皆是。③

中牟决口造成黄水横流,灾民流离失所,身为河督幕僚的何栻目睹河决惨状,作《河决中牟纪事》讽刺说:"黑云压堤蒙马头,河声惨慄云中流。淫霖滂沛风飕飗,蛟螭跋扈鼋鼍愁。隙竹楗石数不雠,公帑早入私囊收。白眼视河无一筹,飞书惊倒监河侯。一日夜驰四百里,车中雨渍衣如洗。暮望中牟路无几,霹雳一声河见底。生灵百万其鱼矣,河上官僚笑相视。鲜车怒马迎新使,六百万金大工起。"④此次黄河决口,"中牟为大溜所经,沙

---

① (清)王赐魁修,(清)宋作宾纂:《封丘县续志》卷一《建置·土田》,民国二十六年(1937)铅印本,第3页。

② (清)傅泽洪辑录:《行水金鉴》卷一六二,第2353页。

③ (清)盛康辑:《皇朝经世文续编》卷一〇七《工政四·河防三·(清)邹鸣鹤〈中牟堵口管见〉》,载沈云龙主编《近代中国史料丛刊》第84辑,第5171页。

④ (清)张应昌:《清诗铎》卷四《河防·(清)何栻〈河决中牟纪事〉》,第124页。

深盈丈,县境东北膏壤皆成不毛地,西北地区半变为咸沙"①。黄河泛滥不仅漂没田园庐舍,淹毙民命,而且造成严重的土地盐碱化、沙化。至 19 世纪末,中牟除了柳林附近开辟秋田外,到处"白气茫茫,远望如沙漠,遇风作小丘陵,起伏其间。高处寸草不生,洼处积水为泊,废田既多,村落遂稀。……唯沟渠缺乏,旱潦不匀"②。土地盐碱化、沙化使民众的生产生活环境日益恶化。

清代黄河水灾不仅频仍,且集中于国家心腹要地的豫、皖、苏、鲁等省,水过之区村墟寥落,城市浮沉,被灾之民不下百万,他们鹄面鸠形,编茅掘穴而居,遍布于黄河沿岸的千里之地,对清廷的统治秩序造成严重冲击。著名学者李伯重指出,19 世纪上半叶,清代经济由盛而衰的转折点"道光萧条"主要由天灾、银荒二者促成,其中黄河水患所引发的连锁性自然灾害为主因之一,加上连绵不断的旱灾、水灾、虫灾、冰雹、霜冻、风灾交织在一起,导致社会财富的巨大损失与清代经济发展的停滞。有专家估计,自进入人类社会以来,人类的生命、人类创造的财富,至少有一半耗损在各种自然灾害和社会灾害中。揆诸清代灾害特别是黄河水患的事实,的确如此。

嘉道年间,即 19 世纪上半叶,黄河几乎无岁不决,对沿河地区自然环境、农业生产、民众生活以及城市兴衰影响深远,造成这些地区的疲敝困苦。此时黄河处于铜瓦厢改道的十余年前,河政败坏已无可救药,甚至成为清中叶经济困顿、社会疲敝的重要诱因。面对黄河水灾,清廷进行各种形式的减灾活动,因此"清代减灾指数比明代强,但多表现在决口处合龙、浚河,重抗灾,轻防灾,事倍功半,陷于'多决多复,多复多决'的被动局面"③,清廷面对黄河决口,往往不惜重金进行堵口,但灾区重建活动几乎为零,造成巨额社会财富的浪费,却对减轻灾民的痛苦生活,作用微乎其微,顶多不过使灾民免于填沟壑而已。劫后余生的灾民或是坐以待毙,或是铤而走险,各种社会失范行为层出不穷,这完全是朝廷救荒政策不到位的结果。

---

① 萧德馨修、熊绍龙纂:《(民国)中牟县志》卷二《地理志》,民国二十五年(1936)石印本,第29—30 页。
② 萧德馨修、熊绍龙纂:《(民国)中牟县志》卷二《地理志》,第 28 页。
③ 高建国、贾燕:《中国清代灾民痛苦指数研究》,载李文海、夏明方主编《天有凶年:清代灾荒与中国社会》,第 19 页。

第二节　典型个案:1841 年开封黄河
水灾下的社会众生相

1841 年发生的开封水灾即为相当惨烈的黄河水患。六月十六日清晨,黄河在河南祥符三十一堡张家湾附近决口,洪水冲毁护城堤,围困开封城长达 8 个月之久,可谓"二百年来所未有"。直到翌年二月初八,黄河决口重新合龙,河费共用帑银 600 余万两。黄河决口致使河南祥符、陈留、通许、杞县、太康、鹿邑、睢州、柘城、淮宁,以及安徽太和、凤阳、五河等 5 府 23 州县受灾,史称"道光汴梁水灾"。亲历此次水灾的痛定思痛居士曾作《汴梁水灾纪略》,以日记形式为后人生动细致地描绘了当时的受灾救灾场景,详述洪水围城情形下地方官、河臣、河兵、绅士、义民、商人、灾民的群体活动,对大灾背景下的开封社会生活亦有丰富展现。尽管学界对《汴梁水灾纪略》的资料不乏利用,但有关水灾之下官民众生相的探讨并未涉及。有鉴于此,本节以《汴梁水灾纪略》为中心,采用灾害社会学的研究方法,从受灾者的视角来探讨水灾之下不同社会群体所呈现的社会镜像。

一、河官河兵镜像:灾前灾后渎职,人为放大天灾

河南、山东境内黄河隶属东河总督管辖,东河总督之下设开归、河北、漕济、运河四道,道下分设河厅与河营,厅、营之下设汛。1841 年发生汴梁水灾的黄河开封段由开归道管辖,开归道下辖河厅四个、河营四个,下设同知、通判、县丞、主簿、州判等文官,守备、协备、都司、千总、把总、外委等武官不下数十人,同时设河兵六百余人。如此庞大的河官河兵群体若能恪尽职守,对河务进行统筹规划,对于提高防汛效能,保障黄河安澜顺轨具有决定性意义,但河员唯有兢兢业业,黄河水灾才能防患于未然。

道光年间河督每次奏报河决原因,皆强调雨量过大、风暴过猛导致黄河水位猛涨,人力难防以致决口,对河臣河兵玩忽职守只字不提。1841 年开封水灾发生后,河督文冲亦是如此。官方纂修的治河方略、行水金鉴对河工防弊多有论述,目前学术著作在探讨黄河水灾时,亦将吏治腐败视为决口因素之一,但大多叙述较为笼统模糊。痛定思痛居士所作《汴梁水灾纪略》将黄河失事的每一细节与河官职守之间的关系,皆清晰展现出来,使他们成为朝野舆论中人为放大河患的"人祸"群体。

(一)　水灾发生前后河官河兵的玩忽职守

1841 年六月初五、初六、初九、十一、十四日,河南陕州万锦滩黄河七次

"长水二丈一尺六寸"，可谓"历查伏汛涨水从未有如此之盛，且水色浑浊，前涨未消，后涨踵至"。①黄河水迅猛下注，以致一日之间下游各厅水志长水六至八尺不等，积存达二丈二尺高，与上年盛涨相比超过二三尺，黄河两岸普遍漫滩，加上狂风暴雨，各厅纷纷报险。在无工处所，滩水与堤堰相平，各种隐患此起彼伏。面对黄河大汛来临、堤工处处堪忧的严峻形势，作为河南境内黄河防汛最高主官的东河总督文冲，并未采取及时有效措施。

文冲，字一飞，满洲旗人，荫生，1840年夏四月出任东河总督。文冲陛见皇帝奏报到任日期时，道光帝叮嘱说："料汝必能不染河工习气，修防以实，是用特简，其勉力为之。慎勿瞻前顾后，当屏嫌怨，以副倚畀重任之至意。"②对于不可救药的河工腐败，道光帝寄希望于河督的大力整饬，对此文冲心知肚明。文冲喜欢吟诗弄月，曾任山东运河道的徐经认为文冲"抱卓荦不羁之才，以其余事闲为吟咏。既而扬历节镇，其间宦游所至，凡情怀之怅触，山川之登眺，云物之变幻，皆寓之于诗。"③但文冲治黄才具平庸，做官又精于勾心斗角，与兼有河务之责的河南巡抚牛鉴同城为官，二人"久不相能"，经常发生龃龉之事。

文冲刚刚上任一月，在对属员并不熟悉的情况下，就贸然上奏道光帝，请将开支浮滥、率请汇销的开归道张坦勒令休致。因为河工动用钱粮，全在道员搏节，严加稽查，才不致虚靡。而张坦却以无稽之工冒称前河臣指示添估，需银四万八千余两之多。文冲查明所禀各工既无前河臣饬办之案，又无各厅请修之禀，实属浮滥开支，因此奏请朝廷勒令张坦休致。事实上，张坦"由汛官历任河道，在豫三十余年，熟谙河务，明险暗险一览而知。积年承办要工，从无贻误。安澜十载，舆论翕然"④。张坦谙熟黄河水性，治河有功，却因河费奏销问题而被革职。继任开归道的步际桐"系读书人，不通河务，任凭文武河员蒙蔽，亦不常在工上"⑤，才能无法胜任河道一职，严重影响黄河防汛效果。

① 中国水利水电科学研究院水利史研究室编校：《再续行水金鉴·黄河卷》，第797页。
② 《清宣宗实录》卷三三三"道光二十年夏四月"条，第49页。
③ （清）文冲：《一飞诗钞》卷首《（清）徐经〈一飞诗钞叙〉》，清道光二十八年（1848）刻本。
④ （清）痛定思痛居士：《汴梁水灾纪略》，载黄河水利委员会档案馆编《黄河水利系列资料之一·道光汴梁水灾》，2000年版，第62页。
⑤ （清）痛定思痛居士：《汴梁水灾纪略》，载黄河水利委员会档案馆编《黄河水利系列资料之一·道光汴梁水灾》，2000年版，第45页。

1841 年六月，面对张家湾河堤单薄卑矮、难以抵御大汛的严酷情形，下南厅同知高步月向步际桐请示修补河堤，工程估价两千七百余两，步际桐并未同意。因为黄河河身距离大堤十余里，非有异常盛涨洪水不可能漫滩，而河工旧习，每于无工处所虚报新工，为他处胡乱开销埋下伏笔，步际桐想杜绝此弊，因此拒绝了高步月的请求。高步月无奈，只得向东河总督文冲、河南巡抚牛鉴申诉，文冲业已同意发帑，既而无故中止。在此指出，步际桐进士出身，但对治河一窍不通；高步月为人耿直，办事认真，由于忧心张家湾溃决而估工修堤，但无人理会。

临近河决前夕，步际桐发现黄河水势浩大，担心洪水冲垮大堤，省城受淹，于是交给河营守备王进孝三百贯钱，令其防守河堤保护省城，试图以此挽救防汛危局，但王进孝以为漫水会很快退却，因此将钱装入私囊，回家聚众赌博，坐失修补河堤、防止漫口机宜。水灾数月后，王进孝病死，乡人余恨未消，以为天罚如此。六月十六日，张家湾河堤冲破之后，河南巡抚牛鉴闻讯赶到，但河堤上并无物料储备，面对漫口河兵束手无策，而张家湾距离开封城仅 15 里。面对洪水威胁，知府方宗钧赶到西北护城堤，"河兵无一人在者"①，由于河兵擅离职守，方宗钧只得雇募民夫修补护城堤，结果民夫不肯卖力，护城堤溃决，致使黄河洪水围困开封城。事实上，治河防患于未然最为重要。为了抢险得心应手，清代建立物料储备采买制度，物料按规定堆于河堤，属于黄河防汛制度的重要组成部分。一旦险情发生，物料充足可以及时抢修，避免黄河更大规模的决口。但张家湾决口时，黄河河堤上并无储备物料，且护城堤河兵不知去向，只得听任决口扩大。

黄河决口水落之后，河官若能及时采取堵合措施，夺溜之事或可避免。高步月请求河督文冲加紧堵口，但文冲"视河工为儿戏，饮酒作乐，厅官禀报置不问"②。面对高步月的请求，昏聩迷信的文冲要选择"吉日"开工，最终拖延工期，以致黄河大溜掣动。由于与牛鉴不睦，文冲甚至打算"密遣人决水，声言冲死牛犊子"③，堵口事宜一再坐失良机。面对洪水滔天，步际桐只得"望河大哭"，懊悔不通河务，而高步月"如痴如呆，见人不言不语，如同

① （清）痛定思痛居士：《汴梁水灾纪略》，载黄河水利委员会档案馆编《黄河水利系列资料之一·道光汴梁水灾》，2000 年版，第 4 页。
② （清）李星沅著，袁英光、童浩整理：《李星沅日记》，中华书局 1987 年版，第 280 页。
③ （清）李星沅著，袁英光、童浩整理：《李星沅日记》，第 283 页。

木偶"①,深感愧对开封百姓。二人还算天良未泯,但无补于黄河决口的堵合。

事实上,自六月十六日黄水漫堤,经过 9 日才大溜夺河。假如 9 日之内,河督或巡抚督率兵夫积极堵口,夺溜或许不会发生。直到六月二十四日,署理开封知府邹鸣鹤才乘坐大船,带领文武官员与河兵前往三十一堡查看水势,准备堵塞漫口,但船行数里,巨浪排山而来,发现黄河大溜已经全夺,堵口已不可能,邹鸣鹤只得划船回去。对此,学者蒋湘南感慨万分:"此九日中,在事文武无有议及于塞漫口者。使巡抚不先归,或河督亲临堰流,则大溜顺轨,城外之水自可疏消,何至漂十许州县,且坏大梁城哉! 人谋不臧,孰谓天降威乎!"②在黄河大溜掣动之前,若巡抚与河督密切配合,地方官吏与河工员弁上下齐心,厚集人力物力加紧抢险,黄河夺溜、洪水围困开封的惨剧可能不会发生。

此外,文冲与牛鉴不和使堵口大受影响。身为河督的文冲"置省城不顾,且留鄂云浦不必入城,免为鱼鳖,荒唐可笑"③,文冲对省城开封的漂没不管不顾,甚至上疏道光帝放弃开封,将省城迁往他处,而牛鉴"力卫省城",对黄河堵口并不上心,这引起道光帝不满,六月三十日下谕指示:"省城固为紧要,亦不可顾此失彼",因此叮嘱牛鉴与文冲"悉心商酌,多集人夫料物,设法分疏溜水,一面抢筑护堤缺口,毋再贻误"④。河督与巡抚在堵口问题上不能同心勠力,加重了黄河水灾。

河督及其属员的渎职遭到朝野人士的强烈指责,身为江苏布政使的李星沅指出,文冲玩忽职守导致黄河决口,之后不积极堵口,"犹妄请迁省洛阳,听其泛滥,以顺水性,罪不容于死矣! 约伤人口至三四万,费国帑须千百万……汴人皆欲得其肉而食之,恶状可想"⑤。李星沅并未亲临开封受灾现场,其认识源于过往官员的议论,其实《李星沅日记》对官场乱象与时政利病记录颇多,且颇有微词,其对文冲的看法大致代表了官僚士大夫的意见。

---

① (清)痛定思痛居士:《汴梁水灾纪略》,载黄河水利委员会档案馆编《黄河水利系列资料之一·道光汴梁水灾》,2000 年版,第 24 页。
② (清)蒋湘南:《七经楼文钞》卷五《辛丑河决大梁守城书事》,载《清代诗文集汇编》第 591 册,上海古籍出版社 2010 年版,第 193 页。
③ (清)李星沅著,袁英光、童浩整理:《李星沅日记》,第 279 页。
④ 《清宣宗实录》卷三五三"道光二十一年六月"条,第 381 页。
⑤ (清)李星沅著,袁英光、童浩整理:《李星沅日记》,第 280 页。

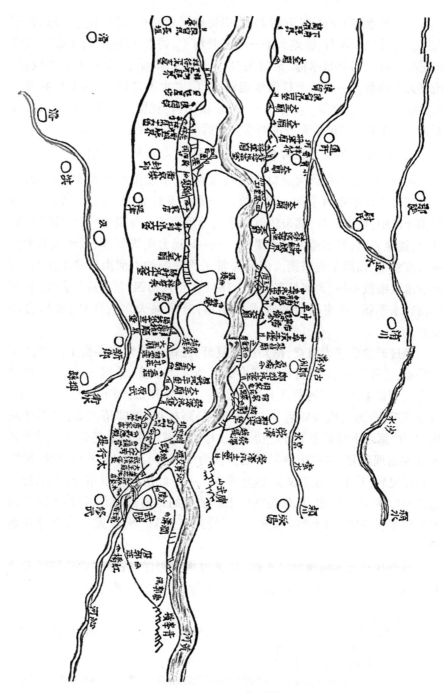

图六　黄河图（黄沁厅至下北厅祥陈汛）

资料来源：（清）黎世序：《续行水金鉴》卷首，《万有文库》本，第1—2页。

　　一些熟悉河工利弊的开封老叟,则将底层百姓对河督的谴责直达钦差大臣。七月二十六日,钦差大臣王鼎亲赴河干,访查河决情形,十余位老叟向王鼎泣诉:"自某日水涨、某时决口、某时至护城堤下、某时决开护城堤,始终无人堵御。……二十日河水退落,口门之水不过尺余,河上兵弁皆一味朦胧,并不实心堵筑。其水分三沟,止堵两沟,竟留一不堵。总河大人并不到工。"①老叟的泣诉充分说明水灾前后河官群体的渎职失职。

　　(二)　黄河合龙工程河营将弁偷工减料,导致埽段蛰塌

　　河营兵弁不仅在黄河决口之前玩忽职守,致使黄河水灾人为放大,而且在堵口工程中亦做手脚。黄河决口合龙关键时刻,大学士王鼎日夜"亲驻苇土之中,夜以继日,其余孰敢暇逸",熟悉河务的林则徐"冒寒作咳已阅月余,遂至音哑,自揣精力实难撑拄。……只得力疾从事"②,其他文武大员亦日夜督工,以期工程坚固。但兵弁督工所开挖的引河由于偷工减料,放水后水流细微不畅,大溜只有二分。1842年正月初四,黄河决口合龙,但因引河行水不畅,致使东西两坝大段崩塌,官员兵夫多有伤亡,决口合而复开。

　　经过通政使慧成访查,得知决口复开,是由于河营将弁偷工减料,"引河偷减,工程合龙不固,皆由河营弁兵不肯实力认真,希冀迁延时日,借肥私囊",因此慧成召集河营武弁进行训诫:"从今日始,如不实心认真做工,有意延缓,希图肥饱身家者,一经查出,轻则杖革,重即请王命,以军法从事。"③严惩之下河营上下齐心协力,二月初八黄河决口最终合龙。对于黄河合龙出现反复,亲在工地的林则徐认为"中州河事,旧腊本可合龙,所以迟回反复者,只由于在工文武心力难齐。……此次之得以堵合,大抵神力为之耳"。④ 在此指出,真正能掌握工程质量的是河营武弁,其偷工减料自然导致工程不坚,加上"风暴连朝,埽段致有蛰陷"⑤,以致决口合龙功败垂成。

　　河营兵弁大多精通黄河水性,熟悉堤坝工程做法,是守护黄河的专业技术队伍,是黄河防汛不可或缺的骨干力量,若能发挥其专长,对黄河安澜

①　(清)痛定思痛居士:《汴梁水灾纪略》,载黄河水利委员会档案馆编《黄河水利系列资料之一·道光汴梁水灾》,2000年版,第45页。
②　(清)林则徐:《致沈维鐈》,载《林则徐全集·信札卷》,第284页。
③　(清)痛定思痛居士:《汴梁水灾纪略》,载黄河水利委员会档案馆编《黄河水利系列资料之一·道光汴梁水灾》,2000年版,第78页。
④　(清)林则徐:《致苏廷玉》,《林则徐全集·信札卷》,第290页。
⑤　(清)林则徐:《致陈德培》,《林则徐全集·信札卷》,第285页。

颇为有益。道光年间,治河名臣栗毓美曾说:"河营武官多系防汛兵丁出身,兵丁等久历河干,历年河势如何迁徙,并各河臣道厅办理之善与不善,皆所目击。为河臣者但肯逐处虚心咨访,汇全局于胸中,再参以近日情势,斟酌办理,以身先之,自可集思广益,不至贻误公事。"①但河营兵弁待遇微薄,只得靠冒销工款为生,甚至靠黄河失事后的堵口工程大发横财,颇为可悲。

灾害社会学认为,灾害发生后政府总是"通过柔性政策的制定减少反社会的集体情绪、引导灾民接受'天灾'情境定义、预防或阻断'人祸'情境定义、发挥灾民集体行动的正面效应而规避其负面风险是政府灾害治理的关键所在"②。因此黄河水灾之后,文冲作为辖境内黄河防汛的最高官员,千方百计将决口归于天灾以减轻责任,如他于六月二十九日上奏道光帝说:"伏查历来漫溢水势,惟嘉庆二十四年(1819)为最大。本年伏汛异涨之水,自初八至十六日,接续骤长,存积不消,询之通工弁兵,佥称较之二十四年,尚大逾四五尺不等。是以上游两岸各厅滩水,于一夜之间陡然平堤,抢护不及,致有祥符上汛三十一堡漫溢之事。"③对河工官弁的渎职,文冲矢口不提。事实上,道光汴梁水灾确有黄河水势过大、汛期过猛、人力难防的自然原因,但天灾被"人祸"放大,河督河道、河工员弁作为防汛专业人员,或玩忽职守,坐失修补河堤良机;或侵吞河费扩大灾情,致使洪水围困开封达八个月之久,百万生灵面临化为鱼鳖的灭顶之灾。

二、灾民镜像:劫后余生与行为失范

黄河决口给沿岸人民带来深重灾难,而官府赈济多不能及时,且难以遍及灾区的每一个角落,触目惊心的流离死亡使灾民群体发生人性裂变,各种偷盗哄抢事件此起彼伏,社会秩序受到严重冲击。1841年开封水灾六月发生,直到翌年二月才堵合决口,黄河千里泛滥,洪水围困开封城长达八个月之久。灾民到了冬季没有住所,只得风餐露宿,加之缺衣少食,生活痛苦不堪,因此出现偷盗哄抢各种失范行为。在此指出,灾民多为不识字的社会底层群体,本身未曾留下受灾情形的有关记述,而在官方文献记述中,灾民的苦难多以"葬身鱼腹""流离满途"一语带过。本书通过灾害亲历者的民间视角,展现了灾民的真实生存状态。

①　中国水利水电科学研究院水利史研究室编:《再续行水金鉴·黄河卷》,第676页。
②　周利敏:《西方灾害社会学新论》,社会科学文献出版社2015年版,第44页。
③　中国水利水电科学研究院水利史研究室编:《再续行水金鉴·黄河卷》,第804页。

(一) 劫后余生,无衣无食无居

1841 年六月十六日,黄河在三十一堡决口,清人朱琦《河决行》一诗描绘了开封水灾后的惨状:"大河以南成沮洳,横流东徙故道淤。奔流直下洪泽湖,汹涛日夜撼汴都。千家万家泣呜呜,男奔妇逐牵其孥。踉跄避水城东隅,城西积水一丈余。死者横陈委路衢,问谁致此民何辜。"①黄河洪水浩瀚凶险,令人胆战心惊,而百姓田园庐舍为泥沙覆盖,他们仓皇避水,饥寒交迫,情形之悲惨令人无法直视。

黄河水灾给当地百姓造成巨大灾难,"黄流狂奔,黎民号如泣鬼。暮夜仓皇以防御,城阆骤堵而旋开。铁阆漂数里之遥,露栖有万家之苦。民庐既倾颓无算,官署愈汹涌可忧。满城之昏垫谁怜?分趋高阜……孤城一线,介乎滔天之旁;祸水四围,竟无福地可处。万顷如扬汤之沸,千声等啼峡之哀;人民同鱼鳖之游,村落尽蛟龙之窟。驱神以入苦海,高庙仅露屋檐;惊鬼而出黄泉,浮棺都悬树梢。"②黄河水灾使大量灾民丧命,田园庐舍漂没无数,即使幸而保住性命,亦面临着风餐露宿、无衣无食之苦。

洪水围困开封,首当其冲受淹的是城郊居民。"是夜水大至,猝不及防。护城堤内平地皆深丈余。护城堤东、西、北三面去城皆五里,惟南去城十里,河水骤入,急无出路,故一倾即满。四郊居民淹毙者十之四五。附堤居者,皆奔赴堤上,多半不及携带衣粮。其他村落,或升屋聚号,或攀树哀鸣,往往数日不得饮食,无人拯救,饿死树上。又或有饿极复投水死者。惨凄不堪言状"③。开封城外近一半居民被淹死,住在河堤附近的居民奔赴河堤避水,但多半来不及携带衣食,只得忍饥受冻;村落居民只能爬到屋顶或树上躲避,结果或饿死树上,或落水而死,惨不忍睹,而官府赈济迟迟未到。

开封城内居民的处境亦是如此。自从六月十六日黄河水灌入城内,百姓"纷纷登城,几于巷无居人。而仓猝登城,半多露处,复经阴雨彻夜,衣服沾濡,腹内乏食,男女呼号,各欲归家"④。面对汹涌的洪水,居民只得登城避水,但多日阴雨连绵,"大雨盆倾,连日夜不绝,号哭之声闻数十里,齐喊

---

① (清)朱琦:《怡志堂诗初编》卷四《河决行》,载《清代诗文集汇编》第 613 册,上海古籍出版社 2010 年版,第 217 页。
② (清)痛定思痛居士:《汴梁水灾纪略·序》,载黄河水利委员会档案馆编《黄河水利系列资料之一·道光汴梁水灾》,2000 年版,第 2 页。
③ (清)痛定思痛居士:《汴梁水灾纪略》,载黄河水利委员会档案馆编《黄河水利系列资料之一·道光汴梁水灾》,2000 年版,第 4 页。
④ (清)痛定思痛居士:《汴梁水灾纪略》,载黄河水利委员会档案馆编《黄河水利系列资料之一·道光汴梁水灾》,2000 年版,第 7 页。

于巡抚，问府县官何往"①。时至六月三十日水灾半月后，曹门、宋门之外渐露干滩，淤沙高达八九尺或丈余，一眼望去村落全无，房舍埋于淤泥之中，唯有未倾庙宇仅露屋檐。清人朱琦《河决行》一诗描绘了开封水灾后的惨状："怒流东徙洪河倾，大梁积水高于城。城头老鼍作人立，疾风卷雨势益急。……传闻附郭三万家，横流所过成荒沙。水面浮尸如乱麻，人家屋上啄老鸦。老鸦飞去烟尘昏，沿堤奔窜皆难民。难民呼食饥欲死，日给官仓二升米。"②

不用说普通百姓，即便是士绅，生活亦深受水灾的冲击。署名"痛定思痛居士"的绅士详述水灾对其生活的影响，"仆一介书生，亲罹灾患，八口残喘，倍历凄皇。今日者，城郭已非，桑田俱变。云烟之过眼如昨，旦夕之人梦难忘。从痛定思痛之余，忆生无可生之日。将笔代哭，触景怆怀。藉余生之苟延，幸实事之无饰。惊魂虽定，著纸仍飞；一编率成，随泪共洒"③。痛定思痛居士作为士绅阶层的一员，其生活状态与心理、精神亦受严重冲击。同时指出开封被洪水包围后，居民"以惊惧死者不知凡几"，曾任甘肃布政使的方载豫"老惫，惧益甚，日夜遗矢"④，七月初十因惊惧而病死。

由于四乡村落无不被淹，日有难民进城避水，"有扎筏而来者，或有凭依浮木冲漂来者，纷纷不已。率皆数日不食，奄奄欲死，其形如鬼"⑤。灾民数日不得饮食，还露宿城墙上，惨不忍睹。更糟糕的是，洪水围城之后，"或连日雨，或间日雨，阴气惨凄历二十余日，民人无不愁闷，偶遇晴明，几同祥瑞。"⑥直到七月初七，天气才开始放晴。百姓在凄风苦雨中风餐露宿二十余日，甚为可怜。六月二十二日，拔贡常茂俫、岁贡王伸拦住巡抚牛鉴的轿舆，请求让灾民暂居贡院。贡院号舍万余间，地基高燥，适合灾民居住，同时便于官府设粥场散赈，救济率高于散票领粮，巡抚牛鉴接受此一建议。号舍较为狭窄，灾民只得随身携带行李、小锅与碗筷，其他日用品与家具难

---

① （清）蒋湘南：《七经楼文钞》卷五《辛丑河决大梁守城书事》，载《清代诗文集汇编》第591册，第193页。

② （清）朱琦：《怡志堂诗初编》卷四《河决行》，载《清代诗文集汇编》第613册，第217页。

③ （清）痛定思痛居士：《汴梁水灾纪略·序》，载黄河水利委员会档案馆编《黄河水利系列资料之一·道光汴梁水灾》，2000年版，第2—3页。

④ （清）痛定思痛居士：《汴梁水灾纪略》，载黄河水利委员会档案馆《黄河水利系列资料之一·道光汴梁水灾》，2000年版，第34页。

⑤ （清）痛定思痛居士：《汴梁水灾纪略》，载黄河水利委员会档案馆《黄河水利系列资料之一·道光汴梁水灾》，2000年版，第15页。

⑥ （清）痛定思痛居士：《汴梁水灾纪略》，载黄河水利委员会档案馆《黄河水利系列资料之一·道光汴梁水灾》，2000年版，第33页。

以携带,但强于城墙露宿。不过,号舍远远不能满足灾民对住所的需要。

时至农历九月,天气转凉,诸多灾民赤身无衣,赈厂绅总王懿德倡议捐棉衣,官绅们量力而行,选择赤身无衣或仅穿单衣者发给棉衣。当时灾民过多,唯恐发生滋闹哄抢之事,赈厂事先将棉衣放置当铺收存,每件棉衣让当铺出一票纸。待到十月初,选择公正绅士秘密分发,令灾民持票加上二文钱,赴当铺赎取棉衣,以偿还当铺纸价。至九月中旬,绅士捐献的棉衣有数千件,不能遍及灾民,暗中让赈厂绅士在放粮时,密查赤贫无衣者,取其赈票暗中戳记"授"字。没过多久,灾民皆知此事,多有故意脱衣裸体者,要求加盖戳记。此法行不通,之后派绅士暮夜密访灾民情形,分发棉衣。

转眼到了冬季,灾民的取暖燃料与居住问题颇为严峻。十月十五日,天降大雪,居民为了取暖,将城中树木与四郊坟树砍伐殆尽。此时,曹门、宋门、南门外露出干滩,树干皆被淤沙埋没,仅有枝梢露出地面,百姓苦于缺乏柴薪,时常剪伐树枝,有人甚至挖坑获取树身。官府认为贫民无以资生,不加过问。天寒雪冷之后,市场上柴价腾贵,百姓更加肆行伐树,坟茔之上的柏杨无不被伐。十六日,天降大雪,灾民在寒风中呼号无告。

与此同时,一些巨宦却在署中设酒唱戏,赏雪取乐。汴梁水灾长达八个月,给百姓心灵造成巨大创伤,"遇亲故则疑是梦魂,得蔬果则贵同珍宝。……绵延历八月之久,昼夜惊惶;出入抱万死之心,男女泣涕。……时时身命难保,度日果是如年;刻刻老幼不安,回澜愈切望岁。噫!古有斯险,古无斯奇已"①。时至冬季,寒风呼啸,房屋倒塌后被黄沙埋没,灾民在寒风中瑟瑟发抖却无处居住。

十一月,曹门、宋门之外露出干滩,住在城上席棚里的灾民不胜风寒,于是在城外挖土穴居住,但"冬腊月间积凌水建瓴而下如新刷,河身浅窄,两岸无堤,四处恐有漫溢。嘉庆廿四年马营决口,伤人无多,而积凌水为害尤甚,不可不预为防"②。黄河决口之后,河床淤积大量泥沙,水容量大为减少,在两岸溃堤的情况下容易造成冰凌外泄的惨剧。

果然十一月十八日,河水携带凌冰暴涨,如同水银泻地,无孔不入,灾民猝不及防,多半淹死地穴内,即使有幸逃出,亦多半冻死。痛定思痛居士的记述令人触目惊心,"尤可惨者,当露冷霜严之候,际水落涨消之时,辨树识村,积沙没屋;平皆如砥,深更兼寻。斯时也,方谓清风戒寒,暂营窟为土

---

① (清)痛定思痛居士:《汴梁水灾纪略·序》,载黄河水利委员会档案馆编《黄河水利系列资料之一·道光汴梁水灾》,2000年版,第2页。

② (清)李星沅著,袁英光、童浩整理:《李星沅日记》,第276页。

穴;岂意凌冰肆虐,突泻地如水银。始被拯而生幸可全,继因冻而死仍过半。"①此后,灾民露宿城头,即使在凄风苦雨中瑟瑟发抖,也不敢再挖地穴居住。

黄河频繁决口泛滥使下游的一些地区反复被淤沙覆盖,大片沃土变得沙化,或成为斥卤之地,严重恶化这些地区的生产生活环境。咸丰元年(1851)正月,陕西布政使王懿德由京师启程,行至河南,见祥符至中牟一带"地宽六十余里,长逾数倍,地皆不毛,居民无养生之路",因为"河南自道光二十一年及二十三年两次黄河漫溢,膏腴之地均被沙压,村庄庐舍,荡然无存。迄今已及十年,何以被灾穷民,仍在沙窝搭棚栖止,形容枯槁,凋敝如前"。② 黄河洪水将肥沃良田变成不毛之地,使灾民在十年后仍旧无力建房,而是在沙窝搭棚居住。

(二) 行为失范与生计问题

学者何志宁在《自然灾害社会学:理论与视角》一书中提出"灾后五天动乱法则",认为发生严重的大范围、涉及人口众多、造成物资匮乏的自然灾害后,如果灾民得不到有效救援,会引发其强烈的恐惧、不满和焦虑,出现偷盗哄抢物资的暴力行为,甚至发生斗殴、杀人等犯罪行为,而第四、五、六天是社会动乱的爆发点,这些越轨行为大多是在饥荒驱使下的求生本能,因此政府救灾活动应在"黄金72小时"之内展开,并通过国家机器控制秩序,防止发生大规模政治性群体事件,甚至是暴乱。③ 道光年间黄河水灾频仍,灾民生活异常痛苦,高建国、贾燕《中国清代灾民痛苦指数研究》一文指出,清代各朝灾民痛苦指数以大到小顺序为:宣统、咸丰、道光、光绪、同治、顺治、嘉庆、康熙、雍正、乾隆。④ 道光年间灾民的痛苦指数仅次于动乱的宣统、咸丰朝,生活之毫无保障可想而知,因此哄抢事件突破"灾后五天动乱法则",开封水灾后第二天即发生抢米事件。

水灾发生后,开封城内粮价暴涨,米面价格增加一倍,蔬菜全无供应,城内几乎相当于罢市。洪水围城两天后,西门内的协聚米店被饥民抢掠一空,双盛酒店酒瓮皆被推倒,土街森茂杂货店以及北门大街、曹门内火神庙街店铺亦多被抢劫,一些人撞门向富户强借。洪水进城后,居民多半逃到

① (清)痛定思痛居士:《汴梁水灾纪略·序》,载黄河水利委员会档案馆编《黄河水利系列资料之一·道光汴梁水灾》,2000年版,第2页。
② 《清文宗实录》卷二六"咸丰元年正月"条,中华书局1986年版,第370页。
③ 何志宁:《自然灾害社会学:理论与视角》,中国言实出版社2017年版,第213—219页。
④ 高建国、贾燕:《中国清代灾民痛苦指数研究》,载李文海、夏明方主编《天有凶年:清代灾荒与中国社会》,生活·读书·新知三联书店2007年版,第19页。

四城以及鼓楼上躲避,家内无人看守。一些奸宄之徒乘机凫水入室抢劫,将财物席卷一空,甚至白天公开抢劫,到祥符县衙呈报抢劫偷窃的状纸,不下数百张之多。① 有位侠士李某在西南隅扼要处,乘坐巨筏,手持大刀,截夺盗匪的包裹,堆置一处,令失主前来认领,可谓大快人心。

面对饥饿与死亡的威胁,灾民性情颇为骁悍,出现抢夺赈票的情形。六月二十二日,罗凤仪派候补未入流宋良弼晚夕登上东城,散发赈票,难民拥挤喧闹,导致长官站立不稳,候补道冯光奎亲自散发赈票,结果难民中的妇女争相抢夺赈票,整条街衢围得水泄不通,冯光奎无法脱身,只得丢弃肩舆逃归。无奈之下,官员只得在夜深人静时散发赈票。七月二十日夜间,有匪徒乘乱在各街巷口鸣锣,惊呼洪水将至,诱骗居民登城,以便入室抢劫。不多时,巡抚牛鉴令满营武生忠林手持令箭,在四城周走大呼:"巡抚大人有令,城已堵固,百姓不必惊惶。"②人心逐渐安定下来。八月十一日夜晚大风,风沙漫天,不逞之徒乘机大呼,谎称洪水已至,弄得居民整夜惶惶不安。

巨大的灾难进一步导致人性裂变,各种偷盗哄抢频繁发生,可谓"被窃处处,富室半成贫民;领赈家家,丰年有如荒岁。"③自抢险以来,西城民夫兵役日日错杂,西城城头渐有酒肆饭店开设,以便做工人饮食。悬挂"安澜居""合龙馆"等招牌,几乎等同于闹市,还有游民聚集附近说书卖唱。此时百姓犹如游鱼在釜,竟然有人卖唱以为笑乐,令人感慨不已!

黄河水灾过后,数十万灾民的生计成为严重的社会问题。黄河堵口若年内兴工,则可以工代赈,兴工可使附近灾民佣工谋食,但道光年间民间生计艰难,并非灾民的远方之人听到兴工消息,亦纷纷前来觅食,而且人数众多,兴工不能遍及所有佣工者,难免会使部分百姓遭受流离之苦。1841年十一月二十日,西坝开工堵塞决口,一些身强力壮的灾民加入民夫行列,挖土修堤获取工钱。工次距离开封市仅十里余,由于担心民夫乘机混入城中肆行劫掠,巡抚鄂顺安饬令省城各街夜间悬灯。此后开封城夜夜悬灯,习以为常。地方官对民夫的戒惧心理,可见一斑。

河工工地上,民夫滋事问题不断涌现。1841年十二月初八,祥符西坝

---

① (清)痛定思痛居士:《汴梁水灾纪略》,载黄河水利委员会档案馆编《黄河水利系列资料之一·道光汴梁水灾》,2000年版,第8页。

② (清)痛定思痛居士:《汴梁水灾纪略》,载黄河水利委员会档案馆编《黄河水利系列资料之一·道光汴梁水灾》,2000年版,第38页。

③ (清)痛定思痛居士:《汴梁水灾纪略·序》,载黄河水利委员会档案馆编《黄河水利系列资料之一·道光汴梁水灾》,2000年版,第2页。

工地起火,延烧料垛,民夫乘机大肆偷窃抢劫,工地上的市面铺店大多被抢。初九,巡抚鄂顺安调派抚标左右营兵200名,驻扎西坝弹压。二十五日晚间,工地再次着火,火光冲天,全城可见,夜间民夫纠众与河营兵弁发生斗殴,他们见到顶冠缨帽者,无不群起攻之,以报平日兵弁恃强刻薄之恨。乘机抢夺者大有人在,全赖营兵施放大铳弹压。二十七日,转运厂发生火灾,诸多市面店铺被烧,又有一些匪徒乘机抢夺财物。

黄河祥符水灾之后,灾民数量庞大,河南地方官赈济能力有限,以工代赈亦无法解决所有灾民的谋食问题,众多灾民到直隶逃荒,直隶总督束手无策,称“河南灾民如入直亦无办法,咨送则口众我寡,说理不足;安置则无地可容,无时可待,饥寒交迫,恐滋事端。明年青黄不接,比现在以工代赈,势更可虑。”①特别是随着黄河合龙,以工代赈之下的佣工穷民陆续遣散,他们谋食无路,成为严重的社会问题。

在此指出,朝廷与地方官府应走出“灾民恐慌迷思”的误区。事实上,无论政府还是社会大众通常认为,“灾民会接受灾害警告撤离家园,而且在灾害救援过程中会出现落荒而逃(panic flight)、趁火打劫(looting)、哄抬物价(price gouging)与惊慌失措(shock)等失范现象”,但西方灾害社会学家研究发现,“当灾害发生后灾民行为并未预期般失序,反而出现了镇定有序的自力救济行为”②。假如政府的救灾、赈灾、减灾、重建措施得当,灾民与政府合力自救的局面极可能出现。灾民恐慌源于对自身处境的绝望,官府应及时救灾而不是过度防范灾民。

三、巡抚、士绅与义民的协力救灾镜像

灾害发生后,灾民需要威权甚至强权的保护与救助,心理上是基于安全求生的本能,经济上是基于对生活稀缺物资的渴求,只有官府才能拯救灾民,满足其对生活必需品的“集体消费”,因此灾民对官府救灾多采取配合态度。作为河南最高行政长官的巡抚牛鉴,充分利用灾民求生强烈的心态,首先利用攻心战术笼络灾民,并采取各种有效赈济措施,使之成为开封士民心中的救星,并与绅士、义民进行联合,建立官民协力救灾机制。

(一)　巡抚牛鉴镜像:赈济灾民,实力抗洪抢险

在洪水围困开封城的情形下,灾民的集体行动至关重要,“组织性、利他性或‘天灾’情境定义的集体行动带给灾区巨大希望,而非组织性、利己

---

① (清)李星沅著,袁英光、童浩整理:《李星沅日记》,第288页。
② 周利敏:《西方灾害社会学新论》,第8页。

性或'人祸'情境定义的集体行动却给灾区带来负面影响甚至威胁。如果缺乏对灾害集体行动的有效治理,那些低烈度、小规模的反社会集体行动就可能发展成为高烈度、大规模的社会运动甚至暴力冲突,从而使原本就蒙受重大损失的灾区雪上加霜"①。在大灾临近的情境下,争取民心、引导灾民的集体行动向有利抗洪的方向发展,牛鉴的政治技巧颇为高妙。得知洪水围困省城,六月十七日,巡抚牛鉴从黄河堤工返回开封,他厚集民夫,广备物料,加强对洪水漫城的防御。赈济百姓是地方官之责,牛鉴派官员携带钱文馍饼,雇船到各州县赈济灾民,还亲自从西门登城,抚慰城里灾民。灾民簇拥着巡抚,号泣之声震天动地,牛鉴边落泪边抚慰。此时百姓已三四天无食无居,巡抚的赈济抚慰使之情绪稳定下来。

牛鉴最擅长以攻心战术笼络人心。六月二十日夜,他赴关帝庙虔诚祈祷,因为黄河水灾使"数百万生灵呼号颠连之状,惨不忍睹。城内城外被水淹毙者,已不知凡几"。上天之所以降灾,是因为"汴梁省城官吏贪污,士民作孽",与河南数百万生灵无关。假如开封在劫难逃,牛鉴恳请"身先受罚,或遭雷击、或遭瘟疫、或发狂疾自挝、或自刎、或自缢、或子孙殃折,以冀稍回天怒,于民灾十分之中轻减二三。若天意不肯示罚,则鉴势必与阖城百姓同日受死,断不可偷生人世,贻封疆羞。"②牛鉴甘为汴梁灾民承受天谴,祈求上天饶过无辜生灵,在普遍相信天人感应的清代,着实令开封百姓感动,起到稳定人心的作用。第二天,牛鉴派委员在五门城上散发馍饼,在火神庙开设赈厂放赈,并派委员散发赈票,一些大户也预备馍饼在南城散发。

在救灾策略方面,牛鉴就如何"修葺城垣、疏消积潦、雇觅船筏、购运粮食、动碾仓谷、买备物料、赈济灾民、弹压城市、调拨现钱、谕平市价"③等问题,令大小官员集思广益,同时允许士绅建言或帮办赈灾,其中最为严重的是物资供应短缺与物价飞涨问题。水灾发生后,城外城内登城避水以及露栖高阜的百姓难以计数,他们随身携带零星银钱以备急需,而开封街市铺户乘机哄抬物价,使银价骤然大跌。以前一两银子换铜钱一千六七百文,水灾后跌至一千一二百文,甚至每两银子只能换钱六七百文;百姓最需要的米面平时一百斤需钱二千数百文,合银约一两五六钱,水灾后每百斤约需银八九两。面对此一情形,牛鉴要求各商铺、钱铺公平交易,不得乘机网

---

① 周利敏:《西方灾害社会学新论》,第29页。

② (清)痛定思痛居士:《汴梁水灾纪略》,载黄河水利委员会档案馆编《黄河水利系列资料之一·道光汴梁水灾》,2000年版,第11—12页。

③ (清)痛定思痛居士:《汴梁水灾纪略》,载黄河水利委员会档案馆编《黄河水利系列资料之一·道光汴梁水灾》,2000年版,第12—13页。

利渔财,否则严惩不贷;同时,派人赴朱仙镇采买货物,增加生活用品供应以平抑物价。

在省城迁城问题上,牛鉴坚决反对迁城。面对黄河洪水围困省城,河督文冲、布政使张祥河主张河南省会迁城,放弃开封。面对此一情形,牛鉴上疏道光帝,坚决反对迁城:"省城被水,所以幸保无虞者,实绅民协助,相与维系之故。若一闻迁徙,众心涣散,孤城谁与保守? 实有万难议迁之势。"①牛鉴向道光帝发誓保障省城安全,竭力抗洪抢险,最终牛鉴与钦差大臣王鼎制订"省城可守不可迁,决口可堵不可漫"的救灾方案,这使牛鉴深得开封士民的爱戴,甚至被灾民视为"救星"。

省城聚集百万居民与灾民,日用物资供应至关重要。因此,牛鉴下令,凡是商贾贩运粮食、薪煤、草料者,立即放入城中,卖完即行放出,守城兵役不得阻挠勒索。当时一些官员主张减价平粜,方宗钧主张"听商自为价"②,得以招徕大批米商前来贸易,商贾云集,米价自然回落,开封的饥荒问题得以解决。面对洪水困城的危局,一些贪生怕死的官员纷纷备船打算逃窜,其亲眷首先乘船从北门外逃,被满营官兵阻拦逐回。开封知府方宗钧"当水势逼城,不奋往设备,辄在署检点行李,析天棚作筏,为自全计"③,他贪生怕死,打算扎筏逃跑,结果被勒令解职。

面对开封城墙崩塌的险况,牛鉴实力督工抗洪,坚持露宿城头。七月二十日深夜,西北隅城墙忽然崩塌五丈,顷刻之间有洪水进城的危险,居民纷纷登城,一些官员打算逃走,"左右官棚为之一空,俱各上船。城外船上遍悬灯烛,欲为逃计",巡抚牛鉴左右"惟开归道步际桐、开封府邹鸣鹤两人相从,而两人眷属早已上船。步际桐有侄尚在署中,阴令人呼之登城,阖署闻知,俱各逃窜,十三科房仅余七人而已"。④ 身为布政使的张祥河亦抗洪懈怠,"黄流已入城,而张诗舲(张祥河字)尚手一卷,不见客亦不出门,谓之玩视民瘼何辞以对?"⑤危机之下,牛鉴跪伏于塌陷处,泥首向河而拜,"吁

① 陈尚敏:《清代甘肃进士传记资料辑录·史传·牛鉴》,甘肃人民出版社 2013 年版,第 145 页。
② 湖南省地方志编纂委员会编:《湖南省志》第 30 卷上《人物志·方宗钧》,湖南出版社 1992 年版,第 332 页。
③ (清)李星沅著,袁英光、童浩整理:《李星沅日记》,第 283 页。
④ (清)痛定思痛居士:《汴梁水灾纪略》,载黄河水利委员会档案馆编《黄河水利系列资料之一·道光汴梁水灾》,2000 年版,第 38—39 页。
⑤ (清)李星沅著,袁英光、童浩整理:《李星沅日记》,第 286 页。

天号泣，大呼百姓助我"①。牛鉴以大义激励民众，对堵口有功之人悬以重赏，对那些胆敢逃窜的官员军法从事，使开封官民投入抢修城墙活动中。

在巡抚感召下，满汉官兵以及回汉民众数百人奋袂而起，誓不受赏，装土扛料，无不争先恐后，纷纷赶赴城墙缺口处抢险。士兵与民众助工者愈多，他们自备土袋资斧，争先防洪抢险。署理开封知府邹鸣鹤认为，巡抚昼夜在城过于辛苦，请下城休息。生员吴桢大哭："大人断不可下城，大人一下城，则城不可保矣！"②牛鉴亦不禁涕泣，留下督工。此时虽有义民助工，不过运土运料而已，而做工专责仍在河兵，因为修筑工程堵截洪水要求掌握很高的水利技术。河兵平时玩忽职守，甚至养痈遗患，此时见巡抚在城上则踊跃做工，否则相与懈怠如故。自十七日至二十四日，牛鉴一直在城墙塌陷处督工，从未下城。

七月二十一日，水势直射西城，西城数处城墙发生坍塌，开封城再次岌岌可危。但堵口苦无秸料，巡抚望河下跪大哭，民夫争先恐后负土而来，呼声震天动地，顷刻之间土方堆积如山，水溜竟然退离数丈，不上城头。夜间，西城再次面临冲塌的风险。物料存于黄河两岸各厅，对防洪守城至关重要，但归河督文冲调配，开封附近河厅"所存料垛，共有数千，一月以来运到省城者，不过五六十垛，实属不敷应用"③。当时开封城内秸料甚少，民间床箔搜买殆尽，亦不敷用。镇平知县汪根敬在铁塔寺设买柳枝厂，每斤一文钱，告示遍布街巷，于是城内城外柳树采折无遗，尽成枯树桩，才勉强满足抢险需要。开封防守全赖人心团结，一日四次奋勇抢护，才保住城池完好无缺。

此外，署理开封知府邹鸣鹤在抗洪守城中表现亦颇为突出，他下令购买草席馎饪，散给城上饥民以便于居住，同时建造巨筏装载糇粮，分出受灾州县救济灾民，社会秩序渐趋稳定。参与堵筑黄河决口的林则徐对邹鸣鹤领导抗洪赞誉有加，他在诗中写道："狂澜横决趋汴城，城中万户皆哭声。孤城障水城垂倾，危哉公以赤手擎。……公所自信惟一诚，死守誓与阳侯争。肝胆披沥通幽明，亿兆命重身家轻。……秭伏秋汛及霜清，寝食于城

---

① （清）沈传义修，（清）黄舒昺纂：《新修祥符县志》卷六《河渠志·黄河》，清光绪二十四年（1898）刻本，第35页。

② （清）痛定思痛居士：《汴梁水灾纪略》，载黄河水利委员会档案馆编《黄河水利系列资料之一·道光汴梁水灾》，2000年版，第39页。

③ （清）沈传义修，（清）黄舒昺纂：《新修祥符县志》卷七《河渠志·河防·（清）牛鉴〈省城被水围困情形断难议迁疏〉》，清光绪二十四年（1898）刻本，第80页。

城可婴。渡民避水舟筏迎，济饥馎饦兼粥饧，全活老稚苏鳏茕。"①邹鸣鹤死守开封城，以舟筏救护洪水中的百姓，开粥场散赈救活无数性命，展示出有为官员抗洪抢险的勇毅与豪情。

（二）绅士与义民：配合巡抚抗洪抢险，官民协力救灾

道光年间吏治腐败，河臣、河兵面对黄河水患束手无策，却大肆侵吞河费，导致百姓对其失去信心，呈现出拒不配合的态势。六月十六日张家湾决堤，开封知府方宗钧雇民夫堵筑护城堤，结果"夫以不饱所欲，不肯为力，遂至失事，坏护城堤"②。洪水当前，民夫却因勒索不到钱财而不卖力，导致护城堤溃决。十七日清晨，洪水围困开封，第二重门已失守，为了防止洪水漫城，候补知县罗凤仪雇民夫堵住第三重门，但司库不发银钱，民夫一哄而散。

千钧一发之际，开封绅士常茂徕等人见形势危急，组织民众堵住城门。守护家园的共同愿望使商民蜂拥而至，有钱出钱，有力出力，运土扛袋者络绎不绝，城门暂时化险为夷。绅士在乡里素有威望，亦与百姓利益攸关，其见识、能量与号召力甚至超过地方官，在守城抢险过程中作用举足轻重，"某时水至城下，某门系绅士堵塞。南门及水门洞如何堵塞不固，灌水进城，深者丈余，浅亦五七尺，淹塌民房无数，城内难民皆移居城上，赖有绅士堵塞，方不至失城。"③在抗洪守城、救济灾民、维护社会秩序方面，开封绅士发挥了无可替代的作用，成为民众与地方官之间的协调力量。正是绅士、义民与地方官密切配合，在开封水灾救济中建立了协力救灾机制。

西方灾害社会学认为，公私协力是灾害集体行为柔性治理的基本策略。在救灾过程中，"要摒弃政府是唯一和最高主导者的想法，建立起民间组织之间及民间组织与政府之间的'协力机制'"，为此政府应"充分动员和整合民间和政府部门的技术与专业人才等资源，充分发挥救灾的整合性群众力量，克服非组织性和利己性集体行为的负面影响，达到政府与民间组织灾害救助的'双赢'和柔性治理的效果"④。开封城面临漂没的风险，整合各种民间社会力量既可以加强官府救灾的效果，又可以有效防止各种反

---

① （清）林则徐：《邹钟泉以〈开封守城先后记略〉见示，因题其后》，载《林则徐全集·诗词卷》，第 82 页。

② （清）痛定思痛居士：《汴梁水灾纪略》，载黄河水利委员会档案馆编《黄河水利系列资料之一·道光汴梁水灾》，2000 年版，第 4 页。

③ （清）痛定思痛居士：《汴梁水灾纪略》，载黄河水利委员会档案馆编《黄河水利系列资料之一·道光汴梁水灾》，2000 年版，第 45 页。

④ 周利敏：《西方灾害社会学新论》，第 44 页。

社会暴力行为的增长。在开封救灾过程中，地方官与绅士设立曹门局，共同谋划各种救灾事宜。

参加救援的绅士包括举人、候选知县、拔贡、附生、俏生、廪生、增生、职监、医士等，他们捐钱捐物，参与守护开封城，并以各种方式救济灾民，成为官民沟通、保护家园的中坚力量。六月十七日晚，曹门之外呼喊救人者纷纷不绝，声如鬼号，被大水冲得不能上城，绅士们称有能救得一人送钱一千文，顿时有男女二十余口被救。六月二十日，曹门局雇船赶赴东乡十方院，救出难民男女 37 口。开封南门水门洞为险工，每日聚集官民数百人守护，而首先投入抢护者，多为曹门绅士，他们负责在水门洞督工，并救护百姓。

在巡抚牛鉴与地方士绅的合力推动下，更多义民加入抗洪救灾队伍。七月二十二日，曹门义民 120 人，以红绳系发为标志；宋门义民 60 人，以黄布裹头为标志；北门义民 160 人，南门、西门义民亦各有百数十人，他们自备资粮，赶赴西北城隅助工，抢险即将坍塌的城墙。危难之际，巡抚牛鉴一直宿于城上，每值城墙倾陷就下跪祈祷，或身坐缺口处督工，而每当城墙将要塌陷时，皆为料至而后陷；或待一二日，即使无料而洪水亦退，终不上城。开封化险为夷，确为牛鉴实心抗洪、与百姓生死与共的结果，江苏布政使李星沅致信牛鉴说："敬承大人为民请命，至诚格天，立水以保危城，回阃而谋安宅，当地方大灾大患，赖大君子捍御之，百姓虽痛苦颠连，犹幸使君活我，如赤子之依慈父母也。"① 大灾面前，牛鉴全力抗洪，成为百姓心中的神明，助工义民总数多达三千余人。

由于河南地方官在巡抚牛鉴带领下全力抗灾，开封城的社会秩序逐渐趋于稳定。虽然局部治安问题依旧发生，但整体局势并未失控，甚至出现"大街小市，各项贸易，公平给值，安堵如常，绝无争竞抢夺之事。"牛鉴奏报朝廷时声称，"即现在万分急迫之时，市店仍照常开设，民间有一砖片一苇箔一石块，莫不争先恐后，赴工求售，亦绝无惊惶扰乱之象。是臣等一月以来，困守危城，得以幸保无虞者，实由人心维系之故。"② 由于官民齐心协力，城墙缺口屡次抢厢成功，开封城得以幸存。

水灾发生后，居民需要在住所与城墙之间频繁往返，而城根之下水深五六尺，环城四周无路可通，人们相与扎筏而渡，或负重涉水，兼以阴雨连绵，城墙湿滑，彼此拥挤，男女杂沓，跌倒之后泥首涂足，交通颇为不便。守护曹门的候补知县罗凤仪踌躇不决，不能普遍救济。绅士常茂徕献策造

---

① （清）李星沅著，袁英光、童浩整理：《李星沅日记》，第 281 页。
② 中国水利水电科学研究院水利史研究室编校：《再续行水金鉴·黄河卷》，第 820 页。

桥，在曹门迤北水面狭窄之处，建造一座木桥以方便往来。不久，南、北、西三个城门皆仿照曹门造桥，使行人往来颇为便利。开封水灾中，以绅士为主体的民间救援力量与政府密切配合，建立官民协力救灾机制，成为汴梁水灾救援的一大特色。

黄河决口给沿岸人民带来深重灾难，正如民国水利学家张含英所说："设有溃决，则势如建瓴，北侵津、沽，南夺淮、泗，受灾面积，可达二十五万平方公里，其间居民且六千万。平均计之，三代而后，河每二年必为一患，其影响于国计民生者为何如耶？"①事实确实如此，黄河决口所造成的灾区范围颇为广大，灾民动辄数以百万，田园庐舍漂没一空，灾民几乎失去了所有的生活保障，而且水退之后，土地沙化与盐碱化在所难免，难以继续耕种，这对当时社会的生产生活造成巨大的破坏。

总之，道光年间吏治腐败，那些本为专业防汛人员的河督河臣与河员兵弁，水灾前后一系列渎职行为，使之成为饱受舆论谴责、放大水灾的"人祸"群体；那些劫后余生、人性裂变的灾民群体，在官府救济、以工代赈背景下仍然难有保障，对其哄抢偷盗行为很难进行单纯的道德谴责。以牛鉴为首的地方官实力领导抗洪赈灾，他们与踊跃助工、救灾赈灾的绅士、义民成功建立协力救灾机制，一同构成清代社会生活错综复杂的多变面相，折射出灾害语境下的社会镜像，有助于学界深入理解自然灾害纠缠下的官场生态、民众生活与社会变迁。目前，中国灾害史与环境史学者呼吁学界重视研究"重大灾难爆发的所谓'非正常状态'中人对生命的特殊体验"②，对开封黄河水灾下社会镜像的研究即为有益尝试。

第三节　既得利益集团与河费流向问题

历代中央王朝在治黄问题上，皆耗费无数金钱与人力物力，正如康熙年间施闰章所说："黄河为患中国，自汉宋以来，耗金钱若填巨海，其间疏浚塞防，古今异势。"③清代建立系统庞大的河政管理体系，每年有岁修抢修经费，一旦河决兴大工，更是靡费国帑无数。美国学者佩兹说："随着清朝初期大规模水利工程的成功建成，靳辅建立了一支领受朝廷俸禄的水利队

---

① 张含英：《黄河水患之控制·序》，艺文研究会 1938 年版，第 1 页。
② 夏明方：《文明的"双相"：灾害与历史的缠绕》，广西师范大学出版社 2020 年版，第 1 页。
③ （清）朱之锡：《河防疏略》卷首《（清）施闰章〈河防疏略序〉》，《四库全书存目丛书》史部第 69 册。

伍,负责维护这些水利设施。不断扩大的河道队伍最早预示着清政府的财政负担,因为政府要履行维护华北平原复杂而脆弱的水利系统之责。事实上,到19世纪初,清政府的水利治理就开始透支帝国的财政收入,帝国的国库一度捉襟见肘。一个世纪前,清政府税赋充盈,但是到了1800年,财政开始入不敷出。而雪上加霜的是,从长江下游通过大运河漕运向北京的三四百万担大米的费用变得异常高昂,一担贡米比市面上的大米要贵三四倍。19世纪初,黄河河道总督的预算是每年450万两银子,而这些钱还不包括河堤维修的费用,仅每年维修河堤的常规费用就达到清政府税赋的10%以上。随着多处边疆战事经费需求的扩大,清政府愈来愈无力支付高昂的水利维护费用。"①但最为可悲的是,朝廷投入巨额河费治黄,却并未达到黄河顺轨安澜的效果。恰恰相反,社会上形成了一个庞大的沾润河费的既得利益集团,使朝廷投入的巨额河费偏离了黄河治理的正常用途,被诸多社会阶层通过各种不合理方式进行侵吞,甚至形成"黄河决口,黄金万斗"的怪象。

一、嘉道时期河费的激增及其相关问题

清代河费分为岁修、抢修费用和另案、大工费用两类。岁修和抢修费用,是每年对河道例行维护的治理费用,属于财政预算内的固定开支,清廷对岁修、抢修经费有严格规定,工程料价、运输价格、土方价格均有明确标准,户部据此进行工程款项报销,而报销有严格定式,难以大量浮冒。乾隆年间岁修、抢修银约为50万两。嘉道时期激增为380余万两。② 另案和大工为预算外的临时性开支。清廷在正常财政收入不敷支用时,一般通过赋税摊派、捐输、报效等方式筹集,其用银数量远远超过年例岁修、抢修,"大率兴一次大工,多者千余万,少亦数百万"③。众多的河务管理机构、庞大的河工文武员弁、岁修抢修制度以及与之相应的巨额河费,成为清朝赖以消弭河患、实现通运转漕任务的重要保障。

河费数量庞大与黄河向来难治密切相关,治水专家陈潢曾说:"若黄水自中州而东,容纳既多,流于平旷之境,而又挟沙以行,欲其不变,安可得乎?故一劳永逸之说,治他水或可言,而独难言于治黄也。"④黄河奔腾万

---

① [美]戴维·艾伦·佩兹著:《黄河之水:蜿蜒中的现代中国》,姜智芹译,第56页。
② 赵尔巽等撰:《清史稿》卷一二五《食货志六》,第3704页。
③ 赵尔巽等撰:《清史稿》卷一二五《食货志六》,第3710页。
④ (清)贺长龄、(清)魏源辑:《皇朝经世文编》卷九八《工政四·河防三·(清)张霭生〈防河述言〉》,载《魏源全集》第18册,第307页。

里,善淤善决,根本没有一劳永逸的治河策略。清代要通运转漕,就必须投入大量河费。而且在治黄策略上,必须考虑长远,不能斤斤计较于河费多寡。对于此种情形,陈潢说:

> 故深于为国计者,不可图一时之省用,而遗旋修旋坏之虞;不可顾目前之易完,而致垂成垂散之咎。大凡估计宁留有余,以待节减,甚勿先为苟且之计,以致因小而误大也。彼有司之浮冒估销,以图侵渔,此不肖之甚者,法固必惩。若以多估为己嫌,以撙节为迎合,虽贤者恐亦不免。大臣公忠为国,当计其大者远者,不当于当用而节之,以留国家异日之患,累苍生漂溺之灾,将敝国殃民,不几乎因循苟且一念基之乎? 可不慎哉!①

黄河工段绵延两千余里,各种情况复杂多变,工程题估出现差池在所难免,如果治河没有长远打算,只图一时节省河费,反而因小失大。河臣浮冒侵渔固应惩处,若为了自身清名而以撙节河费迎合皇帝,就可能造成漂没百姓田庐的惨剧,堪称祸国殃民。因此,河费的使用,即使在吏治清明的康雍时期,朝廷亦无有效方法加以控制。至嘉道时期,吏治腐败,黄河屡决,河费就成为困扰整个社会的严重问题,对清廷的财政造成巨大冲击。此外,"王者以天下为家,其城郭河渠,犹家室之有栋宇沟洫也。百金之家构一室,每岁必有涂茨修葺之用,岂富有四海而惜此整理山河之费乎? 且东南漕运,必经于河,国脉流通,利济匪细,又所费小而所益大也。"②对于以天下为家的皇帝而言,治理黄河就像修葺自家房屋一样,不能富有四海而吝惜整理"山河之费",况且治河还有东南漕运的大利在其中。正是种种因素交织在一起,导致嘉道年间河费的恶性膨胀。

清廷对于岁修河费的开销,早在康熙二年(1663)就规定必须预先题估。由于黄河年年需要动帑修筑,岁以为常。因此朝廷规定,河督俟秋汛水涸时,估计具题岁修工程。十八年(1679),规定抢修工程虽然难以预料,亦照岁修例估计具题。由于河工动用钱粮动辄数万甚至数十万,河官题估时往往故意浮估,以为日后浮冒埋下伏笔。因此,四十七年(1708)规定,凡

---

① (清)贺长龄、(清)魏源辑:《皇朝经世文编》卷九八《工政四·河防三·(清)张霭生〈防河述言〉》,载《魏源全集》第18册,第295页。

② (清)贺长龄、(清)魏源辑:《皇朝经世文编》卷九八《工政四·河防三·(清)张霭生〈防河述言〉》,载《魏源全集》第18册,第295页。

有修理工程,河督务必亲自察勘,确估具奏,不能一任河官浮冒估计。

河工一切钱粮均归河库支收。康熙五十二年(1713)议准,山东、河南河库每年令该省巡抚盘查,江南河库每年令总河盘查,出具并无钱粮亏空的印结,送交户部存案。如有亏空,责令相关河臣赔补,而该省总督、巡抚依照徇庇例议处。同时规定一切岁修抢修工程,均由河督亲自勘察,以杜绝冒销之弊。雍正年间,朝廷对于河费的题估、题销,规定更是趋向严格化。雍正二年(1724)规定,"岁修工程,于本年十月内题估,次年四月内题销,逾限不销者,令授受各官赔偿工费。至抢修工程,将冲决丈尺动用何项钱粮报部,工完之日,汇册题销,迟至次年四月不题销者,如前赔偿。其岁修及别项大工,动用何项钱粮,于题估日一并声明。"①这样无论是岁修工程还是抢修工程,皆有具体题估、题销的时间限制。

乾隆元年(1736),朝廷规定,河南省南北两岸黄、沁两河岁修抢修工程,每年预拨银七万两,永为定额。十三年(1748)议准,江南黄、运两河岁修抢修工程,所有钱粮不得过四十万两上下。南河每年岁修抢修经费上限的规定,一定程度上限制了河臣的虚报浮冒。十八年(1753),朝廷进一步规定:

> 江南河工经费,其有定款定数者,仍应照数支销;其有定款而无定数者,以乾隆五年报部之数为准。除现在协办河臣二人,各分给五百两以资公用外,其河臣勘工盘费,及修理廨舍工食犒赏等项,准其动支银五千两,按月支给。河库道修理天平库署等项,准其动支银五百两,均听各该处自行通融办理。其无定款定数者,照耗羡章程,遇有动用之处,令河臣奏明办理。②

河工支出费用的细化,对于河费的不正当开销,具有一定的限制作用。乾隆二十八年(1763)规定,岁修工程如与常年报销银数不相上下,照常办理,倘若该年需费倍加,责令该省督抚将该年必需倍增河费情形,专折奏请皇帝。督抚在河费题销方面负有一定监督责任。三十年(1765),朝廷进一步强化两江总督对于河工的干预。无论是河费题销,还是修防工程、物料

①　(清)昆冈:《(光绪朝)大清会典事例》卷九〇四《工部·河工经费·岁修抢修一》,《续修四库全书》第811册,第12页。

②　(清)昆冈:《(光绪朝)大清会典事例》卷九〇四《工部·河工经费·岁修抢修一》,《续修四库全书》第811册,第17页。

采买、河工方略皆需通报两江总督,与河臣一同相互稽查,"江南省河工,每年岁修抢修加高土工,另案大工,并苇荡营地一切修防以及采办料物,三汛大工银两,三道十七厅,一并详报两江总督查考,仍由江南总河主核。如有应行参酌之处,随事商办,其河工修守机宜,及各工水势情形,道厅营汛一体通报两江总督,同河臣互相稽察。"①这就加强了南河事务的人事管理,也造成河督与两江总督在河务上的冲突。

嘉庆年间,由于物料腾贵,工部所定例价不敷,不能不通融开销。比如嘉庆十一年(1806),物料市价每斤四厘五毫或五厘五毫不等,而部定例价柴料每斤不过九毫,价格上涨多至数倍。人夫、土木、石料亦非例价所能办理。当时修筑智坝、礼坝,土方需要隔湖运土,每方需价一千七八百文,由坝头挑运上埽,脚费亦不少,而例价只有每方八分,实际所费则多至数十倍。在报销时,承办厅员不得不通融开销,结果出现虚估工段、宽报丈尺的情形,而河督往往听之任之,继而出现任意浮冒、上下相蒙的局面。因此,嘉庆十一年,河督戴均元奏请朝廷,物料按照时价,实用实销,得到朝廷批准:

> 著照戴均元所奏,准其将应用物料,按照时价实用实报,不得稍有虚假。仍著将各项物料价值,由地方官详报督抚,按月咨部存查。至物价随时长落,原无一定,近日物料昂贵,人所共知。倘嗣后物价已就平减,而报部之数,仍按价贵时报销,则系承办之员蒙混侵蚀,必当严参惩办。设将来物价,较此时复有加增,亦准其据实咨报。该河督等惟应督饬在工大小官员,各矢天良,确估核销,毋任丝毫浮冒。②

这样原定物料例价被打破,河工物料报销按照当时市价报销,导致每年所用岁修、抢修经费加价两倍,每年用银 140 余万两。③ 嗣后岁修抢修经费的开销不断增加,嘉庆帝意识到问题的严重性。十九年(1814)朝廷规定,南河岁抢修经费,旧例每年动用银 50 万两,自嘉庆十二年(1807)增加料价以两倍为止,总不得过 150 万两之数,但是河费的激增并未就此刹住。

---

① (清)昆冈:《(光绪朝)大清会典事例》卷九〇四《工部·河工经费·岁修抢修一》,《续修四库全书》第 811 册,第 19 页。

② (清)昆冈:《(光绪朝)大清会典事例》卷九〇八《工部·河工·物料二》,《续修四库全书》第 811 册,第 53 页。

③ (清)贺长龄、(清)魏源辑:《皇朝经世文编》卷一〇三《工政九·河防八·〈严核河工经费疏〉》,载《魏源全集》第 18 册,第 517 页。

嘉道年间河患最重,因而"水衡之钱亦最糜。东南北三河岁用七八百万,居度支十分之二。一由于乾隆中裁汰民料民夫诸事皆由官给值,继而嘉庆中戴可亭河督请加料价两倍,故南河年需四五百万,东河二百数十万,北河数十万。其中浮冒冗滥不可胜计,各河员起居服食与广东之洋商、两淮之盐商等"①。嘉道时期,河费已成为清廷财政的一项沉重负担,而河臣亦成为官场腐败的象征。至道光末年,南河递增至356万两,东河也用至200万两,单是河费一项,朝廷每年就用至五六百万,但河工依旧年年报险。这与物价不易稽查而朝廷却要实报实销的弊病密切相关,正如清人凌江所云:

> 若云核实更正,则当照现在市价刊定,其间有加一倍者,有加数倍者,此后贪利之徒,机巧转甚,再数十年,又将数倍矣。势必又请更正矣,扩而充之,有何既极,此人所易晓,特狃于目前,未思其流弊耳。若云部算守例,外算从权,则是即以越例之数,而欺其守例之人,将高下在心,浮冒日甚矣。若云照市价报销,乃无可奈何之一法也,市价作数,尤易售欺。数日之内,长落难齐,百里之间,贵贱不一,文书上下,不胜其烦。差官巡查,转增其扰,将见事愈紧而愈虚,价愈查而愈贵,实非久远可行之策也。即以有司月报粮料价值,督抚报部之数,互相较核,似无弊端,然近来州县视河工为捷径,方欲身入其中,安肯形其所短?而督抚亦不过据其所报,转以报部而已。②

随着市价的增长,物料例价不敷,按照实际情况进行调整势所必然,但某些河臣为了贪利谋私,虚报物料价格,朝廷与督抚、河督却并无良策加以有效控制,结果导致河费激增,给中央财政形成巨大压力,而且成为困扰整个社会的严重问题。

河工所用物料,经历由协济与采买相结合,走向朝廷发国帑采买为主的变化;河工所用力役,亦经历一个由征发到雇募的过程,所有这些都对河工经费产生深远影响,当然最为关键的还是河费的实用实销。对于这一变化,魏源曾说:

---

① (清)欧阳兆熊、(清)金安清:《水窗春呓》卷下《金穴》,第34页。
② (清)盛康辑:《皇朝经世文续编》卷一〇五《工政二·河防一·(清)凌江〈河工则例〉》,载沈云龙主编《近代中国史料丛刊》第84辑,第4888页。

国初靳文襄承明季溃败决裂之河,八载修复,用帑不过数百万;康熙中,堵合中牟杨桥大工,不过三十六万。其时全河岁修不过数十万金,盖由河槽深通,而又力役之征,沿河协贴物料,方价皆贱,工员实用实销,故工大而费省。乾隆元年,虽诏豁免各省海塘河堤派民之工十余万,而例价不敷者,尚摊征归款。至四十七年,兰阳青龙冈大工,三载堵闭,除动帑千余万外,尚有夫料加价银千有一百万,应分年摊征。其时帑藏充溢,破格豁免,而自后遂沿为例,摊征仅属空名。每逢决口,则沿河商民,且预囤柴苇,倍昂钱值,乘官急以取利,是为河费一大窦。然乾隆末,大工虽不派夫,而岁修、抢修、另案,两河尚不过二百万。及嘉庆十一年,大庾戴公督南河,奏请工料照时价开销,其所藉口,不过一二端,而摊及全局。于是岁修、抢修顿倍,岁修增,而另案从之,名为从实开销,而司农之度支益匮,是为河费二大窦。计自嘉庆十一年至今,凡三十八载,姑以岁增三百万计之,已浮旧额万万,况意外大工之费,自乾隆四十五年至今,更不可数计耶?①

康熙年间,由于朝廷征发力役,加上物料协济,因此河费颇为节省。乾隆帝登基后,下诏豁免各省海塘河堤的派民力役,但朝廷所定例价不敷,则让沿岸百姓摊征归款,此外还有夫料加价银的征收,这就是说,康乾时期物料除了朝廷发帑采买之外,还要百姓协济,因此沿岸百姓与朝廷共同承担物料的负担。至嘉庆年间,摊征有名无实,力役亦得豁免,加上河费实用实销,造成岁修、抢修、另案所用河费激增,甚至到了朝廷所能承受的极限。

此外,河费激增,与河工例销有着直接的关系。朝廷报销经费因事定例,本无可厚非,而书吏钞胥成案往往颠倒舞弄,援例有新旧之分,他们借口附会比照,随手高下,弊病不可胜言,而河工报销尤甚。河费报销一概以定例限制,只能使厅员中饱私囊,书役狼狈为奸,滥靡国帑,架空粉饰工程,对于河工修守防御毫无裨益。正如清人赵廷恺所说:

河工置土石砖料,为岁修加增临险抢护之用,法至备矣。例定斤两方丈,即麻橛苇柳刀工,皆准估值,每年按价给领,是例价者,一定之规,以示止而不过之则。例领者,一定之需,以昭有备无患之意。然今观例价例领,全数发之,未必全如例办之;全数销之,未必全以例用之。窃以为按例领价则可,按年例销则不可,何也?物之远近贵贱,昔人酌

---

① 　(清)魏源:《筹河篇上》,载《魏源全集》第 12 册,第 346 页。

其多寡盈缩,以例定价,可谓平允至矣,不必较核锱铢,致伤政体,俾奔走者亦乐于从事。而其所销,若以年分论,则此年值险,用砖石料至八九分,往年止用六七分五六分者,而何以一概全销也? 以通工而论,则某厅值险,用砖石料八九分,而别厅止用六七分四五分不等,又何以一概全销也?①

河工预先储备物料,一遇河堤生险及时抢救,以求有备无患,立法可谓周全。但不同年份汛期的险情不同,所用物料不同,而不同河厅、不同河段的险情亦不相同,一律按照例价报销,则会造成河臣中饱私囊,甚至出现凭空捏险、造险以沾润河费的状况。此外,河臣并非不愿从实做工,节省河费,但今年节省河费,来年即据之为例,以后若生新工则费用增加,上奏户部请求恢复原额,必定遭到驳斥,无可奈何之下只得沿袭旧例,不敢随意减少河费,这也是河费有增无减的重要因素。嘉道时期,不但岁修抢修经费剧增,而且黄河决溢兴大工堵塞口,更是需帑数百万,甚至上千万。

河费激增,恰与河政败坏成正比,河费愈增,河患日亟。河患频仍,河费激增,河臣贪污中饱,是嘉道年间吏治腐败的一个缩影,对此嘉庆帝心知肚明:

> 南河工程,近年来请拨帑银不下千万,比较军营支用尤为紧迫,实不可解。况军务有平定之日,河工无宁晏之期。水大则恐漫溢,水小又虞淤浅。用无限之金钱,而河工仍未能一日晏然。即以岁修抢修各工而论,支销之数年增一年,偶值风雨暴涨,即多蛰塌,此即工员等虚冒之明验。该督等每奏报一险工,必称他处尚有应办之工,罗列若干。是报险者止一处,而豫为将来增工之地者,即不止一处。朕固不惜多费帑金,设法疏治,但尽归虚掷。②

嘉庆年间,每年耗费几百万国帑治河,而有些工程甚至刚刚竣工就发生坍塌,这使嘉庆帝产生疑问:“河工连年妄用帑银三千余万两,谓无弊窦,其谁信之?”③此一情况至道光年间并未改变,根本拿不出办法加以控制。

---

① (清)盛康辑:《皇朝经世文续编》卷一〇五《工政二·河防一·(清)赵廷恺〈河工例销流弊说〉》,载沈云龙主编《近代中国史料丛刊》第84辑,第4897—4898页。
② 《清仁宗实录》卷一六七“嘉庆十一年九月”条,第178页。
③ (清)王先谦:《东华续录·嘉庆三一》,《续修四库全书》第375册,上海古籍出版社1995年版,第76页。

二、河务人员的贪污侵冒与钱粮虚靡

顾名思义，河费应该用于河道修治，河堤维护，决口堵塞，但事实上，嘉道时期巨额的河费除了被河务人员贪污侵冒之外，社会上还形成了一个庞大的食利阶层，从多种渠道侵蚀着朝廷颁发的河工巨款，影响了河费的有效利用，影响了治黄效果，其惨痛教训发人深思。对于河费的流向，清人孙静庵《栖霞阁野乘》记述说：

> 南河岁修银四百五十万，而决口漫溢不与焉。浙人王权斋熟于外工，谓采买竹木、薪石、麻铁之属，与夫在工人役，一切公用，费辂金十之三二，可以保安澜；十用四三，足以书上考矣。其余三百万，除各厅浮销之外，则供给院道，应酬戚友，馈送京员过客，降至丞簿、千把总、胥吏兵丁，凡是职事于河工者，皆取给焉。……故清江上下数十里，街市之繁，食货之富，五方辐辏，肩摩毂击，曲廊高厦，食客盈门，细谷丰毛，山腴海馔，扬扬然意气自得。青楼绮阁之中，冀云朝气，眉月夜郎，悲管清瑟，华烛通宵，不知其几十百家也。梨园丽质，贡媚于后堂；琳官缁流，抗颜为上客。长袖利屣，飒沓如云，不自觉其错杂而不伦也。①

在孙静庵看来，南河每年岁修费多达450万两，十分之二三用于治河事宜，可以使黄河安澜，十分之三四用于河事，考成就可以获得"上考"。剩下的300万两国帑则归于浮开冒销之列，供给河工上上下下的河官与员弁；此外，各地来河督驻地清江浦谋食的可谓"五方辐辏""食客盈门"，造成清江浦的畸形繁荣。可见，嘉道年间河费的"非正常"使用已颇为严重。

首先与河患频仍形成鲜明对照的是河臣贪污侵冒。"乾隆中，自和相秉政后，河防日见疏懈。其任河帅者，皆出其私门，先以钜万纳其帑库，然后许之任视事，故皆利水患充斥，借以侵蚀国帑。而朝中诸贵要，无不视河帅为外府，至竭天下府库之力，尚不足充其用"②。嘉道年间的巨额河费，确实有黄河屡决不得不花费的部分，但河员侵冒、河督虚靡的也为数不少。

包世臣精于河工，深通工程预算与河费开销，他说，"冒销之术甚多，名目难以枚举，然余往来南河二十年，所见工程，有不及二三成者，甚有领帑

---

① （清）孙静庵：《栖霞阁野乘》卷下《河工之积弊》，重庆出版社1998年版，第68—69页。
② （清）昭梿：《啸亭杂录》卷七《徐端》，第214页。

竟不动工者"①。对于"河臣之奏单、题估、题销"，负责清查的官员"莫知将三者逐细核对是否吻合，一任部吏需索销费。而通工又创为浮冒罪小，节省失大之邪说，以荧惑远近"②。更有甚者，河员人为制造决口，因为河不决口，就不能筹加河费，自然无法贪污侵冒，中饱私囊。河臣"借要工为汲引张本，藉帑项为挥霍钻营，从此河员皆纨绔浮华，工所真花天酒地，迨至事机败坏，犹复委曲弥缝"③。

嘉庆十五年（1810），据两淮盐政阿克当阿奏称，前任扬河通判缪元淳本年承办扬河堤岸工程，共领银五六千两，而用钱只有一千八百余串，结果舆论哗然，无人不切齿痛恨。阿克当阿折内又称，本年河督吴璥路过扬州时，曾向他讲述说：

> 厅员营弁中诚实者少，不肖者多，不愿无事，只求有工。曾有人禀报工程一段，伊亲往查看，直不用办。又如外河厅同知王世臣承办土坝一段，伊亲往查勘，将坝刨开，只有一半工程。更有并未办工之人，辄具禀先行借支银两，以便私用。云俟将来办工时再行扣除。自系从前有人办过，方敢如此肆行无忌。又伊从前修办四五座坝工，止用银十万两上下。如今修办一坝，竟用至十余万两。伊在任前后六七年，止用银一千余万。此数年来，竟用过三四千万，实在可怕。因此昼夜焦急，病势益剧。④

河工的贪污中饱是嘉道时期一个非常突出的问题，南河尤为严重。直到咸丰十年（1860）南河总督最终被裁，亦未得到解决。此外，河工上下普遍贪污侵冒河费，形成一个庞大的利益关系网，一些河督即使清廉自守，即使想揭发河工弊窦，亦难以做到。嘉庆年间河督徐端为人清廉，深为河费的虚靡侵冒而痛惜，"尝浩叹国家有用赀财，不应滥为糜费。每欲见上悉陈其弊，同事者恐其将积弊揭出，所株连者众多，故每遇事尼其行，使其终身

---

① （清）包世臣：《南河杂记中》，载刘平、郑大华主编《中国近代思想家文库·包世臣卷》，第121页。

② （清）包世臣：《答友人问河事优劣》，载刘平、郑大华主编《中国近代思想家文库·包世臣卷》，第109页。

③ （清）贺长龄、（清）魏源辑：《皇朝经世文编》卷九九《工政五·河防四·（清）百龄〈论河工与诸大臣书〉》，载《魏源全集》第18册，第368页。

④ 《清仁宗实录》卷三三六"嘉庆十五年十一月"条，第187—188页。

不得入都陛见,以致抑郁而死"。①

河工侵冒钱粮,与其他政务相比,亦有无法稽查的一面。在堵塞决口时,官员胥吏侵贪物料经费在所难免,但朝廷查弊困难重重,因为"一遇水发,冲决无存,侵渔难以稽查,帑银难以销算,即水势稍缓之地,亦须年年下埽,名为岁修,贻害实甚"。② 黄河连年决口不断,物料需求则无休无止,而所用数额巨大,难以稽查。有时埽捆制作完毕后,下埽时发生损坏在所难免,卷埽一旦损坏或被冲走,还需要重新制作。这就给厅员侵冒物料钱粮以可乘之机,而钱粮归于实用,只能靠河臣激发良心。在南河供事二十余年的包世臣曾说:

> 夫言河于钱粮,似属粗迹,然钱粮有冒销,有虚靡,其事与机宜常相待也,视为粗迹,舛矣!厅员职在佐贰,廉俸未优,所辖工段多或十数,长或百里,设厂延友、膳丁役、给书算、犒兵夫、养车马,办公必需之资,岁至盈万。即伺应院道,供馈差委,亦人情所不能免,其取给也必于工帑。而动云实用实销,非解事之说也。真明钱粮者,责七成之工而已。即如南河旧例,库贮止五十二万,其时厅缺十四,每厅牵算库贮三万五六千,以七成责之,每厅做工所余,数皆过万,办公之外,尚可稍资家计。况近日库贮之相倍蓰耶?然使为河臣者,公然以三成之帑,明津厅员,则无以为名,而渐不可长。……是故工得七成,实已照例如估,而非屈法下徇,曲留余地也。其不及七成者,则谓之冒销。③

河费并非全用于工程建造。南河有 14 厅,乾隆年间库贮河费 52 万两,嘉庆年间开始剧增,河费颇为充裕,而幕友、丁役、书算、兵夫、车马的开支皆来源于河费,此外还要供应道院、馈送差委官员。因此河费有七成用于办公,即为归于实用,但南河工程有不及两三成者,甚至领帑后并不办公,这些皆为冒销情形,属于"丧尽天良"之列。

河费靡费属于技术层面的问题。由于河势复杂多变,河臣往往不知浅深底里,对于治河策略胸无定见,出现各种妄兴工段、工成河溃的怪象。冒销钱粮之弊在河员,虚靡河费之罪则多在河臣,而且河臣之虚靡愈多,则工

① (清)昭梿:《啸亭杂录》卷七《徐端》,第 214—215 页。

② (清)沈传义修,(清)黄舒昺纂:《新修祥符县志》卷七《河渠志·河防》,清光绪二十四年(1898)刻本。

③ (清)包世臣:《南河杂记中》,载刘平、郑大华主编《中国近代思想家文库·包世臣卷》,第120—121 页。

员之冒销愈多，可谓弊端相因。河费正本清源，则由河臣开始。河臣虚靡
国帑的原因，包世臣认为有三个方面：

> 昧者胸无定见，长河浅深，堤工险易，漠不关心。汛至则不知所
> 措，处处修防，节节加培，饷之虚靡者，一也。贪者与工员为市，好生事
> 端，借国帑以脂润私人，饷之虚靡者，二也。其或稍知慎重，又不能相
> 度形势，私心自用。非险而以为险，生工在无用之地；当为而不知为，
> 失机贻事后之悔。败端频见，救给不暇，饷之虚靡者，三也。然则不识
> 机宜，欲不虚靡，其亦难矣。①

河臣治黄需要了解河性，精通治河方略，懂得工程销算，才能做到施工
的正确性、有效性。嘉道时期的河臣一部分为科举出身，并非治河专家，而
由捐纳、佐杂迁升者亦不通治河，多趁机谋食而已。他们往往胸无定见，平
时不了解河势河情，一到汛期处处修防；一些贪黩者与工员狼狈为奸，借兴
工贪冒分肥；还有一些河臣自作聪明，在无用之地施工，而应当施工之处却
不施工。由于治河水平、施工见识的局限，再加上沾润河费的私心，使河费
虚靡颇多，亦为河费激增的重要原因。

与河患频仍、田园漂没、生灵涂炭形成鲜明对照的，是河臣的豪华奢
侈。据《水窗春呓》记载，南河各厅河员起居、饮食、服饰之豪华，与广东洋
商、两淮盐商相等，乾隆末年河臣奢侈腐化，河厅的首厅蓄养梨园戏班，有
所谓院班、道班之称，嘉庆一朝尤为严重。有些河员积累资财甚至达百万
之多，绍兴人张松庵擅长会计，垄断通工的财会贿赂，凡是购买燕窝皆以箱
计，一箱则要花费数千金，建兰、牡丹等名贵花卉成百盈千。霜降之后，则
以数万金至苏州招买名优美伶，用来在河工演"安澜剧"。九、十、十一三个
月，剧场、宴席之间所用的柳木牙签，一钱可以购买十余枝者，每年开报的
银两却数百数千之多，海参、鱼翅的费用则更及万两。每次宴席、唱戏往往
自辰时至半夜，不罢不止，饭碗可达百数个。河员所穿貂裘皮衣都是夏秋
之间花费数万金出关购买的全狐之皮，毛片颜色匀净无疵，就连京师大皮
货店亦无如此完美的皮货。清代官俸微薄，河员亦是如此，而河员生活奢
侈腐化，其金钱显然来自对河费的贪污中饱。

嘉道年间老坝工郭大昌洞彻水性，以善治河事闻名于世，曾经从其学

---

① （清）包世臣：《南河杂记中》，载刘平、郑大华主编《中国近代思想家文库·包世臣卷》，第
121页。

习治河经验的包世臣认为，假设朝廷能给郭大昌以尺寸权柄，其治河业绩可与明代潘季驯、清代靳辅相媲美，但他却不被容于当道，终究因为要求节省河工经费，加之拙于言辞，触犯众怒而难以施展才华。据包世臣《中衢一勺》记载，嘉庆初年举办丰工堵口时，河员要求请帑 120 万两，河督商议认为可以减半，而郭大昌认为再减一半也足以堵塞决口。河督面有难色，郭君说，以 15 万两办工，以 15 万与河员分肥，还觉得少吗？此后郭大昌不再参与南河之事。① 包世臣精于工程预算与河费开销，即是得自郭大昌的传授。

三、仰食河工阶层的形成与河费流向的变异

清代仰食于河工的社会阶层，一是贩卖河工所需物料的商贩，他们希望河工多事，以便囤积居奇，牟取厚利；一是每次河决之后，朝廷往往以工代赈，通过堵塞决口、兴修水利工程来解决灾民的衣食问题，绵延百余里的工地便成为私商小贩、民夫佣工的淘金场所。再者，嘉道年间河费激增，引起了社会各阶层的觊觎，甚至过往官员、生监幕友多以南河为"金窟"，怀揣京官书信前往南河寻求河督"资助"。

（一）河工物料商贩

工料为修防治河之本。林则徐曾说："料物为修防根本，果皆堆垛结实，防险自当裕如，若查料之时稍任以虚作实，以旧作新，则冒项误工，即无有甚于此者。"②而工料的弊端也最多。料物应贮存于有工处所，河员往往在春天购料，此时价钱昂贵，若工料被烧，按例应由厅员赔偿，料贩更可以抬高料价，囤积居奇，因此"烧料之案，在督、道将次临工者十居八九，乘急图害，获利倍多"③。为了获取暴利，在河督、河道检查物料前夕，甚至有人故意焚毁河工物料，以便哄抬料价。

在河工经费中，物料占绝大部分，工程经费当中正料居六，杂料及夫土居四。这些物料一是来自官料，如南河有苇荡左营与右营，所产海柴归于岁修抢险之用；二是国家发帑自民间购买秸料。嘉道年间河患频仍，南河河工更是弊坏已极，其情形正如嘉庆帝所言："近年以来，南河工程所费帑金，不下数千万两，而漫工倒灌，岁有其事，偶值风雨，即不能防守平稳，且

①　（清）包世臣：《郭君传》，载刘平、郑大华主编《中国近代思想家文库·包世臣卷》，第101 页。
②　（清）林则徐：《验催运河挑工并赴黄河两岸查料折》，载《林则徐全集·奏折卷》，第 35 页。
③　（清）林则徐：《验催运河挑工并赴黄河两岸查料折》，载《林则徐全集·奏折卷》，第 47 页。

每有一处漫工,遂请帑大办,其岁抢修银仍不能少减,无日不言治河,究之毫无功效。"①岁修抢险所用物料不在少数,至兴办另案、大工,所需物料更是不计其数。乾隆年间,朝廷下诏豁免沿河州县协济物料之供,又免除力役发征,从而改为雇役。从此国家修治河防,全部发帑购料,雇募夫役,以免因为治河而扰及民间生计。这本是朝廷的一项善政,却给一些奸商牟取暴利提供了可乘之机。由此推测,当时南河、东河、北河常年经营物料生意的商贩,自然不在少数。

嘉道年间物料价格激增,以致"每逢决口,则沿河商民,且预囤柴苇,倍昂钱值,乘官急以取利,是为河费一大窦"②。料价腾贵,奸商居奇,成为当时河费激增的重要原因之一。包世臣往来南河二十余年,对于料价变化感触颇深。他在《筹河刍言》中指出,旧例购料 75 两一堆,而今一堆 145 两至 185 两不等,"是今之一堆,昔日两堆之价也;昔之一堆,今日两堆之用也。出入相乘,悬殊四倍。正供有常,何以堪此?"③更为严重的是,南河连年决口,与物料不足有着直接的关系。由于物料不足,险情发生后无法及时堵塞,结果会导致更为严重的决口漫溢,而决口频仍又使物料价格进一步高昂。物料上涨的原因颇为复杂,清人凌江曾说:

> 盖柴之在荡,木石之在山,灰砖之在窑,麻苘草土之在地,苟非人为,不能致用。其道路之遥,舟车之费,全资人力,故料价之低昂,止看食用若何而为之准则也。年来陆处病水,近地失收,河口时淤,远粮难集,米麦翔贵,食用日增,皆加入料价之中,此致贵之一也;河工当先问用料之多少,再论价值之重轻,苟用数少,即贵亦何伤?若用数多,虽贱亦为害,河之溜势既已旁趋,自生出新工以及口岸。每年料物,用者过多,而存者无几,则料缺而价愈昂,此致贵之二也;昔之购料,皆在农工甫毕,乃未雨绸缪,故价半而料倍。今则临时急用,始行采办,农事方殷,车牛无暇,故价十而料三,此致贵之三也。④

河工料价的昂贵,与水旱增多粮食紧缺,导致物价上涨有密切关系;此

---

① 《清仁宗实录》卷二三五"嘉庆十五年冬十月"条,第 169 页。

② (清)魏源:《筹河篇上》,载《魏源全集》第 12 册,第 346 页。

③ (清)包世臣:《筹河刍言》,载刘平、郑大华主编《中国近代思想家文库·包世臣卷》,第 87 页。

④ (清)盛康辑:《皇朝经世文续编》卷一〇五《工政二·河防一·(清)凌江〈河工则例〉》,载沈云龙主编《近代中国史料丛刊》第 84 辑,第 4889 页。

外就是河患频仍，物料用量激增，导致料价上涨；还有就是预备购料制度的废弛，物料多在急用时临时购买，由于农忙时节牛车无暇，因此物料价格被抬高。

嘉庆十七年（1812）十月，两淮盐政阿克当阿向嘉庆帝汇报河务称，由于料贩居奇，近年以来河费上涨，原因在于从前河工厅员所领岁修银两，于年前秋冬间按成发给，厅员乘新料登场之际，预先购买。此时料价便宜，这样物料充足应手，也就不会别生他工，而近年以来发帑较迟，到春工将要开始之时，料价日益昂贵才开始购买，往往以数斤之价，购料一斤，以致层层亏折。另外，各厅员常与料贩交易，拖欠银两在所难免，久而久之受其挟制。

嘉庆二十四年（1819）七月，黄河先在仪封、兰阳决口，后又在祥符、陈留、中牟决口，河南料贩售卖物料，每斤制钱从十二到十七八文不等，获利不啻倍蓰。二十五年（1820）三月，时任御史的林则徐指出，每当新料刚刚收获，河工料贩就预行收购，运到沿河口岸附近之处私行堆积，以待黄河漫溢冲决时高价出售，因此林则徐建议，对商贩囤积的物料进行平价收买。嘉庆帝诏令河南巡抚琦善"即遴委妥员，于沿河一带细加察访，如有潜行囤积高抬价值者，一经查出，仍照其收买成本发给价值，运工备用。倘敢串通胥役把持，即治以居奇囤积之罪，以杜积弊而济要需"。①

其实不仅物料商贩视河工为利薮，借河工觅利者大有人在。每次兴举大工，由于在工人数不下数十万人，一切日用饮食衣物等不得不借助商贩贩运，这本无可厚非，但是由于河政日趋腐败，工地贩卖的珍奇玩饰无所不有，"向来兴举大工，每于工次搭盖馆舍，并开廛列肆，玉器钟表绸缎皮衣，无物不备。市侩人等趋之若鹜，且有倡妓优伶争投觅利，其所取给者，悉皆工员挥霍之赀。而工员财贿，无非由侵渔帑项而得。此种恶习，历次皆有。"②"工所玩好充轫，甚至元狐紫貂，熊掌鹿尾，无物不有。河员等随意购置，为钻营馈送之资。"③一边是洪水横流，漂没无数田园庐舍，一边却是奸商在工地兜售奇货异宝，倡妓优伶也争相到河工觅利，此系对清朝吏治的绝妙讽刺。

（二）以工代赈之下的灾民夫役

嘉道以来，黄河、淮河、海河诸大水系连年决溢，因此也不断制造出数

---

① 《清仁宗实录》卷三六八"嘉庆二十五年二月"条，第869页。
② 《清仁宗实录》卷三六三"嘉庆二十四年冬十月"条，第791页。
③ 《清仁宗实录》卷三六三"嘉庆二十四年冬十月"条，第802页。

以百万计的难民。每次大灾过后,朝廷都要蠲免钱粮,赈济灾民,其中最为重要的赈灾方式就是以工代赈。堵塞决口、兴修水利这些工程劳动力需求量大,它既可以吸纳青壮灾民佣工自食,又可以堵塞决口,可谓一举两得。因此以工代赈,在赈灾中堪称良策。

众多流离失所的灾民,为堵塞决口、实行以工代赈提供了条件。嘉庆六年(1801)永定河河决,朝廷兴工代赈,在工人夫约有五万人,其中灾黎占一半以上。八年(1803)黄河在河南衡家楼决口,嘉庆帝谕令地方官出示晓谕灾民,实在贫无储蓄且年轻力壮的,应当赶赴河南工次佣工谋食,以资养家糊口,不致为饥寒所困。朝廷以工代赈取得了良好效果,以至道光帝即位后,对此次以工代赈仍大加称道:"河患自古有之,我朝以工代赈,最为良策。癸亥(指嘉庆八年)秋,河决衡家楼,注大名入山东境,横贯运道。皇考(指嘉庆帝)念民命至重,漕运修关出帑金千万,数月大工告蒇,民不知灾。"①十二年(1807),直隶、通州等地处处被淹,凡是坐落在永定河西岸并切近大道的宛平、良乡等十余个州县,有多处河流应疏浚淤浅,以及挑挖大路两旁的沟渠,地方官动用赈余银两实行以工代赈,收到良好效果。

嘉庆十六年(1811)黄河在河南李家楼决口,朝廷于大灾之后兴工堵塞决口,嘉庆帝希望以此救恤灾民。他说,李家楼以下挑河工地切近安徽、河南被灾各县,灾民一闻兴举大工,数十万民夫可以一呼而至,既可以工代赈,使灾民藉资糊口,又可传播朝廷恩惠,民情自然安定。事实确如嘉庆帝所料,众多灾民在朝廷"以工代赈"政策之下得到实惠。二十四年(1819)四月,黄河又在河南马营坝决口,朝廷兴办大工,当时在工人夫有六七十万之多,②其中灾民自然不在少数。

历代王朝都曾实行以工代赈,但嘉、道二帝对以工代赈给予特殊关注,他们视以工代赈为救荒良策,这与当时河患频繁,以工代赈次数相应大大增加密切关系。再者,河患频仍、江患见告而造成的大量饥民流离转徙,对封建统治秩序威胁极大,正如包世臣所言:"淮泗偶被水灾,数百为群,露刃望食者,千里莫敢谁何。"③而以工代赈既可以吸引大批饥民,起到稳定社会秩序的作用,又可以使赈灾国帑与治河经费合二为一,在当时财政拮据的情况下,可谓一举两得。因此,嘉庆帝认为:"救荒之策,莫善于以工代

①　《清宣宗实录》卷一七"道光元年四月"条,第316页。
②　《清仁宗实录》卷三六九"嘉庆二十五年夏四月"条,第874页。
③　(清)包世臣:《说储》,载《包世臣全集》,黄山书社1991年版,第134页。

赈。"①事实上,以工代赈并非万能。

首先,以工代赈只能部分解决灾民的生计问题。道光二十一年(1841)黄河在河南祥符决口,造成河南、安徽两省共5府23州县受灾,如果年内兴工,则可以工代赈。事实上,兴工对于附近灾民,自然可以佣工谋食,但由于生齿日繁,民间生计艰难,远方之民听到兴工的消息,纷纷迁徙而来觅食,且人数众多,兴工不能遍及所有求助者,难免会使部分民众遭受流离之苦。二十二年(1842)正月,决口渐次合龙,而"河南祥符工次,聚集饥民有数万之多,开工之时,以工代赈,现在引河挑成,饥民无所糊口,竟有偷窃柴草,抢夺食物之事。将来大工告竣,穷民无依,必至流而为匪。……惟大工指日告竣,饥民盈千累万,若不豫为安插,恐人数众多,日久滋弊。"②因此道光帝谕令在祥符办工的大学士王鼎查看游民人数,让有家可归以及力能离省自投亲友者,听其自散;老弱不能自给或年幼强壮、非工作不足以资养赡者,妥善进行安置。

其次,嘉道年间吏治腐败,办理大工,以工代赈全在于委用得人。道光二十四年(1844)中牟大工,"管理料厂管办引河各员,均不能核实认真。少发工钱,以致人夫逃散;克扣麻价,以致料贩不前"。③ 这样,灾民无法得到实惠,但统治阶级却担心灾民沦为盗匪。七月,御史江鸿升上奏皇帝说,豫皖灾民因东河尚未合龙,被灾人口未能复业,但朝廷"给赈难周,河南永城安徽颍州一带,间多匪党,恐穷民流入为匪,事关绥缉防维,皆不容缓",④因此建议朝廷遴委贤员巡察灾区,访察有无流匪潜引之事。

最后,以工代赈之下的筑堤土夫的生活异常悲苦。土夫多为不识字的底层百姓,自身并未留下文字记录其生活。但一些同情民众疾苦的士大夫,多以诗歌民谣记述其境遇。李勣《筑堤谣》云:"岁筑堤,筑堤苦,止二更,作五鼓。十人谊粥一人煮,刻期会食时用午。河冻冰冽,凿冰破肤。凿冰行取泥,贱命而贵土。寒云漠漠天雨霜,督工长官髭须黄。烹羊宰牛持大觞,持大觞,威如狼。"⑤土夫筑堤起早贪黑,辛苦备尝,而督工长官作威作福,生活奢侈。陶澂《筑堤苦》有异曲同工之效:"筑堤苦,三日筑成五丈土。束薪为楗土为辅,千人畚锸百人杵。勉力向前各俯偻,不尔恐遭上官怒。

---

① (清)庆桂等辑:《钦定辛西工赈纪事》,载李文海、夏明方、朱浒主编《中国荒政书集成》第4册,天津古籍出版社2010年版,第2369页。

② 《清宣宗实录》卷三六五"道光二十二年春正月"条,第575页。

③ 《清宣宗实录》卷四○二"道光二十四年二月"条,第17页。

④ 《清宣宗实录》卷四○七"道光二十四年秋七月"条,第93页。

⑤ (清)张应昌编:《清诗铎》卷八《力役·(清)李勣〈筑堤谣〉》,第231页。

晓来并筑临河洲，纷纷筑者当前头。岂知再决不可收，饥魂弱魄沈中流。沈中流，筑堤苦。新堤不成还责汝，我心忧伤泪如雨。"①

面对如狼似虎的督工胥吏的鞭打棰楚，土夫亦发出愤怒的谴责，黄生《筑堤谣》云："挑土筑堤堤欲高，卷柳下桩桩欲牢。公差持棰岸旁立，官府命我督汝曹。公差请勿怒，役夫敢一语：'官家费金钱，役夫抱空肚。肚饥手慢杵力微，瘦躯那复受棰楚！破衣当风不掩胫，死便埋作堤下土。'堤工告成万命残，护堤使者仍加官！"②土夫不但昼夜做工，面焦生蛆，甚至倒毙河旁，还要被督工克扣工钱却控诉无门，邵锡光《悯河夫》即反映此一问题："晓夜趣奋锸，无时住鼖鼓。冬衣麻布裳，尖风注强弩。夏日面目焦，蛆虫生两股。言念同役人，半作河旁土。一日迟给粮，饥焰灼肺腑。一日折给银，十分短四五。朘削任爪牙，何涂吁宪府。长跪诉长官，祈念贫役苦。一诉长官惭，再诉长官怒。差役督工程，鞭棰倍严楚。天高呼不闻，忍悲泪如雨。"③在此指出，这些歌谣所言土夫处境颇有代表性，土夫在忍无可忍时奋起反抗，亦在情理之中。在黄河堵口的大工中，各种矛盾往往此起彼伏。

（三）文人墨客、生监、幕友与游客对河费的垂涎

由于每年河工拨款甚巨，而河员往往乘机自肥，"近日奢靡之风，河员为甚。往往私资不足，辄取给于公帑。竟有将河库发给岁修银两，填补私债之事。……凡河员之车服饮食，宴会供应，无不穷奢极欲，踵事增华"。④至于文人墨客之类的艺术家，以前大多仰食盐务，自从淮盐凋敝而浮费短绌，至道光末年纷纷投靠河臣。南河总督所在地的清江浦，不过是弹丸之地，以前少有声色娱乐，自岁修抢险之费激增，优伶娼妓、当地民人无不仰食于河费。对此包世臣曾说："清江弹丸之地，旧无声乐。近日流倡数至三千，计每人日费一金，则合计岁费当百万矣。清江民人，不耕不织，衣食皆倚河饷，旧例南河库贮岁修银五十二万，而官俸兵饷与焉。今倍之始足以供娼妓，宜河饷之日告匮乏也，法宜驱绝。"⑤巨额河款成为社会诸多阶层觊觎的"唐僧肉"。

此外，生监、幕友、游客、佐杂纷纷投效，效力南河人员激增。这些人身

① （清）张应昌编：《清诗铎》卷八《力役·（清）陶澍〈筑堤苦〉》，第226页。
② （清）黄生：《一木堂诗稿》卷五《筑堤谣》，《清代诗文集汇编》第81册，上海古籍出版社2010年版，第448页。
③ （清）张应昌编：《清诗铎》卷八《力役·（清）邵锡光〈悯河夫〉》，第230—231页。
④ 《清宣宗实录》卷二六七"道光十五年六月"条，第102页。
⑤ （清）包世臣：《策河四略》，载刘平、郑大华主编：《中国近代思想家文库·包世臣卷》，第94—95页。

在河工,即乐于河工有事而不愿无事,其实添一人则多一人的居住服食,而官亲幕友随从人等,也在在需费。河员当然不会自出费用供养这些人,这些人也未必都能奉公守法。结果源于小民膏脂的数百万国帑,徒供地方官挥霍结交之用。再者好生议论之人往往独出臆见,致使一些并无工段之处忽报新生工段,种种弊窦不一而足,这往往由于谋夫孔多。投效人员既多,专管河员则退处事外,以致事无专属,意见参差,浮靡靡项日甚一日。

河员所辖工段往往有十余个之多,长达百余里,河工向来有代厅员办工的幕友人等,名曰"外工"。这些人虽然并非在官人役,但自恃熟悉工程与料价,各处揽办工程,偷减侵蚀等弊端大半出于他们之手。至于所办之工或有疏失,往往厅员罚赔治罪,而幕友、外工反而置身事外,成为河工积蠹。嘉庆十七年(1812)朝廷发布谕令:"嗣后著该工员等承办工程,如需用代办之人,即先将伊等姓名造册,报明河督存案,设有贻误,一并摊赔治罪。"①究其实际毫无成效。

再者过往官员、举贡、生监等也视河工为利途,往往向在京官员索求书信,以资介绍,纷纷前往南河求助。甚至有些人以河工为金穴,自东河游历至南河、扬州等处,就可以获得一二万金。据《水窗春呓》载:"凡春闱榜下之庶常及各省罢官之游士,皆以河工为金穴,视其势之显晦为得赆之多寡,有只身南行,自东河至南河至扬州至粤东四处获一二万金者。"②而河督以及道厅官员碍于情面,不得不量为资助,以致往者日众,大有应接不暇之势。河督、河员无非滥请支领,克减工程,以为应酬之费。道光二十四年(1844),道光帝禁止过往官员与举贡、生监、幕友等前往南河求助,谕令河督潘世恩通饬各属一律严禁,"嗣后如有求助者,即将其人扣留,指名参奏,并将牵连人等一并参奏"③,但道光帝降旨禁革之后,并未见河督举发一事,参劾一人,而官员、幕友求助之风更是日甚一日,成为河工一大漏卮。

第四节 嘉庆帝的河工应对与道光帝的积弊整饬

嘉道年间河务废弛,河患频仍,黄河几乎无岁不决,成为清代黄河水患最为频仍、河工积弊最为严重的时期。面对日趋严重的河患,河臣大多没有建树,他们对于河事只求敷衍弥缝,却没有总揽全局、规划久远的治河方

---

① 《清仁宗实录》卷二五四"嘉庆十七年二月"条,第425页。

② (清)欧阳兆熊、(清)金安清:《水窗春呓》卷下《金穴》,第34页。

③ 戴逸、李文海主编:《清通鉴》卷二〇一,第5981页。

略,"但岁庆安澜,即为奇绩,久未闻统全局而防永患,求治难矣"。① 黄河多沙,只有设法冲刷河床使之深通,才不至于决口漫溢,如果只是防溃塞决,黄河河道状况就会日益恶化。嘉庆一朝所办要工、大工,无论是次数上还是规模上看,皆达到空前未有的程度,但只是堵塞漫口而未刷深河底。

嘉庆帝在位期间锐意治河,不惜拨发巨额河费以消弭河患,但拿不出有效措施整顿积弊。直到嘉庆十七年(1812),黎世序出任南河总督,情况才有所好转。道光帝上台后,决心实力整顿河工积弊,首先是屡次下诏讨论河务问题,力求找到有效的黄河治理方案;其次是加大河工失事的惩处力度,同时遴选优秀官员出任河督;最后是严核河工经费,禁绝贪污浮冒。这些措施取得了一定效果,使河患相对减少,河费有所下降,漕粮河运得以继续维持。

一、嘉庆帝对河工问题的应对

对东南漕粮的严重依赖使清帝高度重视运河畅通,而治黄、通运、导淮相为表里。嘉道时期仓储逐渐空虚,对漕粮转输与运河畅通更为重视。嘉庆元年(1796)六月十九日,黄河丰汛六堡决口,冲决运河余家庄堤,穿入运河,漫溢两岸,江苏山阳、清河多处被淹。刚刚受禅登基的嘉庆帝接到河督兰第锡的奏报后,立即发出上谕说,此次漫工,不过因为水势较大,以致大堤坐蛰,他告诫该河督督率所属,赶紧购备秸料,以期及早堵闭断流,而不必心存畏惧,以致延误要工。为了迅速堵住决口,更不必心存惜费之见。嘉庆帝还依据上奏图样,具体指示堵合方案。考虑到水势变化无常,上谕中又明确表示,河督应详慎斟酌,"不可拘泥于尊旨"。② 在河督兰第锡、两江总督苏凌阿与山东布政使康基田会堪筹办之下,到十一月丰汛坝工合龙。旋即因为凌水骤发,坝身坐蛰二十余丈,嘉庆帝命令另行移筑坝基,至翌年二月决口堵塞成功。

嘉庆年间,黄河几乎无岁不决,每次堵塞漫口都要花费上百万帑银,而嘉庆帝锐意治河,每次河决,都指示河督督促下属迅速堵塞决口,务期工程结实,而不能为节省经费而影响工程质量。对于河工经费,嘉庆十年(1805)正月二十一日上谕曾说:

> 河道关系百姓生命,必先加意防卫,其次方计帑项。慎重帑项之

---

① 赵尔巽等:《清史稿》卷四五〇,第12553页。
② (清)黎世序等修纂:《续行水金鉴》卷二六,《万有文库》本,第555页。

道,并非专惜小费,如遇紧要工程,以为暂可从缓,万一受病日深转形费手,往往有一二万金即可敷用,而一时惜费,日后多用至数十百万,是欲节省而适以靡费,于事何益?①

嘉庆年间吏治腐败,河工方面表现尤为突出,贪污浮冒颇为普遍。的确河防工程应务求坚实,而不能专惜小费,但任由河臣挥霍国帑,并不能解决河患频仍的问题,只是嘉庆帝并未意识到这一点。

河督康基田驭下素严,督率将卒防守河堤,恪尽职守。嘉庆四年(1799)三月,朝廷以河南布政使吴璥署理东河总督。吴璥上奏说:"闻江南河臣康基田培筑堤工,极为认真,应令酌看堤埽情形,守护闸坝,宣泄有度,自可日见深通。"②嘉庆帝命吴璥与康基田商办。康基田动以军法从事,对于稽延者杖枷不贷,属下多有怨恨,加上畏惧其揭发河工积弊,于是有人暗中纵火以掩饰其劣迹。嘉庆五年(1800)正月,坝工失火,积料尽焚,康基田被革职,嘉庆帝深知康基田性情刚正,操守廉洁,但责其过于苛细。此外,东河总督王秉韬娴熟吏事,治河主张节费,"堤埽单薄择要修筑,不以不急之工扰民。河北道罗正墀信用劣幕舞弊,曹考通判徐鼐张皇糜费,并劾治之。薪料如额采买,河员滥报辄驳斥,使多积土以备异涨,于是浮冒者不便其所为,言官遽论劾"③。本来,作为河督应尽心河务,平时注意培修河堤,加厢埽工,按时储备物料,对于属员舞弊浮冒进行弹劾,皆为恪尽职守,应该受到朝廷嘉奖,但嘉庆帝对于言官弹劾王秉韬,除下诏慰勉之外,却告诫其勿偏于节省。五天之后嘉庆帝发出上谕,批评东河自王秉韬任事以来,"惟知节省,以致工不艰,料不足,受病于此"。④ 事实上,肆意挥霍河费,并不能解决黄河河患问题。

嘉庆十年(1805)二月,李亨特奏报盘查两河道库钱粮,并无亏短,却得旨受到批评:"朕闻汝待属员,过于严厉。河工员弁,作弊者多,理应如是,然亦勿过刻,恐不能忍受,又生别事。必须上下联情,除其太甚,莫为已甚。勉之。"⑤皇帝对河工舞弊因循迁就,自然积弊日深。十一年(1806)河南巡抚马慧裕参奏李亨特勒索派累厅员,李亨特防汛驻工,每日需银六七十两,勒令北厅同知垫发;凡遇临工,每次勒索门包270两;又勒派属员修建公馆,

① 《清仁宗实录》卷一三九"嘉庆十年正月"条,第901页。
② 赵尔巽等:《清史稿》卷一二六《河渠志一·黄河》,第3732—3733页。
③ 赵尔巽等:《清史稿》卷三六〇《王秉韬传》,第11368页。
④ 戴逸、李文海主编:《清通鉴》卷一六二,第5018页。
⑤ 《清仁宗实录》卷一四一"嘉庆十年二月"条,第924页。

俱不发价。据托津调查属实,李亨特被革职,发往伊犁效力赎罪。

十年(1805)三月初六,嘉庆帝朱谕南河总督徐端,对于应办河工及时办理,"总不必存惜费之见,况随时整理,永除水患,所省实大,若因循不办,较量锱铢,一朝有患,所费倍多,再察弊去其太甚,不可过于搜求,河工员弁毫无所得,必另生枝节,关系匪浅,汝不可不深思也。"①由此可见,为了一劳永逸治理好黄河,嘉庆帝不惜以重金投入河工。对于河工员弁的贪污侵冒,他心知肚明,为了防止员弁另生枝节,暗掘河堤,特意叮嘱徐端不能去弊太甚。徐端习于河防,周知河工利弊,对河员兵卒贪污侵冒种种弊窦,洞悉无遗。但皇帝态度如此,徐端亦无能为力,河费激增亦在情理之中。

黄河连年决溢亦使嘉庆帝察觉到河工积弊的严重性。十三年(1808)九月,那彦成奏谢议叙,嘉庆帝朱批说:"实心讲求,除弊尤要。若云无弊,是欺天乎? 工程迭出非弊乎? 堤不坚固非弊乎? 料物不足非弊乎? 勉力报恩,严察此弊。"②十五年(1810),朝廷因为近年以来巨工林立,费用浩繁,一遇大汛,即有蛰塌淤垫之事,恐怕承办工员偷减浮冒。十月,嘉庆帝命户部侍郎托津偕顺天府尹初彭龄驰往工次彻底清查。第二年托津奏称,查明银米出入尚无虚捏,惟支领后不能如式办理,致使旧工未竣,新工复生。历任河督难辞其咎,结果吴璥、戴均元、那彦成等受到革职或降级处分。事实上,"钦差到彼工员帐簿多系捏造,何足为凭? 托津等不认真访查,仅以查账为据,焉能究出弊端? 毕竟此三千余万帑金原不尽归侵蚀,其中何人浮冒及何处妄兴工段,滥用虚糜,系必有之之事"。身为国家重臣的托津、素称敢言的初彭龄,对于纠察河工积弊敷衍了事,嘉庆帝亦无可奈何:"此后若别经有人告发或参出实据,伊二人将何颜见朕乎?"③此一稽查之后再无更大的查弊举措。

嘉庆一朝黄河决口漫溢不断,至嘉庆二十四年(1820)七月,河南兰阳、仪封黄河决溢,武陟、马营坝继之,两岸河堤漫溢频仍,始而南岸,继而北岸,迨北岸之马营坝将次堵合,而南岸之仪封三堡又复刷塌,河防溃坏无甚于此。在嘉庆帝看来,原因都在于"前任河督玩愒因循,狃于惜费之见,平日不加意修培,以致临时无从措手"。将河督吴璥革职,他嘱咐后任河督"断不可靳惜小费,致误事机;即无工处所,一经大汛,亦难保不临时生险。

①　(清)黎世序等修纂:《续行水金鉴》卷三三,《万有文库》本,第707页。
②　戴逸、李文海主编:《清通鉴》卷一六五,第5107页。
③　(清)王先谦:《东华续录·嘉庆三一》,《续修四库全书》第375册,第76页。

总当处处派员,无分晴雨昼夜,时刻小心防守,以保完全"①。由此可见,嘉庆帝在位期间一直以为黄河屡决原因在于河督惜费,而没有采取应有的除弊措施。嘉庆一朝25年,南河总督换了12任,东河总督换了18任,其中受到革职处分的河督非常之多。河督的频繁更换反映出他们的昏聩无能与河政混乱,而革职之后的多数河督没有多长时间又再次出任,更反映出嘉庆帝任人无方。在治河方略上,嘉庆帝希望根治黄河:

> (朕)亟思为一劳永逸之计,节经降旨,甚为殷切。……伊等仰体朕意,总当通筹全局,设法办理,期于长久完善,不可仅为目前补苴之计。伊等或自料识解不及,亦当广咨博采,如厅营员弁河营老兵以及本地居民人等,皆当详细考证,以期集思广益。如果得有良法办理,可期经久,即多费数百万帑金,亦毫无靳惜。……今河身受病不浅,司其事者总无久远之计,不过为一时补救,而连年所费,积算仍属不少,究于河工全局有何裨益?②

黄河的淤垫使漕粮转运维艰,因此嘉庆帝希望河臣在治河方略上,能统筹全局,使河政大有起色,为此更当集思广益,规划久远,但河督辜负了嘉庆帝的期望,面对河患,束手无策。

对于黄河屡决的受病之源,朝廷上下有三种意见,"有谓海口不利者,有谓洪湖淤垫者,有谓河身高仰者",最终他们把症结归于海口高仰,有拦门铁板沙使黄河入海水流不畅,因此疏浚海口被认为是治黄的关键所在。嘉庆八年(1803),河督吴璥上《勘办海口淤沙情形疏》,认为横滩、积沙、栏门并非虚言,而是凿凿可据,"伏查黄河海口淤沙,考之载籍,前明臣潘季驯时,即有横沙停塞之议。我朝康熙八九年,因海口积沙横亘,相传为拦门沙……此后七八十年,横沙仍在,河患亦未能免……臣现在由云梯关循河逶迤而行,测量水势……自南尖至北尖,两滩之间,约宽一千五六百丈,即黄水出海口门,水底有暗滩,与南北两滩相连,即所称拦门沙也……是积沙拦门海口高仰之说,诚非虚语……乘舟测量,得其备细,并细询土人渔户,所言皆同。看来口门高仰,洵属凿凿可据"。③ 海口高仰,黄河水无去路,因

---

① 戴逸、李文海主编:《清通鉴》卷一七七,第5398页。
② (清)黎世序等修纂:《续行水金鉴》卷三三,《万有文库》本,第712—713页。
③ (清)贺长龄、(清)魏源辑:《皇朝经世文编》卷九七《工政三·河防二·(清)吴璥〈勘办海口淤沙情形疏〉》,载《魏源全集》第18册,第268—269页。

而造成河患频仍，是明代以来就已存在的谬说。清代康乾年间此一说法仍然颇为盛行，吴璥不究底里，附会前人，且考察海口之时不得要领，误信拦门铁板沙之说，不足为怪。

吴璥认为，治河首先必须海口深通，因此必须疏挑横沙，或者另筹黄河入海去路，"欲使海口深通，惟有疏挑横沙及另筹去路之两策。今细察情形，如能将横沙挑除，自属大畅。但潮汐往来，每日两次，人夫固不能立足，船只亦不能停留，若用混江龙铁篦子系于大船尾，抛入水中，潮长则涌之而上，潮落则掣之而下，险不可测，力无所施。是海口非人力所能挑浚，断然无疑"①。吴璥的办法，一是去除拦门铁板沙，由于人夫与船只无法在海口施工，因此其幻想将混江龙、铁篦子系于船尾，以潮水涨落带动疏沙，其实无异于痴人说梦。关于另改海口，吴璥自己认为不可行，海口北岸土性胶结，芦苇丛生，苇根盘结交错，迂回窄狭，泄水不畅，而南岸系属平摊，并无建瓴之势，更不适合作为黄河入海口。

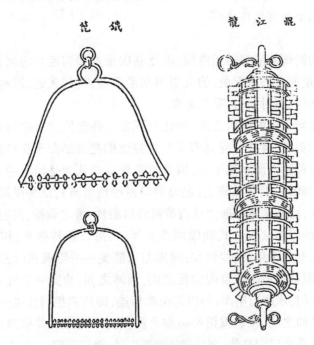

图七　铁篦子与混江龙

资料来源：（清）麟庆：《河工器具图说》卷二，第 213 页。

_____

① （清）贺长龄、（清）魏源辑：《皇朝经世文编》卷九七《工政三·河防二·（清）吴璥〈勘办海口淤沙情形疏〉》，载《魏源全集》第 18 册，第 269 页。

关于爬沙船、混江龙的功用，靳辅在《治河奏绩书》亦有阐释。事实上，混江龙从未见使用，而所谓爬沙船只是南河各厅使用的浚船，用于调拨苇荡营的荡柴。乾隆年间，高斌任河督时裁撤浚船。传说的爬沙船正如包世臣所说：

> 船尾系铁篦子一具，其制三角，横长五尺，斜长七尺。着地一面，排铁齿三四十根，长五寸，约重五六百斤。再加上混江龙一具，其制以大木径尺四寸，长五六尺，四面安铁叶如卷发，亦重三四百斤。比之下锚，其势相倍。而谓以水手四名，驾两橹，上下梭织，以爬动河底淤沙，使不停滞，其说盖与儿童无异。①

这样的爬沙船，没有强大的动力系统，根本不可能向前移动，更何况爬疏河底淤泥！吴璥奏疏所言，应是因袭靳辅谬说。

嘉庆年间，黄河屡次决口，每次堵口皆要耗费二三百万两白银，户部拨款不至，黄河决口则经年敞开无法堵闭。嘉庆十三年（1808），河臣诓骗两江总督铁保，皆言海口高仰，希望铁保上奏朝廷，请帑600万改海口，朝廷派协办大学士觉罗长麟、戴衢亨视察南河，包世臣谒见二人，极言海口并无高仰，黄河断不能另改入海口，海口长年累月泥沙淤积，因而不断向海中延伸，至嘉道年间云梯关距离海口新淤已有三百余里，因为没有河堤约束，海水散漫旁溢，容易造成溃决漫滩，因此云梯关以下应接筑长堤至海滨，以加速黄河入海。

嘉庆帝对于海口高仰之说深信不疑，多次派河督勘查海口，以谋求解决之方。嘉庆十五年（1810）上谕说："治河之要，全在海口畅流。近年河工多事，皆由海口淤塞，下壅上溃，百弊俱生，若果海口畅通，则河湖之水皆有归宿，何至漫决为患。朕数年来屡次降旨饬办海口，而伊等相率泄泄，总不肯认真疏导，其节次挑挖皆有名无实，徒费帑金，以致尾闾不通，漫溢如故。"②在嘉庆帝看来，只要海口疏浚深通，黄河自然不会频年决口，而事实并非如此。

关于海口高仰，河臣提出的解决方案，或是应加以疏浚，或是改道另辟海口，或是多分入海道路，或是筑堤导流使海口自深。这些方案多为空论，

---

① （清）包世臣：《辨南河传说之误》，载刘平、郑大华主编《中国近代思想家文库·包世臣卷》，第114页。

② 戴逸、李文海主编：《清通鉴》卷一六七，第5158页。

对于治理黄河并无裨益。事实上，由于黄河携带泥沙入海，使河口三角洲发展很快，河口逐渐向海中延伸推进，黄河浩瀚东流亦为不争的事实，因此海口高仰并非黄河决溢的主要原因所在，但南河河臣对于海口高仰之说，可谓众口一词，包世臣曾揭出其中的奥秘："海口高仰，则两岸失守有因，其咎可薄，而改道之邪说可行。失守之获咎轻，兴工之擅利厚，且谁肯言海口不高仰，又谁肯信海口不高仰乎？"①但嘉庆帝与河督并不懂得此中道理，盲目认为开海口是治黄关键，而海口无从治理，就只能塞决防堵，终嘉庆之世，河工皆为困扰整个政局的难题。

嘉庆年间改海口之议纷起，国帑虚靡尤为可惜，而大工层出叠见，所用河费更是浩大。对此，礼亲王昭梿曾说："嘉庆戊辰、己巳间，开浚海口，改易河道，糜费帑金至八百万；而庚午、辛未，高家堰、李家楼诸决口，其患尤倍于昔，良可嗟叹。"②嘉庆十三年（1808）、十四年（1809）开海口费帑 800 万两，嘉庆十五年（1810）、十六年（1811），堵塞高堰、李家楼决口的大工，所费更是加倍。

嘉庆帝锐意治河，希望一劳永逸根治黄河，并且不惜投入大量国帑，其精神可嘉，但由于黄河本身难于治理，当时治水技术又相对有限，加之嘉庆帝及其河臣治河策略的局限，因此黄河的治理毫无起色。

二、礼坝要工参劾案：嘉庆朝河工治理的一大转机

嘉庆朝后期，河工出现转机，那就是河督黎世序的脱颖而出。嘉庆十六年（1811）是黄河多事之秋，四月黄河在马港决口，五月王营减坝坐蛰，七月绵拐山、李家楼河决。在此危难之际，嘉庆帝特简百龄出任两江总督，赶赴南河督办漫口堵塞事宜。百龄，号菊溪，汉军正黄旗人，遇事敏干，不屑随人俯仰。陈康祺《郎潜纪闻四笔》称百龄"六七十年来，满臣任疆寄者，干练恢宏，当推公为第一"③。百龄接任两江总督后，亲自勘查海口，查明黄河决溢原因，统筹规划堵合方案。他不避嫌怨，对于办工冒滥草率、玩忽职守的河厅员弁进行严参，至次年三月，王营减坝、李家楼大工次第合龙，黄河复归故道，结果百龄下部议叙，南河总督陈凤翔因随同帮办加恩赏给三品顶戴。

---

①　（清）包世臣：《袁浦问答》，载刘平、郑大华主编《中国近代思想家文库·包世臣卷》，第141页。
②　（清）昭梿：《啸亭杂录》卷七《徐端》，第214页。
③　（清）陈康祺：《郎潜纪闻四笔》卷七《百龄吏治精勤》，中华书局1990年版，第122页。

本来，两江总督管辖江苏、安徽、江西三省事务，兼辖河、漕、盐三大政。南河河务在两江总督属于兼理，而南河总督属于专管。百龄"吏治精勤，性好延揽总核，河漕诸帅，转拱手受成，而三省地方要公，厘剔之不稍旁贷"①。这在河督、漕督看来，无异于专权擅任，因此百龄屡遭同僚抨击，他与时任南河总督的陈凤翔，每每"意见不融，遂相倾轧"②。

陈凤翔于嘉庆十四年（1809）由永定河道擢迁东河总督，逾年调南河总督。此年挑浚黄河倪家滩一带河身，所挖之土即在河滩堆积，并没有运至堤外。至第二年春黄水漫滩致使河床淤垫。黎世序屡次禀明挑淤，而陈凤翔视为缓图，批令等秋后再行筹办，结果造成十六年（1811）四月黄河在马港口决溢，身为河督的陈凤翔难辞其咎。五月，王营减坝坐蛰。在堵合问题上，陈凤翔主张废弃北岸，所绘海口之图，有意舍去北岸村落地名，置民田庐舍安危于不问。马港口至小黄河的河势甚为弯曲，陈绘图故意取直，希图掩饰不能事先防范致使决溢之咎。七月，绵拐山、李家楼河决，而陈束手无策。正是由于陈凤翔昏聩无能，屡次疏于防范，致使黄河叠次漫口，多次受到嘉庆帝的申斥。

嘉庆十六年（1811）三月，陈凤翔上奏五坝中礼坝的开启事宜，以宣泄洪泽湖水，免得蓄水过多导致高堰溃决。嘉庆帝认为：

> 至蓄清敌黄，系前人一定之法，但随时启闭机宜，亦应酌量办理。该处设立五坝，原为宣泄盛涨而设。上年湖水过旺，因坚守五坝，未经稍为启放，以致涌漫挲塌多工，从前佘家坝、千根旗杆等处漫工，亦因各坝未经早放所致。设使豫为酌启一坝，俾水势少减，或不致别生工段，是宣泄正所以资储蓄。③

嘉庆帝指示陈凤翔相时酌办，不得胶执成见，致有贻误，结果议定湖水长过一丈三尺，酌启一坝，再长再启。

至十七年（1812）四月下旬，洪泽湖湖水上涨已愈一丈五尺，因而淮海道黎世序禀请开放五坝中的智、礼二坝，百龄、陈凤翔均以为事属当行，百龄批词内有"预筹减泄，甚合机宜"之语，与陈凤翔批准启放之词无异。在百、陈二人先后批准以后，礼坝要工开启，但此时五坝之中只有智坝完好，

---

①　（清）陈康祺：《郎潜纪闻四笔》卷七《百龄吏治精勤》，第122页。
②　（清）陈康祺：《郎潜纪闻四笔》卷一一《百龄作感怀诗自解》，第185页。
③　《清仁宗实录》卷二四〇"嘉庆十六年三月"条，第234页。

其余四坝坝底已经冲坏,若宣泄湖水难免坍塌,造成下河一带横遭巨浸。至六月,湖水冲动坝下土石桩木,礼坝出现险情。至八月,礼坝坍塌,跌塘形成巨口,无法堵合,致使湖水大泄,下河州县被水成灾。

百龄深觉不妙,决定借机参劾陈凤翔。当时包世臣游幕于南河,曾记此事说:"菊溪(即百龄)遂严劾竹香(即陈凤翔)'并无只字相商,擅开礼坝,以致清水力弱,黄仍倒灌,阻坏全河机宜'。而附片保湛溪(即黎世序)通晓工程,可任河督。扬道汛地止汤陈工,而湛溪出境七十里,迎菊溪于童家营,遂于童家营发此折。折回,竹香获罪。"①由此可见,正是百龄与淮海道黎世序合谋,参倒了陈凤翔。至于说陈安坐衙斋数月不赴工次,擅开礼坝与百龄并无只字相商等情事,则是百龄对陈的诬陷。陈凤翔获罪后,遣家人呈诉于都察院,经松筠、初彭龄查核,则事属虚诬,包世臣《南河杂记上》也有陈凤翔在工次抢险的记载。在此指出,百龄参劾陈凤翔,虽有不实之处,但就陈凤翔在河督任上的屡次失职而言,亦属罪有应得。

礼坝决溢后,百龄一纸参劾,就使陈被枷示河干,之后发往乌鲁木齐效力赎罪。陈确有冤枉之处,但其人贪劣,对此礼亲王昭梿曾说:"陈凤翔,以直省贪吏入赀为永定河道,复有大力者为之奥援,立擢河东总河,其去天津县令任未期年也。后以妄放潴水故,为张制府百龄所劾,上命立枷河上,闻者快之。凤翔复遣其家人入都讼冤,当事者力缓其狱,得以释回。未几以惊悸死于河上廨中,无人不欣然也。"②昭梿此论颇能反映陈凤翔的人品与时论。

对于陈凤翔与百龄之间的"礼坝要工参劾案",陈康祺《郎潜纪闻四笔》评论说:"平心而论,文敏(指百龄)出入台省,相业颇不碌碌,而平昔负才好胜,锋棱过峭,亦未能屏尽忮心。然陈公苟任职清勤,宣防无误,圣明在上,又何能以萋菲惑听,屈抑劳臣哉?"③此论甚为公允。经百龄保举出任南河总督的黎世序,倡议用"碎石护卫河堤,巨河汹涌不能冲决,南河赖以安澜者十有二载,为近代之所罕有,睿皇帝屡宠誉之"。④黄河水患因此大为减少,黄河出现十余年少有的安澜期,黎氏堪称一代治河名臣。

黎世序性情和蔼淡泊,不纳苞苴,与当时河臣贪污中饱形成鲜明对比。《清史稿·黎世序传》说:"自乾隆季年,河官习为奢侈,帑多中饱,浸至无岁

① (清)包世臣:《南河杂记上》,载刘平、郑大华主编《中国近代思想家文库·包世臣卷》,第117页。
② (清)昭梿:《啸亭杂录》卷七《徐端》,第215页。
③ (清)陈康祺:《郎潜纪闻四笔》卷一一《百龄作感怀诗自解》,第186页。
④ (清)昭梿:《啸亭续录》卷五《黎襄勤》,第528页。

不决,又以漕运牵掣,当其事者,无不蹶败。世序淡泊宁静,一洗靡俗。任事十三年,独以恩礼终焉。"①黎世序廉洁自持,难能可贵。正是"百菊溪制府知其才干,荐之于朝"②,黎世序才得以出任河督,因此百龄有荐贤举才之功。黎世序出任河督之后,与两江总督百龄等人清查苇荡营积弊,重订苇荡营章程,使海柴出产大为增加。黄河一旦出现险情,抢修物料颇为充足,使河费大为减少,一旦发生决口漫溢,堵塞亦能及时。对此,包世臣曾说:"道光纪年以后,河势复否,而奇险叠见,卒保安澜者,垂裕远而正料足也。"③这为黄河安澜提供了物料保障。

在河工管理方面,黎世序亦颇为突出。"世序治河,力举束水对坝,课种柳株,验土埽,稽垛牛,减漕规例价。行之既久,滩柳茂密,土料如林,工修河畅。南河岁修三百万两为率,每年必节省二三十万"④。黎世序以对坝束水,稽查物料,鼓励种柳,结果黄河安澜顺轨,河费大为节省。常年往来于南河的包世臣,对此大为赞赏,认为南河在黎世序的治理下,"工段修洁,河身深畅,钱粮节省者过半,秩秩改观矣"⑤。黎世序作为一代著名治水专家,至同治年间,被朝廷封为孚惠河神。

三、道光帝对河工积弊的积极整饬

(一) 屡次下诏讨论河工积弊

面对日益严重的河工积弊,道光帝登基伊始,就开始大力整顿,剔除河务积弊。嘉庆二十五年(1820)十月,有人上奏河务积弊,并陈述清理之法。道光帝诏命军机大臣等会同讨论,朝廷上下普遍认为河工存在四方面的弊病:一是支用河费层层克扣,浮费百出,帑金真正用于河工的不过十之六七,因此谕令河督督促下属廉洁奉公,禁绝浮费,有弊立参。二是河堤溃决,或是由于汛期涨水时,相邻河堤的官役想保住自己管辖范围内的堤坝,而伺机盗挖他处,或是由于河工夫役希望河工多事,以便沾润河费,因而千方百计搞破坏,鉴于此道光帝谕令河督率员弁昼夜巡守,如有懈弛严加惩办。三是河兵按例每年应该种柳百株,用来保护堤岸并为埽工提供物料,

---

① 赵尔巽等:《清史稿》卷三六〇《黎世序传》,第11380页。
② (清)昭梿:《啸亭续录》卷五《黎襄勤》,第528页。
③ (清)包世臣:《中衢一勺目录序》,载刘平、郑大华主编《中国近代思想家文库·包世臣卷》,第76页。
④ 赵尔巽等:《清史稿》卷三六〇《黎世序传》,第11379页。
⑤ (清)包世臣:《中衢一勺目录序》,载刘平、郑大华主编《中国近代思想家文库·包世臣卷》,第76页。

然而河员往往蒙混虚冒,以少报多,以致柳树日渐稀少,因此道光帝谕令河督责成河兵认真种柳,勤加养护。四是所筑堤工尽用虚土,并未夯实。道光帝告诫河督加强监督检查,禁止用虚土筑堤,必须按例每加虚土一尺,行碙一遍,筑成六寸高的河堤,以锥试不漏为断。在上谕中,道光帝谆谆告诫说:"河工关系国计民生,至关重大,著江南、河东两河道总督,遵照所议,申明禁例,各率所属道将厅营,涤除锢习,实力修守。"①

道光五年(1825)十月,道光帝再次谕令各大臣亟筹治河之法。琦善请求将黄河入海河道重新开挖疏浚,以期黄水掣溜迅疾,使黄河河床逐渐降低回落,但后来又认为工程过于浩大,弊大利小,未便率行更张。东河总督张井上奏熟筹河工久远大局、讲求疏导黄河之法,张井认为治河之法在于疏浚与修防并重,力倡依从河水就下的自然之性,逢弯取直,设法疏浚,恢复靳辅浚船成法,采用筑作对头坝工等治河之法。

道光帝认为张井切中时弊,发出上谕说,国家岁出数百万国帑,以增培河堤,而黄河河身却逾淤逾高,何所底止?因此命张井、琦善、程祖洛、严烺会商如何畅通海口,如何刷深河底,于河工大局总期筹划万全。河工弊坏的加重使道光帝意识到,要治理好黄河必须改弦更张。他说:"朕思黄河受病已久,当此极弊之时,仅拘守成法,加高堤堰,束水攻沙,一时断难遽收速效,自应改弦更张,因势利导以遂其就下之性……所谓穷则变,变则通矣。"②因此道光四年(1824)冬高堰溃决,道光帝毅然放弃行之百年的河运,于六年(1826)实行漕粮海运。

八年(1828)四月,御史曹宗瀚奏称河工四大积弊:堆筑料垛,外实中空;锥试堤工,灌水舞弊;堆积土牛,以旧作新;堤内植柳,日渐废弛。道光帝接到奏折,谕令南河总督严烺、河南巡抚杨国桢随时留心查察,亲往验收,以重河防而除积弊。二十三年(1843),黄河再次决口,道光帝立即下罪己诏,广开直谏之门,称:"近年灾患频仍,朕深宫循省,负疚良多。……嗣后大小臣工,务各力矢公忠,屏除私见,遇有用人行政阙失,尽言无隐。"③事实上,此次黄河决口属于特大洪水所致,堪称人力难防。而道光帝为此下罪己诏,可见他对黄河决口的重视与痛惜。

(二) 加大河工失事的惩处力度,遴选优秀官员出任河督

清廷对于河务官员的处分颇重,但嘉庆一朝河工屡次失事,嘉庆帝对

---

① 戴逸、李文海主编:《清通鉴》卷一七七,第5415页。
② (清)王先谦:《东华续录·道光十三》,《续修四库全书》第375册,第343页。
③ 《清宣宗实录》卷三九〇"道光二十三年三月"条,第1000—1001页。

河务人员往往罢而复用。至道光朝这一情形有所改变。四年（1824）十一月，洪泽湖蓄水过多，致使高堰溃决，运道冲毁，东南上百万漕粮被阻，这一局面的出现令道光帝痛心不已。河督张文浩有堵迟御黄坝、蓄清过旺之责，孙玉庭上奏为张文浩开脱，说张是为了节省启闭钱粮而迟堵御黄坝，掣通过水则由于暴风过猛，人力难防。但道光帝大怒，于十二月初一降旨斥责："风暴由天，蓄清过旺，亦由天乎？若因节省一二万金起见，朕断不信。总由任性自用，不守前规，不恤人言，以致坐令偾事，此等刚愎自用、误国溺职之人，朕断不能姑息也。"①结果谕令张文浩在工次枷号一月，满日发往伊犁效力赎罪。孙玉庭有兼辖河务之责，明知张文浩堵坝迟延，却有心徇隐回护，因此交部严加议处。淮扬道沈学廉、参将张光、游击黄廷珠等人摘去顶戴，一并在工效力。后来新疆发生张格尔叛乱，道光帝仍旧明令严禁张文浩参与军务，不给其立功赦还的机会。

道光六年（1826）因黄河淤垫，回空漕船阻隔河北，两江总督琦善上奏启放王营旧减坝，将正河加大疏浚，道光帝准其所请，筹拨数百万银两动工兴办，期望漕运永臻畅顺。兴工期间，道光帝屡发上谕，告诫琦善通盘筹划，毋遗后患。至七年（1827）三月仍是黄高于清，黄水继续倒灌运河，数百万帑金竟成虚掷。道光帝大怒，将琦善拔去花翎，南河总督张井降为三品顶戴，副总河潘锡恩降为四品顶戴，俱令戴罪自赎。所有倒塘灌放费用，即由各员按成赔补，不准开销。同日，又命军机大臣寄谕琦善等，将所办治河督漕之事，每隔五日奏报一次。

十一年（1831），道光帝派"品学俱优，办事细心可靠"的林则徐任东河总督，原因在于他唯恐熟悉河务的官员深知属员弊窦，或有意庇护，不恳认真查办，而林则徐并非河员出身，正可以剔除弊端，道光帝希望林则徐"一切勉力为之，务除河工积习，统归诚实，方合任用尽职之道，朕有厚望于汝也。慎勉毋忽！"②林则徐果然不负众望，他深知河工为国家漏卮，而秸料乃河工第一弊端，除非抽拔拆视，难知底里。林则徐将南北十五厅各垛秸料逐一检查，有弊必究，每年为国家节省河费无数。之后上《查验豫东黄河各厅垛完竣折》，向道光帝汇报查验情况，道光帝朱批道："向来河工查验料垛，从未有如此认真者。揆诸天理人情，深可慨也！"③至十五年（1835），道

<hr>

① 《清宣宗实录》卷七六"道光四年十二月"条，第227页。
② （清）林则徐：《起程赴河东新任折》"道光帝朱批"，载《林则徐全集·奏折卷》，第19页。
③ （清）林则徐：《查验豫东黄河各厅垛完竣折》"道光帝朱批"，载《林则徐全集·奏折卷》，第46页。

光帝任命栗毓美为东河总督,以抛砖法加固河堤,砖工开始广泛应用。以砖代石,可就地烧制,成本低廉,贮存方便,而堤工更加巩固。栗毓美任东河河督五年,辖内黄河从未发生决口。

(三) 严核河工经费,禁绝贪污浮冒

嘉庆年间,黄河几乎无岁不决,每次堵塞漫口都要花费上百万帑银,而嘉庆帝锐意治河,每次河决都指示河督迅速堵塞决口,务期工程结实,而不能为节省经费而影响工程质量,但河费的激增并没有收到江河安澜的效果,这不能不使道光帝产生怀疑,因此上台后严核河费,禁绝河臣贪污浮冒。嘉庆二十五年(1820)三月河南仪封黄河漫溢,至十二月仪封大工合龙,黄河复归旧道。道光二年(1822),朝廷查办仪封大工奏销不实的情形,经查仪工冒销款项达数逾百万之多,因此道光帝下令将河南巡抚姚祖同、河督吴璥等人或解职或革职,其他在工官员分别由于办理谬误、有意含混等原因,交部严加议处。道光帝严查河费对于禁绝河臣贪污浮冒起到一定限制作用。

八年(1828)十月,河督严烺奏请拨发修堤建坝等项银两129万两。道光帝愤于屡拨巨款而河终未能大治,痛斥河工积弊,指斥此次拨款为"另案外所添之另案"。他说:"果使河湖日有起色,岂复靳此帑金? 惟常年所拨例项,原为修防抢险而设,若一切修治得宜,则不应险工新工层见叠出!"[1]最后道光帝批准了拨款,但再次谕令张井等人务必将年例拨解工需之银,加意撙节,如有应办之工,也一定要激发天良认真督办,如果虚糜帑项,必要严惩不贷。

道光一朝,由于朝廷加大对河工的整饬力度,黄河决口的次数较嘉庆一朝有所减少。据《清史稿》记载,嘉庆在位25年,黄河大决溢15次,而道光帝在位30年,黄河大决溢8次,其中一次属于"奸民"盗挖河堤,一次属于特大洪水,可谓人力难防。河费亦有大幅度下降。陶澍自1830年至1839年任两江总督,有兼管南河之责,"每向河员切实谆饬工程务期稳固,钱粮力求撙节,苟非万不得已实在紧要之工,不许另案请帑"。[2] 在朝廷上下共同努力之下,河费也逐渐下降,比如道光十二年(1832)是最为多事之年,堵塞桃源决口,于工启闭江口、阚家山闸坝以及加高洪湖堤堰各工,所用银仅为673万两,较从前道光六年另案、专案用银至869万两,数目已经

---

① 《清宣宗实录》卷一四五"道光八年十月"条,第227页。

② (清)陶澍:《陶文毅公全集》卷二八,《续修四库全书》第1503册,上海古籍出版社1995年版,第252页。

大为减少。道光十三年（1833）河费又减少至 314 万余两，十四年（1834）更减至 226 万两，较十二年（1832）另案各工银又减去 120 余万两，十五年（1835）用银 294 万，较十二年（1832）另案各工减去 54 万两，道光十六年（1836）用银 275 万两，数目比上年又减去 18 万两。① 可见，道光帝对河工积弊的整饬取得了一定的效果。

　　总之，为了整顿河工积弊，道光帝可谓煞费苦心，在一定程度上收到良好效果，维持了黄河未改道的局面，使漕运得以进行，但是道光一朝没有根本改变黄河淤垫、河床日益抬高并倒灌运河的趋势，河工贪污侵冒现象仍很严重。当时的官场，正如道光帝所言："当今外任官员，清慎自矢者固有其人，而官官相护之恶习牢不可拔，此皆系自顾身家之辈，因循苟且，尸禄保身，甚属可恶！"②官场如此牢不可破，黄河亦病入膏肓，道光末年为黄河铜瓦厢改道的前夜，人为整顿措施的效果难以扭转黄河改道的根本趋势。

---

① （清）陶澍：《陶文毅公全集》卷二八，《续修四库全书》第 1503 册，第 252 页。
② （清）林则徐：《豫省险工酌抛碎石果否有益俟查明具陈片》"道光帝朱批"，载《林则徐全集》第 1 册，第 21 页。

第六章 治黄策略的僵化与沿岸区域的环境问题

在清代,漕粮运输对于京师粮食供应,乃至整个帝国稳定意义重大,因此清代漕运制度之全面、规定之细密、法令之严整,为历代所不及,但嘉道时期,黄河治理、漕粮河运已陷入形势竭蹶的境地,清廷不惜靡费数百万甚至上千万国帑来治理黄河,但无论是治黄还是治漕,皆已走进死胡同。即使在此情形下,清廷仍不肯放弃漕运,实行海运,并在此思想指导下专心治黄,致使其黄河治理策略颇为僵化。马俊亚认为:"漕运最大的间接受益群体是河务官员。对河员们而言,维持漕运的益处是可以不断地制造水灾,让中央政府每年投入百万计、乃至千万计的资金来治河,以便大肆中饱。"[①]此论不无道理,但造成此一局面的原因是多重的。从技术角度而言,漕粮海运在清代中期已完全成熟,放弃运河而海运漕粮,借以专心治黄已为明智之举,但清廷却始终不肯实行海运。学术界多将此中原因归结为道光帝缺乏改革魄力,以及河运既得利益集团的竭力阻挠,水手难以安置等问题,事实上有着更为深层的社会原因。

漕粮河运在清代承担着复杂的政治、经济、社会职能,从而使其成为清代统治体系即社会制度不可或缺的组成部分,结果造成漕运、治河任何一个环节的变动与改革,都会引发一系列的连锁反应,可谓牵一发而动全身。即便漕粮河运的既得利益集团,亦非仅是与河漕事务相关的官僚胥吏,而是一个庞大的社会阶层。因此嘉道时期治黄已弊窦重重,漕运弊坏已极,海运优势显而易见,但对其所进行的任何改革皆举步维艰,这就导致清代黄河水患治理机制的僵化。本章着重探讨河漕捆绑、海运维艰与治黄困局的出现,分析清廷应对黄河水患策略的多重环境效应。

历代清帝都标榜勤政爱民,每次黄河水灾发生,皆颁发谕旨宣称"毋使一夫失所",但为了通运保漕,朝廷对于河督设计黄淮运体系时,将本来人烟阜盛的苏北里下河地区视为"闾尾",常年成为黄河、运河泄洪的"洪水走廊"的做法视而不见;对山东运河补给与沿岸区域争夺水源的事实,更是置若罔闻,因此造成山东沿运区域沟洫废弛,农业生产严重破坏。本章力图

---

① 马俊亚:《被牺牲的"局部":淮北社会生态变迁研究(1680—1949)》,第124页。

阐述淮河成为刷黄工具后水旱灾害的频发,研究高堰五坝与归海五坝常年泄洪与苏北生态环境恶化之间的关系,探究山东运河优先用水原则对沿岸农田灌溉与沟洫水利发展的不良影响。

第一节　河漕捆绑、海运维艰与治黄困局

道光六年(1826)、二十八年(1848),江苏漕粮大规模由河运转为海运,但仅实行两次便戛然而止。道光朝漕粮海运之利,无论是开明官僚还是经世派改革家,都看得一清二楚。魏源称海运"利国、利民、利官,为东南拯敝第一策"。东南督抚蒋攸铦、陶澍亦上书力主海运,但朝廷却断然中止。直到目前,学术界都为道光年间漕粮海运的中止而深感痛惜。马俊亚教授《被牺牲的局部:淮北社会生态变迁研究(1680—1949)》认为,从技术角度而言,漕粮海运在明清时期已完全成熟,此与史实相符不再赘述。此外,马教授还撰有《集团利益与国运衰变——明清漕粮河运及其社会生态后果》一文,从维持运河所造成的财政浪费、生态灾难和国家决策失误,来探讨河运缺陷与海运优势,强调河运在相当程度上是少数既得利益集团为了一己私利所实行的极其恶劣的体制,给国家和百姓造成不可估量的损失,直接影响明清两朝的国运。① 也就是说,明清两朝为了京师的粮食安全,采用一项极不明智的政策,不惜以牺牲国计民生为代价。事实确实如此,但其背后隐藏着复杂的政治原因。

黄仁宇《明代的漕运》一书曾对明代漕运价值发出质疑,"我们要设法探讨明代在设置漕运体系中所关涉到的经济意义。大运河这条水路能够活跃国家经济吗? 它促进了物资交流并因此刺激工业和商业的发展吗? 在国家财政范围内,漕运体系是否是一种灵活的制度,可以使其运作能够适应诸如人口增长、政府预算增加和保卫国家新领土之类的新情况吗? 近年来,许多学者认为每个王朝崩溃时,政府机器毁坏的第一个迹象就出现在忽视水利问题上。在大运河的运转中,我们能够找到多少证据证明这种观点是否正确? 由于漕运不能再进行有系统的输送,大明帝国才失去了活力,直至最后理所当然崩溃。这是真的吗"?② 黄仁宇的质疑同样适合于清朝漕运及其被捆绑的河政制度。

---

① 马俊亚:《集团利益与国运衰变——明清漕粮河运及其社会生态后果》,《南京大学学报》(哲学·人文科学·社会科学版)2008 年第 2 期。

② [美]黄仁宇著:《明代的漕运》,张皓、张升译,九州出版社 2016 年版,第 15 页。

本节从漕运所承载的政治社会功能的角度,探讨道光朝漕粮海运维艰的深层社会原因以及漕运困局的无法解脱。首先,漕运不仅是京师仓储之源,而且是百货供应与流通的主要途径;其次,漕运有赖于运河的畅通,因此又起到强化运河修治的作用;最后,清代存在一个庞大的仰食漕运的社会阶层,漕运同时又承担解决小民生计的功能。漕粮由河运改为海运,某些功能找不到可以替代的对象,因此改革难以实行,黄河水患治理机制亦不可能随之进行调整,河漕捆绑把治黄推进死胡同。

一、漕运为京师仓储之源,海运后难以稳操胜券

清代定都北京,需要巨额的粮食物资供应,但由于北方京畿地区沟洫废弛、农业落后,根本无法满足京师官僚队伍与庞大的驻军对粮食的需求。清廷每年从南方八省大约征收漕粮四百万石,由大运河转输至京师。因此有清一代国家大计,莫过于漕。同时,朝廷还可以利用手中掌握的漕粮,平抑京师粮价,截漕赈恤灾民,因此漕运对于京师粮食安全以及帝国稳定意义重大。俗话说:"手里有粮,心中不慌",粮食是军国所需的命脉所在,而百货供应又是京师民生必不可少。朝廷只有把漕粮运输的主动权牢牢把握在手里才会放心。

嘉庆十六年(1811),由于运河梗阻,清廷筹议海运。勒保、蒋攸铦奏海运不可行者十二条,大意是试行海运也不能废弃河运,运弁仍然不能减少,徒增海运经费;江南至天津海道,沙礁丛杂,天庾正供不可以尝试于不测之地;旗丁不熟悉海洋,必须雇佣船户,但船户无册可以稽考,必然会偷卖漕粮,捏报沉失漂没,甚至会通盗济匪;航海风信靡常,迟速平险,皆非人力可以把握;海运必须筹措经费,耗费巨大;海船需要另造,全漕需船一千七八百号,即需要白银一千七八百万两;造船难以实施,就必须雇募商船,费用不赀,而浙省、粤省无船可雇;元明海运米多漂失,现今生齿日繁,漂失难以承受;海运须设立水师护送,粮饷耗费颇巨;京师百货都来自粮船,若由海运,不能多带货物,必然导致京师地区物价腾贵,妨碍生计。

勒保、蒋攸铦上述所言海运之难,其中不乏推脱搪塞之辞,但海运初行,带有一定风险与不可预测性,朝廷怎能将天庾正供置于不测之地?加之旧有运弁、漕船难以立即裁撤,而海运造船费用与组建海运管理体系的费用巨大,难以承受。结果嘉庆帝只得放弃海运:

> (海运)至其事之需费浩繁,诸多格碍,朕亦早经计及,今据分款胪陈,以为必不可行。自系实在情形,此后竟无庸再议及此事,徒乱人

意。河漕二务，其弊相乘，其利亦相因，因漕运由内河行走，已阅数百年，惟有谨守前人成法，将河道尽心修治，河流顺轨，则漕运按期遄达，原可行所无事。即万一河湖盈绌不齐，漕船不能畅行，亦惟有起剥盘坝，或酌量截留，为暂时权宜之计，断不可轻议更张，所谓利不百不变法也。①

　　至此嘉庆帝打消试行海运的念头，即使运道梗阻也只通过起剥盘坝、截留漕粮来解决，而不再轻改祖宗之法。终嘉庆一朝，海运从未实行。道光帝谨守成法，对于海运改革之难，应是心知肚明。

　　民以食为天，因此古人产生"五谷食米，民之司命""食者国之重宝"的思想。作为最高统治者的皇帝，对粮食安全皆颇为重视，故而想方设法将粮食控制在自己手中。道光六年漕粮海运是以雇募海商船只完成的，在朝廷看来只是权宜之计，朝廷若将海运作为漕粮运输的主要方式，探索海上航线、打造海船、建立海运官方管理系统在所难免，这样的更张太大，也是朝廷举棋不定的重要因素。嘉道时期，京师仓储空虚，对南方漕粮更加依赖，包世臣曾说："今京通两仓存粮，曾不足以支岁半，运河略闻浅滞，则都下人心为之惶惑。万一有雍正中阻运之事，何以待之？"②在这种情况下，清廷更是不敢轻易放弃漕运，对没有十足把握的漕粮海运不敢轻举妄用。

　　事实上，随着漕弊的加深，京仓一石之储常常要花费数石漕粮之银，转输漕粮变得非常不经济。再者，京仓支用以八旗甲米为大宗，官俸只占十分之一，而八旗兵丁不惯食米，往往由牛录章京领米卖给米铺，再折给兵丁买杂粮食用，每石米合银一两有奇，相沿已久，大家习以为常。官俸的领取亦是如此，三品以上官员的俸米多亲领，其余转卖给米铺，一石合银一两有奇，而赴仓亲领禄米的百不得一。早在康熙年间，尤侗作《漕船行》反思漕粮转输价值，"默思朝廷养此物，转饷本供军国乏。今费一石致一斗，国用日虚民日竭。运弁如狐军如虎，下仓讲兑气莽卤。踢斛淋尖颐指间，立破中人千百户。县官难与伍长争，欲争反愁漕使怒。即今吴中谷价贱，意欲折乾宁论估。索钱不留鸡犬存，缺米但云鼠雀蠹。腐烂漂没亦不忧，敲扑粮长仍赔补。呜呼！小民如此困催科，一岁租入有几何？耕田输赋岂敢

① 《清仁宗实录》卷二四〇"嘉庆十六年三月"条，第240页。
② （清）包世臣：《畿辅开屯田以救漕弊议》，载刘平、郑大华主编《中国近代思想家文库·包世臣卷》，第216页。

少,奈供此曹鱼肉多。君不见武侯治蜀屯田乎? 木牛流马真良图"。① 朝廷为了国用军需而转漕京师,致使漕粮费用高昂,而征漕中百姓备受浮收折色之苦,州县官则困于漕粮收兑,可谓官民交困。

咸同年间,冯桂芬对漕运险阻却又无益的奇特现象发出感叹:"南漕自耕获征呼驳运,经时累月数千里,竭多少脂膏,招多少蟊蠹,冒多少艰难险阻,仅而得达京仓者,其归宿为每石易银一两之用。"② 以经济效益而言,漕粮转输在某种程度上已失去意义。魏源作诗讽刺说:"君不见,南漕岁岁三百万,漕费倍之至无算。银价岁高费增半,民除抗租抗赋无饱啖。吏虽横征犹啜羹,丁虽横索囊不盈,惟肥仓胥与闸兵。"③ 漕粮转输费用高昂,可谓病国害民,而最为受益的竟然是中饱私囊的胥吏,这是对漕运陷入竭蹶、朝廷亦不肯放弃的莫大讽刺。美国学者佩兹亦认为,漕运体系瓦解,"对于清政府的国库来说,废除漕运管理机构是一件好事,因为到19世纪中期的时候,整个漕运体系已没有多少经济价值。根据胡昌度的研究,每担税粮运到北京的费用是其市场价格的四五倍"。④ 尽管一些官员出于政治目的,可能会夸大漕运费用,但每石漕粮的运输成本很高却是不争的事实。

二、漕运供应京师百物,海运后失去着落

清初漕运制度大部分承袭明朝旧制,规定漕船除了运载漕粮500石以外,照例朝廷还允许漕船携带各种土宜60石到京师售卖,目的在于促进百货流通,同时增加旗丁、水手的收入,以使他们顺利完成运粮任务。雍正七年(1727)增加至附带土宜100石,至嘉庆四年(1799),朝廷规定每船可以携带免税土宜150石,次年二月又规定:"(漕船)回空船只,于例带土宜外,并著加恩照重运之例,准其多带土宜二十四石,俾丁力益臻充裕。"这样,重运漕船北上时可附载南方土宜150石,漕粮交毕后南下回空漕船可附载北方土宜84石,有利于促进北京社会经济的繁荣和南北方的经济交流。道光七年(1827)十一月,朝廷规定北上重运漕船附载南方土宜放宽至180石,南下回空漕船附载北方土宜114石,而且一律免税。道光年间,漕船有六千多艘,漕运过程中所携带的合法土宜应该在一百多万石以上。这些南方土宜被称为"南货",是京师消费必不可少的商品。

---

① (清)张应昌编:《清诗铎》卷三《漕船·(清)尤侗〈漕船行〉》,第66页。
② (清)冯桂芬:《校邠庐抗议·折南漕议》,第18页。
③ (清)魏源:《古微堂诗集》卷四《君不见》,载《魏源全集》第12册,第581—582页。
④ [美]戴维·艾伦·佩兹著:《工程国家:民国时期(1927—1937)的淮河治理及国家建设》,姜智芹译,第26页。

事实上,旗丁和水手往往不顾朝廷禁令,非法多带土宜,甚至是私盐、硝黄等违禁品。对此王芑孙曾说:"京师百物,仰给漕艘之夹带。其过关也,凭凌关吏,莫可谁何! 其过境也,苟役州县,代为起驳。沿路包揽,亦沿路脱卸。故其夹带之货,多于额装之米。今漕艘既不抵通,诚恐九衢市价腾踊。……前此漕艘水工例带私货,今亦勿禁。如此,亦何患其不奔辏而阛溢矣!"①漕船大量夹带私货,在康熙年间就已经超过所装载的漕米数额,甚至漕船若不抵达通州,就会造成京师物价腾贵的现象。据包世臣所言,旗丁附带免税土宜,每船约有数百千石不等。由此推算,漕船所带土宜以及附载客货,数量相当巨大,满足了京师日常生活生产的需要。

北京作为清朝首都,对全国各地的货物需求量极大,而各地货物多由漕船运往京师。"直省漕船估舶,帆樯数千里,经天津北上,至潞城而止,是为外河……故自太仓官廪兵糈暨廛市南北百货,或舍舟遵陆,径趋朝阳门……其间轮蹄络织,曳挽邪许,喧声彻昕夕不休,故常以四十里之道备水路要冲"②。这些货物经由通州至朝阳门的石道进京,而此石道被称为"京师东门孔道",对运河运输起着补充作用,且系京师官员支领俸米的必由之路,"自朝阳门至通州四十里,为国东门孔道。凡正供输将,匪颁诏糈,由通州达京师者,悉遵是路。潞河为万国朝宗之地,四海九州岁致百货,千樯万艘,辐辏云集。商贾行旅,梯山航海而至者,车毂织络,相望于道。盖仓庾之都会,而水陆之冲逵也"③。运河作为京畿地区百货供应的交通大动脉,具有不可替代的作用。

清代中前期,运河稍稍受阻即会引起京师士人对于南货供应匮乏的忧虑,而废弃漕运更会使漕船所带南货无着,因此运河通畅与否直接影响漕船所载南货的价格,正如包世臣所言:"此河(指徒阳河)为漕运咽喉,而南货附重艘入都,北货附空艘南下,皆日用所必需,河之通窒,则货之贵贱随之。"④对于漕船附带南货的重要性,乾隆帝非常重视,他说:"至漕运为天庾正供,所关匪细。况京师众人所用南货,俱附粮艘装载带京,总以催令抵

---

① (清)贺长龄、(清)魏源辑:《皇朝经世文编》卷四七《户政二十二·漕运中·(清)王芑孙〈转般私议〉》,载《魏源全集》第15册,第537页。

② (清)于敏中等编纂:《日下旧闻考》卷八八《郊坰·御制重修朝阳门石道碑文》,北京古籍出版社1985年版,第1480页。

③ (清)于敏中等编纂:《日下旧闻考》卷八八《郊坰·世宗御制朝阳门至通州石道碑文》,第1479页。

④ (清)包世臣:《江苏水利略说代陈玉生承宣》,载刘平、郑大华主编《中国近代思想家文库·包世臣卷》,第221页。

通,多到一帮,于国计民生,均得其益。"①其中粮船所携土宜与附带南货,常会因为朝廷赈灾截漕、运河浅阻、漕粮起剥而减少,致使南货价格不免昂贵。乾隆五十年(1785)六月,由于南漕截卸起拨,南货抵京较少,乾隆帝唯恐商贾事先得知此情后囤积居奇,他叮嘱在京大臣说:"大学士九卿,皆朕任用之人,此等有关国计民生之事,原无妨共使闻知。阿桂当嘱令留心慎密,不可声张泄漏,使商贾等知抵通南货短少,致启垄断居奇之弊。"②第二年,江西帮船的漕粮在中途起剥时,所带南货就用木筏装载运至京城,以满足京城民众的生活需要。

乾隆后期京杭运河日见浅阻,漕船经常要沿途起剥,所带货物不免要中途卸载。而乾隆帝常谕令漕臣,不可因漕船牵挽维艰,就卸载南货。此外,向来南省商船装载货物运京售卖也是通过运河北上。运河一遇浅涸,管漕官员往往专顾漕船,为了催趱粮艘而不计其余,命令各项货船一概停泊不许前进。乾隆帝认为这样不成事体,因为"京师向来需用东南货物,为数不少。若漕船抵通稍迟,京仓通仓尚有储备;如货船全未到京,则京师所需各项货物,必致市价增昂,既非所以体恤商贩,亦非通财利用之道"。③ 大运河作为贯穿南北的大动脉,促进了南北货物的流通,一旦河运废除,漕船所附载的南北货物也就没有了着落,必然造成京师百物腾贵,影响国计民生。

嘉庆十六年(1811)筹议海运,两江总督勒保奏称海运不可行,其中一条就是"京师百货之集,皆由粮船携带,若改由海运,断不能听其以装米之船,多携货物,将来京城物价必骤加昂贵。并恐官民日用之物,皆致缺少,于生计亦有关碍"④。道光四年(1824)高堰溃决之后,有人主张停运一年以修治黄河,对此江苏巡抚陶澍忧心忡忡地说:"京师万方辐辏,漕米而外,需用甚多。若停运一年,将南方之货物不至,北方之枣豆难消,物情殊多不便。"⑤由此可见,漕运牵涉清代社会生活的方方面面,若要进行改革,谈何容易。

在黄河铜瓦厢改道之前,大运河一直是南北商品流通的主要通道,航行其上的商船数量虽无明确记载,但数量肯定相当巨大,甚至不在漕船之

---

① 《清高宗实录》卷一二三二"乾隆五十年六月"条,中华书局1986年版,第543页。
② 《清高宗实录》卷一二三三"乾隆五十年六月"条,第562页。
③ 《清高宗实录》卷一四五三"乾隆五十九年五月"条,第370页。
④ 《清仁宗实录》卷二四〇"嘉庆十六年三月"条,第240页。
⑤ (清)贺长龄、(清)魏源辑:《皇朝经世文编》卷四八《户政二十三·漕运下·(清)陶澍〈复奏海河并运疏〉》,载《魏源全集》第15册,第625页。

下。乾隆九年(1744),临清关过关商船有 9738 只,较漕船数量更多。据日本学者松浦章估计,"将漕船数量与通关扬州的帆船数量进行对比,我们可以发现漕船大约占航行于大运河之上帆船数量的 10%"。① 那么通过运河运到京师的各地商品,数量远远大于漕船所带南货,假如实行漕粮海运,通过商船运到京师的百货亦无着落,京师的物资供应将会陷入困境,此为海运行之维艰的因素之一。

三、漕运强化运河修治,海运后担心运河废弃

治理黄河为历代王朝的政治职能之一,亦为清代河工基本功能之一,无可争议,但清帝心里明白,仅以百姓田园庐舍免于漂没责成河务官员,其治河未必会竭尽全力,恪尽职守,因此清代将治河与东南转漕密切相关。这样,治黄保漕就成为清代治河的主导思想,即治理黄河的首要目标是确保运河安全畅通,对此嘉庆帝曾说:"治河所以利漕,东南数省漕粮,上供天庾,是必运道通畅,方能源源转输。"②

清廷对于误漕官员的处分极重,而误漕与否,主要取决于运道是否畅通。为了保证通运转漕,就要防止黄河脱离运道,免得运河中断,水源枯竭。这样治黄、通运、转漕相为表里,所谓"黄治而无不治"。京杭大运河作为贯穿南北的交通大动脉,自元明至清嘉道年间已超过五百年,成为清朝的经济生命线,正如康有为所说:"自京城之东,远延通州,仓廒连百,高樯栉比,运夫相属,肩背比接,其自通州至于江淮,通以运河,迢递数千里,闸官闸夫相望,高樯大舸相继,运船以数千计,船丁运夫以数万计。……筑数千之仓,修千里之河,置数千之船,如此其繁且巨也,卫兵、船夫、仓丁、运夫各数万人,及其妇女子孙十数万人,如此其多且冗也。"③由此可见,京杭大运河在清代政治社会经济生活中占有颇为重要的地位,而且元明清三代相沿,其战略地位不言而喻。万一发生战乱,大运河亦是朝廷迅速用兵南方、控制幅员辽阔的广大疆域的交通大动脉,因此在铁路、公路等现代化交通方式产生之前,清朝不可能轻易废弃。

大运河南北绵延两千余里,属于人工运河,需要年复一年地挑挖、清淤、修防,才能维持畅通。即使如此,运河年年都有梗阻淤浅之虞。正如嘉

---

① ［日］松浦章:《清代大运河之帆船航运》,《淮阴工学院学报》2010 年第 6 期。
② 《清仁宗实录》卷二二六"嘉庆十五年二月"条,第 40 页。
③ (清)康有为:《请废漕运改以漕款筑铁路折》,载汤志钧编《康有为政论集》上,中华书局 1981 年版,第 354—355 页。

庆帝所言:"近年河工敝坏,而漕运亦日见阻滞……继又漕务紧要,不能须臾停待,每年回空重运,相继而行,催趱不遑……故无一日不言治河,亦无一年不虞误运。"①运河年年修治尚且如此,如果一旦停止漕粮河运,河务再也无关官员考成,朝廷也就无法督促河臣及时修治,运河迟早会遭到废弃的命运。而运河一旦废弃,百万漕粮就失去可靠的运道,帝国交通亦岌岌可危,无论是南北商货的流通,还是南方贡物的入京,铸币所需的铜铅、官府采买的物品等,都将难以运输。历代皇帝哪能轻言放弃运河?

　　道光四年(1824),高堰溃决之后朝廷筹议漕粮海运,内外官员鉴于国家河运已行之数百年,一旦改由海运,使数百万天庾正供轻试于朝臣素不熟悉的海洋,轻交于无法考成的商贾商船,自然惶恐忧虑。更为重要的是,朝廷担心上下臣工"图海运之便捷,河工必致疏懈,挑挖疏浚必不力,渐成淤塞。百余年之成功,数千里之水利,一旦失之,后欲河运,不复可得。"②运河一旦淤积甚至废弃,以后再想恢复,谈何容易?因此,道光六年筹办海运期间,道光帝一再强调:"因御黄坝日久堵闭,运道不通,盘坝剥运,既非经久之策,海运亦只可偶一试行,经该督等会同熟商,始定议开放减坝,挑挖正河,以期掣溜通漕,河湖复旧,为一劳永逸之计。"③在道光帝看来,海运只不过是权宜之计,而恢复河运才是一劳永逸之计,直到道光八年(1828)十二月,他还说:"至倒塘、海运、盘坝,均系偶一为之,不得已之举也,焉可恃以为常?"④

　　道光六年漕粮海运的便捷显而易见,之后两江总督蒋攸铦、江苏巡抚陶澍奏请来年江苏漕粮仍由海运,得到道光帝的允许。七年(1827)八月,蒋攸铦上奏来年新漕仍由海运盘坝,没有回空的军船暂留河北,以备万一之需。道光帝看完奏折,疑虑重重,因为在他看来,海运原非良策,只是治河转漕不能兼顾,才暂行海运,海运的目的在于腾出河身以治河。道光帝担心蒋攸铦奏请海运,意在放松对运河的治理,因为如果实行海运,那么河运可能会废弃,对此道光帝说:

　　　　清水即无庸多蓄,高堰可保无虞,明春清水不能敌黄,又特截留军船为盘坝之用。总为自卸干系,巧占地步,只顾目前,于国计并不通盘

① 《清仁宗实录》卷二二六"嘉庆十五年二月"条,第40页。
② (清)贺长龄、(清)魏源辑:《皇朝经世文编》卷四八《户政二十三·漕运下·(清)英和〈筹漕运变通全局疏〉》,载《魏源全集》第15册,第609页。
③ 《清宣宗实录》卷一一五"道光七年三月"条,第935页。
④ 《清宣宗实录》卷一四八"道光八年十二月"条,第268页。

筹画。试问为国乎？为身乎？受国厚恩任用之人，其可不秉天良耶？①

　　道光帝指责蒋攸铦奏请海运只为个人着想，不思国家长久之计，其次军船截留河北，水手聚集，弹压并非易事，再者河臣倚仗海运盘坝，必然会将清水宣泄过多，造成明年清水不能敌黄济运，成何事体？正是出于对运河废弃的担心，道光帝断然停止海运。

　　此外，清廷维持运河不至废弃，完全是从政治角度出发，而非经济视角。早在晚明，利玛窦看到运河航运的艰苦卓绝，推测运河庞大的维持费用，认为中国人维持运河的努力是不可思议的，"维持这些运河，主要在于使它们能够通航的费用，如一位数学家所说，每年达到100万。所有这些对欧洲人来说似乎都是非常奇怪的，他们可以从地图上判断，人们可以采取一条既近而花费又少的从海上到北京的路线。这可能确实是真的，但害怕海洋和侵扰海岸的海盗，在中国人的心里是如此之根深蒂固，以致他们认为从海路向朝廷运送供应品会更危险"②。利玛窦之问发人深思，但直到二三百年后的道光朝，即使运道浅涸梗阻甚至陷入竭蹶的境地，亦不肯废弃河运而改为海运。

四、河运牵扯小民生计与海运改革维艰

　　清代漕运为大利所在，成为某些社会阶层的衣食之源，形成一个庞大的"衣食寝处于漕"的食利集团，履行维持小民生计的社会功能。对此，林则徐说，"凡刁生、劣监、讼棍、包户、奸胥、蠹役、头伍、尖丁、走差、谋委之徒，亦皆乘机挟制，以衣食寝处于漕。本图私也而害公矣，本争利也而交病矣"③，而直接仰食漕运的主要是水手、短纤与游匪。

　　清代转运漕粮的漕船数目，雍正朝之后，历朝出运船数约六千只以上，约有一百多帮，而漕船出运，每船由一旗丁领运，旗丁又要雇募水手若干名，协同挽运。此外，漕船若遇水浅，还要临时雇人拉纤挽船，运河沿岸有专以拉纤为生的短纤。水手和短纤，据林则徐估计，道光年间"一船之中，在册水手以十名为率，合全漕而计，即不下四万人。此外游帮之短纤、短橛，在岸随行觅食者，更不啻倍徙。所谓青皮、散风之类，亦即杂处其间，难

---

①　《清宣宗实录》卷一二四"道光七年八月"条，第1077—1078页。

②　[意]利玛窦、[比]金尼阁著：《利玛窦中国札记》，何高济等译，何兆武校，第229页。

③　(清)林则徐：《复议体察漕务情形通盘筹画折》，载《林则徐全集·奏折卷》，第233页。

以数计。"①由此可见，依附于漕运谋食的水手、短纤、青皮和散风当不在 10 万人以下。

水手、短纤大多出身穷苦，生计以漕船出运为始，漕船回空为终，一年之中八九个月以漕船为生，过着背井离乡的流动生活，而其余的几个月则处于失业状态。水手出运的报酬非常低廉，"水手雇值，向例不过一两二钱"，至道光初年，水手"挟制旗丁，每名索二三十千不等，及衔尾前进，忽然停泊，老官传出一纸，名曰溜子，索添价值，旗丁不敢不从"。② 嘉道年间百物腾贵，水手通过各种手段增加雇值，大约出运一趟得 10 两银子。水手出运的饭食，漕船上仅提供食米，其余花费由水手自己负担。以 10 两银子维持一年生计相当艰苦。嘉道年间因运河淤浅，海运呼声不断，一旦河运停废，十余万流浪无籍的水手生计无着，难免要沦为盗匪，严重威胁着清朝的统治秩序。

粮船水手之外，又有一些无籍游匪，借拉短纤为名，食宿于漕船之内，他们或是盐枭、劫盗，或是因犯案外逃，借漕船为其庇护。他们沿途抢夺斗殴，横行不法，不仅旗丁受其挟制，即使漕船官弁，也不能对这些游匪进行管束。游匪听命于水手的指挥，而水手聚众闹事无不借助于游匪。道咸年间王文玮作《论漕夫》一诗，指出漕船夫役之害："国家岁转漕，何止十万夫。巨艘衔尾进，两众忽睢盱。腰藏利匕首，杀人血不濡。失一必偿两，彼此交相屠。缚尸弃江底，死者曾无辜。祸竟类蛮触，衅或由锱铢。此辈难措置，急则皆萑苻。养痈既不可，当事宜良图。"③这些夫役中的枭匪杀人斗狠，严重危害统治秩序，成为附着于漕运的社会毒瘤。

沿运河两岸形成淮安、济宁、德州、临清、聊城、张秋等城市，在漕运航运繁忙之时，这些城市商贾辐辏，百货云集，其中诸多社会阶层的生计与漕运直接或间接相关。若废弃河运实行漕粮海运，牵扯的食利阶层之广，可以想见。就漕粮河运充实京师粮食仓储、供应百货而言，漕粮海运本无可厚非，哪种方式更经济更有效，就采用哪种方式。漕粮河运停止，大运河可能面临废弃的危险，但海运畅通无阻，也足可以弥补运河南北流通的缺失，但小民失业沦为盗匪成为社会稳定的隐患，却是朝廷不敢忽视的大事，亦为道光朝废弃海运的深层原因。

梁启超指出："自秦迄明，垂二千年，法禁则日密，政教则日夷，君权则

---

① （清）林则徐：《复奏稽查防范回空漕船折》，载《林则徐全集·奏折卷》，第 215 页。
② 《清宣宗实录》卷八三"道光五年六月"条，第 338 页。
③ （清）张应昌：《清诗铎》卷二《漕政·（清）王文玮〈论漕夫〉》，第 58 页。

日尊,国威则日损。……及其究也,有不受节制,出于防弊之外者二事:曰夷狄,曰流寇。二者一起,如汤沃雪,遂以灭亡。"①在梁氏看来,中国历代君主专制文法森严,无所不统,但对"夷狄"和"流民"却无可奈何,而历代王朝非亡于夷狄入侵,即亡于流民起义。夷狄远在边陲,流民散处帝国的每个角落,堪称历代统治者最为头痛的事情。咸丰十一年(1861)蒋敦复说:

> 天下之民凡四,士农工商皆良民也,各安其生则天下治,不安则乱。乱天下之民亦四,一曰游民,二曰奸民,三曰流民,四曰乱民,天下无事,骥其职业,日薰其利欲之心,是为游民;无事思生事,则为奸民;天下有事,弃其乡里,不胜其饥寒之苦,是为流民;有事思害事,则为乱民。奸民常生于游民之中,乱民即伏于流民之内,故天下无事,不可使有游民,有事不可使有流民。吾之所虑为他日患者,其流民乎?……男不得耕,女不得织,孑遗之民无以为家,今日之良民,皆他日之流民。扶老携幼,千百成群,露处野宿,骨肉难分,地方有司防有他故,闭关不纳,哀鸿嗷嗷,愈集愈众,无所得食,急何能择,铤而走险,乃亦作贼。②

　　天下大乱之前,社会上往往会出现大量游民和流民,他们没有正常的稳定的生活来源,为了谋食,或者习教,或者加入会党,或者沦为海盗土匪,严重威胁着朝廷的统治秩序。

　　早在雍乾年间,理学名臣陈宏谋担任江苏巡抚期间,为了整顿社会风俗维持风化,禁止妇女入寺烧香,致使三春游屐寥寥,而舆夫、舟子、肩挑之辈无以谋生,物议哗然,后来不得不弛禁。人称"胡青天"的胡文伯担任江苏布政使,禁止开设戏馆,结果怨声载道。苏州一带经济发达,大量穷人谋生其中。清人钱泳曾说,治国之道,第一要务在安顿穷人:

> 金阊商贾云集,晏会无时,戏馆酒馆凡数十处,每日演剧养活小民不下数万人。此原非犯法事,禁之何益于治。昔苏子瞻治杭,以工代赈,今则以风俗之所甚便,而阻之不得行,其害有不可言者。由此推之,苏郡五方杂处,如寺院、戏馆、游船、青楼、蟋蟀、鹌鹑等局,皆穷人

---

① 梁启超:《论中国积弱由于防弊》,载《梁启超文集》,线装书局2009年版,第22页。

② (清)盛康辑:《皇朝经世文续编》卷八三《兵政九·兵法上·(清)蒋敦复〈万言策〉》,载沈云龙主编《近代中国史料丛刊》第84辑,第2605—2606页。

之大养济院。一旦令其改业,则必至流为游棍,为乞丐,为盗贼,害无底止,不如听之。潘榕皋农部《游虎邱冶坊浜诗》云:"人言荡子销金窟,我道贫民觅食乡。"真仁者之言也。①

在商业发达的苏州,看似销金窟的寺院、戏馆、游船、青楼、蟋蟀局、鹌鹑局、达官贵人、富商大贾花天酒地的同时,亦给穷人带来谋生机会,因此被称为穷人养济院。假如一律取缔,这些穷人必然沦为游棍、乞丐、盗贼,对社会产生的危害更为严重。事实上,穷人生计的解决应依靠正常的经济发展,而不是戏馆酒楼这些奢侈娱乐业的余利,而且这些奢侈娱乐业浪费大量社会财富,并导致社会风气的腐化堕落,因此这种说法大有问题。

清代中后期,民间生计日益艰难,社会动荡加剧,游离于社会生产之外的人越来越多,深悉时局的龚自珍说:"自乾隆年末以来,官吏士民狼艰狈蹙,不士、不农、不工、不商之人,十将五六,又或滄烟草,习邪教,取诛戮,或冻馁以死,终不肯治一寸之丝,一粒之饭以益人。承乾隆六十载太平之盛,人心慣于泰侈,风俗习于游荡,京师其尤甚者。自京师始概乎四方,大抵富户变贫户,贫户变饿者,四民之首,奔走下贱。各省大局,岌岌乎皆不可以支月日,奚暇问年岁?"②乾隆末年以来人口急剧增加,社会动荡加剧,游离于士、农、工、商四民之外的人大量存在,蔓延五省的白莲教起义即爆发于流民众多的川楚陕地区,太平天国运动也爆发于移民聚集的广西桂平地区,流民问题若不妥善解决,就会导致整个社会的崩溃。

嘉庆五年(1800)十二月,湖南按察使百龄陈奏,请求裁汰有名无实的长夫以节省经费,然而白莲教起义的如火如荼,让嘉庆帝深感安民胜于节费:

> 承平日久,生齿日繁,站夫之设,原以闲款养闲人,否则又添无数游手好闲之辈。设若尽行裁汰,一应差役皆须临时雇觅人夫扛抬,若遇穷乡僻壤一时难觅多人,岂不误事?……况据汝所奏,即行裁汰一省,所省仅万余金,合之天下,所省不过十余万金,而每省又添无营运之人二千余名,合之天下,即有数万失业之人,朕岂靳此十余万金,忍令数万人失业乎?况前明因裁驿卒,流为大害,殷鉴非遥,岂可蹈其覆

---

① (清)钱泳:《履园丛话》卷一《旧闻·安顿穷人》,第26—27页。
② (清)龚自珍:《西域置行省议》,载《龚自珍全集》,上海古籍出版社1975年版,第106页。

辙耶？此事断不可行。①

　　百龄奏请裁撤驿站长夫,是从节约靡费角度而言,嘉庆帝则认为,与其节省数十万两银子,却使数万人失业,危及统治秩序,还不如"以闲款养闲人"。

　　漕粮河运行之百余年,衣食寝处其间的社会阶层非常广泛,人数也相当众多。事实上,漕运已成为旗丁、水手、短纤、沿途商贩、扛夫、坝夫诸多社会阶层的衣食之源,履行了小民生计的社会功能。嘉道时期生齿日繁,民生日蹙,若实行漕粮海运,就会使一些阶层因衣食无着而导致社会秩序的混乱,因此在海运改革问题上,朝廷顾虑重重。海运优于河运显而易见,统治阶级却冥顽不化,一味顽固坚持河运,后世亦多为漕粮海运改革未能实施感到惋惜,而统治阶级之所以如此,深层原因在于水手、短纤无法安置,从而造成一系列难以解决的社会问题。

　　再者,嘉道年间,罗教在粮船水手当中迅速发展,其中有潘安、老安、新安等教派,每一教派之内各有主教,道光初年三教人数总共不下四五万人。这些水手贩运私盐,私带货物,闯关抗税,勒索商旅,对此林则徐曾经指出:

　　　　(漕运)回空比之重运,更易滋生事端,一则带回枣梨等货,分合售卖,计少争多;再则预揽次年出运之头篙、头纤,如不遂意,即相残杀,谓之争窝。若遇徒阳水浅,江面多行数里,则又加索旗丁脚费,别立名目曰性命钱。不特此也,积仇之帮,每相遇则不相下。重运先后开行,尚有别帮阻隔;若回空,则此帮泊船之水次,即彼帮过路所经由,纠约复仇,多在此际。②

　　这些人以粮船为护符,倚仗人多势众,一旦官府查拿,小则丢弃漕船逃散,大则聚众抗官,各类滋事案件层出不穷,成为一个严重的社会问题。嘉道年间水手游匪滋事,威胁清朝统治秩序,而此时运河淤浅,海运的呼声不断,一旦河运停废,旗丁生计无法解决,十余万流浪无籍的水手生计无着,难免要沦为盗匪,成为漕运改革的一大障碍。

　　嘉庆十六年(1811),清廷下令筹议海运,两江总督勒保奏称,海运不可

①　《清仁宗实录》卷七七"嘉庆五年十二月"条,第1039页。
②　(清)林则徐:《复奏稽查防范回空漕船折》,载《林则徐全集·奏折卷》,第215页。

行者有十二条，其中一条就是运丁所雇水手、短工、短纤，以每船二十人而论，目前就有八九万穷民赖以为生，一旦实行海运，他们必然失业，难保不沦为土匪。至道光一朝，水手、游匪滋事层出不穷，成为威胁清朝统治秩序的一个严重问题，旗丁生计无法解决，数十万水手无法安置，成为道光朝漕运改革的一大障碍。道光六年（1826）漕粮海运之后，由于海运具有明显的优势，蒋攸铦、陶澍等封疆大吏希望来年江苏漕粮仍由海运，但御史郑瑞玉忧心忡忡地说："无论官弁旗丁廉俸粮饷，未可裁减；即各省水手不下十余万人，一旦散归，无从安置，难保不别滋事端。"①海运之后水手、短纤数十万人生计无法解决，成为道光朝漕运改革的一大障碍。

咸丰五年（1855）黄河铜瓦厢决口之后，漕粮河运逐渐废弃，几万名水手失业之后，他们或啸聚山林，沦为土匪，或参加捻军，或响应太平天国起义，严重威胁着清朝的统治秩序。在这种情况下，一些学者对经世派的漕运改革思想进行了反思，如丁晏认为包世臣《安吴四种》"皆经世之言，有关国计民生，不为空疏无用之学"，但丁氏"独惜其好言利，以贻无穷之害"，"訾毁成法，变更旧章……而不意其害之至此极也"，他说：

> 夫漕运官盐，国家之成法也，积久行之，不能无弊。然当其遵行之时，国用殷富，民生蕃庶，利与弊相乘，未见其害之甚也。倦翁必欲变漕运为海道，变官盐为票商，狃目前之利。驯至海运、票引既成，而漕艘盐船水手捆工，数十万之闲民，嗷嗷无食，其势不为盗贼不止。于是揭竿亡命之徒，乘间而起，蹂躏数省，焚掠累年而未已。向之所谓利者，已付无何有之乡，而其为害，有不可胜言者矣。②

在丁氏看来，言利之计始于一些不通政务的书生，久而久之浸染流布于幕府，作为封疆大吏的督抚亦沾染急功近利习气，缺乏经世远谋，以致旧章决裂，盗贼蜂起，民众备受蹂躏，国家遂成不可收拾之势。这是变法更张缺乏统筹规划所造成的必然结果。

咸同以后，随着现代轮船的参与，海运逐渐代替河运，成为南粮北运的主要方式。河运一去不复返已成为大势所趋，但直到光绪年间，依然有人对河运念念不忘，幻想恢复河运，其中以丁显为突出代表，他说："漕河全盛

---

① 《清宣宗实录》卷一七五"道光十年九月"，第 743—744 页。
② （清）丁晏：《书包倦翁安吴四种后》，载郑振铎编《晚清文选》，上海书店 1987 年版，第 23—24 页。

时,粮船之水手、河岸之纤夫、集镇之穷黎,藉此为衣食者不啻数百万人,自咸丰初年河徙漕停,粤氛猖獗,无业游民听其遣散,结党成群谋生无术,势不得不流而为贼。捻逆滋扰,淮、颖、徐、宿之人居多,往年贼党繁滋,未始非漕运之羁阻,激而为此也。"①在丁显看来,咸同年间的"发、捻交乘"与河运改海运有密切关系,并进一步分析道光年间朝廷屡次强调海运为"权宜之计"的深层原因也在于此:

> 我朝圣圣相承,二百数十年来,不改河运,即道光六年海运试行,其行径之熟,兑期之捷,用费之省,立法之优,未尝不可为长久计。而圣谕煌煌,一则曰此系一时权宜之策,再则曰来年仍由河运,方为妥善,圣谟广运,烛照无遗。岂不以历朝良法未可变更,亿万民人难于位置,明知耗费良多,而河运历年如故。亦谓成大事者,不计小费,图远略者,不务近功,远虑深谋,实有超出寻常万万者。②

丁显呼吁恢复河运,也在于解决穷民生计。"综计国家各务,惟河运复行安置之人极多,全漕起运,船数非一万数千只不可,以每船二十人而论,水手纤夫此中可容数十万人,加以沿河小本各集,穷民藉此养活实繁,有徒虽属奸民,苟能温饱,亦谁肯自作不靖?设以长行海运遂废河运,而地方终不能安定,其若之何?以知河运之废兴,实关国运之治乱"。③

不独漕粮海运改革如此,近代以来,随着中国社会的变迁与工业化的推进,造成诸多社会阶层的集体失业,加剧社会动荡。丁显恢复河运的主张虽有落后之处,但亦揭示改革必须全方位同步进行的意义所在。改革必然会造成社会各阶层利益的重新分配,造成结构性的社会问题,因此改革者需要进行全方位的思考,平衡各方面利益,否则改革的后遗症在很长一段历史时期内都难以消弭。种种因素纠结在一起,使海运行之维艰,运河难以放弃,而清廷黄河水患治理策略亦难以调整。直到黄河在铜瓦厢改道,结束黄淮运交汇于清口的格局,黄河治理出现另外一种格局。

---

① (清)盛康辑:《皇朝经世文续编》卷四七《户政十九·漕运上·(清)丁显〈河运刍言〉》,载沈云龙主编《近代中国史料丛刊》第84辑,第5123页。

② (清)盛康辑:《皇朝经世文续编》卷四七《户政十九·漕运上·(清)丁显〈河运刍言〉》,载沈云龙主编《近代中国史料丛刊》第84辑,第5123页。

③ (清)盛康辑:《皇朝经世文续编》卷四七《户政十九·漕运上·(清)丁显〈河运刍言〉》,载沈云龙主编《近代中国史料丛刊》第84辑,第5123页。

第二节　黄淮运减水闸坝对苏北地区的环境影响

在清代,为了维持运河畅通、避免洪水盛涨造成黄、淮、运大堤溃决而建立了一系列减水闸坝以宣泄洪水,在某种意义上固然具有着眼大局的全盘考虑,但由于措置不合理,给苏北地区①造成了诸多区域环境方面的消极影响。减坝泄洪加重了该地区的洪涝灾害,常年漂没无数田园庐舍,严重影响当地农业生产,这使苏北特别是里下河地区成为"洪水走廊",以至于马俊亚在《被牺牲的"局部":淮北社会生态变迁研究(1680—1949)》一书中认为,这一地区由唐代以前的鱼米之乡,演变为明清时期的穷山恶水之地,皆由于减坝泄洪所导致的淮北水文环境和农业生态的变迁密切相关。②与此同时,频发的启坝泄洪激化了社会矛盾,造成了苏北社会的疲敝,同时激起群众集体性事件的频发。

一、黄淮运减水闸坝的建立与减坝泄洪的加剧

在清代,运河是国家的经济生命线,黄河又是威胁运河的首要因素,淮河水则潴留于洪泽湖,被当作蓄清敌黄与补给运河的工具。而黄、淮、运交汇于苏北地区,这样,治理黄河、疏浚淮河、维系运河等诸多治河重任汇集于此,使这一带的治河艰难繁剧。其中为宣泄黄河、洪泽湖、运河盛涨洪水的减水闸坝,由于措置不当,给沿岸地区造成诸多水患,漂没田园庐舍,影响农业生产。

清代治理黄、淮、运,往往闸坝与堤防并重,"常年修守,则赖堤防束水以刷沙;如遇汛涨非常,则赖闸坝减水以保险。二者互用兼资,不可偏废。"③也就是以大堤束水归海,如果洪水盛涨,为避免河堤溃决则开放闸坝泄洪。康熙年间靳辅治河,在黄河两岸,上自丰汛、砀山,下至清江,在砀山毛城铺、徐州王家山、睢宁峰山、龙虎山等处,节节建立减水闸坝不下十余处,平日闭闸束流,遇有盛涨则启闸分泄,以保障黄河大堤的安全。淮水潴留于洪泽湖,为了确保高堰的安全,雍正年间有仁、义、礼、智、信五坝的设立。高邮运河东岸,则设有车逻大坝、南关大坝、五里中坝、昭关坝、南关新

---

① 本书的苏北地区是一个地理概念而非行政区划,主要指江苏境内长江以北地区,清代行政建置有徐州、淮安、扬州三府,通州、海州二直隶州和海门直隶厅。

② 马俊亚:《被牺牲的"局部":淮北社会生态变迁研究(1680—1949)》,第342页。

③ (清)贺长龄、(清)魏源辑:《皇朝经世文编》卷一〇〇《工政六·河防五·(清)黎世序〈建虎山腰减坝疏〉》,载《魏源全集》第18册,第393页。

坝等"归海五坝"。减水闸坝的启放分泄有定制,每当河水涨至规定之数时,就由该管厅汛分别按次序启放。

对于启坝泄洪,朝廷与河臣也稍有顾虑。因为各州县受灾,朝廷要蠲免钱粮,发帑赈灾,因此启坝泄洪应在秋汛涨水之时,此时禾稻已经收获,对农业收成没有太大影响。再者,河臣可以不顾忌农田的淹浸,但是泄水过多,漕船就无法浮送,河臣就要受到处分,"若轻议启坝,恐清水宣泄太过,不独敌黄刷沙,不能得力,即下游亦必致间有淹浸之患"[1]。因此,每当涨水之时,河臣一面帮培子堰,一面赶做埽工,借以保护河堤,得守且守。只有堤工实在危险,万不得已之时,再俟机启坝。

以减坝泄洪,可以防止黄、淮、运决溢造成更为严重的水患,如果措置得当,原本无可厚非。所泄洪水应该有引河或者湖泊储蓄,最终导之归海,才可以使沿岸州县的灾难稍稍减轻。黄、淮、运减坝距离入海口数百里之遥,而洪水所泄入的引河、湖泊又难以容纳,致使水流不畅,淹没田亩庐舍,给淮扬一带带来诸多人为的水患。当初靳辅建立毛城铺、周桥减水坝时,其幕客治水专家陈潢即反对这种做法,在清江浦的潜庵题诗曰:"东去只宜疏海口,西来切莫放周桥,若非盛德仁人力,百万生灵葬巨涛。"[2]此诗为游幕于南河的包世臣亲眼所见,以此证明在高堰减坝问题上,陈潢与靳辅意见不同。陈氏认为,治理黄、淮最根本的是疏通海口,让黄、淮之水顺利入海,在周桥等地建减水坝,漂没田庐在所难免,如果朝廷吏治腐败,河工弊坏,或地理环境发生重大变化,更会使淮扬一带百万生灵面临洪水的巨大威胁。

对于减水坝泄水的归路,并非全无疏消措施,但只有各个环节有效畅通,才能发挥作用使民田免于淹浸。"山盱五坝减出之水,归入下河者,以高邮各坝为口,以坝下引河为喉,以兴盐各路湖荡为腹,以串场河各闸为尾闾,以范堤外各港口为归墟,必须节节疏通,使水不中渟,层层关锁,使水不旁溢,方能引水归海,而保护田庐"[3]。洪泽湖距离海口数百里之遥,一旦某一环节发生问题,就会产生连锁反应,造成严重的水灾,使各州县遭受淹浸之苦,而年深日久,往往引河淤塞,河堤缺坏,加上不能统筹规划,结果加重里下河的受灾状况:

---

[1] 《清仁宗实录》卷一九七"嘉庆十三年六月"条,第607页。

[2] (清)包世臣:《郭君传》,载刘平、郑大华主编《中国近代思想家文库·包世臣卷》,第106页。

[3] (清)贺长龄、(清)魏源辑:《皇朝经世文编》卷九七《工政三·河防二·(清)刘台斗〈黄河南趋议上铁制军〉》,载《魏源全集》第18册,第277页。

　　数年来各邑受淹之故，以坝下引河浅窄，而两岸十余里外，即无堤形，是以减下之水，不能下注，先已旁流，此高邮受灾之缘由也。坝水注之兴、盐，渟蓄湖荡，湖荡虽能受水，而不能消水，旁无堤防，下无去路，盈科而进者，仍复泛溢四出。在湖荡之上者，误以湖荡为归墟，在湖荡之下者，止知曲防壑邻，幸游波之不及，而壅极必溃，虽少缓须臾，亦复同归于尽。此兴盐各邑被水之缘由也。场河浅，故上游之水不能骤泄；海口高，故场河之水不能骤出。加以坝面宽而闸面窄，来源多而去路少，犹以斗米注升，欲其畅流不得矣。此范堤内外被水之缘由也。①

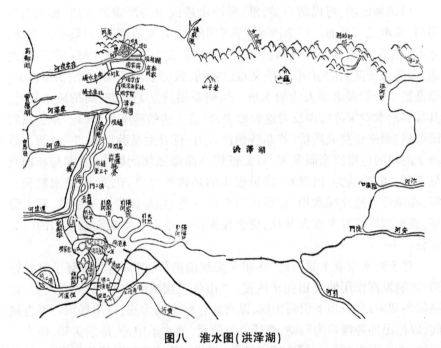

图八　淮水图（洪泽湖）

资料来源：（清）黎世序：《续行水金鉴》卷首，《万有文库》本，第26—27页。

　　减水坝下开挖引河，日久变得浅窄，河堤变成平陆，导致减水旁溢横流，使高邮受灾，在兴化、盐城有湖荡接受减水，但水无去路，上游以湖荡为归墟，而下游以邻为壑，庆幸自己不被淹浸，最终同归于尽。加上海口路途遥远，水多而去路少，范公堤内外亦受水患。要想消除水患，必须加

---

① （清）贺长龄、（清）魏源辑：《皇朝经世文编》卷九七《工政三·河防二·（清）刘台斗〈黄河南趋议上铁制军〉》，载《魏源全集》第18册，第277页。

强对里下河河道的治理，"诚使坝下之引河，加掘丈深，坚筑堤防，引归湖荡，则高邮之田可保矣。湖荡之旁，圈筑围圩，约拦水势，仍留去路，导入场河，总使水有下注之路，而无旁溢之门，则兴盐一带之田可保矣。再于场河挑深，酌添范堤闸座，并挑通闸外港口，则范堤内外之民灶可无虞矣。"①只有挑挖引河，坚筑堤防，才能保障高邮之田不被淹浸，在湖荡周围圈筑围圩，将泄水导入场河，则兴化、盐城之田可以免受淹浸，而范公堤增设闸座提高排水能力，并将闸外港口挑挖深通，则范公堤附近的百姓、灶户可以安然无虞。

康乾年间减坝初建时，河深堤高，加上有引河、湖泊容纳宣泄之水，泄洪的危害并不严重。至嘉道年间，随着泥沙淤垫的加剧，黄河迅速成为地上河，道光初年，洪泽湖蓄水两丈以外，还是难以"蓄清敌黄"。此时"蓄清敌黄"已失去意义，且给淮扬一带造成严重水患，形成"洪泽湖于高堰五坝为建瓴之势，而高宝湖于运堤五坝又为建瓴之势，淫雨盛汛无岁无之"②的局面，严重威胁着沿岸地区的安全。高堰对于里下河农田而言，更是高屋建瓴，高堰比宝应高出一丈八尺，比高邮高出二丈二尺，而高宝堤比兴化、泰州田高至一丈有余，也有高至八九尺者，与高堰相比不啻三丈有奇。由此可见，黄、淮、运齐集的淮扬一带，河势已经陷入竭蹶的困境。事实上，以高堰区区一线之堤，难以承受淮河千里奔腾之水，加上黄河倒灌淤高，河床淤浅，因此一遇夏秋涨水，黄、淮、运难以承受，减水闸坝的启放也愈加频繁，扬州、江都、高邮、宝应、泰州、兴化等地，面临着严重的水患威胁。

总体而言，高堰五坝之水高居一二丈，一经开放，洪水奔腾咆哮，下注高宝诸湖，再灌入运河，运河难以容纳，只有在开启高邮运河东岸的"归海五坝"。各闸坝泄洪，一般都有引河、湖泊接纳，比如开泾河闸则由庙湾入海，开子婴闸则由石跶、天妃入海，开五里、车逻坝，则由草堰、白驹入海，开昭关、荷花塘坝则由何垛、丁溪入海，但这些河湖距离入海口有数百里之遥，水流迂回曲折，加上盐场、村落、高地阻隔，往往各坝一经开启，则河湖港汊难以容纳，造成洪水四溢横流，特别是高宝运河以东里下河地区，周围方圆千余里，有农田约三十万顷，其地势四周高中间低，形如釜底，启坝泄

---

① （清）贺长龄、（清）魏源辑：《皇朝经世文编》卷九七《工政三·河防二·（清）刘台斗〈黄河南趋议上铁制军〉》，载《魏源全集》第 18 册，第 278 页。

② （清）张丙矞：《河渠会览》卷一六《集说附·（清）丁显〈黄河北徙应复淮故道有利无害论〉》，载《中华山水志丛刊·水志卷》第 2 册，第 328 页。

洪往往使这些地区一片汪洋。即使在康熙年间，由于洪泽湖高堰下泄淮水大部分要穿过里下河，淹浸之患在所难免，正如靳辅所言："高、宝、兴、盐、通、泰、江都七属民田，又皆中洼而四高。测其水面与海面无甚低昂，虽有庙湾、天妃、石闼、五港诸海口分泄，而所泄不敌所纳者十之二三。"①里下河成为淮河天然的滞洪区，处于运河东岸的宝应县，嘉道年间由于"民贪小利，占湖为田，白马旧湖面积日削，宝应湖口收束如瓶"②，再加上黄河淤积使海口东移，地势高仰，因此一旦开坝泄洪，宝应县境则洪水泛滥横流，田园、庐舍、坟墓全部浸入水中。

　　以政治而论，嘉道时期吏治腐败更使黄、淮、运的治理雪上加霜。为了漕粮转输，保住运道，一遇洪水盛涨，河督则下令启放闸坝，使淮扬一带"黄河为害，曾无数载之安，而堰圩之险，运堤之漫，闸坝之开，迄无宁岁，两淮数十州县，盖岌岌乎不可一日居"③。河政的腐败使黄淮运大堤年年面临着决口漫溢的危险，为了避免更为严重的溃决，减坝泄洪更为频繁。学者马俊亚甚至愤怒地指出："许多巨灾或是官员们精心策划、或无意防范所致。维持淮北地区频繁的灾害，是河务官员向中央政府钓取巨额资金的主要手段。在传统的政治实践中，大规模的水利工程往往造成国家与百姓均受其害的结局，惟有河员们可以利用制度的缺陷得以大肆中饱。"④表现出一位淮北学者对历史上故乡水患频仍的愤懑之情。

二、减坝泄洪加重苏北水灾，造成社会疲敝

　　减坝泄水存在有利的一面，对此魏源曾说："殊不知西水之于下河，能为害亦能为利，如使终年西水不入下河，亦非民田之福也。不但东台、盐城、阜宁海卤地咸，全恃西水泡淡，始便种植，即高邮、泰州、兴化、宝应、甘泉等县，亦赖西水肥田，始得膏沃而省粪本。凡西水所过之地，次年必亩收加倍，如年年全不开坝，则下河田日瘠，收日歉。"⑤在魏源看来，减坝泄水可以使沿海州县的盐碱地淡化，而泥沙淤垫也可以使土地变得肥沃，增加收成，关键在于泄洪应在秋收之后，但嘉道年间的启坝泄洪，往往

①　（清）靳辅：《治河奏绩书》卷一《高宝诸湖》，《四库全书》第 579 册，第 628 页。
②　戴邦桢、赵世荣修，冯煦、宋芑生纂：《（民国）宝应县志》卷三《水利》，载《中国地方志集成·江苏府县志辑 49》，凤凰出版社 2007 年版，第 54 页。
③　（清）张丙矗：《河渠会览》卷一五《集说附·（清）丁显〈黄淮分合管议〉》，载《中华山水志丛刊·水志卷》第 2 册，第 296 页。
④　马俊亚：《被牺牲的"局部"：淮北社会生态变迁研究（1680—1949）》，第 181 页。
⑤　（清）魏源：《再上陆制府论下河水利书》，载《魏源全集》第 12 册，第 363 页。

在秋收以前,给苏北社会带来了严重的消极影响:沿岸田亩庐舍常年被洪水淹浸,成千上万的居民无家可归,同时造成了苏北社会的疲敝与社会矛盾的激化。

清代黄河、运河的决口漫溢,多因洪水宣泄不及引起,"该处设立五坝,原为宣泄盛涨而设。上年(嘉庆十五年,1810)湖水过旺,因坚守五坝,未经稍为启放,以致涌漫掣塌多工,从前佘家坝、千根旗杆等处漫工,亦因各坝未经早放所致。设使豫为酌启一坝,俾水势少减,或不致别生工段,是宣泄正所以资储蓄"。① 道光四年(1824)十二月,河督张文浩为节省钱粮起见,启坝过迟,结果"洪湖蓄水过多,高堰掣塌口门二处,并坍卸石工至一万一千余丈,实为从来所未有之事"。高堰溃决之后,"而下游高宝一带州县,民田庐舍荡析离居,淹损人口,不可计数"②。

事实上,乾隆后期以来,由于河务废弛,常年来每遇有河水盛涨,河臣不思积极防御,反而将启放减水闸坝泄洪视为捷径,"自乾隆四十一年(至)嘉庆十五年三十五年中,庆安澜者仅八载,余皆溢决频仍。……当事者又藉口助清济运,启放毛城铺峰山四闸,恣意减泄。……下河岁在巨浸中,运道不通,急何能择?则又急放王营减坝,启李工草坝,希冀减黄济运,清安、海沭付之洪涛"。③ 清廷为了漕运安全和运河堤防,甚至以开放减水闸坝、漂没田庐与牺牲民命为代价,清人夏宝晋作诗进行控诉:"一夜飞符开五坝,朝来屋上已牵船。田舍飘沉已可哀,中流往往见残骸。御黄不闭惜工材,骤值狂飙降此灾。省却金钱四百万,忍教民命换将来。"④高堰五坝、高邮运河"归海五坝"在嘉道时期连年开启,给苏北地区造成周期性的灾难,下面以时间为序,将嘉道时期开坝名称、水灾情况列图表进行说明。(详见表4)

① 《清仁宗实录》卷二四〇"嘉庆十六年三月"条,第234页。
② 《清宣宗实录》卷七七"道光四年十二月"条,第245页。
③ 焦忠祖修,庞友兰纂:《(民国)阜宁县新志》卷九《水工志·淮水》,民国二十三年(1934)铅印本,第19页。
④ (清)夏宝晋:《冬生草堂诗录·避水词》,转自朱偰《中国运河史料选辑》,中华书局1962年版,第176页。

表 4　嘉道年间苏北地区启坝水灾表

年代	开放坝名	水灾情况	资料来源
嘉庆九年（1804）七月至九月初	南关、车逻等五坝中启放三坝	南关、车逻等五坝中启放三坝，由各支河汊荡循序归海，并未出槽漫溢，秋禾仍得有收，唯高邮附近坝下间有被淹洼地，而田禾亦已收割过半，堪不成灾	（同治朝）《扬州府志》卷一
嘉庆十年（1805）	南关、车逻、新坝、五里、昭关等五坝相继启放		（同治朝）《扬州府志》卷一
嘉庆十一年（1806）五月	南关、车逻	下游水到之处，不无淹漫	（同治朝）《扬州府志》卷一
嘉庆十一年（1806）六月	礼坝、智坝	荷花塘、崇家湾溃决，下游经过地方，已委员驰往确查淹漫情形，妥为安抚	
嘉庆十三年（1808）六月	信坝、智坝，南关、车逻、五里、昭关等坝全行开放	荷花塘迤南旧堤并翁家营、蔡家营，俱有漫口。至信、智二坝先后启放，而下游淹浸已多，民田庐舍处处受伤，固所以保护全堤，殊堪轸念	（同治朝）《扬州府志》卷一《仁宗实录》卷一百九十七
嘉庆十五年（1810）十月	金湾六闸以下归江闸坝，并高邮车逻大坝，预行开放。	查此次山盱三坝漫水下注，运河以西之高、宝，邵伯临湖树村庄，首先被淹，出江之凤凰桥亦已冲塌。其宝应缺口工次正河淤浅，黄水倒灌	（同治朝）《扬州府志》卷一

续表

年代	开放坝名	水灾情况	资料来源
嘉庆十七年(1812)	车逻坝,南关大坝	下河之泰州、兴化、东台等处,皆淹浸被灾	(同治朝)《扬州府志》卷一
嘉庆十八年(1813)十一月	礼坝,高宝一带各闸坝以及车逻、南关等坝	时交冬令,农田早经收割,无所损伤	(同治朝)《扬州府志》卷一
嘉庆二十年(1815)六月	徊黄、束清两坝同时拆展,并将山盱引河、滚坝全行启放,其归江归海各闸坝,亦皆饬令启放	下游各州县低洼连田亩被淹之处,即委员确实查明,奏请抚恤	《仁宗实录》卷三百七
嘉庆二十一年(1816)六七月	智、信两坝又字引河新挑礼,仁字引河车逻、南关两坝		(同治朝)《扬州府志》卷一
嘉庆二十四年(1819)九月	扬河厅属车逻、南关大坝、南关新坝、五里等坝、扬粮厅之昭关坝、璧虎、凤凰各桥坝及人字河		(同治朝)《扬州府志》卷一
道光六年(1826) 秋七月	滨湖及运河各坝	本年启放滨湖及运河各坝较旱,仅留昭关坝一处。(六月三十日)将昭关坝开放,所有稻田遂归巨浸,而去路不畅,湖水仍未刻难消复。数百里在洋一片,田亩消潴,徒积于下河。……且启坝原为减泄湖涨,乃减水无多,徒使田禾被淹,居民失业,成向事体	《宣宗实录》卷一百一

续表

年代		开放坝名	水灾情况	资料来源
道光六年 (1826)	十月	昭关坝,王营减坝	现在淮扬及安东、海沭一带,皆成巨浸,小 民荡析离居,饥寒等能无离日。该督等坝宜堵合,即王营减 坝亦不能日久开放,致下游田亩无涸复之 日,再误来年耕种	《宣宗实录》卷一百八
道光七年(1827) 闰五月		扬粮厅境下游桥霸山盱之礼字 河,仁字河先后开放过水	唯下游各州县民田庐舍,上年因启放昭关 等坝,业已全被淹浸,荡析离居。本年筹办 宣泄事宜,虽据称现在严守车逻等坝,不致 淹及民田,而此后潮水日见增高,必须思患 豫防,俾缓工可保无虞,而下游田亩亦不致被患	《宣宗实录》卷一百十
道光八年(1828)七 月		启放三河及智、信两坝,车逻坝、 南关坝,中坝次第启放	开坝后,高邮及下游各属田禾免淹浸,恐 民居亦多被水。因高邮州下游各属,田禾 丰茂,各坝迟开数日,即可收获	《宣宗实录》卷一百四十

续表

年代	开放坝名	水灾情况	资料来源
道光十一年（1831）六月，秋七月	扬河厅营、高邮州将四坝启放	江省前报被水各地方……堤圩尽溃，江宁城中水深数尺，灾口噴嗷。……马棚湾十四堡徙处，已漫溢掣塌，且四坝应放，下河被淹，湖水早已漫过砌石。万顷汪洋，仅恃长堤一线，而运河迤西各境寸土俱淹，老幼男妇，猬聚堤身，极为危苦	《宣宗实录》卷一百九十二
道光二十八年（1848）夏六月	车逻等四坝照关坝	高邮、泰州、宝应、兴化、东台、盐城六州县境内，几成巨浸，流民南渡者数十万	《翠岩室诗钞·悯灾黎四章》

　　黄、淮、运各减水闸坝启放泄洪的记载，在清代官方文牍、地方志与私人撰述中，可谓不胜枚举。由表4可知，嘉道年间为了保全运河，清廷及其河臣以邻为壑，将沿岸特别是下河地区当作天然的泄洪区，使里下河一带成为名副其实的"洪水走廊"，而且开坝多在六月至九月庄稼未收之际，这使洪水所过之处，往往颗粒无收。对于沿岸州县人民生命财产、田园房舍的漂没，朝廷则以"妥为抚恤""不使一夫失所"作为粉饰，甚至在某些官方文牍中，对于开坝后的灾情，缺而不记。事实上，几乎每次启坝放水，都给沿岸地区造成一定的灾难，甚至是洪水奔腾下注，沿岸各处一片汪洋，经过两三个月才能消退。对于减坝泄洪的危害，道光年间东台士人冯道立有着切肤之痛："（下河地区）四高中下，状如釜底，充满盈溢，不能不淹入田亩，每遇西风一起，巨浪拍天，野处之家，波高于屋，即或村居高埠，勉筑堤防，而无衣无食，惟有泣对洪波而已。"①

　　减坝泄洪给苏北地区特别是里下河七州县的农业生产，造成了严重的影响。里下河地区方圆千余里，河湖纵横，土地肥沃，每年产米数千万石，为典型的鱼米之乡，假使没有水患，其富庶程度不亚于苏、松、常、镇地区，但其地势卑下，中间洼而四周高，形如釜底，是上游水潦奔汇之区。清廷为保护运堤，在高邮以南修筑"归海五坝"，把里下河地区变成淮河、运河天然的泄洪区。每年夏秋之际大雨连绵，洪泽湖水位上涨，高堰危机，为了避免运河全线溃决，唯有开启归海坝泄洪，下河州县的庐舍、田亩、坟墓与道路经常成为巨浸。苏北民谣说："倒了高家堰，淮扬二府不见面。"这反映了清代前期的二百年里，里下河的灾害之烈，不可胜言。

　　嘉道年间，淮扬、里下河地区的水灾情形更为严重。学者洪亮吉关注国计民生，可谓"上愁国计虚，下苦民俗偷"②，所作诗篇中反映水旱灾害与民生疾苦的作品颇多。嘉庆十一年（1806），身为扬州知府的伊秉绶因淮扬水灾而作《哀雁》诗，洪亮吉接诗后和诗一首："淮海维扬屡告灾，晴天白日浪如雷。居民仅免为鱼苦，长吏能歌旅雁哀。积贮几年随水尽，流亡分日渡江来。春陵诗与监门画，忍为遗黎读百回。"③黄河夺淮入海导致淮扬一带水灾频发，里下河水灾形势更为严酷。

　　由于河政废弛，道光年间的启坝放水几乎无岁不有。"惟称河工积习，

① （清）冯道立：《淮扬水利图说》，载《中华山水志丛刊》第25册，第11页。
② （清）洪亮吉：《哭钱三维乔三十韵》，载《洪亮吉集》第4册，中华书局2001年版，第1692页。
③ （清）洪亮吉：《扬州频年水灾伊太守秉绶作哀雁诗三章见示率寄一篇》，载《洪亮吉集》第4册，第1693页。

类多偷减料物,一遇水长,即议开坝,是于先事豫防之法,殊未讲求。"①启坝放水严重影响了苏北地区的农业生产,对此魏源在《新乐府·江南吟》一诗中控诉说:"急卖田,急卖田,不卖水至田成川。谁人肯买下河地,万顷膏腴不值钱。上游泄涨保高堰,下游范堤潮逆卷;何况夏雨淫霖先半畎。……昨夜西风五坝开,已报倾湖之水从天来。"②由于启坝放水,油油麦苗,青青禾稼,常常被涨至树梢的黄水淹没,下河州县连年收成绝望,"一岁潦尚可,岁岁淹杀我",因此万顷膏腴之地变得不值一钱。

道光四年(1824)冬,高堰十三堡决堤之后,朝廷以次缮完堤堰,御黄坝堵闭两年之久。六年夏季,洪泽湖水大涨,河督惧怕堤工不保,于是开启五坝泄水,扬州郡七州县位于下游地方,田庐尽被淹没,灾情惨状超过嘉庆十一年(1806)黄河在荷花塘决口。官方文牍所载,多是河督奋力治河的各项举措;地方志亦述及开坝造成地方偏灾,但多是概而言之。江苏吴县士人曹楙坚当时客居海陵,见开坝后各地一片汪洋,人烟萧寥,万室波光荡漾,加上风雨肆虐,诗人触景生情,作《愍灾诗》六首,写尽灾民流离之状。其中《开坝行》云:"今年稻好尚未收,洪湖水长日夜流。治河使者计无奈,五坝不开堤要坏。车逻开尚可,昭关坝开淹杀我。昨日文书来,六月三十申时开。一尺二尺水头缩,千家万家父老哭。"五坝开启时稻子尚未收割,开坝后民众田庐尽被淹没,造成"千家万家父老哭"的悲惨景象。《抢稻行》诗云:"低田水没项,高田水没腰。半熟不熟割稻苗,水中捞摸十去九,镰刀伤人血满手。生稻不成米,熟稻一把无。官说今年不要租,难得稻头一两寸,留作糁儿粥几顿。愿天活民水早退,茫茫不辨东西界,抢得稻米无处晒。"③稻子未熟而行将被淹,农民即使抢割亦无经济价值。一些田主为了保住收成,让农夫在田头培土防止冲决,有的人因为连年水灾而出卖耕牛,有的人家没有小船避水,只得拆屋做船。

水利在农业社会至关重要,"水利乃民命攸关,治得其道,则为鱼米之乡,治失其道,则为蛟鼍之窟"④。下河州县之中兴化地势卑抑,溪湖河塘众多,境内有七湖,五溪,六十四荡,五十二河,但由于地处泄洪要道,河臣只顾运道畅通,地方州县亦忽视农田水利,沟洫水利无从谈起。由于河湖疏浚不能及时,"境内湖河淤浅窄狭,雨少即涸,雨多即涝,乾隆三十三年、五

①　《清宣宗实录》卷四七〇"道光二十九年秋七月"条,第917页。
②　(清)魏源:《古微堂诗集》卷四《新乐府·江南吟》,载《魏源全集》第12册,第572页。
③　(清)张应昌编:《清诗铎》卷十四《灾荒总·(清)曹楙坚:〈愍灾诗〉》,第461—462页。
④　(清)梁园棣、(清)郑之侨、(清)赵彦俞修纂:《咸丰重修兴化县志》卷一《舆地志·图说·下河水利全图》,载《中国地方志集成·江苏府县志辑48》,第20页。

十年大旱,河湖见底,供饮犹艰,安问田亩,道光十九至二十一年大雨,使行沟河泛溢,民间筑埝岸以卫田,昼夜抢护,被淹者十之六七,幸免者十之二三……总缘历年西水下注,田岸愈卫愈塌,河身愈淤愈高,旱年不得宿水以灌田,涝年不得累土以捍浪,有田害而无田利。是以乾隆二十年后,有十年九不收之谚,其苦可胜言哉!"①由于水利不修,兴化虽然拥有丰富的水资源,但长期以来旱涝成灾,人民生活困苦不堪。

不仅兴化如此,高邮、宝应属于濒湖区域,依然涝则益涝,旱则益旱。乾隆四十年(1775)冬十月,巡抚萨载奏报江苏被旱情形,乾隆帝大为惊讶,因为高邮、宝应濒湖,易资灌溉,不应被旱歉收。当夏秋缺雨之时,河员可以减泄洪泽湖有余之水,以解决下游干旱问题。与其任湖水畅出清口,滔滔归海,何如分水下河,解决其干旱问题?事实上,河臣只是将洪泽湖作为"蓄清敌黄"的工具,而不知其济旱之用。因此,乾隆帝谕令两江总督高晋,会同南河总督吴嗣爵与萨载一同会商,下河高、宝等州县若遇稍旱之年,如何开放闸坝、以资灌溉的章程。结果议定:

> 嗣后察看洪湖水势,如高堰志桩,长至九尺以上,仁、义、礼、三坝,应听其过水,下注高宝诸湖,以为潴备;遇稍旱之年,洪湖水小,志桩在九尺以下,石脊不能过水,而高宝诸湖之水充裕,沿湖西乡地亩,足敷沾溉。即先将西岸各港口,酌开数处,灌注入运。其运河东岸,除高邮之南关、车逻等大坝,非遇异涨之年,仍不便轻议开放,其余各闸坝涵洞,均应相机启放,分润下河。总以运河存水五尺为度,以济漕运,余水尽归下河,以资灌溉。如雨水调匀,下河并不需水,即毋庸开放分泄。②

在此,乾隆帝道出了一个真相。作为水乡的高邮、宝应地区发生旱灾的原因,在于丰富的水资源主要用于济运而非灌溉,皇帝亲自指令督抚与河臣商定济运与灌田的分水规制,但事实上亦难以实现,因为天旱时灌田需水,运河亦需补给。即使二者不相冲突,闸坝员弁亦因缘为利,多方刁难,不肯轻易起坝分水,运河附近地区尚且难以沾润余水,离运堤较远的兴化、东台地区,更是难以分享涓滴。旱涝成灾加剧了这一地区的困苦。

---

① (清)梁园棣、(清)郑之侨、(清)赵彦俞修纂:《咸丰重修兴化县志·河渠一》卷二,载《中国地方志集成·江苏府县志辑48》,第67—68页。
② 《清高宗实录》卷九九二"乾隆四十年冬十月"条,中华书局1986年版,第255页。

减坝泄洪造成了苏北社会的疲敝。苏北地当淮河下游,为水乡泽国,历代堪称富庶的鱼米之乡。宋代黄河南徙夺淮,致使苏北自然环境恶化,水灾频仍。昔日富庶的宝应县,明万历年间以后,"民贫次骨,户口日耗……邑里萧然,民多菜色",①至康熙中叶,更是屡遭水患,"田庐漂没,人民流散,一二孑遗,皆有菜色。"②宝应向称泽国,而嘉道时期只是"泽"而已,焉能称"国"?地处下河釜底的兴化,连年遭受水灾,嘉道年间"几于十年九潦,垫溢之民,流离死亡,不可胜述"③。

道光十三年(1833),长期为官江淮的林则徐指出:"自道光三年至今,总未得以大好年岁。……江北连岁水灾,更不可问,如洪泽湖蓄淮济运,即以敌黄,在前人可谓夺造化之巧。自河底淤高,而御坝永不能启,洪湖之水,涓滴不入于黄,则导之归江。而港汊迂回,运河吃重,高邮四坝,无岁不开,下河七州县,无岁而不鱼鳖。"连年启坝放水,严重的灾荒影响了民众的生产与生活,以致"黠者告荒包赈,健者逃荒横索,皆虎狼也,惟老病之人则以沟壑为归已计耳。"两江的督抚藩臬,也未尝不为民食国赋殚精竭虑,但"处处如是,年年如是,赈恤之请于朝者无可更加,捐输之劝于乡者亦已屡次,智勇俱困,为之奈何!"④在林则徐看来,黄河走南道夺淮入海,使治黄、导淮、济运交织在一起,已是不可救药。

三、兴化"魏公稻"的异数与启坝的勒石禁令

在里下河七州县当中,受启坝泄洪危害最为严重的是兴化县。兴化地势形如釜底,田边既没有堤防捍卫,且境内河湖淤浅狭窄,雨少则干涸见底,雨多则水涝成灾,"惟坝水下注,如履平地,淹尽一亩,方行一亩,淹过一庄,方行一庄,均由东南而之东北,迨既满而溢,已越三四月,始趋各口入海。"⑤启坝泄洪对兴化威胁之大,可以想见。

兴化坝水危害最为严重的年份有乾隆七年、嘉庆十三年、道光六年、十一年、十二年、二十八年、二十九年,当时人们"乘舟入市,城内几无干土,城

---

① 戴邦桢、赵世荣修,冯煦、宋芾生纂:《(民国)宝应县志》卷首《万历志序》,载《中国地方志集成·江苏府县志辑49》,第2页。
② 戴邦桢、赵世荣修,冯煦、宋芾生纂:《(民国)宝应县志》卷首《康熙志序》,载《中国地方志集成·江苏府县志辑49》,第3页。
③ (清)梁园棣、(清)郑之侨、(清)赵彦俞修纂:《咸丰重修兴化县志·蠲赈》卷三,载《中国地方志集成·江苏府县志辑48》,江苏古籍出版社1991年版,第103页。
④ (清)林则徐:《复陈恭甫先生书》,载《林则徐全集·信札卷》,第78页。
⑤ (清)梁园棣、(清)郑之侨、(清)赵彦俞修纂:《咸丰重修兴化县志·河渠一》卷二,载《中国地方志集成·江苏府县志辑48》,第64页。

外村庄庐舍无存，安问田亩，生民转徙，安问丘墓"。① 兴化地区的自然灾害包括水灾、旱灾、蝗灾、雹灾等，其中水灾绝大多数是由于"坝开大水"，道光年间尤为严重。据《兴化县志》记载：

> （道光）二年，坝开大水，四年十一月，大风决高堰十三堡，旋开邮南各坝，大水；六年六月，大雨，五坝开，视嘉庆十三年水大二尺有奇，乘舟入市；八年，坝开大水，禾半收；十一年六月，堤决马棚湾、张横沟，大水如六年；十二年，黄堤决，大水；十三年……秋，坝水，禾半收……十九年秋，水，坝开；二十年七月，水，坝开；二十一年七月，四坝开……二十八年六月，五坝开，水如十一年。②

道光年间，减水坝几乎无岁不开，而兴化几乎无岁不因坝水成灾，这些人为的水灾是人类水利史上的沉痛教训，后世应引以为戒。

至道光朝末年，河政更为败坏，堤坝的坚固程度更不如从前，"近因堤防不坚实，虑横决致罪，甫涨即启坝，虽黄穗连云弗顾也。建瓴百里，瞬息襄陵，是以里河七州县，农岁苦饥，而兴化尤剧。去年（1848）湖涨，坝启早，淮扬大饥，赖川、广商米，不至困。"③道光末年官场腐败，河臣平时不注重修缮河堤，致使河堤不坚固；一旦夏秋涨水，又担心堤防溃决受到朝廷怪罪，因此湖水刚涨就启坝放水。农民的稻谷黄穗连云，收获在即，往往被坝水冲得干干净净，里下河附近七州县常常因此造成饥荒，而兴化地处釜底，受灾最为严重。

道光二十八年（1848），由于起坝早，农民的稻谷全部被冲毁，造成淮扬地区严重的饥荒。当时兴化遭受水灾，"其庐舍被淹，居民或迁围内，或住小舟，暂避水患。……屋宇俱在水中，灾民呼号之声，惨不忍闻，城外即各村镇，不论贫民富户，皆架木而居，悬釜而炊，甚且鱼游室内，尸置树巅，情有可悯。"④灾民处境之惨，惨不忍睹。有清一代，兴化常年遭受水灾，为了

---

① （清）梁园棣、（清）郑之侨、（清）赵彦俞修纂：《咸丰重修兴化县志·舆地志》卷一《图说·开坝图》，载《中国地方志集成·江苏府县志辑48》，第23页。
② （清）梁园棣、（清）郑之侨、（清）赵彦俞修纂：《咸丰重修兴化县志·沿革·祥异附》卷一，载《中国地方志集成·江苏府县志辑48》，第27页。
③ （清）魏耆：《邵阳魏府君事略》，载《魏源全集》第20册，第633页。
④ （清）梁园棣、（清）郑之侨、（清）赵彦俞修纂：《咸丰重修兴化县志·蠲赈》卷三，载《中国地方志集成·江苏府县志辑48》，第107页。

避免水患,居民甚至会"构屋城腰"①以避免淹浸。

　　兴化离高邮湖很近,每年秋天都要涨水,只凭高邮东堤为屏障,而涨水一旦造成堤溃,就会影响运河漕运,因此在南关、中新等五处设坝,以便在危急时刻启坝放水。里下河农民种早稻,到初秋湖水高涨之时,稻谷已经收获到仓,起坝放水,对农民的收成没有影响。道光二十九年(1849)仲夏,魏源出任兴化知县。此时河湖涨水,而农民的稻谷秀穗将熟,并未收割,江南河道总督杨以增命令河工启坝放水,数万农民集结堤坝阻止放水,双方剑拔弩张,形势非常严峻。此时魏源出任兴化县令才三天,首先察看邮南水势,第四天就亲自赶往堤坝,组织农民抗洪,与放水的河员相持不下。考虑到单凭自己的力量很难阻止河督放水,魏源星夜驰往两江总督陆建瀛的行署击鼓,把陆请去坐镇,杨以增才不敢再坚持启坝放水。

　　不巧正赶上西风大作,倾盆大雨整整下了两昼夜,汹涌的波涛冲击着大堤,高邮河堤随时都有崩溃的危险。魏源顶风冒雨,扑倒在河堤上哀号,希望以自己的性命来换取百姓生命财产的安全,几次险些被巨浪冲走,也毫不在乎。十余万民众来到大堤,奋力抢险。有人请魏源回县衙休息,但他坚持不走,在风雨中指挥老百姓挑土筑堤。一直到傍晚时分,风浪渐小,堤坝终于渡过了险期,魏源才回去休息。当时,魏源年已56岁,被暴雨激得眼睛红肿如桃,而且染上了疟疾,当魏源躺在门板上被抬下去的时候,老百姓无不感动得流泪。陆建瀛感慨地说:"精诚所至,金石为开,岂不信然。"立秋后农民大获丰收,高兴地称之为"魏公稻"。②

　　原来运河在旧有东堤以外,还筑有西堤以防止秋汛威胁堤岸,但是由于年久失修,坝址早已找寻不到。为了永久性解决启坝泄洪问题,魏源经过调查访问,终于找到西堤旧址,向陆建瀛请求修建。陆建瀛命魏源亲自总催运河西堤工程。魏源由于积劳成疾,疟疾再次发作。西堤竣工后,运河有了双重保障,以后湖涨,但事筑防,不准辄议宣泄。每年必须等到处暑,农民稻谷已经收获,与农事无碍时,方可启坝放水,并且奏准为令,刻石坝首,成为永久规定。这就保障了里下河七州县人民能够安居乐业。魏源深受当地士民爱戴,士绅们送给魏源一块大匾,上书"淮扬保障"四个大字,悬挂在县衙当中。

　　《兴化续志》卷首对魏源进行高度赞扬:"才非百里,学贯九邱,檐帷下

---

① (清)梁园棣、(清)郑之侨、(清)赵彦俞修纂:《咸丰重修兴化县志·蠲赈》卷一《舆地志·图说·城池图》,载《中国地方志集成·江苏府县志辑48》,第16页。
② (清)魏耆:《邵阳魏府君事略》,载《魏源全集》第20册,第633页。

驻,琴韵长留。身居中士,神往瀛洲,潜心著述,远采穷搜。时方浑噩,公已研求,卓彼先觉,如有隐忧。牛刀初试,砥柱中流,淮扬保障,千载寡俦。"①咸丰七年(1857),魏源去世。同治五年(1866),兴化人民将魏源附祀于兴化范文正公祠,与北宋名臣范仲淹同受香火,以纪念这位兴修水利、保障人民生命财产安全的父母官。

　　咸丰五年(1855),黄河在河南铜瓦厢决口改道,由山东入海,改变了黄河夺淮入海的局面,运河体系亦随之崩溃。苏北地区的农业生产状况发生了很大的变化,为保障高堰运堤而启坝放水的情况从此消失,粮食丰收有了保障。对于此一变化,冯桂芬说:

> 溯自河流夺淮清水,岁溢昭关车逻等坝,动辄开泄下河,七州县产米之区,古所谓海陵红粟者,自近一二十年来,几于无岁不潦,无年不灾。乃者河既北流,淮复古道,无开坝之事,下河连三岁大稔,计其所产米数,以方一里为田五百四十亩,得米千石计之,七州县境,除盐场芦荡而外,广袤不下三百里,当得米九千万石,闻往岁以楚米接济江浙,实数不过三四千万石,今以下河之多收,抵川楚之少运,数可相等,浙江之所以无饥也。②

　　由此可见,黄河改道之前,由于启坝放水,一二十年来苏北淮扬一带几乎无岁不灾,稻米生产受到严重影响,要两湖楚米接济江浙,而黄河改道之后,淮扬一带已经被太平天国占领,长江运道不通,楚米也无法再接济江浙,但由于下河七州县产米丰收,抵消了无法运到的楚米,因此江浙也没有发生饥荒。启坝放水对苏北淮扬一带农业生产的影响之大,可见一斑。

四、频繁启坝泄洪与民众的集体反抗

　　嘉道年间,频发的启坝泄洪激化了苏北的社会矛盾,造成了群体性集体事件的突发。嘉庆二十五年(1820)冬十月,开放南关坝,宣泄洪水。久受淹浸之害的民众在陆汉芸等人的带领之下,纠众黄夜拥入官署,藉命挟制阻挠启坝,结果被两江总督孙玉庭关押审判,陆汉芸、秦大绥等人被从重发落,发配到四千里极边之地充军,不得援例赦免。对于此案,道光帝说:

---

① 黄丽镛:《魏源年谱》,湖南人民出版社1985年版,第162页。
② (清)冯桂芬:《通道大江运米运盐议》,载(清)冯桂芬、(清)马建忠著,郑大华点校:《采西学议:冯桂芬马建忠集》,辽宁人民出版社1994年版,第106页。

"河工设立闸坝，以备宣泄盛涨。其减水所注，下游不免淹浸。在小民保护田禾，利于缓启。而河防大局，设有迟误，以致上游漫决，则所关更钜。……小民岂得逞刁挟制，肆意阻挠？"①在道光帝眼里，保全河工运道至为重要，百姓不愿漂没田庐而阻挠开坝，即是"逞刁挟制"，"民生"要为"国计"无偿牺牲！所以陆汉芸等人被视为目无王法，道光帝指示孙玉庭俱照所拟分别办理。

道光十一年（1831）六月，大雨连旬，洪泽湖湖水涨至二丈七寸，但来源依然旺盛，临湖石工高者出水尺余，矮者不过数寸，此种危险堤堰合计不下六千余丈，因此必须开放林家西滚坝，并接放高邮四坝，才可以减泄湖涨而保住运堤。泄水必然导致下河七州县田亩全被淹没。所以河工员弁正要启坝放水之际，突然有农民数千人阻挠开放。②至于次年发生的陈端盗挖桃源官堤案，则是农民反抗启坝泄洪最为突出的事件。

道光十二年（1832）六月，洪泽湖水势叠涨，豫皖上游雨势过大，山泉河港同时涨溢，汇注于洪泽湖，河督下令将山盰义、礼两坝开放。六月中旬过后，湖水叠涨，又将仁坝、智坝并林家西滚坝接放，筹备分泄。八月二十一日，龙窝汛十三堡附近的村民本来要放淤淤田，他们在桃源于家湾有地亩多顷濒临湖边，属于湖滩地，近年以来由于启坝泄洪，收成全无。因此他们挖放黄水淤高地亩，结果黄河大堤溃决，给淮扬一带的百姓带来了深重的水灾之苦。

道光末年，启坝泄洪甚至造成直接的流血冲突。二十八年（1848）由于车逻、昭关坝的启放，下河地区一片泽国。当开坝之时，有数千人躺卧坝上，河卒竟然以火铳相击。清人万同勋作《湖河异涨行》控诉道："湖水怒下江怒上，两水相争波泱漭。河臣仓皇启四坝，下游百姓其鱼哉！黄云万顷惊转眼，化为海市之楼台；更怜村民痴贾祸，不死于水死于火！"③

不仅启坝泄洪危害人民生命财产，其实每次水灾之后，灾民不但面临被洪水吞没的危险，而且要防范河工员弁决堤，进一步淹没其家园。道光二十一年（1841），黄河在祥符三十一堡决堤之后，洪水围困开封。有人向布政使张祥河献策，掘开胡家屯河堤，可解省城之危。张祥河致信河督文冲，文冲将其书信转达巡抚牛鉴。牛鉴上奏朝廷参劾张祥河，张被解任。

---

① 《清宣宗实录》卷六"嘉庆二十五年冬十月"条，第144页。

② 《清宣宗实录》卷一九一"道光十一年六月"条，第1023页。

③ （清）万同勋：《栖尘集·湖河异涨行》，转自朱偰《中国运河史料选辑》，中华书局1962年版，第176页。

在牛鉴看来，"乃或者议掘他方之大溜以解汴城之危厄，则汴京数百万之民固有命，即他方数百万之民亦有命。以汴京生民之孽而欲嫁祸于他方数百万之生灵，如果他方之民有罪，则上天早夺黄河之溜而降之罚矣，又何必假手河南巡抚而为嫁祸之事耶？"①牛鉴认为黄河决堤是天罚，掘开他处河堤保全开封百姓，是嫁祸于人的恶劣行径，因此坚决反对。六月二十日，绅士王继祖晋见巡抚，献策掘开上流泄洪才能保住省城，遭到牛鉴拒绝。由此可见，决堤泄洪是水灾后沿岸百姓随时要面对的灭顶之灾。

二十一年（1841）六月三十日，开封北城水溜偏紧，直激城墙，河营参将邱广玉率领兵夫在城东北角抛砖防护。西门水势偏近城墙，大溜汹涌，数道砖坝反复被冲散。环城外西北一带水溜过大，城内危险重重，官弁商议掘开城南芦花港堤，以宣泄水势，保障省城安全。兵弁乘船前往泄洪，而堤外居民防守颇为严格，置鼓为号，遇有船只经过，则击鼓警示众人，结果千余人持械严阵以待，河堤始终无法掘开。事实上，黄河水灾并非单纯的自然灾害问题，更多的是"一种权利分配不均，即对人们权利的剥夺"②。自然灾害、饥荒问题与权利关系、制度安排紧密相连，权利的不平等、信息的不透明、权力保障的缺乏，使作为弱势群体的灾民处境更为雪上加霜。

总之，"蓄清敌黄"冲刷黄河泥沙，嘉道年间由于黄、淮、运形势的恶化，已经失去应有的意义，但因此而生的减坝泄洪，给苏北地区的自然环境、农业生产、民众生活造成了极为严重的消极影响，使该地区环境恶化，农业衰退，田园漂没，同时也给中华民族治理黄、淮、运以及如何利用水利，留下了沉痛的教训。

第三节　山东运河补给与沿岸区域的生态问题

与苏北地区成为减水闸坝泄洪的牺牲品相反，山东运河给这一区域带来的是济运与灌田对水源的争夺，存在着河泉济运与农业灌溉之间的严重冲突。元代开挖济州河，沟通泗水和济水，后又开挖会通河，从安山至临清入卫运河，大运河的山东段形成。至明清时期，朝廷对各河段加以疏浚调整，使运道更加完善。以往学术界对山东运河的研究，多集中在运河对沿岸商品流通、城市兴起、社会变迁、区域文化的影响，而很少从区域农业发

---

① （清）痛定思痛居士：《汴梁水灾纪略》，载黄河水利委员会档案馆编《黄河水利系列资料之一·道光汴梁水灾》，2000 年版，第 12 页。
② 何志宁：《自然灾害社会学：理论与视角》，第 97 页。

展与自然灾害研究的角度,探讨运河的开凿、补给、航运对山东运河沿岸农田水利的制约、对自然灾害频发的消极影响。其实早在嘉道年间,经世派学者魏源就控诉运河之害,"人知黄河横亘南北,使吴、楚一线之漕莫能达,而不知运河横亘东西,使山东、河北之水无所归;人知帮费之累极于本省;而不知运河之累则及邻封。蓄柜淹田则病潦,括泉济运则病旱;行旅壅塞则病商,起拨守冻则病丁,捞浚催偿则病官,私货私盐则病榷,恃众骚扰则病民。"①运河造成沿岸区域农业生产、社会生活诸多方面的问题,是不争的事实。

由于山东运河全系人工开挖,没有自然河流可以利用,使运河的水源补给困难重重。因此试图将运河沿岸的湖泊、河流、山泉等水源最大限度纳入补给体系。为此朝廷严格限制山东运河沿岸农民引水灌田,限制种植需水较多的水稻,严重影响当地沟洫水利建设与农业生产的发展。再者,清廷为了引水济运,打乱了原有河湖水系,特别是作为运河水柜的微山湖,因为蓄水过多,造成周围农田淹浸与洪涝灾害频发。

一、河泉济运与农田灌溉对水源利用的矛盾争夺

清代设置水柜,是为了收蓄湖泉之水以备运河补给,而河漕官员抱怨最多的,莫过于周边农民占田贪利,将水柜尽变为民田。对此,康熙年间精通水利的郑元庆曾说:"水柜之设,原以为蓄泄济运,遇有淤浅,即当开浚深通,复其旧界,无如滨水之民,贪利占佃,庸吏既令升科,水柜尽变民田。以致潦则水无所归,泛滥为灾;旱则水无所积,运河龟坼,大为公私之害。不独山东为然,如淮北之射阳湖,江南之开家湖,皆水柜也,今尽行升科,蓄泄无籍,官民交困,为水官者有能知其所以然之故乎?"②不仅山东水柜诸湖如此,淮北射阳湖、江南开家湖皆为运河水柜,但周围农民围湖垦田,而地方官尽行纳税升科,这就导致了各种旱涝灾害与运河浅阻。事实上,这只是事情的一方面而已,水柜枯竭与河湖盈枯无常、湖面变为陆地等自然原因有密切关系,并非全是农民垦种所致。另一方面,清代治河主要是为了通运保漕,在大雨连绵的汛期,为了保障运堤不致溃决,河臣往往不顾周围农田庐舍的淹浸,大开减水闸泄洪放水,而在干旱少雨之时,则不顾农田需水的事实,往往关闭闸渠不许农民灌田,造成民田灌溉与运河补给对水源争

---

① (清)魏源:《筹漕篇下》,载《魏源全集》第 12 册,第 384 页。
② (清)陆耀:《山东运河备览》卷一二《(清)郑元庆〈今水学〉》,《故宫珍本丛刊》第 234 册,第 388 页。

夺的尖锐冲突。

在中国传统社会,农业是立国之本,而兴修沟洫水利、引水灌溉则是农业生产的命脉所在。有清一代,对于湖泉遍布的山东,官僚士大夫大多汲汲于以湖泉济运,很少有兴沟洫水利的建议,但清初的叶方恒则属于例外。叶方恒为顺治十五年(1658)进士,由莱芜知县再迁济宁河道,在谋划济运措施的同时,认为滕县、沛县、鱼台、济宁等地濒临运河,"水田宜仿东南治田法,开支河,筑圩岸,时其耘籽,以种秧苗,备其桔槔,以资车戽,则水荒弃地,不难变为沃壤"。① 事实确实如此,山东河湖、泉水资源丰富,若规划得当,既足以济运,又可以灌田。解决湖泉济运与农田灌溉之间的矛盾,最好办法就是水资源的合理分配。

清帝向来自称重农爱民,但在运河畅通与漕运国计面前,都显得苍白无力。康熙帝是具有雄才大略的英明之主,在此一问题上亦不例外,甚至以严禁运河沿岸居民开垦稻田来满足河湖济运的需要。康熙六十年(1721)四月,朝廷发布谕令称:

> 山东运河全赖众泉灌注微山诸湖,以济漕运。今山东多开稻田,截湖水上流之泉,以资灌溉,上流既截,湖中自然水浅,安能济运?……地方官未知水之源流,一任民间截水灌田,以为爱恤百姓,不知漕运实因此而误也。若不许民间偷截泉水,则湖水易足,湖水既足,自能济运矣。②

由此可见,为了运河补给水源充足,山东运河沿岸的农民多开稻田,引湖泉之水灌溉却成为不识时务之举,而地方官对农民截水灌田不加制止,即为不知漕运大局的渎职之举。对于康熙帝这一最高指示,多年来被清代帝王和地方官无条件执行。

河湖灌溉是农业的命脉所系,虽然朝廷与地方官吏皆以运河用水为先,但有些河督亦关心民瘼,允许运河沿岸农民引水灌溉。乾隆九年(1744),身为直隶河道总督的高斌饬令各州县开渠引水,以灌溉农田,准许百姓在运河河岸附近挖坑蓄水,以便引水灌田,共有192处,又在运河傍汲水开井44口,而且报部备案。③ 挖坑之处皆紧贴河边,自十余丈至四五十

---

① (清)陆耀:《山东运河备览》,《故宫珍本丛刊》第234册,第362页。
② 《清圣祖实录》卷二九二"康熙六十年夏四月"条,第838页。
③ 《清高宗实录》卷八八五"乾隆三十六年五月"条,中华书局1986年版,第853页。

丈不等,所开之井在田园隙地,均无碍于堤工。但一些朝廷官员不明底细,
认为是运河沿岸的农民甘冒王法,偷截水源。三十六年(1771)五月,刑部
左侍郎、左副都御史玛兴阿上奏说,沧州迤南三里许、迤北至兴济四十余里
的运河两岸河堤,农民挖坑引水灌田之处有百余处之多,兴济迤北至天津
亦是如此,这对挽运粮艘颇多不便,而且雨大水长容易导致运河冲决,因此
请求朝廷敕交直隶总督杨廷璋严行禁止。乾隆帝立即谕令有关大臣查办,
杨廷璋即日前往兴济、捷地等处查勘实际情形。结果发现虽系以前所挖,
但农民做坑汲水正值运河水浅之时,河傍多一坑沟,河水即多一去路,因此
下令将一百九十余处坑沟一概垫平。唯有通杆井 44 口,二十余年从无溢
井伤堤之事,仍听民便,以后不许再添。公正而言,运河堤岸关系运道河
防,如果听任两岸农民肆意刨挖,以致水浅贻误漕运,或者挖坑过多,导致
水涨后河堤溃决,亦不合事宜,但灌田在济运面前无足轻重,可见一斑。

　　乾隆六十年(1795),某济宁道曾向山东巡抚李树德建议,认为彭口一
带有昭阳湖、微山湖与西湖,喷沙积淤在三洞桥内,屡次开挖屡次阻塞,造
成粮艘航行困难,因此建议挑挖新河以避喷沙,疏通运道。于是李树德上
疏请求开挖彭口新河,而乾隆帝敏锐地意识到问题症结所在,"山东运河,
全赖湖、泉济运。今多开稻田,截上流以资灌溉,湖水自然无所蓄潴,安能
济运?往年东民欲开新河,朕恐下流泛滥,禁而弗许。今又请开新河。此
地一面为微山湖,一面为峄县诸山,更从何处开凿耶?"①在乾隆帝看来,泉
水减少,运河淤浅,根本原因在于百姓多开稻田,截留水源进行灌溉,所谓
开挑彭口新河,根本无处开挑。因此谕令河督张鹏翮到山东,申饬地方官
吏相度泉源,蓄积湖水,以使漕运无误。

　　嘉庆十四年(1809),嘉庆帝恭阅《圣祖仁皇帝实录》,对康熙帝申饬山
东官员允许民间滥开稻田、影响漕运的做法,仍然大加赞赏,认为康熙帝
"圣虑周详,熟筹利济至意"。此时山东微山湖附近也被民人开垦,不仅侵
占湖地,而且截留上流泉水,势必影响运河的补给,因此谕令山东巡抚吉纶
会同东河总督陈凤翔,"派明干大员前往履勘,如所垦之地已经成熟者,姑
听耕种外,其余未垦及已垦复荒地亩,出示严禁,毋许再行私垦。庶澥湖一
带,泉流灌注,毫无阻滞,湖水愈蓄愈深,于运道方有裨益。倘此次示禁之
后,仍有不遵,查明严行究办,以利漕运。"②

　　道光十八年(1838),运河浅阻梗塞,朝廷采纳河督栗毓美之言,暂时关

---

① 赵尔巽等:《清史稿》卷一二七《河渠志二·运河》,第 3777 页。
② 《清仁宗实录》卷二二〇"嘉庆十四年十一月"条,第 967 页。

闭临清闸，在闸外添筑九座草坝，节节收水储蓄，在韩庄闸朱姬庄以南修筑一座拦河大坝，使上游各湖泉之水及运河南注之水，一并拦入微山湖，同时制定《收潴济运章程》。十九年（1839），栗毓美以戴村坝卑矮，致使汶水旁泄过多，因此依照旧制修筑加高。此时卫河浅涩，难以济运，山东巡抚经额布请求变更三日济运、一日灌田之例，朝廷采纳此一建议，因此下诏将百门泉、小丹河各官闸官渠一律畅开，使湖泉河流之水全部用于济运，而暂时堵闭民渠民闸，不许民间引水灌田，如有卖水阻运、盗挖水源的，即行严惩。第二年，山东运河依然浅涸少水，河督文冲上奏说："卫河需水之际，正民田待溉之时，民以食为天，断不能视田禾之枯槁，置之不问。……嗣后如雨水愆期，卫河微弱，船行稍迟一二十日者，一经水长，仍可以速补迟，毋庸变通旧章。倘天时旱干，粮船阻滞日久，是漕粮尤重于民田。应将丹、卫二河民渠民闸，暂行堵闭，以利漕运。"①朝廷采纳此一建议。在雨水微少但未影响漕运的情形下，河督与朝廷还是明白"民以食为天"，不会坐视庄稼枯死，不需要变更三日济运、一日灌田的旧例，如果天气亢旱过久，虽然农田急需灌溉，但漕运畅通、首都供应当然重于民田，则要关闭民渠民闸，以保障把全部水源用于运河补给。

　　光绪年间，两江总督沈葆桢反对恢复河运，对于那种维持运河通畅可以兼收保卫民田水利的说法，进行了淋漓尽致的揭露："且民田之与运道，尤势不两立者也。兼旬不雨，民欲启涵洞以灌溉，官则必闭涵洞以养船，于是而挖堤之案起。至于河流断绝，且必夺他处泉源，引之入河，以解燃眉之急，而民田自有之水利，且输之于河，农事益不可问矣。运河势将漫溢，官不得不开减水坝以保堤，妇孺横卧坝头，哀呼求缓，官不得已，于深夜开之，而堤下民田，立成巨浸矣。"②此一语道出运河补给与农田灌溉的尖锐矛盾。

二、河泉济运对沿岸农业生产的消极影响

　　康雍年间，学者方苞曾经自济宁赶赴清河，途经山东台儿庄附近的马兰屯，见一望无际的肥田沃衍而无人居住耕种，赶了一天的路才找到一家旅舍，见茅屋数间之后，麦高六七尺，而其株茎不足以支撑麦穗。方苞询问土人，为何沃野旷土却无人耕种，土人说："每水至，高丈余，则庐舍没矣。"③

---

① 《清宣宗实录》卷三三五"道光二十年六月"条，第82页。
② （清）盛康辑：《皇朝经世文续编》卷四八《户政二十·漕运中·（清）沈葆桢〈议覆河运万难修复疏〉》，载沈云龙主编《近代中国史料丛刊》第84辑，第5225页。
③ （清）贺长龄、（清）魏源辑：《皇朝经世文编》卷一〇六《工政十二·水利通论·（清）方苞〈与李觉庵论圩田书〉》，载《魏源全集》第19册，第13页。

由此可见,山东运河沿岸田园荒芜、沟洫水利废坏、洪水成灾的情形非常严重,其实在徐、豫、兖、冀之间,与马兰屯相类似的弃地颇多,如果次第兴修沟洫水利,发展北方农业生产,则东南漕粮的北运可以大为减轻。造成这一情形的原因固然很多,但与朝廷严格限制灌田用水以及为维护运堤而任意泄洪密切相关。

乾隆七年(1742),身为漕运总督的顾琮曾尖锐地批判当时只顾济运、不顾灌田的事实:

> 清江以上,运河两岸,向来只知束水济运,未知借水灌田,坐听万顷源泉,未收涓滴之利。同此田亩,淮南、淮北,腴瘠相悬。或疑运河泄水,于济运有妨。不知漕艘道经淮、徐,五月上旬即可过竣。稻田须水,正在夏秋间。若届时始行宣导,是只借闭蓄之水为灌溉之资,于漕运初无所妨。况清江左右所建涵洞,成效彰彰。推此仿行,万无疑虑。请特遣大臣总理相度,会同督、抚、河臣详酌兴工。①

在淮北与徐州一带,因为济运而严禁灌田的情况颇为普遍,事实上,漕船五月上旬即从淮、徐通过,而稻田夏秋之际才需水灌溉,二者并不矛盾,灌田未必会影响漕运,顾琮希望朝廷推广运河建闸,解决济运与灌溉之间的矛盾,但其建议并未得到朝廷的重视。

济运与沟洫水利之间的矛盾问题,在水源缺乏的山东运河沿岸尤其严重。本来山东湖泉众多,明清以前开沟洫引水灌溉是非常普遍的事情。如滕县山多水多,自古以来富有粳稻鱼盐之利,元朝时河湖之水可资灌溉,依然"有稻堰,称饶给。明朝十八泉则一切规以济漕,而行水者奉法为厉,即田夫牵牛饮其流,亦从而夺其牛矣。"②明代海运渐废,漕运日益重要,成为南货北运的主要方式,而滕县地处运河的咽喉要道,为了济运,百姓牵牛饮水尚且不能,引水灌溉更为厉禁。再者,为了济运,河官修筑堤坝,截留河泉以遏制水势,每当淫雨连绵山溪暴涨时,百姓低洼的膏腴之田往往被洪水淹浸。清廷对河泉管理更为严厉,明代滕县运河东西两岸用以济运的只有18泉,而道光年间则多达32泉,③因此百姓用于灌溉的水源大为减少。

---

① 赵尔巽等:《清史稿》卷三一〇《顾琮传》,第10638页。
② (清)王政:《道光滕县志》卷三《山川志》,《中国地方志集成》本,凤凰出版社2006年版,第72—73页。
③ (清)王政:《道光滕县志》卷三,《中国地方志集成》本,第72、75页。

运河沿岸地区虽然也种稻,但多属于旱稻而并非水稻。

山东峄县在汉朝时人口众多,物产繁盛,经济发达,因此仅仅百里之地,当时就设立七县之多。唐代贞观年间,峄县有陂13所,灌溉农田数千顷,每年收获禾稻数千斛,当时青州、徐州水利都难与峄县匹敌。至元代大德年间,峄州(即峄县)境内依然泉水散漫四郊,灌溉稻田多达万顷。① 至明代开凿泇河,运河粮船穿过峄县北上,致使峄县沟洫湮废,水旱灾害频仍,明嘉靖年间已然土旷人稀,数十里不见炊烟,人口、耕地、赋税大为减少。至清代中期以后,由于朝廷厉禁截留河泉灌田,峄县百姓坐受水害,却丝毫没有开沟洫的水利意识,"吾邑之人日居山水之间,既不知渠而陂之,以收灌溉之益,而湮塞者亦罕过而勤焉,至于壅淤既久,横溃四出,以酿为数世之患矣。"②因此光绪朝《峄县志·物产略》稻虽见于记载,但当地作物以麦、菽、高粱为大宗,稻作不再是作物的主体。鱼台位于苏、皖、鲁交界之处,濒临微山湖,地势平坦,河湖众多,素有江北"鱼米之乡"之称,明清由于运河穿过,致使此地水旱灾害频仍,夫役繁重,结果"闾里萧条,哀鸿遍野"③。

再者,山东运河全长七八百里,完全是依靠闸坝调蓄水量的人工运河,又称"闸河"。乾隆年间,从临清到台儿庄有闸49座,间距最长50里,最短一二里。④ 这样就需要大量闸夫、坝夫、泉夫进行管理,加之河湖水源含沙量大,年年需要挑挖清淤,运河大堤亦需岁修维护。若遇到黄河漫溢、运河决堤,更需要大规模征发夫役。因而运河管理和漕船通行给沿运州县带来沉重的夫役负担,影响农业生产的发展。峄县夫役繁重,正如光绪朝《峄县志》所说:

> 岁岁调发,非赴南塞淮方之决口,则往北修济下之堤防,其间以饥寒暑雨之不时困殒他乡者,往往有之。……过往差航,络绎旁午,每闸辄须纤夫数十名不等,兼之苞苴,薪粲逼索,重重供应少稽,豪奴舟子驾虎威而棰楚交加,甚且有鞭毙水滨,而草菅弃之者。前差未过,后差随至,南下方去,北上复来,即令一夫之躯,分作数夫,益以卖儿贴妇,

---

① (清)王振录:《光绪峄县志》卷一三《田赋志》,《中国地方志集成》本,凤凰出版社2008年版,第142页。

② (清)王振录:《光绪峄县志》卷五《山川考下》,《中国地方志集成》本,第74页。

③ (清)赵英祚纂修:《光绪鱼台县志》卷首《(清)赵英祚〈序〉》,清光绪十五年(1889)刻本,第1—2页。

④ 邹逸麟:《山东运河历史地理问题初探》,载《椿庐史地论稿》,第169页。

不能供此无涯之求也。①

夫役沉重、水旱偏灾致使峄县百姓流离逃亡,田园荒芜,经济凋敝。此外,运河大挑岁修,黄河决口,沿岸各州县需要大量协济物料,峄县本非产柳之乡,而河兵以伐柳为名,进山对槐树、榆树、杏树、枣树、桑树大加砍伐,甚至将民间园林果树砍伐一空,致使"四野萧条,求蔽芾之甘棠,敬恭之桑梓,而亦不可得矣"②。这使峄县的农林生产、森林植被遭到很大破坏,导致这些地区农业生态的恶化。

三、水柜蓄水过多与周边农田淹浸及水患频发

山东运河补给的另一严重问题,就是分布不均。自南旺以南至于台庄,运河补给颇多,而自南旺以北至于临清,可以济运的水源却少之又少,因此南运之水每每有余,而北运之水往往不足。对于其中的利害,曾任济宁道的张伯行说:"且南旺以南,鱼、沛之间,因泗水全注于南,一派汪洋,甚至济宁以南,尽被淹没。而南旺以北,东昌一带,仍苦水小,每有胶舟之患。"③南旺以南由于运河补给来源过多,往往造成济宁一带水灾频发,而南旺以北则苦于运河无水。其中最为严重的是微山湖蓄水过多,造成周边地区水患频频发生。

微山湖位于山东、江苏之间,是非常重要的济运水柜,湖口设有志桩,按照向来定制,收蓄湖水一丈二尺,即足够漕运需水之用。但漕运是动关国计的大事,清廷对误漕官员处分极重。河臣为了济运,防患于未然,往往在水柜中蓄水超过朝廷规定,造成微山湖的湖面迅速扩大,大片农田被淹没,水患屡屡发生。康熙年间,微山湖面积只有周围百余里,至乾隆年间已扩大到二百八十余里。至嘉庆二十一年(1816),由于泥沙淤垫湖底增高,河督吴璥、李亨特上奏请求修改定制,收水一丈三尺以外。但事实上,迦河厅收水往往在一丈四尺以上,以后更是有多无少。名义上是留有余以备不足,实际却是不顾民生而只顾运道,甚至将微山湖水收蓄达一丈七八尺,使周边数州县的农田沉入水底。

对于微山湖水收蓄过多、只顾济运而不顾农田淹没的情形,嘉道时期

---

① (清)王振录:《光绪峄县志》卷一二《漕渠志》,《中国地方志集成》本,第138页。
② (清)王振录:《光绪峄县志》卷一二《漕渠志》,《中国地方志集成》本,第138页。
③ (清)贺长龄、(清)魏源辑:《皇朝经世文编》卷一〇五《工政十一·运河下·(清)张伯行〈运河源委〉》,载《魏源全集》第18册,第590页。

的河督黎世序进行尖锐批评："洳河厅但求蓄水之多，而不顾地方被淹之苦，即如蔺家山坝，原议俟湖水消至一丈六尺以内，再行堵闭。而洳河厅于湖水尚存一丈六尺以外之时，即移会铜沛厅急堵蔺坝，其有意多留湖水，实有案可凭。"①嘉道年间的思想家魏源亦对此进行尖锐批评：

> 山东微山诸湖为济运水柜，例蓄水丈有一尺，后加至丈有四尺，河员惟恐误运，复例外蓄至丈有六七尺，于是环湖诸州县尽为泽国。而遇旱需水之年，则又尽括七十二泉源，涓滴不容灌溉。是以山东之水，惟许害民，不许利民，旱则益旱，涝则益涝，人事实然，天则何咎？②

魏源揭露微山湖水柜对沿岸地区百姓生产生活的危害，河臣超过规定蓄水，一旦湖堤溃决，周围州县尽为泽国，而天旱缺水，又不许百姓灌溉。朝廷只顾运道不顾民生的做法，激起山东人民的强烈不满，甚至出现挖掘湖堤运堤、纵火焚烧物料的过激做法。

山东蜀山湖是运河东岸最大水柜，道光十三年（1833）七月初六日，水势异涨，子夜，突然有蜀山湖乡民数十人，驾船十余只驶至湖堤，施放鸟枪，拦截行人，动手挖掘石堤。巨嘉汛主簿俞皋鸣钲集合兵夫，前往查拿，乡民上船放枪四散逃窜，由于填筑及时，湖水并未泄出。询问附近居民，皆称蜀山湖东北有邵家庄及汶上县各村庄，地皆洼下，该处挖堤是希望湖水在他处宣泄，以免本村被淹。山东捕河厅所属寿东汛在运河东岸滚水石坝之外，捐资加筑土圈堰一道，六月初九夜间，寿张县民人张闻雅私自将土堰挖开，拿获后柳责河干。二十六日，又有西岸乡民率众持械，蜂拥强挖运堤，结果冲塌过水，并纵火焚烧该厅自办的料束芦缆。在道光帝看来，是"奸民瞀不畏法，几至相习成风"③，其实是朝廷只顾运道、不顾民生的必然结果。

山东运河在促进诸多运河城市繁荣④的同时，亦使沿岸区域频遭水灾，

---

① （清）贺长龄、（清）魏源辑：《皇朝经世文编》卷一〇四《工政十·运河上·（清）黎世序〈论微湖蓄水过多书〉》，载《魏源全集》第18册，第582页。
② （清）魏源：《筹漕篇下》，载《魏源全集》第12册，第385页。
③ 《清宣宗实录》卷二四一"道光十三年七月"条，第617页。
④ 学术界关于运河城市与商贸经济的研究成果，可以参见傅崇兰《中国运河城市发展史》，四川人民出版社1985年版；史念海《中国的运河》，陕西人民出版社1988年版；安作璋主编《中国运河文化史》，山东教育出版社2001年版；李泉、王云《山东运河文化研究》，齐鲁书社2006年版；李学通《运河与城市》，河北人民出版社2012年版；李巨澜、李德楠《运河与苏北城市发展研究》，人民出版社2020年版；张曼《京畿地区明清运河城市》，中国建材工业出版社2022年版。

经济萧条,甚至出现灾民白骨累累的惨状。此一现象往往不见官书记载,一些同情民生疾苦的诗人行之于诗。道光晚期,黄燮清途经兖州、徐泗一带,见这些地方因黄河水灾而萧条,作《灾民叹》一诗云:"客从兖州来,野殣纷相属。徐泗更萧条,道路不忍目。白骨浩纵横,零残手与足。村荒狗毚饥,矫尾食人肉。……民瘼难更苏,尔肥岂能独。食尽欲何依,早晚同沟渎。"①《灾民叹》描绘出一幅触目惊心的灾民苦难图。

　　总之,为了保障京师的物资供应,使东南财赋源源不断地流入北京,以供养朝廷、官僚和庞大的军队,运河畅通就成了压倒一切的国计。而保障山东运河补给水源充足,是维系运河畅通的重要条件,因此在运河补给与沿岸灌田发生矛盾的情况下,朝廷的首要着眼点当然是运河补给优先,而沿岸农业灌溉、地方偏灾则是可以忽略的"局部小利"。所有这些严重影响了山东运河沿岸的农田灌溉和沟洫水利发展,造成当地农业生态环境的严重破坏。

---

① （清）张应昌编:《清诗铎》卷一四《灾荒总·（清）黄燮清〈灾民叹〉》,第461—462页。

结　语

政治大局与环境效应：
清代黄河水患治理策略再评析

黄河哺育了中华文明，对此习近平总书记指出："千百年来，奔腾不息的黄河同长江一起，哺育着中华民族，孕育了中华文明。早在上古时期，炎黄二帝的传说就产生于此。在我国五千多年文明史上，黄河流域有三千多年是全国政治、经济、文化中心，孕育了河湟文化、河洛文化、关中文化、齐鲁文化等，分布有郑州、西安、洛阳、开封等古都，诞生了'四大发明'和《诗经》、《老子》、《史记》等经典著作。九曲黄河，奔腾向前，以百折不挠的磅礴气势塑造了中华民族自强不息的民族品格，是中华民族坚定文化自信的重要根基。"①因此黄河流域高质量开发颇具战略价值。深入研究清代黄河水患的治理策略，对于当今黄河治理与流域开发有着重要的借鉴意义。

在水利学界，目前生态水利工程学兴起，对于考察清代治黄策略具有启示作用。传统水利工程以控制水流为目标来修建水工建筑物，以满足人们对供水、防洪、发电、航运的需求。人们为了控制水流，或改变自然水生态系统，或把水从生态系统中分割出来，当水体脱离原来的生物群落，自净能力就会大大降低，以致造成水环境污染，使水资源有效利用量相应减少，甚至发生严重干旱，加剧供水紧缺，致使水资源严重失衡。当今时代，"生态水利"已经成为水资源利用的重要途径，它以尊重和维护生态环境为主旨，在开发水利的同时注重经济效益与社会效益，为人类社会的可持续发展服务。治黄史研究应借鉴生态水利工程学的科学理念，分析水利工程对于环境变化、经济发展所产生的多重影响。清廷为了政治目的而展开的一系列治黄活动以及闸坝工程修筑，其弊病暴露无遗。

一、"治水政治"视野下的黄河水患治理策略反思

黄河下游的河道可谓"九地黄流乱注"，历史上黄河决溢频仍，给两岸民众带来深重苦难，因此只有黄河宁，才能天下安。对此，李仪祉说："黄河

---

① 习近平：《在黄河流域生态保护和高质量发展座谈会上的讲话》(2019年9月18日)，《十九大以来重要文献选编》(中)，中央文献出版社2019年版，第194—195页。

流域占中国领土之半,中国数千年治乱之关键,亦多在乎是。河永治则民生永裕,民生裕则乱源永绝。其关系治安,尤非浅鲜。"①历代王朝领导的治黄实践是中华民族改造自然的重要活动,反映了人类与自然之间的复杂关系。明清时期,为了将东南财赋转运到京师,朝廷将运河畅通上升为"国之大计",因此黄河治理与通运转漕绑定在一起,使本来就难以治理的黄河问题变得更为复杂棘手。对此,水利专家张含英说:

> 盖明清的政治中心在河北,而经济基地则在江南,"官俸军食"之所需,端赖纵贯南北的运河漕运。而漕运的畅阻,则视黄河的安危而定。所以统治者对于黄河的治理极为关注,设高官、发国帑以事河,历久不息。然以黄河既有其难治的自然特点,又有其不得治的社会原因,灾害依然频繁。由于治河要求之迫切,因之治河的议论至广,刊行的专著亦多,涉及历代策略,贯穿往古史实。论明清亦可以略窥历代治河的演变,探索其成败的根源。②

　　清廷治理黄河政治取向颇为明显。首先,压倒一切的大政方针就是保障运河畅通,每年将400万石漕粮顺利运抵京师;其次,就是保障百姓田园庐舍不被黄河洪水漂没,一旦黄河泛滥决溢,不但漕粮国税没有着落,朝廷还要发帑赈灾,标榜自己"毋使一夫失所"的仁政厚德。为此朝廷不惜花费巨额国帑,常年治黄通运,使南方财赋源源不断流入京师,并带来运河沿岸大量商业城市的繁荣,同时给国人留下史诗般壮丽的京杭大运河世界文化遗产。

　　清廷完成一项又一项攸关治黄全局的重大工程,对清代政治、经济、社会生活产生深远影响。而水利工程的核心问题是安全问题,姚汉源记述日本学者佐藤俊明之语云:"我们研究水的利用或水的治理时,首先考虑的中心问题是安全问题。所以我认为必须以历史为基础进行研究,近代科学的某些方面不能脱离历史。换言之,把历史与经验科学化,正是科学所要研究的内容。"③在中国这样一个农业大国,研究黄河水患治理策略,把除水患兴水利的宝贵经验与沉痛经验传承下去,是一笔宝贵的财富。因此揭出清代黄河水患治理策略中的各种问题,从而使当代治黄工作更为合理化与科

①　李仪祉:《治黄研究意见》,《大公报》(天津)1931年2月25日,第1张第3版。
②　张含英:《明清治河概论·作者自序》,水利电力出版社1986年版,第1页。
③　姚汉源:《黄河水利史研究》,黄河水利出版社2003年版,第11页。

学化,意义重大。

历代统治者对黄河治理颇为重视。清朝建立伊始,便沿袭明朝治河方略,建立完备的河政制度,确立黄、淮、运治理的基本模式。可悲的是,清代河工兼有消除水患与通运转漕的双重职能,而通运转漕具有压倒性的力量。清廷将"通运转漕"奉为治黄圭臬,把运河安全置于百姓田庐安全之上,在运道与民生之间,治河措施严重向运河畅通倾斜,对于民生则考虑过少,对因通运转漕而形成的水灾置若罔闻,甚至造成诸多人为常态化水患亦在所不惜。

其实,对于黄河这样善淤善决的河流,治河的第一位目的应是消除水患,运河体系应随黄河形势的变化而加以调整,而不是将黄河治理与运河畅通捆绑。但清廷"治河保漕"的主导思想使清人治黄违背水性就下的规律,一直奉行赶黄河南行的原则,这与时人改黄河北行的思想发生激烈冲突。一些朝廷重臣亦曾提出合理规划黄河河道、人工导河北行的建议,但在"保漕"的国计面前无法实现。

马克思曾说:"人同自然界的完成了的本质的统一,是自然界的真正复活,是人的实现了的自然主义和自然界的实现了的人道主义。"①中华民族几千年来,以人水和谐为核心的传统水文化伦理指导着人们的治水实践,维系着人水关系的和谐发展。反观清代,运河作为南北交通的大动脉,无论从漕粮转运、百货流通,还是从军事控制的角度而言,保障其畅通皆无可厚非。但治黄不能违背水性就下的规律,在保障防洪、通航的同时,要顾及农田灌溉、水产渔产与水域生态,让河流湖泊得以休养生息。清代治黄基本继承明中后期的治河方略与漕运体系,无论是朝廷、河督还是官僚士大夫,囿于对治黄全局的认识,加上河工技术手段的落后,他们只能在前代治黄方略的体系下进行小修小补,而不可能进行全面调整。

任教美国的华裔学者张玲认为,治水模式有"生产模式"与"消耗模式"两种,而治黄模式显然是一种"消耗模式"。对此学者夏明方总结说:"这样的工程(指治黄工程),极大地消耗了当地及邻近区域,乃至其他地区的大量人力、物力和财力,也给当地的环境、社会带来了巨大的破坏,结果不仅无助于国家集权力量的凝聚和巩固,反而犹如一个巨大的人造黑洞,造成了国家权力的急剧削弱和地方生态的衰败。张玲由此得出结论,治水不仅

---

① 《马克思恩格斯全集》第3卷,中共中央马克思恩格斯列宁斯大林著作编译局译,人民出版社2002年版,第335页。

无关于国家专制,反而削弱了已然集权的国家力量。"[1]在清代,治黄的黑洞效应暴露无遗,治黄河费被魏源称为"国之漏卮",而对民生、环境所造成的负面影响更是一言难尽。水利学家张含英曾经感叹:"治河代有官司,岁縻巨帑,往往穷国力以赴,而河患终莫能靖,岂河之果不可治欤?河流之情形改变欤?抑人力之有所未尽欤?"[2]

为了应对黄河水患与通运转漕,清代建立了河政人事制度、岁修抢修制度、物料采买储备制度与洪水预警制度,以及运河水量调剂的立法、水闸启闭的规制与禁令,力图通过制度规范达到减少河患、保障运河畅通的目的。在清代,河臣成为官僚体系的重要组成部分,职掌各种河政法规禁令的推行,执行河道整治、运道挑挖疏浚、抗洪抢险的治河任务。与此同时,清代在埽工、护岸、闸坝技术、引黄放淤、裁弯引河等河工技术方面,皆有长足进展,水利技术的进步增强了清廷治理河患的能力。

治黄成效并非完全由水利技术水平所决定。黄河治理是清代国家治理水平的重要体现,黄河水患治理策略的低效与无效,与治河目标的政治考量造成的策略僵化密切相关。河漕捆绑是一个死结,不仅使作为漕运变通方式的海运行之维艰,而且使黄淮运的治理思路无法进行根本性调整,这一切皆导源于维持运河畅通的政治需要。事实上,当时海运条件已经成熟,放弃漕运专心治黄已成为可能。李仪祉回顾中华民族千年治黄史,颇为感叹:

> 尝谓吾国治河历史,虽数千余年,而及今尚未有一就治之河也。盖吾国河功,主要在黄,其次乃运,其次乃与运河有关系诸流,淮、沂、汶、泗诸河,又其次乃直隶五河,而江汉等流,则仅有及之者焉耳……而黄河废[费]吾全国之精力,历数千年之历史,至今犹不能通一小汽艇,民船间断行之,上下不过数千里耳。夫是谓之已治可乎?夫所谓治导者,不仅祛其患害已也,亦且欲因其利……千古劳劳,惟思防其泛滥而犹且不能。噫! 治河如是,亦足悲矣![3]

黄河治理始于中华文明的发祥期——大禹治水,历代王朝对于治黄高

---

① 夏明方:《从"自然之河"走向"政治之河"(代序)》,载《文明的"双相":灾害与历史的缠绕》,第226页。

② 张含英:《黄河水患之控制·序》,艺文研究会1938年版,第1页。

③ 李仪祉:《黄河之根本治法商榷》,载李赋主编《李仪祉全集》,第489页,其中"废"应为"费"。

度重视，但黄河仍然决溢漫口不断，漂没田园庐舍无数。清代治黄效果最差，仅去黄河水患而不能，更不要说兴水利。黄河无论是通航、灌溉还是工业方面的水力利用，有清一代皆不多见。由于担心黄河大堤溃决，下游地区严禁穿渠引水灌田。在航运方面，由于黄河河身泥沙松动而易冲易积，造成河槽忽左忽右，无正式河槽尤其是无正式深水河槽，故而不便通航，即使帆船行驶亦感不便。此外，黄河"河槽善变，朝夕不同，河岸易坍，难于立足故也。河槽既迁徙而不常，离堤既忽远而忽近，卒近堤身，防范不及，则崩决堤身，奔腾外流"①。河槽善变亦是黄河水灾多发的重要因素。

　　清代黄河水患治理给后世留下了宝贵的经验，也留下了沉痛的教训。目前我国治黄战略完全采取因地制宜原则，"宜水则水、宜山则山，宜粮则粮、宜农则农，宜工则工、宜商则商"，中央与地方政府积极探索富有地域特色的高质量发展新路子，习近平总书记指出："三江源、祁连山等生态功能重要的地区，就不宜发展产业经济，主要是保护生态，涵养水源，创造更多生态产品。河套灌区、汾渭平原等粮食主产区要发展现代农业，把农产品质量提上去，为保障国家粮食安全作出贡献。区域中心城市等经济发展条件好的地区要集约发展，提高经济和人口承载能力。贫困地区要提高基础设施和公共服务水平，全力保障和改善民生。"②这些全方位综合性科学战略，对于促进黄河流域治理具有战略性意义。

二、现代水利技术视域下的清代治黄策略再审视

　　黄河多沙，治黄的核心问题是治沙。水利学家张含英分析黄河河患成因，认为天然原因有二，"即洪流之来去驰骤与携带之泥沙过多"；人事原因亦有二，"一受政治之原因，一以技术之未当"。③黄河中游流经黄土高原，黄土质地极细，易为河水冲刷，黄河携带巨量泥沙淤垫下游。黄河汛期集中于七八两月，河水涨落变化迅速，来势甚骤且陡涨陡落，河员猝不及防，往往造成漫滩溃堤。清代应对黄河泥沙的方略，无非是"束水攻沙"与"蓄清敌黄"，但黄河这样高的泥沙含量与如此暴涨暴落的流量，单凭"束水攻沙、蓄清敌黄"的定性理论，而无科学手段测量黄河所在区域的气象、降水量、蒸发与渗透、流域径流、水流测验、携沙疏沙与水文测验等科学数据，加

---

① 张含英：《黄河沙量质疑》，载《张含英治河论著拾遗》，黄河水利出版社2012年版，第16页。
② 习近平：《黄河流域生态保护和高质量发展的主要目标任务》（2019年9月18日），《习近平著作选读》第二卷，人民出版社2023年版，第263页。
③ 张含英：《黄河水患之控制》，艺文研究会1938年版，第7—8页。

上治河手段的落后,使得治黄效果大打折扣。如果再以"通运转漕"为圭臬,治黄效果更不可问。

清代治黄基本继承明末潘季驯的治河方略,完善黄河下游大堤、运道体系及其河政制度,在下游地区对黄河河道加以固定。当代诸多治黄措施,亦是在清代河工技术的基础上发展而来,如黄河下游两岸的千里河堤,分洪泄水的闸坝,大型引水灌溉以及水运交通设施,皆借鉴清代河工经验。清代试图运用"束水攻沙"的策略将泥沙冲刷入海,但终究无法避免黄河铜瓦厢改道的命运。张含英指出:"世之论治河者,多言原则,纵其原则可行,距实行尚不知费若干手续也。例如'束水攻沙'之策,颇可采用,然欲解此问题,则流量、速率、冲积、糙率、地形、切面等,无一不需长时期之研究,若仓卒就事,则难免贻误将来。"①无论明人潘季驯还是清人靳辅,对"束水攻沙"皆停留在模糊的感性认识,而没有相应的水利科学技术,加之上游培植森林,开挖沟恤,建筑水库,整理全流域的治理活动从未展开,清廷与河臣对黄河治理并无全盘筹划,所以在治河实践中难以取得良好成效。

1996年,深圳大学刘会远教授组织黄河故道考察队,对明清黄河故道进行跨学科综合考察。黄河故道多为高滩悬河,一般高出附近地面3—6米,有些地段达8米左右,②地势颇为高亢,成为淮河与沂、沭、泗水的分水岭。事实上,当今黄河故道由于风蚀雨淋等原因,与铜瓦厢改道前的河道相比,高度应有所削减,清代黄河成为地上河的状况,可以想见。由此看来,"束水攻沙"治河策略的实际效果颇为有限,同时亦见黄河泥沙的难治,随着时间推移,黄河河床淤垫为"悬河"根本无法避免。

在当代中国,黄河水沙治理取得显著成效。龙羊峡、小浪底等水利工程发挥作用显著,河道萎缩态势得到初步遏制,黄河含沙量近二十年累计下降超过八成,但仍然存在一些问题,如小浪底水库调水调沙后续动力不足,水沙调控体系的整体合力无法充分发挥。黄河下游防洪短板突出,洪水可预见期短、威胁较大。地上悬河形势严峻,下游地上悬河长达800千米,上游宁蒙河段泥沙淤积,形成新悬河,目前黄河河床平均高出背河地面4—6米,河南新乡河段高出地面20米;黄河有299千米游荡性河段的河势未能完全控制,危及黄河大堤安全。河南、山东仍有近百万人的生产生活受到洪水威胁。由此可见,黄河泥沙问题至今未能完全解决。

---

①　张含英:《治河论丛·黄河答客问》,黄河水利出版社2013年版,第36页。

②　《黄河明清故道是可综合开发利用的宝贵资源——黄河明清故道考察总结报告》,载刘会远主编《黄河明清故道考察研究》,第10页。

黄河下游水患频仍成因在于汛期洪峰猛涨，水位变化倏忽，而且大小极为悬殊，对此张含英指出：

> 冬季水小，难以维持适当之河道，迫水流高涨，河势遂改，险工与平工时有变迁，防守困难。历年决口常在平工，盖由是也。至于所谓升降倏忽者，乃指洪峰之来也突兀，去也倏忽。洪水来时漫滩薄堤，淘底冲岸；去时底尚未淤，而水面骤落，岸边犹湿，又失去顶托雍靠之力，于是淘根坍岸，险象环生。即一般所称之险工在落水也。当然，洪峰过高，流量过大，河槽难容，因而漫溢者亦所常见。是故每论为涨为落皆属危险。欲防漫溢与溃决之危害，必须掌握水流，使之储泄得宜。当洪水之涨也，则节储之，或分泄之，如是则下游河道之最大水流，可在安全限度以内。再于此限度以内，从事下游河道之整理与堤防之修筑、加固，再辅人工的修守，则水患可除矣。①

黄河在汛期往往险象环生，险情多是突然而至，要想及时抢险成功，必须物料得心应手，河工经费的大宗即是用于采买物料。清代河工物料一是来自民间采买，一是来自官方苇荡营。民间庄稼收获之后，河员趁着价贱采买秸料，堆贮于河干有工处所，这样既可以节约河费，又可以在抢险时有备无患。苇荡营的苇柴产量颇多，足够南河抢险使用，但因为管理不善，苇荡营苇柴供应一度出现各种问题。嘉庆年间，两江总督百龄、河督黎世序进行清荡之后，建立《苇荡营管理章程》，保障了南河物料的供应。

清代洪水预警汛报制度虽然技术含量不高，但亦为下游防洪提供了必要水情信息。山东运河补给的河工立法，鲜明体现出清廷顾运不顾民生的反动本质。山东运河闸坝启闭必须按照规定进行，才能保障运河存水利用效益的最大化。这些制度一定程度上保障了清代河工体系的正常运作，但作为清朝政治制度的组成部分，其执行程度受到吏治状况与社会管理水平的制约，所发挥作用往往大打折扣。

清代治黄投入大量人力物力，以防止黄河泛滥与保障运河畅通，最终却使下游黄河"农无益于灌溉，工无济乎砲礙，商无惠乎舟楫"。就兴利而言，清人治黄可称述者确实不多。李仪祉指出，科学治黄应考虑以下方面："①如何使河床固定。②如何使河槽保其应有之深，以利航运。③如何以

① 张含英：《论黄河治本》，载《治河论丛续篇》，第23页。

减其淤。④如何以防其泛滥。④如何使之有利于农。"①黄河因含沙量大，河床淤高而不断摆动，因此固定河床、深通河槽、减淤防洪至为关键。清代河工技术亦围绕这些方面展开。学术界普遍认为，虽然清代河患不断，但由于长期治河经验的积累，清代河工技术取得较高成就。

河工技术的提高对于增强清廷治理河患的能力发挥了重要作用，清代先进的埽工技术以及碎石坦坡护埽法、抛砖护岸法、闸坝技术、引黄放淤、裁弯引河等河工技术的运用，对于防止黄河水患发生至关重要。应该指出的是，清代的河工技术还处于前近代，大多数是从长期治河经验得来，而不是近代科学发展的产物，但其中体现出来的科学思想与技术方法，到了近现代仍然适用。可以说，河工技术是清代贡献给后世水利的一份宝贵遗产。现代水利学家李仪祉认为，以科学方式从事河工治理，主要有两个方面：

> 一在精确测验，以知河域中丘壑形势，气候变迁，流量增减，沙淤推徙之状况，床址长削之原由；二在详审计划，如何而可以因自然，以至少之人力代价，求河道之有益人生，而免受其侵害。昔在科学未阐明时代，治水者亦同此目的，然而测验之术未精，治导之原理未明，是以耗多而功鲜，幸成有卒败，是其所以异也。②

清代从未对黄河整体状况进行考察。对于沿河两岸的山川形势、气候变迁、流量变化、淤沙堆积、河床情况皆无系统的科学考察，甚至连黄河源头都搞错了，但河官河臣凭借长期的治河经验，获得与科学考察相通的水利科学认识，令人赞叹不已。黄河水势瞬息万变，河官队伍庞大复杂，导致河工工程耗资巨大，而取得的治黄效果却不尽如人意。此外，这些技术的运用能否成功，很大程度上取决于杰出的河督个人，所谓"运用之妙，存乎一心"，如陈宏谋之于引黄放淤、嵇曾筠之于裁弯引河、黎世序之于碎石坦坡护埽法、栗毓美之于抛砖护岸法，皆能曲尽其妙，留下颇为宝贵的水利技术经验，但其他河督却无法得心应手加以运用。

在清代的中国，黄河治理绝非仅为水利技术问题，它更是一个牵一发而动全身的复杂多变的政治社会问题。嘉道时期，黄河水患加剧与吏治腐败关系密切，河患对清代政治、经济、社会生活冲击严重。面对河患频仍，

---

① 李仪祉：《黄河之根本治法商榷》，载李赋都主编《李仪祉全集》，第489页。
② 李仪祉：《黄河之根本治法商榷》，载李赋都主编《李仪祉全集》，第480页。

嘉庆帝一味迁就姑息,消极应对河患危机。道光帝即位后,对河工积弊大力整饬,但河政腐败已无力回天,可谓"运去英雄不自由"。此外,嘉道时期已形成一个庞大的以侵贪河费为目的的既得利益集团,在河员侵冒与河臣虚靡之外,河工物料商贩、以工代赈下的夫役灾民,还有文人墨客、生监、幕友与游客皆对河费垂涎三尺,使"黄河决口,黄金万两"成为清代治黄的莫大讽刺,治水技术的进步亦无法改变治黄的低效。

三、清人治黄的环境后果与治黄策略的转变问题

对于人与自然的关系,美国环境史家唐纳德·休斯认为:"传统史学总是欢呼人类对自然的控制,并希冀技术和经济继续增长。相反,环境史则承认人类对自然的依赖,受制于生态学的基本规律。生态学认为生物多样性富有价值,有助于生态系统在遇到干扰时依然保持平衡和生产力。"[1]清代大规模的治黄活动确实缓解了黄河水患,保障了运河畅通,但清代大量治黄工程出现诸多始料未及的多重环境效应,严重影响了治黄效果的发挥。即使有些工程只想解决防洪、治沙与航运方面的问题,而施工之后同样发生二律背反的奇特现象。这与清人对治水行为可能造成的环境后果缺乏科学的认识,对黄河河道本身缺乏深谋远虑的规划有关。清廷治黄活动对沿岸区域环境造成多重效应,对此学者邹逸麟指出:

> 大凡一水利工程设施之初,必为改善某一河流水利条件为目的,或防洪,或疏淤,或分水,或改道等,然事务十分复杂,有始料不及者。……又如"筑堤束水,以水攻沙",为明清两代治河不移方针,确实起过保障河堤的作用。然而客观上又使河道长期不旁泄,泥沙在河道迅速淤积,形成地上河。一旦决口,危害更大。又如,山东运河沿线的北五湖、南四湖,当时筑堤成湖,目的是调节运河水源,使其有蓄有泄。孰料日久淤浅,且造成湖泊周围环境的变化。又,明弘治八年(1495)在黄河北岸修太行堤,是明代黄河变迁一大事件。以后黄河不再北决,全线南决入淮,黄河河口不断向外延伸,促使苏北地区环境发生明显变化。[2]

---

① ［美］唐纳德·休斯:《历史的环境维度》,《历史研究》2013年第3期。
② 李德楠:《明清黄运地区的河工建设与生态环境变迁研究》卷首《邹逸麟〈序言〉》,中国社会科学出版社2018年版,第1页。

邹逸麟还指出："治河工程在用料方面对当地的自然和经济社会均产生严重影响,并且是长期持久的。故而黄运地区在明清两代成为中国东部最贫困的地区是不足为怪的。"①事实上,不仅治黄工程对沿岸区域环境产生诸多负面影响,中国其他地区的水利工程亦是如此。就河工建设对河流环境的正面影响而言,"河工建设保证了河道的稳定、水流的畅通以及水患的减少……稳定的水利设施和水运条件,往往会带来沿线商贸繁荣、工业发展、人口集聚和城市兴盛。河工建设还会造就崭新的河流水域景观,人工作用下纵横交错的河渠工程,是一道亮丽的风景线,河工堆积物也可以创造出新的人工景观。"②

当代水利工程建设中的生态伦理观认为,在水利工程建设当中人类要珍爱自然,自觉保持水资源的可持续发展,人对自身行为要进行合理控制。以此反观清代治黄工程,其中存在的问题颇为严重。对于治黄治运工程的负面环境后果,马俊亚指出:"到了明清以后,以保漕保运为主旨的治水对淮北整个大区的危害就更大了。在不适宜筑造水库的地方,形成了洪泽湖、微山湖等数十个巨泊,这些湖泊的功能大多被严格限制为服务运道,而不是服务农业生产。包括淮河、泗水、沂水等数十条重要河流,有的被截去一半,有的被胡乱拼接,有的干脆埋塞无踪。原来的沃壤竟成了每年吞噬成千上万平民生命的恶土。农业生态的衰变更是无以复加。"③诸多治黄工程造成河湖水系紊乱、干涸、淤塞,导致农业生产条件的恶化。

清代治黄过多着眼于保漕,对治水活动所造成的生态效应或是懵懂无知,或是不屑一顾,给后世留下了沉痛的教训。即使一些河督或者治水专家意识到治黄工程当中存在的环境破坏,但在"治黄保漕"的国计面前显得苍白无力。吊诡的是,黄运区域因治黄通运而造成的环境破坏、农业萎缩并未激起社会各阶层的抗议,原因在于运河城市的兴起、商业的繁荣为当地百姓提供了更多的谋生机遇,补偿了农业损失,而环境恶化乃积渐所致,非一蹴而就,短期内难以被世人察觉,因此官僚士大夫对此多所忽视。运河废弃漕运停止之后,黄运区域成为经济凋敝、生态恶化的落后地区,势所必然。

清代治河方略本身的局限、政治腐败造成的河政废弛、既得利益集团对河费的侵蚀,使清代黄河水患治理策略的效果大打折扣。与此同时,为

① 李德楠:《明清黄运地区的河工建设与生态环境变迁研究》卷首《邹逸麟〈序言〉》,第1页。
② 李德楠:《明清黄运地区的河工建设与生态环境变迁研究》,第111页。
③ 马俊亚:《被牺牲的"局部":淮北社会生态变迁研究(1680—1949)》,第473页。

防止黄河溃决而建立的减水闸坝,给苏北地区带来严重的水患之苦,使苏北地区成为名副其实的"洪水走廊"。为了保障山东运河补给而制定的分水之法,严重影响运河沿岸地区的农业生产与沟洫水利建设,造成生态环境的负面效应。总之,清廷治理黄河水患的策略,为后世黄河治理留下沉痛的教训。

清代黄河治理效果的低下,与黄河自身水文状况有关,亦与清廷治黄目标偏差有关,因此改变治黄目标、综合制定黄河治理方案颇为重要。民国时期,黄河下游水患严重,民不聊生,因此水利学家大多主张治黄应以下游防洪为主,工程应偏重下游。20世纪30年代,水利学家李仪祉在《黄河治本的探讨》一文中论及治黄目的说:

> 以前的治河目的,可以讲完全是防洪水之患而已。此后的目的当然仍以防洪为第一,整理航道为第二。至于其他诸事如引水灌溉,放淤,水电等事,只可作为旁枝之事,可为者为之,不能列入治河之主要目的。①

李氏认为,治理黄河要防洪第一,整理河道第二,整理河道的目的亦是为了防洪。至于引水灌溉、放淤、水电等问题,难以作为治黄的主要目的。由此可见,黄河河患治理难度太大,因此消除水患应始终居于首位,而兴水利只能等而次之。不仅李仪祉的认识如此,水利学家张含英亦说:"治理黄河之目的,论者多谓在于防灾。兴利为旁节之事,力余则可附带为之;力绌则俟患除以后,再事兴办,不必等量齐观,或同列为治河之目的。是诚深知水患之严重,具人溺己溺之怀抱,针对一般舆情而有之主张也。"②可见,消除水患是黄河治理最为根本的目标所在。

近代以来,黄河流域生态破坏严重,民生凋敝,传统治黄方略已不足以应对黄河泛滥、水旱灾害和发展生产的需求。20世纪40年代,科学治黄提上议事日程,防患与兴利应同时并举,张含英指出:

> 我国农事数千年来,皆靠天吃饭也。天气亢旱,则赤地千里,寸草不生;阴雨天涝,则禾稼淹没收获无望。以言交通,则来往不便,行旅维艰,盈虚调济,多有困难。甲地粮缺成灾,乙地谷贱伤农之情形,

---

① 李仪祉:《黄河治本的探讨(附图表)》,《黄河水利月刊》1934年第1卷第7期,第1页。
② 张含英:《黄河治理纲要》,《治河论丛续篇》,黄河水利出版社2013年版,第1页。

数见不鲜。以言工业,则大多逗留于手工业时代之中,欲提倡机械工业,以谋促进改善,则限于动力建设之落后,不能突飞猛进。凡此数端皆使人民永久陷于贫困而不能自拔者,惟振兴水利可以有所补救。如兴办灌溉,则天旱无虞;施行排水,则虽涝不灾;整理航道,则交通便利;开发水电,则动力不缺。……是以人民渴望水利之振兴者甚矣。①

　　治水只有着眼于灌溉、航运、水电与消除水患一起实施,才会取得更大的社会效益。1947年,张含英提出全河治理方略,认为"治黄河应上中下三游并顾,本支兼筹,以整个流域为对象,防其灾害,发其资源"②。政府应拟定治黄长期计划,在孟津之上建筑高坝,修建水库,既可控制洪水以减少下游水灾,又可发电、灌田。防御下游水灾关键在于操纵洪流与控制泥沙,"能操纵洪流则无漫溢之厄,能控制泥沙则无淤淀之苦"。而操纵洪流可在中游建造水库,调蓄洪水,亦可在下游加修堤埝,调整河槽增加容量,或裁弯取直以畅其流,或固定河床以导水势,又可在下游另辟泄洪水道,以分洪杀势而控制泥沙,"可改善全流域土地之利用,以减少土壤之冲刷,此清源之道也。亦可于各沟壑中添修堰坝,拦阻泥沙,或保护堤岸,防制坍塌,此救护之策也。更可调整河槽,减少冲积之象,俾泥沙之已入河者得以输送于海,此利导之法也。又可放泥沙于荒野,仍引清流复回本河,藉清以刷黄,此放淤之术也。"③究竟采取何种方式,要考察整个流域的地势、水文及经济等情况,实施范围不限于黄河干流,必须及于黄河支流。黄河下游虽为河患之区,而黄河南北为广袤平原,需要引黄灌溉,下游两岸多盐碱地,需要引黄淤灌以事改良。这些治黄理念都是清代河督无法企及的。

　　目前我国对于黄河流域生态保护和高质量发展高度重视,习近平总书记指出:"治理黄河,重在保护,要在治理。要坚持山水林田湖草综合治理、系统治理、源头治理,统筹推进各项工作,加强协同配合,推动黄河流域高质量发展。要坚持绿水青山就是金山银山的理念,坚持生态优先、绿色发展,以水而定、量水而行,因地制宜、分类施策,上下游、干支流、左右岸统筹谋划,共同抓好大保护,协同推进大治理,着力加强生态保护治理、保障黄

①　张含英:《黄河治理纲要》,载《治河论丛续篇》,第2页。
②　张含英:《我对于治黄河之基本看法》,《世纪评论》1947年第1卷第4期,第12页。
③　张含英:《再论治黄之基本看法》,《世纪评论》1947年第1卷第17期,第10页。

河长治久安、促进全流域高质量发展、改善人民群众生活、保护传承弘扬黄河文化,让黄河成为造福人民的幸福河。"①只有本着黄河治理的这一科学原则与战略,才能达到长治久安的治理效果。

---

① 习近平:《黄河流域生态保护和高质量发展的主要目标任务》(2019 年 9 月 18 日),《习近平著作选读》第二卷,人民出版社 2023 年版,第 261 页。

参考文献

一、正史、政书、方志与明清文集笔记

1. (汉)司马迁:《史记》,中华书局 1972 年版。

2. (汉)班固:《汉书》,中华书局 1976 年版。

3. (南朝宋)范晔:《后汉书》,中华书局 2007 年版。

4. (元)欧阳玄:《防河记》,清《学海类编》本。

5. (元)脱脱等:《宋史》,中华书局 1977 年版。

6. (明)陈子龙辑:《明经世文编》,中华书局 1962 年版。

7. (明)何乔远:《名山藏》,明崇祯间刻本。

8. (明)刘天和:《问水集》,《四库全书存目丛书》史部第 221 册,齐鲁书社 1996 年版。

9. (明)潘季驯:《河防一览》,《四库全书》第 576 册,上海古籍出版社 2003 年版。

10. (明)潘季驯撰,付庆芳点校:《潘季驯集》,浙江古籍出版社 2018 年版。

11. (明)宋濂等:《元史》,中华书局 2008 年版。

12. (明)万恭原著,朱更翎整编:《治水筌蹄》,水利电力出版社 1985 年版。

13. (明)徐光启著,陈焕良、罗文华校注:《农政全书》,岳麓书社 2002 年版。

14. (清)白钟山:《豫东宣防录》,载王云、李泉主编《中国大运河历史文献集成》第 15 册,国家图书馆出版社 2014 年版。

15. (清)包世臣:《包世臣全集》,黄山书社 1991 年版。

16. (清)陈潢:《天一遗书》,《续修四库全书》第 847 册,上海古籍出版社 1995 年版。

17. (清)陈康祺撰,晋石点校:《郎潜纪闻初笔二笔三笔》,中华书局 1984 年版。

18. (清)陈康祺撰,褚家伟、张文玲点校:《郎潜纪闻四笔》,中华书局 1990 年版。

19. (清)陈鹏年著,李鸿渊校点:《陈鹏年集》,岳麓书社 2013 年版。

20. (清)崔维雅:《河防刍议》,《续修四库全书》第 847 册,上海古籍出版社 1995 年版。

21. (清)范玉琨:《安东改河议》,载《中华山水志丛刊·水志卷》第 21 册,线装书局 2004 年版。

22. (清)冯道立:《淮扬水利图说》一卷附《淮扬水利论》一卷,载《中华山水志丛刊·水志卷》第 25 册,线装书局 2004 年版。

23. (清)冯桂芬:《校邠庐抗议》,上海书店出版社 2002 年版。

24. (清)冯祚泰:《治河前策》二卷《后策》二卷,《四库全书存目丛书》史部第 225

册，齐鲁书社 1996 年版。

25.（清）傅泽洪：《行水金鉴》，商务印书馆 1937 年版。

26.（清）顾炎武著，黄坤等校：《天下郡国利病书》，上海古籍出版社 2012 年版。

27.（清）顾祖禹：《读史方舆纪要》，团结出版社 2022 年版。

28.（清）洪亮吉撰，刘德权点校：《洪亮吉集》，中华书局 2001 年版。

29.（清）嵇曾筠：《防河奏议》，载王云、李泉主编《中国大运河历史文献集成》第 8 册，国家图书馆出版社 2014 年版。

30.（清）蒋湘南：《七经楼文钞》，载《清代诗文集汇编》第 591 册，上海古籍出版社 2010 年版。

31.（清）靳辅：《靳文襄公奏疏》，《四库全书》第 430 册，上海古籍出版社 2003 年版。

32.（清）靳辅：《治河奏绩书》，《四库全书》第 579 册，上海古籍出版社 2003 年版。

33.（清）靳辅：《治河方略》，载王云、李泉主编《中国大运河历史文献集成》第 4 册，国家图书馆出版社 2014 年版。

34.（清）康基田：《河渠纪闻》，载王云、李泉主编《中国大运河历史文献集成》第 20、21 册，国家图书馆出版社 2014 年版。

35.（清）昆冈：《（光绪朝）钦定大清会典事例》，《续修四库全书》第 810、811 册，上海古籍出版社 1995 年版。

36.（清）黎世序：《续行水金鉴》，《万有文库》本，商务印书馆 1936 年版。

37.（清）李桓：《国朝耆献类征初编》，明文书局 1985 年影印版。

38.（清）李星沅著，袁英光、童浩整理：《李星沅日记》，中华书局 1987 年版。

39.（清）林则徐：《林则徐全集》，海峡文艺出版社 2002 年版。

40.（清）麟庆：《河工器具图说》，《四库未收书辑刊》拾辑 4，北京出版社 2000 年版。

41.（清）刘成忠：《河防刍议》，载王云、李泉主编《中国大运河历史文献集成》第 11 册，国家图书馆出版社 2014 年版。

42.（清）刘锦藻：《清朝续文献通考》，商务印书馆 1936 年版。

43.（清）陆耀：《山东运河备览》，《故宫珍本丛刊》第 234 册，海南出版社 2001 年版。

44.（清）欧阳兆熊、（清）金清安：《水窗春呓》，中华书局 1984 年版。

45.（清）钱泳：《履园丛话》，中华书局 1979 年版。

46.（清）沈传义修，（清）黄舒昺纂：《新修祥符县志》，清光绪二十四年（1898）刻本。

47.（清）盛康辑：《皇朝经世文续编》，载沈云龙主编《近代中国史料丛刊》第 84 辑，（台北）文海出版社 1972 年版。

48.（清）孙云锦修，（清）吴昆田、（清）高延第纂：《光绪淮安府志》，载荀德麟、周平点校《淮安文献丛刻》，方志出版社 2010 年版。

49.（清）谈迁：《北游录》，中华书局 1960 年版。

50.（清）陶澍：《陶文毅公全集》，《续修四库全书》第 1502—1504 册，上海古籍出版社 1995 年版。

51.（清）王先谦：《东华续录》，《续修四库全书》第 375 册，上海古籍出版社 1995

年版。

52. (清)魏源:《魏源全集》,岳麓书社 2004 年版。

53. (清)文煜等修:《钦定工部则例》,《故宫珍本丛刊》本,海南出版社 2000 年版。

54. (清)席裕福:《皇朝政典类纂》,(台北)文海出版社 1982 年版。

55. (清)徐端:《安澜纪要》二卷《回澜纪要》二卷,载《中华山水志丛刊·水志卷》第 20 册,线装书局 2004 年版。

56. (清)永瑢等:《四库全书总目提要》,载王云五主编《万有文库》第一集,商务印书馆 1923 年版。

57. (清)张丙矗:《河渠会览》,载《中华山水志丛刊·水志卷》第 2 册,线装书局 2004 年版。

58. (清)张伯行:《居济一得》,《四库全书》第 579 册,上海古籍出版社 2003 年版。

59. (清)张九钺撰,雷磊校点:《陶园诗文集》,岳麓书社 2013 年版。

60. (清)张鹏翮:《治河全书》,天津古籍出版社 2007 年版。

61. (清)张廷玉等:《明史》,中华书局 2000 年版。

62. (清)张曜、(清)杨士骧修,(清)孙葆田等纂:《山东通志》,齐鲁书社 2014 年版。

63. (清)张应昌编:《清诗铎》,中华书局 1960 年版。

64. (清)昭梿:《啸亭杂录》十卷《续录》五卷,中华书局 1980 年版。

65. (清)朱琦:《怡志堂诗初编》,载《清代诗文集汇编》第 613 册,上海古籍出版社 2010 年版。

66. (清)朱之锡:《河防疏略》,《四库全书存目丛书》第 69 册,齐鲁书社 1996 年版。

67.《明穆宗实录》,(台北)"中央研究院"历史语言研究所 1962 年版。

68.《明孝宗实录》,(台北)"中央研究院"历史语言研究所 1962 年版。

69.《清高宗实录》,中华书局 1985、1986 年版。

70.《清仁宗实录》,中华书局 1986 年版。

71.《清圣祖实录》,中华书局 1985 年版。

72.《清世宗实录》,中华书局 1985 年版。

73.《清世祖实录》,中华书局 1985 年版。

74.《清文宗实录》,中华书局 1987 年版。

75.《清宣宗实录》,中华书局 1986 年版。

76.《中国地方志集成·江苏府县志辑》,凤凰出版社 2007 年版。

77.《中国地方志集成·山东府县志辑》,凤凰出版社 2008 年版。

78. 陈善同:《豫河续志》,载《中华山水志丛刊·水志卷》第 22 册,线装书局 2004 年版。

79. 陈肇援纂辑:《忆芬楼可谈集》,忆芬楼 1925 年版。

80. 黄河水利委员会档案馆编:《道光汴梁水灾》,黄河水利委员会档案馆 2000 年版。

81. 刘平、郑大华主编:《中国近代思想家文库·包世臣卷》,中国人民大学出版社 2013 年版。

82. 汪胡桢等:《清代河臣传》,载王云、李泉主编《中国大运河历史文献集成》第 11 册,国家图书馆出版社 2014 年版。

83. 吴赟孙编:《豫河志》,载《中华山水志丛刊·水志卷》第 21 册,线装书局 2004 年版。

84. 吴忠匡校订:《满汉名臣传》,黑龙江人民出版社 1991 年版。

85. 杨伯峻、杨逢彬译注:《孟子译注》,岳麓书社 2021 年版。

86. 赵尔巽等:《清史稿》,中华书局 1998 年版。

87. 中国水利水电科学研究院水利史研究室编:《再续行水金鉴·黄河卷》,湖北人民出版社 2004 年版。

88. 周秉钧注译:《尚书》,岳麓书社 2001 年版。

二、学术专著

1. 郑肇经:《河工学》,商务印书馆 1935 年版。

2. 全国经济委员会水利处编:《中国河工辞源》,全国经济委员会 1936 年版。

3. 张含英:《水文学》,商务印书馆 1936 年版。

4. 张含英:《水力学》,商务印书馆 1936 年版。

5. 张含英:《治河论丛》,国立编译馆 1937 年版。

6. 张含英:《黄河水患之控制》,艺文研究会 1938 年版。

7. 郑肇经:《中国水利史》,商务印书馆 1939 年版。

8. 郑肇经编撰:《水文学》,商务印书馆 1951 年版。

9. 张含英:《我国水利科学的成就》,中华全国科学技术普及协会 1954 年版。

10. 张含英:《中国古代水利事业的成就》,科学普及出版社 1957 年版。

11. 岑仲勉:《黄河变迁史》,人民出版社 1957 年版。

12. 朱偰:《中国运河史料选辑》,中华书局 1962 年版。

13. [日]星斌夫:《明代漕运研究》,(东京)日本学术振兴会 1963 年版。

14. [日]星斌夫:《大运河——中国漕运》,(东京)近藤出版社 1971 年版。

15. 水利水电科学研究院《中国水利史稿》编写组编:《中国水利史稿》,水利电力出版社 1979 年版。

16. 水利部黄河水利委员会《黄河水利史述要》编写组:《黄河水利史述要》,水利出版社 1984 年版。

17. 张含英:《明清治河概论》,水利电力出版社 1986 年版。

18. 姚汉源:《中国水利史纲要》,水利电力出版社 1987 年版。

19. 水利电力部水管司科技司、水利水电科学研究院编:《清代淮河流域洪涝档案史料》,中华书局 1988 年版。

20. 黄河水利委员会黄河志总编辑室编:《历代治黄文选》,河南人民出版社 1988 年版。

21. 史念海:《中国的运河》,陕西人民出版社 1988 年版。

22. 黄河水利委员会黄河志总编辑室编：《黄河大事记》,河南人民出版社 1989 年版。

23. 徐福龄、胡一三编：《黄河埽工与堵口》,水利电力出版社 1989 年版。

24. [日]星斌夫：《明清时代社会经济史研究》,(东京)国书刊行会 1989 年版。

25. [德]魏特夫著：《东方专制主义:对于极权力量的比较研究》,徐式谷等译,邹如山校订,中国社会科学出版社 1989 年版。

26. 周魁一：《二十五史河渠志注释》,中国书店 1990 年版。

27. 水利电力部水管司科技司、水利水电科学研究院编：《清代黄河流域洪涝档案史料》,中华书局 1993 年版。

28. 徐福龄：《河防笔记》,河南人民出版社 1993 年版。

29. 毛昶熙、周名德等：《闸坝工程水力学与设计管理》,水利电力出版社 1995 年版。

30. 李文治、江太新：《清代漕运》,中华书局 1995 年版。

31. 周魁一、谭徐明：《中华文化通志·水利与交通志》,上海人民出版社 1998 年版。

32. 刘会远主编：《黄河明清故道考察研究》,河海大学出版社 1998 年版。

33. 姚汉源：《京杭运河史》,中国水利水电出版社 1998 年版。

34. 戴逸、李文海主编：《清通鉴》,山西人民出版社 2000 年版。

35. 山东省济宁市政协文史资料委员会编：《济宁运河诗文集粹》,2001 年。

36. [意]利玛窦、[比]金尼阁著：《利玛窦中国札记》,何高济等译,何兆武校,广西师范大学出版社 2001 年版。

37. 史念海：《黄土高原历史地理研究》,黄河水利出版社 2001 年版。

38. 姚汉源：《黄河水利史研究》,黄河水利出版社 2003 年版。

39. 徐福龄：《续河防笔谈》,黄河水利出版社 2003 年版。

40. 王明海主编：《科技治黄大家谈》,黄河水利出版社 2004 年版。

41. 邹逸麟：《椿庐史地论稿》,天津古籍出版社 2005 年版。

42. 赵春明、周魁一主编：《中国治水方略的回顾与前瞻》,中国水利水电出版社 2005 年版。

43. 刘照渊编：《河南水利大事记》,方志出版社 2005 年版。

44. 葛剑雄、左鹏：《河流文明丛书·黄河》,江苏教育出版社 2006 年版。

45. 葛剑雄、胡云生：《黄河与河流文明的历史观察》,黄河水利出版社 2007 年版。

46. 李文海、夏明方主编：《天有凶年:清代灾荒与中国社会》,生活·读书·新知三联书店 2007 年版。

47. 王利华：《中国历史上的环境与社会》,生活·读书·新知三联书店 2007 年版。

48. 程有为主编：《黄河中下游地区水利史》,河南人民出版社 2007 年版。

49. 周魁一：《水利的历史阅读》,中国水利水电出版社 2008 年版。

50. 王英华：《洪泽湖—清口水利枢纽的形成与演变——兼论明清时期以淮安清口为中心的黄淮运治理》,中国书籍出版社 2008 年版。

51. [日]森田明著：《清代水利与区域社会》,雷国山译,叶琳审校,山东画报出版社 2008 年版。

52. 钮仲勋:《黄河变迁与水利开发》,中国水利水电出版社 2009 年版。

53. 饶明奇:《清代黄河流域水利法制研究》,黄河水利出版社 2009 年版。

54. 王泾渭:《历览长河——黄河治理及其方略演变》,黄河水利出版社 2009 年版。

55. 卢勇:《明清时期淮河水患与生态社会关系研究》,中国三峡出版社 2009 年版。

56. 孟森:《清史讲义》,岳麓书社 2010 年版。

57. 胡阿祥、张文华:《河流文明丛书·淮河》,江苏教育出版社 2010 年版。

58. [美]戴维·艾伦·佩兹著:《工程国家:民国时期(1927—1937)的淮河治理及国家建设》,姜智芹译,江苏人民出版社 2011 年版。

59. 辛德勇:《黄河史话》,社会科学文献出版社 2011 年版。

60. 胡安国、胡嵩:《中国生态环境问题的探讨》,地质出版社 2011 年版。

61. 张含英:《张含英治河论著拾遗》,黄河水利出版社 2012 年版。

62. 邹逸麟:《千古黄河》,上海远东出版社 2012 年版。

63. 栗永德编著:《大清河帅栗毓美史料汇编》,三晋出版社 2012 年版。

64. 史念海:《史念海全集》,人民出版社 2013 年版。

65. 马俊亚:《区域社会经济与社会生态》,生活·读书·新知三联书店 2013 年版。

66. [日]吉冈义信著:《宋代黄河史研究》,薛华译,黄河水利出版社 2013 年版。

67. [美]罗威廉著:《救世:陈宏谋与十八世纪中国的精英意识》,陈乃宜译,中国人民大学出版社 2013 年版。

68. 张含英:《历代治河方略探讨》,黄河水利出版社 2014 年版。

69. 邹逸麟:《椿庐史地论稿续编》,上海人民出版社 2014 年版。

70. 谭其骧:《谭其骧全集》,人民出版社 2015 年版。

71. 张崇旺:《淮河流域水生态环境变迁与水事纠纷研究(1127—1949)》,天津古籍出版社 2015 年版。

72. 周利敏:《西方灾害社会学新论》,社会科学文献出版社 2015 年版。

73. [美]黄仁宇著:《明代的漕运》,张皓、张升译,九州出版社 2016 年版。

74. 金诗灿:《清代河官与河政研究》,武汉大学出版社 2016 年版。

75. [日]松浦章著:《清代海外贸易史研究》,李小林译,天津人民出版社 2016 年版。

76. 何志宁:《自然灾害社会学:理论与视角》,中国言实出版社 2017 年版。

77. 周魁一:《中国科学技术史·水利卷》,科学出版社 2017 年版。

78. 黄河水利委员会水文局编:《黄河志》,河南人民出版社 2017 年版。

79. [美]彭慕兰著:《腹地的构建:华北内地的国家、社会和经济(1853—1937)》,马俊亚译,上海人民出版社 2017 年版。

80. [美]戴维·艾伦·佩兹著:《黄河之水:蜿蜒中的现代中国》,姜智芹译,中国政法大学出版社 2017 年版。

81. 邹逸麟:《舟楫往来通南北:中国大运河》,江苏凤凰科学技术出版社 2018 年版。

82. 贾国静:《水之政治:清代黄河治理的制度史考察》,中国社会科学出版社 2018 年版。

83. 李德楠：《明清黄运地区的河工建设与生态环境变迁研究》，中国社会科学出版社 2018 年版。

84. ［美］唐纳德·沃斯特著：《帝国之河：水、干旱与美国西部的成长》，侯深译，译林出版社 2018 年版。

85. ［英］伊懋可著：《大象的退却：一部中国环境史》，梅雪芹、毛利霞、王玉山译，江苏人民出版社 2019 年版。

86. 吴朋飞：《黄河变迁与开封城市兴衰关系研究》，科学出版社 2019 年版。

87. 贾国静：《黄河铜瓦厢决口改道与晚清政局》，社会科学文献出版社 2019 年版。

88. 蔡勤禹、王林、孔祥成主编：《中国灾害志·断代卷·民国卷》，中国社会出版社 2019 年版。

89. 夏明方：《文明的"双相"：灾害与历史的缠绕》，广西师范大学出版社 2020 年版。

90. 潘威、张丽洁、张通：《清代黄河河工银制度史研究》，中国社会科学出版社 2020 年版。

91. 潘威、庄宏忠：《清代黄河"志桩"水位记录与数据应用研究》，中国环境出版集团 2020 年版。

92.《十九大以来重要文献选编》，中央文献出版社 2021 年版。

93. 刘翠溶：《什么是环境史》，生活·读书·新知三联书店 2021 年版。

94. 郝平主编：《中国灾害志·断代卷·清代卷》，中国社会出版社 2021 年版。

95. 王玉朋：《清代山东运河河工经费研究》，中国社会科学出版社 2021 年版。

96. ［美］穆盛博著：《洪水与饥荒：1938 至 1950 年河南黄泛区的战争与生态》，亓民帅、林炫羽译，九州出版社 2021 年版。

97. 李晶主编：《李仪祉全集》，西北大学出版社 2022 年版。

98.《习近平著作选读》第二卷，人民出版社 2023 年版。

99. 马俊亚：《被牺牲的"局部"：淮北社会生态变迁研究（1680—1949）》，四川人民出版社 2023 年版。

三、期刊论文与硕博论文

1. 谭其骧：《何以黄河在东汉以后会出现一个长期安流的局面——从历史上论证黄河中游的土地合理利用是消弭下游水害的决定性因素》，《学术月刊》1962 年第 2 期。

2. 邹逸麟：《读任伯平"关于黄河在东汉以后长期安流的原因"后》，《学术月刊》1962 年第 11 期。

3. 邹逸麟：《黄河下游河道变迁及其影响概述》，《复旦学报》1980 年增刊。

4. 王振忠：《河政与清代社会》，《湖北大学学报》（哲学社会科学版）1994 年第 2 期。

5. 夏明方：《铜瓦厢改道后清政府对黄河的治理》，《清史研究》1995 年第 4 期。

6. 郑师渠：《论道光朝河政》，《历史档案》1996 年第 2 期。

7. 张岩:《论包世臣河工思想的近代性》,《晋阳学刊》1999 年第 3 期。

8. 陈桦:《清代的河工与财政》,《清史研究》2005 年第 3 期。

9. 李光泉:《试论清朝初期的黄河治理》,云南师范大学硕士学位论文,2005 年。

10. 王利华:《中国生态史学的思想框架和研究理路》,《南开学报》(哲学社会科学版)2006 年第 2 期。

11. 王利华:《生态环境史的学术界域与学科定位》,《学术研究》2006 年第 9 期。

12. 邹逸麟:《历史时期黄河流域的环境变迁与城市兴衰》,《江汉论坛》2006 年第 5 期。

13. 饶明奇:《论清代防洪工程的修防责任追究制》,《江西社会科学》2007 年第 3 期。

14. 郑林华:《雍正朝河政研究》,湖南师范大学硕士学位论文,2007 年。

15. 马红丽:《靳辅治河研究》,广西师范大学硕士学位论文,2007 年。

16. 贾国静:《二十世纪以来清代黄河史研究述评》,《清史研究》2008 年第 3 期。

17. 李德楠:《"续涸新涨":环境变迁与清代江南苇荡营的兴废》,《兰州学刊》2008 年第 1 期。

18. 饶明奇:《论清代的盗决河防罪》,《华北水利水电学院学报》(社会科学版)2008 年第 6 期。

19. 饶明奇:《论清代河工经费的管理》,《甘肃社会科学》2008 年第 3 期。

20. 马俊亚:《集团利益与国运衰变——明清漕粮河运及其社会生态后果》,《南京大学学报》(哲学·人文科学·社会科学版)2008 年第 2 期。

21. 曹志敏:《清代黄河河患加剧与通运转漕之关系探析》,《浙江社会科学》2008 年第 5 期。

22. 曹志敏:《〈清史列传〉与〈清史稿〉所记"礼坝要工参劾案"考异》,《清史研究》2008 年第 2 期。

23. 李孝聪:《黄淮运的河工舆图及其科学价值》,《水利学报》2008 年第 8 期。

24. 饶明奇:《清代河工事故责任追究制的司法实践分析》,《史学月刊》2009 年第 10 期。

25. 娄占侠:《朱之锡治河研究》,湘潭大学硕士学位论文,2009 年。

26. 李德楠:《试论明清时期河工用料的时空演变——以黄运地区的硬料为中心》,《聊城大学学报》(社会科学版)2010 年第 1 期。

27. 贾国静:《清代河政体制研究》,山东大学历史学博士后报告,2010 年。

28. 吴欣:《明清京杭运河河工组织研究》,《史林》2010 年第 2 期。

29. 马俊亚:《治水政治与淮河下游地区的社会冲突(1579—1949)》,《淮阴师范学院学报》(哲学社会科学版)2011 年第 5 期。

30. 贾国静:《清代河政体制演变论略》,《清史研究》2011 年第 3 期。

31. 卢勇、许宏玥、于雨倩:《洪泽湖高家堰大堤的历史与人文价值探究》,《产业与科技论坛》2011 年第 11 期。

32. 曹志敏:《从漕运的社会职能看道光朝漕粮海运的行之维艰》,《淮阴师范学院学报》(哲学社会科学版)2011 年第 5 期。

33. 曹志敏:《试论清代"束水攻沙、蓄清敌黄"的治河方略及其影响》,《前沿》2011 年第 2 期。

34. 曹志敏:《清代黄淮运减水闸坝的建立及其对苏北地区的消极影响》,《农业考古》2011 年第 1 期。

35. 曹志敏:《嘉道年间河费使用问题探析》,《安徽农业科学》2011 年第 32 期。

36. 金诗灿:《清初河工腐败问题研究》,《华北水利水电学院学报》(社会科学版)2011 年第 4 期。

37. 姬忠科:《靳辅治河相关问题研究》,中央民族大学硕士学位论文,2011 年。

38. 金诗灿:《清代中期的河工弊政及其治理》,《华北水利水电学院学报》(社会科学版)2012 年第 5 期。

39. 庄宏忠、潘威:《清代志桩及黄河"水报"制度运作初探——以陕州万锦滩为例》,《清史研究》2012 年第 1 期。

40. 曹志敏:《嘉道时期黄河河患频仍的人为因素探析》,《农业考古》2012 年第 1 期。

41. 曹志敏:《试论道光帝对河工积弊的实力整顿》,《兰台世界》2012 年第 3 期。

42. [美]唐纳德·休斯撰:《历史的环境维度》,耿晓明译,《历史研究》2013 年第 3 期。

43. 高元杰:《明清山东运河区域水环境变迁及其对农业影响研究》,聊城大学硕士学位论文,2013 年。

44. 曹金娜:《清道光二十一年河南祥符黄河决口堵筑工程述略》,《黄河科技大学学报》2013 年第 2 期。

45. 刘河元、刘爱国:《水利工程建设中的生态伦理观构建》,《农村经济与科技》2014 年第 12 期。

46. 曹志敏:《清代山东运河补给及其对农业生态的影响》,《安徽农业科学》2014 年第 15 期。

47. 夏明方:《大数据与生态史:中国灾害史料整理与数据库建设》,《清史研究》2015 年第 2 期。

48. 江晓成:《清前期河工体制变革考》,《社会科学辑刊》2015 年第 3 期。

49. 江晓成:《清前期河道总督的权力及其演变》,《求是学刊》2015 年第 5 期。

50. 曹金娜、陈厉辞:《清代河道总督建置考》,《华北水利水电大学学报》(社会科学版)2015 年第 6 期。

51. 郑民德:《清代河工制度研究——基于江南苇荡营为对象的历史考察》,《聊城大学学报》(社会科学版)2016 年第 5 期。

52. 张裕童:《嘉庆朝黄河治理研究》,郑州大学硕士学位论文,2016 年。

53. 贾国静:《清前期的河督与皇权政治——以靳辅治河为中心的考察》,《中南大学学报》(社会科学版)2017 年第 3 期。

54. 曹金娜:《清代漕运水手群体初探》,《历史档案》2017 年第 3 期。

55. 万伟伟、葛辉彰:《人水和谐的哲学传统及其对我国水资源政策的启示》,《海南大学学报》(人文社会科学版)2018 年第 6 期。

56. 贾国静:《"治河即所以保漕"? ——清代黄河治理的政治意蕴探析》,《历史研究》2018 年第 5 期。

57. 宋先通:《清代黄河河工问题研究综述》,《华北水利水电大学学报》(社会科学版)2018 年第 6 期。

58. 郭玉美:《杨方兴与清初河政研究》,渤海大学硕士学位论文,2018 年。

59. 潘威:《河务初创:清顺治时期黄河"岁修"的建立与执行》,《史林》2019 年第 3 期。

60. 夏明方、宋儒:《与灾害共处——在灾害学习中推进中国灾害学理论体系的构建》,《中国人民大学学报》2019 年第 3 期。

61. 高元杰:《环境史视野下清代河工用秸影响研究》,《史学月刊》2019 年第 2 期。

62. 李小庆:《环境、国策与民生:明清下河区域经济变迁研究》,东北师范大学博士学位论文,2019 年。

63. 张婉莹:《人水和谐共生关系研究》,长安大学硕士学位论文,2019 年。

64. 潘威、李瑞琦:《清代嘉道时期河工捐纳及其影响》,《中国经济史研究》2020 年第 6 期。

65. 李德楠:《水患与良田:嘉道间系列盗决黄河堤防案的考察》,《苏州大学学报》(哲学社会科学版)2020 年第 2 期。

66. 耿金:《中国水利史研究路径选择与景观视角》,《史学理论研究》2020 年第 5 期。

67. 梅雪芹:《上下求索:环境史的创新精神叙论》,《社会科学战线》2020 年第 3 期。

68. 滕海键:《环境史:历史研究的生态取向》,《中南大学学报》(社会科学版)2021 年第 1 期。

69. 陈业新、李东辉:《国计、家业、民生:明代黄淮治理的艰难抉择》,《学术界》2021 年第 10 期。

70. 梅雪芹:《新概念、新历史、新世界——环境史构建的新历史知识体系概论》,《城市与环境研究》2022 年第 2 期。

71. 梅雪芹:《在中国近代史研究中增添环境史范式》,《近代史研究》2022 年第 2 期。

72. 王利华:《关于中国近代环境史研究的若干思考》,《近代史研究》2022 年第 2 期。

73. 王剑、殷继龙:《从取印到报捐:清代乾嘉时期的河工投效》,《吉林大学社会科学学报》2022 年第 3 期。

74. 高元杰:《清代运河水柜微山湖水位控制与管理运作——基于湖口闸志桩收水

尺寸数据的分析》,《中国农史》2022 年第 1 期。

75. 张健、严思琪、张莉:《清代嘉道时期(1796—1850 年)黄河下游决溢时空格局与河工治理响应》,《地理研究》2023 年第 1 期。

76. 曹志敏:《1841 年开封黄河水患背景下的社会镜像——以〈汴梁水灾纪略〉为中心》,《中国社会历史评论》2023 年第 1 期。

77. 潘威、刘其恩:《分流抑或合流:嘉靖时期黄河下游的河道治理》,《烟台大学学报》(哲学社会科学版)2023 年第 6 期。

后　记

　　拙作《政治、技术与环境：清代黄河水患治理策略研究（1644—1855）》终于付梓。欣喜之余，略有感慨。有关清代黄河水患的学术研究，拖的时间很长。我接触治黄问题始于2003年作博士论文《魏源〈诗古微〉研究》，因为魏源是精通河、漕、盐三大政的经世派学者，《古微堂外集》《皇朝经世文编》中有大量关于通运转漕的文章，阅读后深感清代河工研究大有可为。2006年我进入首都师范大学历史学院博士后流动站，2008年出站报告题目是《嘉道时期三大政改革研究》，其中河政就是治理黄河与运河。我阅读卷帙浩繁的《河工方略》《行水金鉴》，看到大量黄河水灾史料，"鹄面鸠形""饿殍遍野""流离失所"的灾民书写触动着我敏感的心灵。

　　2008年我到天津师范大学工作，2009年至2010年主持完成本校博士基金项目《嘉道时期的河政、河患与朝廷的对策》，发了一些文章就结项了，但对于清代黄河水患研究的兴趣，我始终没有减淡。因为仰慕马俊亚老师《被牺牲的"局部"：淮北社会生态变迁研究（1680—1949）》的学术成就，2011年至2012年我到南京大学在马老师指导下做访问学者，进行了《明清河工与黄淮运区域社会变迁》的课题研究。为了使研究顺利进行，我把自己的研究设想写成文字，到南开大学请教王利华教授。王老师认真阅读我的研究设想，指出其中存在的问题，让我十多年后难以忘怀。

　　我的黄河史研究一直拖拖拉拉，精力也不能完全投入其中。直到2017年至2020年我主持完成天津市哲学社会科学规划项目《清代黄河水患与朝廷的应对策略》，结项写了20万字的书稿。2021年我申请的国家社科后期资助项目《清代黄河水患治理策略研究（1644—1855）》获得立项，这是诸多老师合力帮忙的结果。其实那年我既申报了国家社科一般项目，又申报了后期资助项目。国家社科一般项目我申报的题目是《乾嘉江南学者日常生活史研究》，申报书写好后，特别让我感动的是，侯建新先生把我发给他的申报书打印出来仔细阅读，之后主动打电话和我交流，他的世界史专业背景与中西对比视角给我以深刻的启发。此外，李学智、张乃和（院长）、肖立军、何德章、田涛、张秋升、黄秋迪等诸多教授提出各种修改意见，使我受益良多。我的好友中国社科院吕文浩老师、广东工业大学黄庆林老师、山西师范大学王惠荣老师也给我提出了诸多宝贵意见。

我反反复复思考各位师友的意见，深感《乾嘉江南学者日常生活史研究》的项目申报不能稳操胜券，于是打算申报国家社科后期资助项目《清代黄河水患治理策略研究（1644—1855）》。对于课题名称，我改了好几次也不满意，我的好友延安大学封磊老师一锤定音，敲定了申报题目。我的同事毛曦、曹牧老师阅读申报书之后，提出诸多修改意见。对于历史地理学与环境史研究对象的区别，我一直比较模糊，毛老师耐心给我解释。一直致力于环境史研究的曹牧老师给我分析，如何突出书稿的环境史研究特色。"独学而无友，是谓孤陋寡闻"，众多师友的不吝赐教，让我的学术研究少走了许多弯路。

我读大二的时候结识了魏光奇老师，他一直鼓励我读书做学问，让我一个乡下小女孩初步认识了学术的魅力。做博士后期间，魏老师所言三大政改革"牵一发而动全身"的话，经常萦绕在我的耳边，让我对清代治黄问题有了新的认识。我的爱人史明文给了我无微不至的关心，让我在学术道路上鼓足勇气，一往直前。每到周末，他开车带我去云居寺、百花山、青龙湖游玩，纵情于大自然美景驱散了我的身心俱疲。转眼间我已年过半百，回首曾经走过的路，没有时间悲伤惋惜，"生年不满百，常怀千岁忧。昼短苦夜长，何不秉烛游。"我还是以秉烛夜游的执着，遨游于无涯的学海。